国防科技图书出版基金

软件化雷达模型重构与数据流仿真技术

Software based Radar Model Reconstruction
and Data Flow Simulation Technology

王 磊 著

国防工业出版社

·北京·

图书在版编目(CIP)数据

软件化雷达模型重构与数据流仿真技术/王磊著
.—北京:国防工业出版社,2023.3
ISBN 978-7-118-12986-1

Ⅰ.①软⋯　Ⅱ.①王⋯　Ⅲ.①雷达系统—系统建模②雷达系统—系统仿真　Ⅳ.①TN95

中国国家版本馆 CIP 数据核字(2023)第 101810 号

※

国防工业出版社出版发行
(北京市海淀区紫竹院南路 23 号　邮政编码 100048)
北京龙世杰印刷有限公司印刷
新华书店经售

*

开本 710×1000　1/16　印张 26½　字数 477 千字
2023 年 3 月第 1 次印刷　印数 1—2000 册　定价 178.00 元

(本书如有印装错误,我社负责调换)

| 国防书店:(010)88540777 | 书店传真:(010)88540776 |
| 发行业务:(010)88540717 | 发行传真:(010)88540762 |

致 读 者

本书由中央军委装备发展部**国防科技图书出版基金**资助出版。

为了促进国防科技和武器装备发展,加强社会主义物质文明和精神文明建设,培养优秀科技人才,确保国防科技优秀图书的出版,原国防科工委于1988年初决定每年拨出专款,设立国防科技图书出版基金,成立评审委员会,扶持、审定出版国防科技优秀图书。这是一项具有深远意义的创举。

国防科技图书出版基金资助的对象是:

1. 在国防科学技术领域中,学术水平高,内容有创见,在学科上居领先地位的基础科学理论图书;在工程技术理论方面有突破的应用科学专著。

2. 学术思想新颖,内容具体、实用,对国防科技和武器装备发展具有较大推动作用的专著;密切结合国防现代化和武器装备现代化需要的高新技术内容的专著。

3. 有重要发展前景和有重大开拓使用价值,密切结合国防现代化和武器装备现代化需要的新工艺、新材料内容的专著。

4. 填补目前我国科技领域空白并具有军事应用前景的薄弱学科和边缘学科的科技图书。

国防科技图书出版基金评审委员会在中央军委装备发展部的领导下开展工作,负责掌握出版基金的使用方向,评审受理的图书选题,决定资助的图书选题和资助金额,以及决定中断或取消资助等。经评审给予资助的图书,由国防工业出版社出版发行。

国防科技和武器装备发展已经取得了举世瞩目的成就,国防科技图书承担着记载和弘扬这些成就,积累和传播科技知识的使命。开展好评审工作,使有限的基金发挥出巨大的效能,需要不断摸索、认真总结和及时改进,更需要国防科技和武器装备建设战线广大科技工作者、专家、教授,以及社会各界朋友的热情支持。

让我们携起手来,为祖国昌盛、科技腾飞、出版繁荣而共同奋斗!

国防科技图书出版基金
评审委员会

国防科技图书出版基金
2019 年度评审委员会组成人员

主 任 委 员 吴有生

副主任委员 郝　刚

秘 书 长 郝　刚

副 秘 书 长 刘　华　袁荣亮

委　　　员（按姓氏笔画排序）

于登云　王清贤　王群书　甘晓华　邢海鹰
刘　宏　孙秀冬　芮筱亭　杨　伟　杨德森
肖志力　何　友　初军田　张良培　陆　军
陈小前　房建成　赵万生　赵凤起　郭志强
唐志共　梅文华　康　锐　韩祖南　魏炳波

序

  当前,随着不断变化的军事需求快速发展,雷达作战使命已经出现多向分化和范围扩展趋势,雷达在对地侦察、精确打击、防空防天、反导反卫、反恐维稳、灾难救援等任务中起到预警探测、跟踪制导、侦察监视、目标识别、打击评估、环境感知等作用。同时,雷达也被广泛用于气象预报、目标检测、人体运动监测、近距离医学成像、海岸监视等民事应用领域。

  在新趋势发展背景下,以面向应用为核心提出未来雷达应满足多任务、多功能、快速升级等要求,这给雷达研制工作带来了新挑战。因此,亟须研制一种新雷达操作环境,可以根据应用性需求定义信息,系统功能可通过软件定义、扩展;利用重用性机制实现雷达同构或异构模型重构,既能满足不同应用需求的具体定制要求、有选择地组合和装配模型库构件,又能支持准确、高效、低成本的建模、设计、仿真、调试和运行等开发活动。

  构建软件可重构能力的关键在于针对模型构件建立面向模型设计的形式化定义方法,并提供支持模型重用的有效作用机制。由于强调面向模型设计,这就要求所采用的形式化定义方法具有定义和描述功能构件模型的抽象化能力,进而具备较强的通用性描述能力。雷达元模型恰好可以满足以上对形式化定义方法的能力要求。通过雷达元建模方法,可以构建一种具有通用性的抽象模型(即元模型)。元模型是一种强语义支持的模型重用性表示方法,定义了描述某一模型的规范,即组成模型的元素和元素之间的关系。

  数据流仿真根据数据的可用性驱动构件模型的调度执行,相比于信息流控制方法(采用集中式控制,根据信息流控制模型的调度执行),并发数据流模型是一种先进的并行计算模型。在软件化雷达操作环境中,采用并发数据流模型技术有利于构建一个高效的运行调度环境。并发数据流仿真技术不仅要解决深层次结构的构件模型如何调度和控制问题,还要结合元模型的定义及其体系架构,围绕并发数据流模型的执行、通信、交互、模型与运行环境解耦技术等驱动控制问题进行深入研究。

本书的出版正好顺应了这种潮流和社会需求,以雷达元模型重构与数据流仿真技术研究为重点,是作者长期从事雷达系统建模与仿真技术研究工作的高度概括,同时反映了近年来国内外在该领域的新学术思想和成果。

我相信,本书的出版定会受到广大读者的欢迎,为促进雷达系统建模与仿真技术的不断发展和提高系统建模与仿真水平发挥重要作用。

谭述森

2022 年 7 月 1 日

前　　言

杨万海老师编著的《雷达系统建模与仿真》一书重点介绍雷达建模的概念、原理和方法,利用 Simulink 进行算法仿真,呈现给读者的是一个微观、局部的视角。《System Design, Modeling, and Simulation – Using Ptolemy II》介绍了信息物理融合系统建模问题中的一些通用性技术和设计思想。本书重点阐述雷达元模型技术,即基于 Ptolemy II 仿真平台,采用 Java 程序设计语言设计和开发一个可重构的雷达系统模型,其主要涉及雷达模拟的理论和方法、面向模型的设计、建模与仿真分离设计、模型代码自动生成、软件可重构技术等。基于元模型理论对雷达系统进行建模以及数据流仿真关键技术,对于建立全新雷达操作环境具有重要的支撑作用和应用价值。

本书作者及其科研团队多年从事雷达系统建模与仿真技术研究,较早地针对仿真模型标准规范、模型组合、可视化雷达操作环境等关键技术深入开展了研究工作,在仿真模型规范、模型组合、软件化雷达技术方面拥有一定的研究基础,掌握了元建模理论和模型构件化关键技术。本书主要特色如下:

(1)融合了雷达专业的基础知识和计算机应用技术的相关理论与方法,同时面向具备雷达和计算机专业两方面背景知识的读者,写作中采用丰富的图表形式展示全书内容。

(2)具有理论与实践相结合的突出特点,通过典型的用例讲解多种先进的设计概念、设计方法和仿真技术。

全书共 5 章。第 1 章介绍雷达系统模拟的基本原理、方法和技术,包括目标与环境模拟、雷达回波模拟、雷达信号处理、雷达数据处理、雷达资源调度、雷达终端显示等。第 2 章从建模与仿真进行分离的设计概念上,阐述面向模型设计、自动化驱动仿真设计思想和方法。第 3 章从软件化雷达模型重构问题上,阐述雷达元模型重构性技术,包括元模型的理论、体系结构、体系行为等内容,分析并揭示元模型的形式化定义、抽象描述能力及其对雷达模型重构的有效作用机理。第 4 章从数据流仿真技术层面,阐述数据流计算模型概念、基础理论

(包括集合与关系、图论)、调度代码生成技术、集中式和分布式数据流仿真技术等，围绕控制组件运行、定义组件之间通信和交互的并发数据流调度规则，揭示多层次结构下并发数据流模型的高效调度机制。第 5 章具体讲解雷达元模型应用案例。

  在本书编写过程中得到了谭述森院士、李俊生研究员、蔡爱华研究员、田忠研究员、张顺生研究员、张伟研究员、曹建蜀副研究员、李炜副研究员、陈明燕助理研究员、尤力编辑等各位专家和老师的热忱帮助，在此对他们表示深切的谢意。同时，感谢研究生何超、王晨光、何陶、洪凯、钟君杰、夏浩然、刘云涛等同学提供的帮助，感谢电子科技大学中央高校基本业务费面向基础前沿类项目、四川省科技计划项目、电子信息系统复杂电磁环境效应国家重点实验室、国防工业出版社的大力支持。

  由于篇幅及编者的水平有限，加之时间仓促，本书对许多问题的叙述与讨论都是很肤浅的，也难免存在不足和疏漏之处，诚恳希望读者和关心本书的同志予以批评指正、多提宝贵意见。

编者
2022 年 12 月

目 录

第1章 雷达基础理论 ……………………………………………………… 1

  1.1 目标与环境模拟 ……………………………………………………… 4
      1.1.1 飞行器目标建模 ………………………………………………… 4
      1.1.2 舰艇类目标运动模型 …………………………………………… 7
  1.2 雷达回波模拟 ………………………………………………………… 8
      1.2.1 目标回波组件模型 ……………………………………………… 8
      1.2.2 杂波组件模型 …………………………………………………… 10
      1.2.3 噪声组件模型 …………………………………………………… 10
      1.2.4 干扰组件模型 …………………………………………………… 11
  1.3 雷达信号处理 ………………………………………………………… 12
      1.3.1 脉冲压缩组件模型 ……………………………………………… 12
      1.3.2 空时二维自适应滤波组件模型 ………………………………… 13
      1.3.3 恒虚警率处理组件模型 ………………………………………… 18
      1.3.4 数字波束形成组件模型 ………………………………………… 21
      1.3.5 常规脉冲多普勒处理组件模型 ………………………………… 24
  1.4 雷达数据处理 ………………………………………………………… 27
      1.4.1 航迹起始组件模型 ……………………………………………… 27
      1.4.2 航迹关联组件模型 ……………………………………………… 30
      1.4.3 跟踪滤波器组件模型 …………………………………………… 33
  1.5 雷达资源调度 ………………………………………………………… 39
      1.5.1 任务优先级模型 ………………………………………………… 39
      1.5.2 波束驻留自适应调度算法模型 ………………………………… 40
  1.6 雷达终端显示 ………………………………………………………… 44
      1.6.1 PPI 显示 ………………………………………………………… 44

1.6.2　RH 显示 ………………………………………………… 45
　　1.6.3　信息列表显示 …………………………………………… 45

第 2 章　建模与仿真分离设计 ………………………………………… 47
　2.1　主流仿真标准 …………………………………………………… 47
　　2.1.1　高层体系结构 ……………………………………………… 48
　　2.1.2　基本对象模型 ……………………………………………… 60
　　2.1.3　仿真模型可移植性规范 …………………………………… 74
　　2.1.4　结论 ………………………………………………………… 115
　2.2　元对象工具 ……………………………………………………… 116
　　2.2.1　设计目标 …………………………………………………… 117
　　2.2.2　体系结构 …………………………………………………… 117
　　2.2.3　组件设计规范 ……………………………………………… 123
　2.3　面向模型设计 …………………………………………………… 127
　　2.3.1　建立模型抽象语义 ………………………………………… 128
　　2.3.2　模型描述、表示和扩展 …………………………………… 128
　　2.3.3　模型自动转换生成 ………………………………………… 129
　2.4　自动化驱动仿真 ………………………………………………… 130

第 3 章　元模型重构技术 ……………………………………………… 132
　3.1　元模型理论 ……………………………………………………… 137
　3.2　元模型体系结构 ………………………………………………… 140
　　3.2.1　公开的基础接口 …………………………………………… 140
　　3.2.2　抽象角色接口 ……………………………………………… 160
　　3.2.3　端口类 ……………………………………………………… 168
　　3.2.4　可命名对象类 ……………………………………………… 184
　　3.2.5　属性类 ……………………………………………………… 189
　　3.2.6　关系类 ……………………………………………………… 190
　　3.2.7　实体类 ……………………………………………………… 194
　　3.2.8　链接类 ……………………………………………………… 199
　　3.2.9　端口－关系－链接规则 …………………………………… 200

3.2.10　调度元素类 ·· 202
　　3.2.11　工作区间类 ·· 207
　　3.2.12　变量类 ·· 209
　　3.2.13　参数类 ·· 213
3.3　元模型体系行为 ·· 214
　　3.3.1　计算域 ·· 214
　　3.3.2　同步数据流 ·· 221
　　3.3.3　动态数据流 ·· 223
　　3.3.4　模态模型 ·· 226
　　3.3.5　事件关联角色 ·· 228
　　3.3.6　域元模型 ·· 230

第4章　数据流仿真技术 ·· 271

4.1　数据流计算模型 ·· 271
　　4.1.1　卡恩过程网络 ·· 271
　　4.1.2　数据流过程网络 ·· 273
　　4.1.3　集合与关系 ·· 274
　　4.1.4　图论 ·· 298
4.2　调度代码生成技术 ·· 327
　　4.2.1　数据流图 XML 文件语义规范 ·································· 327
　　4.2.2　数据流图 XML 文件解析及代码生成设计 ························ 331
4.3　集中式数据流调度 ·· 339
　　4.3.1　串行仿真 ·· 340
　　4.3.2　流水线模型 ·· 341
　　4.3.3　多数据链路模型 ·· 344
　　4.3.4　仿真实验 ·· 352
4.4　分布式数据流调度 ·· 357
　　4.4.1　仿真调度问题描述 ·· 359
　　4.4.2　引擎机制 ·· 359
　　4.4.3　消息传递算法 ·· 362
　　4.4.4　仿真实验 ·· 363

第5章 元模型仿真应用 ··· 369

- 5.1 单脉冲跟踪雷达 ··· 369
- 5.2 目标与环境模拟角色 ··· 369
- 5.3 雷达回波模拟角色 ··· 371
- 5.4 雷达信号处理角色 ··· 373
- 5.5 雷达数据处理角色 ··· 375
- 5.6 雷达调度角色 ··· 375
- 5.7 雷达终端显示角色 ··· 376
- 5.8 仿真系统集成 ··· 377
- 5.9 总结 ··· 378

附录 A 雷达角色描述 ··· 381

附录 B 雷达数据处理复合角色设计 ··· 391

附录 C 数据处理(DP)复合角色定义 ··· 396

附录 D Ptolemy Ⅱ 安装配置 ··· 398

参考文献 ··· 400

Contents

Chapter 1 Basic theory of radar 1

  1.1 Target and Environment Simulation 4
      1.1.1 Aircraft Target Modeling 4
      1.1.2 Ship Target Motion Model 7
  1.2 Radar Echo Simulation 8
      1.2.1 Target Echo Component Model 8
      1.2.2 Clutter Component Model 10
      1.2.3 Noise Component Model 10
      1.2.4 Interference Component Model 11
  1.3 Radar Signal Processing 12
      1.3.1 Pulse Compression Component Model 12
      1.3.2 Space–Time Two–dimensional Adaptive Filtering Component Model 13
      1.3.3 Constant False Alarm Rate Processing Component Model 18
      1.3.4 Digital Beamforming Component Model 21
      1.3.5 Conventional Pulse Doppler Processing Component Model 24
  1.4 Radar Data Processing 27
      1.4.1 Track Initiation Component Model 27
      1.4.2 Track Association Component Model 30
      1.4.3 Tracking Filter Component Model 33
  1.5 Radar Resource Scheduling 39
      1.5.1 Task Priority Model 39
      1.5.2 Beam Resident Adaptive Scheduling Algorithm Model 40
  1.6 Radar Terminal Display 44

  1.6.1 PPI Display ·········· 44

  1.6.2 RH Display ·········· 45

  1.6.3 Information List Display ·········· 45

Chapter 2 Modeling and Simulation Decouple Design ·········· 47

 2.1 Mainstream Simulation Standard ·········· 47

  2.1.1 High Level Architecture ·········· 48

  2.1.2 Base Object Model ·········· 60

  2.1.3 Simulation Model Portability Specification ·········· 74

  2.1.4 Conclusion ·········· 115

 2.2 Meta Object Facility ·········· 116

  2.2.1 Design Objective ·········· 117

  2.2.2 Architecture ·········· 117

  2.2.3 Component Design Specification ·········· 123

 2.3 Model-oriented Design ·········· 127

  2.3.1 Establishing Model Abstract Semantics ·········· 128

  2.3.2 Model Description, Representation and Extension ·········· 128

  2.3.3 Automatic Model Transformation ·········· 129

 2.4 Automatic Driving Simulation ·········· 130

Chapter 3 Meta-Model Reconstruction Techniques ·········· 132

 3.1 Meta-Model Theory ·········· 137

 3.2 Meta-Model Architecture ·········· 140

  3.2.1 Public Basic Interface ·········· 140

  3.2.2 Abstract Actor Interface ·········· 160

  3.2.3 Port Class ·········· 168

  3.2.4 Nameable Object Class ·········· 184

  3.2.5 Attribute Class ·········· 189

  3.2.6 Relation Class ·········· 190

  3.2.7 Entity Class ·········· 194

  3.2.8 Link Class ·········· 199

      3.2.9   Port – Relation – Link Rules ………………………… 200

      3.2.10 Scheduling Element Class ………………………… 202

      3.2.11 Work Space Class ………………………………… 207

      3.2.12 Variable Class …………………………………… 209

      3.2.13 Parameter Class ………………………………… 213

  3.3 Behavior of Meta – Model System ………………………… 214

      3.3.1   Computing Domain ……………………………… 214

      3.3.2   Synchronized Data Flow ………………………… 221

      3.3.3   Dynamic Data Flow ……………………………… 223

      3.3.4   Modal Model ……………………………………… 226

      3.3.5   Event Associated Actor ………………………… 228

      3.3.6   Domain Meta – Model …………………………… 230

Chapter 4 Data Flow Simulation Technology ………………… 271

  4.1 Data Flow Computation Model ……………………………… 271

      4.1.1   Kahn Process Network …………………………… 271

      4.1.2   Data Flow Process Network ……………………… 273

      4.1.3   Set and Relation ………………………………… 274

      4.1.4   Graph Theory …………………………………… 298

  4.2 Scheduling Code Generation Technology ……………………… 327

      4.2.1   Semantic Specification for XML Files of Data

            Flow Graph ……………………………………… 327

      4.2.2   XML File Parsing and Code Generation Design

            for Data Flow Graph …………………………… 331

  4.3 Centralized Data Flow Scheduling …………………………… 339

      4.3.1   Serial Simulation ………………………………… 340

      4.3.2   Pipelining Model ………………………………… 341

      4.3.3   Multi – Data Link Model ………………………… 344

      4.3.4   Simulation and Experiment ……………………… 352

  4.4 Distributed Data Flow Scheduling …………………………… 357

      4.4.1   Simulation Scheduling Problem ………………… 359

      4.4.2   Engine Mechanism ……………………………… 359

    4.4.3 Message Passing Algorithm ······································· 362

    4.4.4 Simulation and Experiment ······································· 363

Chapter 5 Application of Meta – Model Simulation ······················ 369

  5.1 Monopulse Tracking Radar ·· 369

  5.2 Target and Environment Actor ··· 369

  5.3 Radar Echo Actor ·· 371

  5.4 Radar Signal Processing Actor ·· 373

  5.5 Radar Data Processing Actor ·· 375

  5.6 Radar Scheduling Actor ·· 375

  5.7 Radar Terminal Display Actor ·· 376

  5.8 Simulation System Integration ·· 377

  5.9 Summary ·· 378

Appendix A Radar Actor Description ··· 381

Appendix B Composite Actor Design for Radar Data Processing ······ 391

Appendix C Composite Actor Definition for Radar Data

       Processing ··· 396

Appendix D Installation and Configuration for Ptolemy II ············ 398

References ·· 400

第1章　雷达基础理论

雷达技术已经受到世界各国的广泛重视,然而,受限于实际雷达工程造价高、系统集成技术难度大、复杂性强等因素,目前主要是采用系统建模与仿真方法对雷达系统进行原理验证、雷达参数分析、算法、性能评估研究等工作。

雷达系统的构成可以简化为天线、发射/接收机、数据处理及显示,如图1-1所示,由发射机产生的电磁能,经收发开关后传输给天线,定向辐射于大气中。电磁能在大气中以光速传播,若目标恰好位于定向天线的波束内,则该目标会截取一部分电磁能。被目标截取的电磁能向各方向散射,其中部分散射的能量朝向雷达接收方向。天线搜集到这部分散射的电磁波后,经传输线和收发开关馈给接收机。接收机将这些微弱信号放大并经信号处理后获取所需信息,并将结果送至终端显示。雷达建模与仿真就是要对上述过程进行系统模拟研究。

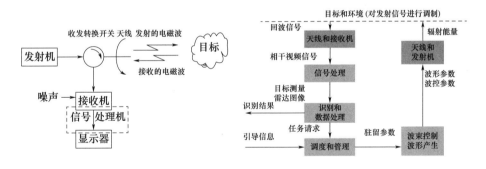

图1-1　雷达系统描述及仿真流程

利用计算机仿真的低成本、快速性、无破坏性以及易重复实验等优点,对雷达、电子战等进行建模仿真与实验,将是当前乃至今后对雷达系统与电子战开展研究的主要方式。同时,随着雷达技术及应用需求快速发展,未来雷达系统将会面临目标环境复杂、雷达规模越来越大、体制多且复杂、多功能综合一体化等诸多复杂性问题,势必要求雷达系统建模与仿真技术必须跟上新趋势的发展需求。因此,亟须建立一种先进的雷达建模与仿真平台环境,在面对新的作战使用需求、新的雷达体制、新的雷达系统指标时,能够在短时间内实现雷达系统的快速准确地建模、高效率地执行并完成仿真任务。

雷达仿真复杂性主要表现在雷达体制及分类方法多样化。现代雷达的体制种类繁多,分类的方式也比较复杂,其主要有以下几种情况:

(1)按照雷达的用途分类,包括预警雷达、搜索警戒雷达、引导指挥雷达、炮瞄雷达、测高雷达、机载雷达、气象雷达、导航雷达、防撞雷达、敌我识别雷达等。

(2)按照雷达信号形式分类,包括脉冲雷达、连续波雷达、脉冲压缩雷达、频率捷变雷达等。

(3)按照角跟踪方式分类,包括单脉冲雷达、圆锥扫描雷达、隐蔽扫描雷达等。

(4)按照测量目标的参数分类,包括测高雷达、二坐标雷达、三坐标雷达、敌我识别雷达等。

(5)按照采用的技术和信号处理方式分类,包括各种分集制雷达(频率分集、极化分集)、相参积累和非相参积累雷达、动目标显示雷达、动目标检测雷达、脉冲多普勒雷达、合成孔径雷达等。

(6)按照天线扫描方式分类,包括机械扫描雷达、电扫描雷达等。

(7)按照雷达频段分类,包括高频超视距雷达、微波雷达、毫米波雷达、激光雷达等。

如果针对以上分类中的各种雷达分别进行对象建模和系统仿真,其设计难度及工作量将会非常大。造成这种灾难性后果的主要原因是在雷达系统建模和仿真过程中没有充分考虑仿真模型的重用性。因此,可以根据雷达原理,分析和提取以上各种类型雷达的共性与特性部分,建立一种层次化的仿真建模框架,将功能细化和分解为不同粒度的对象模型,通过梳理不同雷达的仿真流程定制不同的应用方案。如图 1-2 所示,雷达系统可以抽象表示成一种层次化多粒度体系框架,从上到下划分为 6 个层次:①应用层;②系统层;③部件层;④组件层;⑤公用算法层;⑥支撑层。

在雷达系统层次化多粒度建模与仿真体系框架中,各个层次对象具体功能表述如下:

(1)应用层面向用户,可以通过定制组合分系统的方式,构建面向特定应用的仿真系统或模型。

(2)系统层根据需要可以灵活选配下层部件,从而装配分系统模型。

(3) 部件层是功能独立、接口关系明晰的对象实体,包括目标、散射模型、杂波、干扰、目标回波、信号处理、数据处理、目标识别、资源调度、终端显示、事后分析等。

(4) 组件层是定义良好的对象类模板,可以在一定的功能作用域选配核心算法,从而定制不同功能的组件模型。

(5) 公用算法层是封装好的应用接口函数,具有独立的处理能力和良好的函数接口。

(6) 支撑层主要实现对仿真模型不同层次的控制,既可以组织仿真应用运行,又可以实现对公用算法层的灵活扩展、更新。

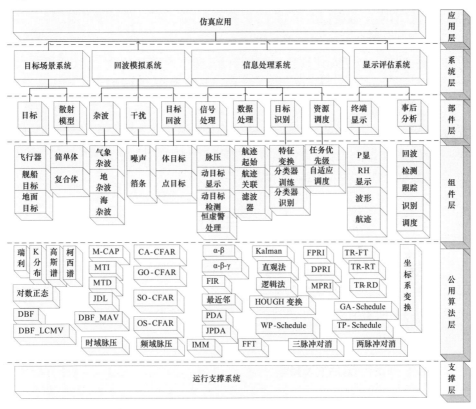

图 1-2 雷达系统层次化多粒度建模与仿真体系框架

建模仿真框架从上至下,每个层次的对象粒度由粗变细,对象内部复杂程度由高变低,对象功能也越来越分明。由于每个层次对象的粒度不同,可以实现的应用需求也不同。伴随着仿真层次加深和模型粒度细化,模型的灵活性和重用性不断增强、功能也越来越集中,并向单一化发展。这些优点有利于解决由于不同雷达的种类、型号和功能各不相同,仿真的目的也无法一概而论等困难所带来的雷达仿真复杂、难以通用的难题。

受粒度和层次的影响,模型之间有的存在横向联系,有的存在纵向关系。通过对细粒度模型进一步组合,可以构建不同层次的抽象模型,满足不同层次雷达仿真应用的需求。在模型设计阶段,采用接口与实现分离方法,其目标是通过一些预先构建的可重用组件装配更高层次部件,真正做到模型可配置、易组合。该框架采用插件式结构更易于扩展和升级,也利于用户根据具体需求进行定制。模型或仿真数据采用可扩展标记语言(Extensible Markup Language,XML)格式,有利于数据标准化。

概括来讲,雷达系统仿真作为雷达系统特性、效能分析和验证的重要数字仿真方法,通过系统仿真能够达到缩短研制、装备周期等目的,为系统设计、系统实验提供必要的理论和实验依据。正因为这些突出的作用,雷达系统仿真已广泛应用于雷达设计、生产、实验、验证以及战术使用等各个方面。由于雷达系统的多样性和仿真目的的不同,对雷达系统的仿真是一个复杂的建模和设计过程。通常,雷达模型设计主要包括目标与环境模拟、雷达回波模拟、雷达信号处理、雷达数据处理、雷达资源调度和雷达终端显示。

1.1 目标与环境模拟

场景目标建模的重点是多种目标运动模型,如高机动目标运动模型、平稳飞行运动模型、典型弹道导弹的运动模型、各类水上舰船的运动模型等。这些模型通常用于抽象描述现实中的战斗机、攻击机、预警机、反舰导弹等航空兵器的运动状态。

1.1.1 飞行器目标建模

飞行运动方程组描述飞行器的力、力矩与飞行器运动参数(如加速度、速度、位置、姿态等)之间的关系,由运动学方程、动力学方程、质量变化方程、几何关系方程、控制关系方程等组成。

1. 质心运动学方程

取原点位于飞行器质心的一动坐标系 O_{xyz},m 为飞行器的质量,F 为作用于质心处外力的合力矢量,它相对于惯性坐标系 O_{xyz}^g 有一转动角速度 ω,质心的绝对速度为 V,V_x,V_y,V_z 分别表示 V 在 O_{xyz} 上的速度投影,F_x,F_y,F_z 分别表示 $\boldsymbol{F}$ 在 O_{xyz} 上的合力投影,$\omega_x,\omega_y,\omega_z$ 分别表示 ω 在 O_{xyz} 上的角速度投影,得到一般动坐标系中质心动力学方程,可表示为

$$\begin{cases} m\left(\dfrac{\mathrm{d}V_x}{\mathrm{d}t} + V_z\omega_y - V_y\omega_z\right) = F_x \\ m\left(\dfrac{\mathrm{d}V_y}{\mathrm{d}t} + V_x\omega_z - V_z\omega_x\right) = F_y \\ m\left(\dfrac{\mathrm{d}V_z}{\mathrm{d}t} + V_y\omega_x - V_x\omega_y\right) = F_z \end{cases} \qquad (1-1)$$

式中:$\dfrac{\mathrm{d}V_x}{\mathrm{d}t},\dfrac{\mathrm{d}V_y}{\mathrm{d}t},\dfrac{\mathrm{d}V_z}{\mathrm{d}t}$ 分别表示 V 在动坐标系 O_{xyz} 上速度投影随时间的变化率;$(V_z\omega_y - V_y\omega_z),(V_x\omega_z - V_z\omega_x),(V_y\omega_x - V_x\omega_y)$ 分别表示 V 相对于动坐标系方向发生变化而产生的加速度。

2. 绕质心转动的动力学方程

设 h 为飞行器的动量矩,其在动坐标系 O_{xyz} 上的投影为 h_x,h_y,h_z,角速度 ω 在 O_{xyz} 上的角速度投影为 $\omega_x,\omega_y,\omega_z$,合外力矩 M 在 O_{xyz} 上的投影为 M_x,M_y,M_z,得到绕质心转动的动力学方程,可表示为

$$\begin{cases} \dfrac{\mathrm{d}h_x}{\mathrm{d}t} + (\omega_y h_z - \omega_z h_y) = M_x \\ \dfrac{\mathrm{d}h_y}{\mathrm{d}t} + (\omega_z h_x - \omega_x h_z) = M_y \\ \dfrac{\mathrm{d}h_z}{\mathrm{d}t} + (\omega_x h_y - \omega_y h_x) = M_z \end{cases} \qquad (1-2)$$

式中:$\dfrac{\mathrm{d}h_x}{\mathrm{d}t},\dfrac{\mathrm{d}h_y}{\mathrm{d}t},\dfrac{\mathrm{d}h_z}{\mathrm{d}t}$ 分别代表 h 在动坐标系 O_{xyz} 上动量矩投影随时间的变化率,$(\omega_y h_z - \omega_z h_y),(\omega_z h_x - \omega_x h_z),(\omega_x h_y - \omega_y h_x)$ 分别表示动量矩转换导数在 O_{xyz} 上的投影。

设 $h = (h_x,h_y,h_z),\omega = (\omega_x,\omega_y,\omega_z),\boldsymbol{i},\boldsymbol{j},\boldsymbol{k}$ 分别是 X,Y,Z 轴方向的单位矢量,则

$\omega \times h = (\omega_y h_z - \omega_z h_y)\boldsymbol{i} + (\omega_z h_x - \omega_x h_z)\boldsymbol{j} + (\omega_x h_y - \omega_y h_x)\boldsymbol{k}$,利用下列三阶行列式(1-3)表示 $\omega \times h$

$$\omega \times h = \begin{vmatrix} i & j & k \\ \omega_x & \omega_y & \omega_z \\ h_x & h_y & h_z \end{vmatrix} \qquad (1-3)$$

3. 质量变化方程

飞行器在飞行过程中,由于发动机不断地消耗燃料,飞行器质量不断减小。所以,在建立飞行器运动方程组中,还需要补充描述飞行器质量变化的方程,即

$$\frac{\mathrm{d}m}{\mathrm{d}t} = -m_c \qquad (1-4)$$

式中:$\frac{\mathrm{d}m}{\mathrm{d}t}$代表飞行器质量随时间的变化率;$m_c$代表飞行器单位时间内质量消耗量。

4. 几何关系方程组

从弹道坐标系、速度坐标系、地面坐标系和弹体坐标系之间的变换矩阵可知,它们之间的关系是由 8 个角度参数 $\gamma_V, \theta, \phi_V, \alpha, \beta, \vartheta, \phi, \gamma$ 联系起来的,如图 1-3 所示。

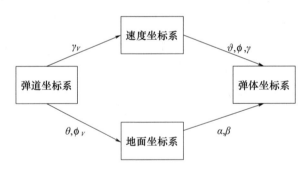

图 1-3 坐标系变换角度参量

但是,这些角度参数并不是完全独立的。例如,速度坐标系相对于地面坐标系的方位,既可以通过 γ_V, θ, ϕ_V 确定(弹道坐标系作为过渡坐标系),也可以通过 $\alpha, \beta, \vartheta, \phi, \gamma$ 来确定(单体坐标系作为过渡坐标系)。这就说明,在 8 个角度参数中,只有 5 个是独立的,其余 3 个则可以由这 5 个独立的角度参数表示,相应的 3 个表达式称为角度几何关系方程。3 个几何关系可以根据需要表示成不同形式,因此,角度几何关系方程并不是唯一的。建立角度几何关系方程,可采用球面三角、四元数和方向余弦等方法。下面利用方向余弦和有关矢量运算的知识建立得到以下 3 个角度的几何关系方程组,即

$$\begin{cases} \sin\beta = \cos\theta[\cos\gamma\sin(\phi-\phi_V)+\sin\vartheta\sin\gamma\cos(\phi-\phi_V)] - \sin\theta\cos\vartheta\sin\gamma \\ \cos\alpha = \dfrac{1}{\cos\beta}[\cos\vartheta\cos\theta\cos(\phi-\phi_V)-\sin\vartheta\sin\theta] \\ \sin\gamma_V = \dfrac{1}{\cos\beta}[\cos\gamma\cos(\phi-\phi_V)-\sin\vartheta\sin\gamma\sin(\phi-\phi_V)] \end{cases}$$

(1-5)

联立以上方程式得到几何关系方程组(1-5),在给定初始条件后,用数值积分法可以解出飞行器的飞行状态和相应的参数变化规律。

5. 起落阶段

起飞和着陆是实现一次完整飞行必须经历的两个阶段,飞机起落阶段的运动与飞机空中运动有很大不同,因此在进行目标飞行状态仿真时,也需要在起飞和降落阶段进行仿真。

飞机从起飞滑跑开始,上升到机场上空的安全距离,这一加速运动过程称为"起飞"。起飞过程分为加速滑跑和空中加速上升两个阶段。随着速度增加,飞机升力迅速增加,当速度达到离地速度 V_{l0},升力等于飞机重力时,主轮离开地面,飞机转入加速上升,当离地一定高度时,收起起落架以减小阻力,继续加速上升至安全高度,起飞过程即告结束。

飞机着陆前,先通过机场上空,然后进入降落小航线飞行,做好着陆前的各项准备工作。降落小航线包括4个转弯,一般在第二至第三个转弯期间放下起落架,在第三至第四个转弯期间飞机以一定速度下降并放下襟翼。飞机在第四个转弯后的离地高度一般不低于200m,然后对准跑道着陆点,下滑至安全高度,由此着陆开始。

飞机从安全高度处下滑过渡到地面滑跑,直至完全停止运动的整个减速运动过程,称为"着陆"。着陆过程通常近似分为下滑减速阶段和着陆滑跑阶段。下滑减速阶段,飞机从安全高度开始,发动机以慢车工作状态直线下滑,至离地5~8m,驾驶员拉杆将飞机改平,至机轮离地1m左右,保持减速平飞,直到升力不再能平衡飞机重量,飞机自行飘落,以主轮接地结束。着陆滑跑阶段,飞机接地后先以主轮开始保持两点滑跑。当速度减到一定程度时,驾驶员推杆使前轮着地,进行三点滑跑,同时使用刹车减速,直到飞机安全停止运动。

1.1.2 舰艇类目标运动模型

舰船等载体的姿态是由首摇角、横摇角和纵摇角来确定的。首摇角代表舰船前进的方向,横摇角表示舰船左右晃动的方向,纵摇角表示舰船上下晃动的角度。舰船外形是很复杂的,它在水中运动时,船舶和流体之间的作用也是很复杂的,且船舶在海上航行,受到海浪等扰动的作用时,要产生航迹的偏移和船舶的摇摆,船舶的横摇和纵摇的影响尤为严重,会影响舰船的定位精度和跟踪精度。因此,如图1-4所示,在舰船运动仿真时重点考虑海浪扰动模型、舰船运动模型等。

图1-4 舰船运动仿真框图

设计舰船类目标的计算类,将海浪扰动作为输入,舰船运动模型作为响应对象,输出为舰船的纵向和横向运动响应,建立舰船运动仿真模型。对船舶六自由度运动进行分析,推导出规则波作用下的船舶运动微分方程。分析随机海浪及海浪谱,将随机海浪看作由不同波幅和波长的单元规则波叠加而成,这样根据在规则波上的运动性能来研究舰船在不规则波上的运动性能。

1.2 雷达回波模拟

雷达回波模拟是指根据实际所处的战场环境,产生雷达所能探测目标的回波信号、杂波信号以及环境噪声信号,如图1-5所示。雷达接收信号主要考虑目标回波信号、杂波信号、噪声信号叠加。

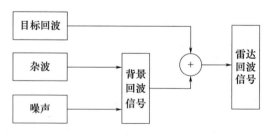

图1-5 回波信号仿真原理

1.2.1 目标回波组件模型

典型目标在不考虑几何外形时,通常被视作点目标,点目标的回波产生过程如图1-6所示。

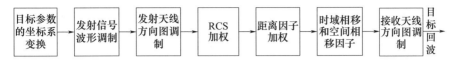

图1-6 点目标的仿真过程

在天线阵面方向余弦坐标系,点目标在雷达的第 n 列子阵、第 k 个脉冲的回波模型可表示为

$$s(n,k,\theta,\varphi) = \left[\frac{P_t G_t G_{r,n} \lambda^2 \sigma}{(4\pi)^3 L}\right]^{1/2} \times \frac{F_t(\theta,\varphi) F_{r,n}(\theta,\varphi)}{R^2} \times e^{-j4\pi R/\lambda} \times e^{-j(\Phi_{s,n}+\Phi_{t,k})}$$

(1-6)

式中: θ,φ 分别为目标的方位角和俯仰角; P_t 为峰值发射功率; λ 为雷达载波波长; L 为传播与系统损耗因子; σ 为目标的雷达散射体截面积; R 为目标与雷达之间的距离; $G_t, F_t(\theta,\varphi)$ 分别为发射天线的功率增益和方向图; $G_{r,n}, F_{r,n}(\theta,\varphi)$ 为第 n 列子阵接收天线的功率增益和方向图; $\Phi_{s,n}$ 为第 n 列子阵的空间相移; $\Phi_{t,k}$ 为第 k 次回波的时域相移。

对于低空目标,还需考虑多径效应,如图1-7所示,雷达天线从 A 点向外辐射电磁波, B 点处为目标,电磁波在传输过程中既存在 A 到 B 点直达波 R_d ,又存在从 A 点经中间物(如山丘等)反射后到达 B 点的多路经反射电磁波,这就是对低空目标探测出现的多径效应。

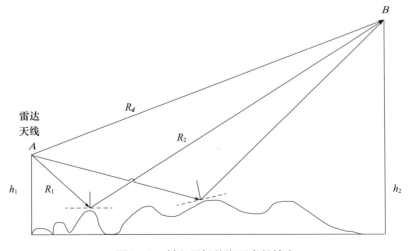

图1-7 低空目标的海面多径效应

1.2.2 杂波组件模型

如图1-8所示,典型的杂波模型生成过程可以描述为:利用网格映象法,根据雷达分辨单元大小及有效作用距离,将海(地、空)表面按距离、方位向划分成网格状的杂波单元,每个杂波单元视为一个点散射体,考虑载机运动航迹和姿态变化及天线机扫的影响,将杂波单元从载机地理方位坐标系变换到阵面方位坐标系中,对有效的单元进行杂波仿真,所有这些单元回波的叠加,构成总的杂波回波信号。

图1-8 雷达杂波信号仿真原理

上述过程的重点是单元杂波仿真过程,其原理如图1-9所示。

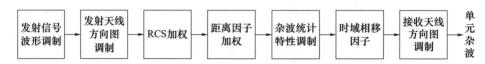

图1-9 单元杂波信号仿真原理

杂波单元在第n个列子阵中的第k次采样的回波可表示为

$$s_l(n,k,\theta_i,\varphi_l) = \left[\frac{D_u P_t G_t G_{r,n} \lambda^2 \sigma_c}{(4\pi)^3 L_c}\right]^{\frac{1}{2}} \times \frac{F_t(\theta_i,\varphi_l) F_{r,n}(\theta_i,\varphi_l)}{R_l^2} \times$$
$$e^{-j4\pi R_l/\lambda} \times e^{-j(\Phi_{s,n}+\Phi_{t,k})} \times x_k(\theta_i,\varphi_l) \quad (1-7)$$

式中:θ_i,φ_l为第i个方位角和第l个俯仰角;P_t为峰值发射功率;D_u为压缩比;L_c为系统的杂波损耗因子;λ为雷达载波波长;σ_c为雷达散射体截面积;R_l为第l号单元距离;$G_t,F_t(\theta_i,\varphi_l)$分别为发射天线的功率增益和方向图;$G_{r,n},F_{r,n}(\theta_i,\varphi_l)$为第$n$列子阵接收天线的功率增益和方向图;$\Phi_{s,n}$为第$n$列子阵的空间相移;$\Phi_{t,k}$为第$k$次回波的时域相移;$x_k(\theta_i,\varphi_l)$为符合杂波幅度分布模型和功率谱模型的复随机序列。

1.2.3 噪声组件模型

雷达系统的噪声包括从天线进入的噪声和接收机本身的噪声。在微波波段,接收机输出端的噪声通常源自接收机自身,而不是从天线进入的外部噪声。接收机噪声模型可以表示为一个服从均值为 0,方差为 σ_n^2 的正态分布的随机过程。方差 σ_n^2 为噪声的平均功率,可表示为

$$\sigma_n^2 = kT_0 F_n B_n \qquad (1-8)$$

式中:k 为玻耳兹曼常数;T_0 为参考温度;F_n 为噪声系数;B_n 为等效噪声带宽。

1.2.4 干扰组件模型

干扰模型用以实现对实际战场下所出现的各种干扰信号进行仿真数据生成的功能。从干扰的特性来说,雷达平台所需处理的干扰类型主要分为压制性干扰和欺骗性干扰。压制性干扰是通过干扰机对雷达探测频段进行大功率辐射能量,从而施加对目标回波信号的干扰。欺骗性干扰通过施加欺骗性信号实现对目标在距离上和速度上的干扰,从而达到欺骗雷达的目的。如图 1-10 所示,干扰模块建模时主要考虑压制性干扰、距离欺骗性干扰、速度欺骗性干扰、干扰参数设定和干扰数据输出等内容。

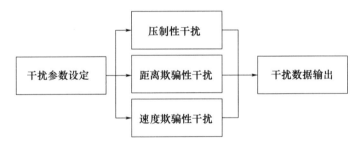

图 1-10 干扰模型整体结构

表 1-1 和表 1-2 分别描述距离欺骗、速度欺骗两种干扰模型的外部接口。

表 1-1 距离欺骗模型外部接口明细

模型名称	外部接口	
距离欺骗干扰模型	参数设置	干扰频率:输出干扰回波的频率参数 干扰幅度:输出干扰回波的幅度 距离欺骗形式:所选择的距离欺骗形式
	结果输出	欺骗干扰回波:所产生的距离欺骗干扰回波数据

表1-2 速度欺骗模型外部接口明细

模型名称	外部接口	
速度欺骗干扰模型	参数设置	干扰速度偏移量:所需要产生的干扰速度偏移量大小 原有速度:目标速度大小
	结果输出	欺骗干扰回波:输出速度干扰回波数据

1.3 雷达信号处理

雷达信号处理主要包括脉冲压缩(PulseCompression,PC)处理、空时自适应处理(Space Time Adaptive Processing,STAP)、虚警概率不变(Constant False Alarm Rate,CFAR)处理、数字波束形成(Digital Beam Forming,DBF)处理、常规脉冲多普勒(Pulse Doppler,PD)等通用算法模型。

1.3.1 脉冲压缩组件模型

频域脉冲压缩和时域脉冲压缩不同之处在于实现卷积的方式不同。频域处理是先用快速傅里叶变换(Fast Fourier Transform,FFT)计算数字回波信号的频谱 $x(n)$,再将其与加权 $w(n)$ 后的匹配滤波器的频响 $h(n)$ 相乘,最后进行快速傅里叶反变换(Inverse Fast Fourier Transform,IFFT),得到脉压结果 $y(n)$。频域处理过程可表示为

$$y(n) = x(n) * [h(n) \times w(n)] \\ = \text{IFFT}\{\text{FFT}[x(n)] \times (\text{FFT}[h(n)] \times w(n))\} \tag{1-9}$$

图1-11描述了频域数字脉压匹配滤波器的实现过程:

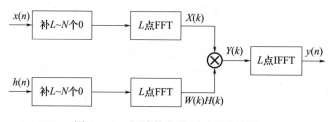

图1-11 频域数字脉压匹配滤波器

表1-3描述了脉冲压缩模型的外部接口。

表1-3 脉冲压缩模型外部接口明细

模型名称		外部接口
脉压模型	参数设置	发射信号($1 \times m\_p$维复矩阵,m_p为线性调频信号采样点数)、脉压信号带宽、采样频率、脉压窗函数类型
	信号输入	待处理全脉压回波区域信号,通常采用$NK \times L$维复矩阵表示,L为全脉压回波所占据的距离单元数
	结果输出	全脉压回波区域单元范围的脉压结果信号,通常采用$NK \times L$维复矩阵表示

1.3.2 空时二维自适应滤波组件模型

机载雷达的地物杂波呈现为空时二维耦合谱特性,可充分利用空域和时域信息通过空时二维滤波来抑制杂波。杂波在空时二维平面内成斜线或椭圆形分布,其强度远大于目标信号,在相控阵天线很难实现超低副瓣的情况下,常规的空时级联处理无法有效抑制这种杂波,必须利用空时二维自适应处理。空时自适应处理既可实现与复杂外界环境的有效匹配,同时又在一定程度上补偿了系统误差的影响,因而大大改善了系统的性能。STAP结构如图1-12所示。

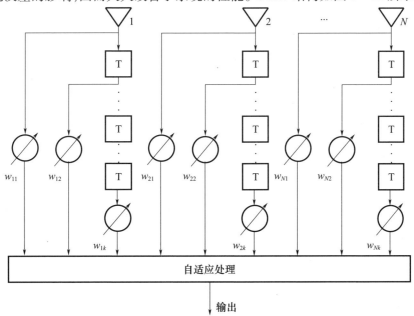

图1-12 空时二维自适应处理的结构

鉴于采样样本数有限和计算复杂度的考虑,实际工程中应采用固定结构降维 STAP。降维处理可等效成采样数据矢量 X 通过一个 $NK \times M_r$ 的降维矩阵 B_r 的线性变换过程。其中,NK 和 M_r 分别表示降维前后数据的维数,降维后的数据矢量 x_r 与降维前的数据矢量 X、降维后的信号导向矢量 s_r 与降维前的信号导向矢量 s 之间关系可表示为

$$\begin{cases} x_r = B_r^H x \\ s_r = B_r^H s \end{cases} \quad (1-10)$$

降维后杂波协方差矩阵可表示为

$$R_r = E\{x_r x_r^H\} = B_r^H R B_r \quad (1-11)$$

根据线性约束最小方差(Linear Constraint Minimum Variance,LCMV)准则,降维 STAP 可表示为如下最优化问题:

$$\begin{cases} \min_{w_r} w_r^H R_r w_r \\ \text{s.t. } w_r^H s_r = 1 \end{cases} \quad (1-12)$$

相应的最优权矢量表示为

$$w_r = \mu_r R_r^{-1} s_r \quad (1-13)$$

式中:$\mu_r = 1/(s_r^H R_r^{-1} s_r)$ 为一常数。

最大输出信杂噪比表示为

$$\text{SCNR}_{or} = |b|^2 s_r^H R_r^{-1} s_r = |b|^2 s^H B_r (B_r^H R B_r)^{-1} B_r^H s \quad (1-14)$$

对应改善因子表示为

$$\text{IF}_r = \frac{\text{SCNR}_{or}}{\text{SCNR}_i} = (s_r^H R_r^{-1} s_r)(\text{CNR}_i + 1)\sigma_n^2 \quad (1-15)$$

典型的固定结构降维 STAP 包括两种处理方法:多通道联合自适应(Multi-Channel Adaptive Processing,M-CAP)方法、局域联合(Local Joint,LJ)方法。

1. M-CAP 方法

M-CAP 是一种阵元-多普勒时域降维 STAP 方法,其原理描述如下:首先进行时域加权离散傅里叶变换(Discrete Fourier Transformation,DFT)滤波,减少杂波在时域上的自由度。其次,将待测主通道及其紧邻左右两侧几个多普勒通道一起进行降维空时自适应处理。M-CAP 方法在性能、计算量、复杂度、误差敏感性等方面具有较强的综合性能,是一种具有较大工程应用价值的方法。M-CAP 方法结构框图如图 1-13 所示。

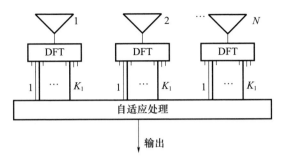

图 1-13 多通道联合自适应处理结构框图

假设 $Y(k)$ 和 $Y(A_j)$ 分别代表主通道矢量和第 j 个辅助通道矢量,可表示为

$$Y(k) = (I_N \otimes W_{tk})^T X$$
$$Y(A_j) = (I_N \otimes W_{tA_j})^T X \quad (1-16)$$

式中: $W_{tk}, W_{tA_j}(j=1,2,\cdots,L)$ 分别为第 k 个时域权和第 A_j 个多普勒单元的权。

定义新的矢量 $Z(k)$,可表示为

$$Z(k) = [Y^T(k) \quad Y^T(A_1) \quad \cdots \quad Y^T(A_L)]^T \quad (1-17)$$

二次协方差矩阵可表示为

$$R_Z = E[Z(k)Z(k)^H] \quad (1-18)$$

式中:H 为共轭转置。

根据线性约束最小功率输出,构建以下优化问题:

$$\begin{cases} \min & W_Z^H R_Z W_Z \\ \text{s. t.} & W_Z^H S_Z = 1 \end{cases} \quad (1-19)$$

式中: S_Z 为二维空时导向矢量,可得

$$S_Z = [S_S^T(\psi_0) \quad g_1 S_S^T(\psi_0) \quad \cdots \quad g_L S_S^T(\psi_0)]^T \quad (1-20)$$

式中: $g_j(j=1,2,\cdots,L)$ 为常数,且有

$$g_j = \frac{W_{tj}^H S_t(f_{dk})}{W_{tk}^H S_t(f_{dk})} \quad (1-21)$$

因此,最优权可表示为

$$W_z = \frac{R_z^{-1} S_z}{S_Z^H R_Z S_Z} \quad (1-22)$$

2. LJ 方法

LJ 方法首先将空时二维数据 X 经二维离散傅里叶变换转到角度 - 多普勒

域,其次选择感兴趣的局域,并根据某个准则自适应处理。这个方法的关键在于选择局域的大小,其结构框图如图 1-14 所示。

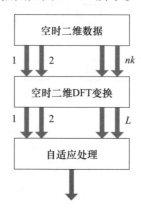

图 1-14 LJ 方法结构框图

设 W_{si} 和 W_{tj} 分别表示第 i 个波束与第 j 个多普勒通道的权矢量,可表示为

$$W_{si} = W_q S_s(\psi_i)$$
$$W_{tj} = H_q S_t(f_{dj})$$
(1-23)

式中:W_q 和 H_q 分别为空域、时域静态权矢量。

空时二维接收数据经二维 DFT 变换,变换到角度 - 多普勒域,可表示为

$$Y(i,j) = (W_{si} \otimes W_{tj})^H X \quad (1-24)$$

因此,经二维 DFT 变换后的二次数据构成的协方差矩阵 R_Y 可以表示为

$$R_Y = (W_{si} \otimes W_{tj})^H R_X (W_{si} \otimes W_{tj}) \quad (1-25)$$

根据最小功率输出准则进行自适应处理,得到主波束指向为 ψ_i,第 j 个多普勒通道的二维最优权矢量表示为

$$W = \mu R_Y^{-1} S \quad (1-26)$$

式中:μ 为常数;S 为二维导向矢量,可表示为

$$S = \begin{bmatrix} W_{si} \otimes W_{tj} \\ W_{si} \otimes W_{t(j-1)} \\ W_{si} \otimes W_{t(j+1)} \\ \vdots \\ W_{sL} \otimes W_{tj} \\ W_{sL} \otimes W_{t(j-1)} \\ W_{sL} \otimes W_{t(j+1)} \end{bmatrix} \quad (1-27)$$

第1章 雷达基础理论

表1-4描述了给出M-CAP模型的外部接口。

表1-4 M-CAP模型外部接口明细

模型名称		外部接口
M-CAP模型	参数设置	N:天线阵元方位向个数 K:时域采样脉冲数 Lmd:发射载波波长 d_Az:方位向阵元间距 DL_value:对角加载值 $az0\_el0$:期望接收波束的方位角、俯仰角参数(2×1维实矩阵) W_s:空域导向矢量静态权($N×1$维实矩阵,N为方位向上阵元个数) W_t:各列矢量FFT的加权矢量($K×1$维实矩阵,K为时域脉冲数) q:时域方向的主、辅助通道总数为$2q+1$ $section\_length$:STAP处理段的段长
	信号输入	$Data\_PC$:回波数据($NK×L$维复矩阵,L为距离单元数;N为回波空域维数,K时域脉冲数)
	结果输出	P_out:STAP处理后剩余功率输出($K×L$维复矩阵,K为时域采样脉冲数,L为距离单元数)

表1-5描述了LJ模型的外部接口。

表1-5 LJ模型外部接口明细

模型名称		外部接口
LJ模型	参数设置	N:天线阵元方位向个数 K:时域采样脉冲数 Lambda:发射载波波长 d_Az:方位向阵元间距 DL_value:对角加载值 $az0\_el0$:期望接收波束的方位角、俯仰角参数(2×1维实矩阵) W_s:空域导向矢量静态权($N×1$维实矩阵,N为方位向上阵元个数) W_t:各列矢量FFT的加权矢量($K×1$维实矩阵,K为时域脉冲数) P:空域方向的主、辅助通道总数为$2p+1$ q:时域方向的主、辅助通道总数为$2q+1$ $section\_length$:STAP处理段的段长
	信号输入	$Data\_PC$:回波数据($NK×L$维复矩阵,L为距离单元数,与脉内采样点数和最大不模糊距离单元数相关;N为回波空域维数,K为时域脉冲数)
	结果输出	P_out:STAP处理后剩余功率输出($K×L$维复矩阵,K为时域采样脉冲数,L为距离单元数)

1.3.3 恒虚警率处理组件模型

在动目标检测过程中,为了获得较好的检测性能,一般要尽可能调整检测门限。若检测门限过低,会使噪声峰值超过门限,出现虚警。为了保持恒定的虚警概率,使处理机不至于因虚警太多而过载,则在接收噪声电平发生变化时,需要随噪声能量设置门限电平,从而使虚警概率不变,这就是恒虚警率处理。CFAR 检测器原理框图如图 1 – 15 所示,α 为门限因子,参考单元数 $N = 2n$,可以在检测单元两边空出数个单元作为保护单元,以避免目标本身对门限的影响。

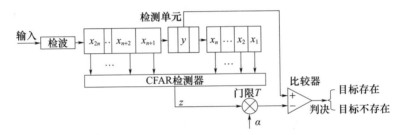

图 1 – 15 CFAR 检测器原理框图

CFAR 检测器包括单元平均 CFAR 检测器、两侧单元平均选大(小)(Greater Order,GO 或 Smaller Order,SO)CFAR 检测器、排序统计 CFAR(Order Statistical CFAR,OS – CFAR)检测器。

1. 单元平均 CFAR 检测器

对低分辨雷达来说,海浪、云雨等分布杂波可以看作许多独立照射单元回波的叠加,则杂波包络的分布接近瑞利分布,其概率密度函数表示为

$$p(x) = x/\sigma^2 \exp(-x^2/2\sigma^2) \tag{1-28}$$

式中:σ 为均方差,均值 $M(x) = \sqrt{\pi/2}\sigma$。

将输入杂波对均值归一化,令 $y = x/\sqrt{\pi/2}\sigma$,则 $x = \sqrt{\pi/2}\sigma \cdot y = h(y)$,可得

$$p(y) = p(h(y)) \cdot |h'(y)| = y/(2/\pi)\exp(-y^2/(4/\pi)) \tag{1-29}$$

从式(1-29)可以看出,输出 y 与 σ 无关,即与输入杂波强度无关,实现了恒虚警。

根据上述原理,用于检测包络服从瑞利分布的杂波环境的单元平均恒虚警处理(Cell Average CFAR,CA – CFAR)的实现框图如图 1 – 16 所示。

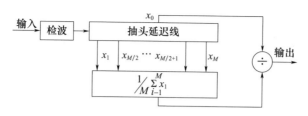

图 1-16 单元平均 CFAR 检测器原理框图

图 1-16 中,中心的距离单元是被检测单元,左右两边各有 $M/2$ 个距离单元作为参考单元。假设每个距离单元的杂波具有同一分布、方差相同,对被检测单元 x_0 左右的参考单元中的数值求和,得到杂波均值的估计值 $\hat{M}(x)$,可表示为

$$\hat{M}(x) = \frac{1}{M}\sum_{i=1}^{M} x_i \qquad (1-30)$$

用这个均值的估计值对被检测单元 x_0 做归一化,得到与杂波强度无关的数值,因此,实现了恒定的虚警率。

2. 两侧单元平均选大(小)CFAR 检测器

单元平均恒虚警在均匀的杂波环境下有较好的检测性能,但在杂波边缘和有干扰目标的情况下,检测性能就会明显下降。GO-CFAR 检测器在杂波边缘情况下能保持很好的检测性能,只有很小的附加损失(0.1~0.3dB),但在有干扰目标的情况下,其检测性能下降比 CA-CFAR 更显著。

为了提高在近距离干扰背景下恒虚警检测的分辨率,又提出了两侧单元平均选小检测器,其检测性能对于干扰强度不敏感。即使干扰强度很大,它也能保持较好的检测性能,但是参考单元数目 M 和恒虚警率 P_{fa} 对 SO-CFAR 恒虚警损失有很大影响。GO-CFAR 和 SO-CFAR 检测器原理框图如图 1-17 所示。

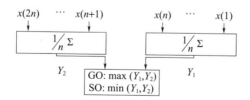

图 1-17 GO-CFAR 和 SO-CFAR 检测器原理框图

3. 排序统计 CFAR 检测器

OS-CFAR 对平方律检波器输出的数据送入 CFAR 处理器,并取出 M 个参

考单元,参考单元中的数据按大小排序,序列可表示为

$$z_1 \leq z_2 \leq \cdots \leq z_k \leq \cdots \leq z_M \qquad (1-31)$$

从序列中选取第 k 个数 z_k 作为杂波功率的估计,用它乘以门限因子 α 后作为自适应检测门限 Z_T:

$$Z_T = \alpha z_k \qquad (1-32)$$

OS-CFAR 检测器的原理框图如图 1-18 所示。

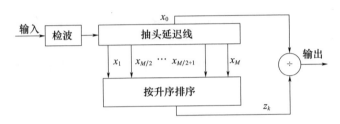

图 1-18 OS-CFAR 检测器的原理框图

表 1-6 ~ 表 1-9 分别描述 CA-CFAR、GO-CFAR、SO-CFAR 和 OS-CFAR 等模型外部接口。

表 1-6 CA-CFAR 模型外部接口明细

模型名称		外部接口
CA-CFAR 模型	参数设置	arfa:检测门限值 rs:相邻[-rs,rs]距离单元算作同一个目标 D2:参考距离单元数 target_max:最大目标数
	信号输入	Mtd_S:$K \times L$ 复矩阵,K 为时域脉冲数,L 为距离单元数
	结果输出	ycfar:$K \times L$ 实矩阵,K 为时域脉冲数,L 为距离单元数

表 1-7 GO-CFAR 模型外部接口明细

模型名称		外部接口
GO-CFAR 模型	参数设置	arfa:检测门限值 rs:相邻[-rs,rs]距离单元算作同一个目标 D2:参考距离单元数 target_max:最大目标数
	信号输入	Mtd_S:$K \times L$ 复矩阵,K 为时域脉冲数,L 为距离单元数
	结果输出	ycfar:$K \times L$ 实矩阵,K 为时域脉冲数,L 为距离单元数

表1-8 SO-CFAR模型外部接口明细

模型名称	外部接口	
SO-CFAR模型	参数设置	arfa:检测门限值 rs:相邻的[-rs,rs]的距离单元算作同一个目标 D2:参考距离单元数 target_max:最大目标数
	信号输入	Mtd_S:$K \times L$复矩阵,K为时域脉冲数,L为距离单元数
	结果输出	ycfar:$K \times L$实矩阵,K为时域脉冲数,L为距离单元数

表1-9 OS-CFAR模型外部接口明细

模型名称	外部接口	
OS-CFAR模型	参数设置	arfa:检测门限值 rs:相邻的[-rs,rs]的距离单元算作同一个目标 D2:参考距离单元数 target_max:最大目标数 k:选取第k个参考单元作为杂波功率的估计,用它乘以门限因子后作为自适应检测门限
	信号输入	Mtd_S:$K \times L$复矩阵,K为时域脉冲数,L为距离单元数
	结果输出	ycfar:$K \times L$实矩阵,K为时域脉冲数,L为距离单元数

1.3.4 数字波束形成组件模型

数字波束形成是将传统相控阵雷达中射频复加权移至数字基带上的波束形成技术,它把对阵列的衰减器和移相器的控制变成了直接对数字信号进行加权运算(空域滤波)。这些权值可以是静态权矢量,从而形成常规数字波束形成算法;还可以根据阵元采样数据,运用某种自适应方法计算获得,使接收波束具有特定的形状和期望的零点,即自适应DBF技术(Adaptive DBF,ADBF)。子阵级数字波束形成是将阵列中天线阵元按照一定的规则分成若干个子阵,每个子阵形成一个接收通道,如图1-19所示。

设K表示一个相干处理间隔内的脉冲数,第n个子阵第k次快拍的数据为$x(n,k)$,第k个脉冲的阵列数据矢量表示为

$$\boldsymbol{x}_{(s)}(k) = [x(1,k), x(2,k), \cdots, x(N,k)]^{\mathrm{T}} \qquad (1-33)$$

则K次快拍形成的$N \times K$维数据矩阵表示为

$$\boldsymbol{x} = [\boldsymbol{x}_{(s)}(1), \boldsymbol{x}_{(s)}(2), \cdots, \boldsymbol{x}_{(s)}(K)] \qquad (1-34)$$

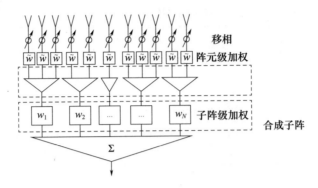

图1-19 子阵级数字波束形成示意图

1. 常规 DBF 技术

常规 DBF 实质上是采用静态权值进行空间滤波,设波束指向为 ψ_0,波束形成系数表示为

$$B(\psi_0) = w_q \otimes S(\psi_0) \qquad (1-35)$$

式中:$\otimes$ 为 Hadamard 积;$w_q = [w_1, w_2, \cdots, w_N]$ 为 N 维空域静态权矢量;$S(\psi_0)$ 为目标的空域导向矢量。

第 k 次快拍数据经 DBF 处理后的输出结果为

$$y(k) = B^H(\psi_0) x_{(s)}(k) \qquad (1-36)$$

2. 自适应 DBF 技术

自适应波束形成是一种最优滤波过程,采用准则有最小均方差准则(Minimum Variance Criterion,MVC)、线性约束最小方差准则(Linear Constraint Minimum Variance Criterion,LCMVC)。

1)最小均方差准则

设阵列的期望输出信号为 $d(k)$,而阵列的实际输出信号为 $y(k) = w^H \tilde{x}_{(s)}(k)$,则误差信号 $e(k) = y(k) - d(k)$,其均方值为

$$\sigma(W) = E\{|e(k)|^2\} \qquad (1-37)$$

对式(1-37)求导,可得到使 $\sigma(W)$ 最小的最优权矢量 w_{opt} 为

$$w_{opt} = R_x^{-1} r_{xd} \qquad (1-38)$$

式中:$R_x = E\{\tilde{x}_{(s)}(k) \tilde{x}_{(s)}^H(k)\}$ 为阵列接收数据 $\tilde{x}_{(s)}(k)$ 的自相关矩阵;$r_{xd} = E\{\tilde{x}_{(s)}(k) d^*(k)\}$ 为阵列接收数据和期望输出信号的互相关矢量。

利用采样协方差矩阵求逆,通过最大似然估计得到 $\hat{R}_x$ 和 $\hat{r}_{xd}$,分别表示为

$$\hat{\boldsymbol{R}}_x = \frac{1}{K}\sum_{k=1}^{K} \tilde{\boldsymbol{x}}_{(s)}(k) \tilde{\boldsymbol{x}}_{(s)}^{\mathrm{H}}(k) \qquad (1-39)$$

$$\hat{\boldsymbol{r}}_{xd} = \frac{1}{K}\sum_{k=1}^{K} \tilde{\boldsymbol{x}}_{(s)}(k) d^{*}(k) \qquad (1-40)$$

进一步地,滤波输出 $y(k)$ 可表示为

$$y(k) = \boldsymbol{w}^{\mathrm{H}} \tilde{\boldsymbol{x}}_{(s)}(k) \qquad (1-41)$$

2) 线性约束最小方差准则

线性约束的最优化问题可表示为

$$\begin{cases} \min_{\boldsymbol{w}} \boldsymbol{w}^{\mathrm{H}} \boldsymbol{R}_x \boldsymbol{w} \\ \text{s. t. } \boldsymbol{w}^{\mathrm{H}} \boldsymbol{S}(\psi_0) = 1 \end{cases} \qquad (1-42)$$

其物理意义是在保证系统对目标信号增益不变的前提下,使系统输出的杂噪功率剩余最小。求解得到的最优权矢量可表示为

$$\boldsymbol{w} = \mu \boldsymbol{R}_x^{-1} \boldsymbol{S}(\psi_0) \qquad (1-43)$$

式中:$\mu = 1/(\boldsymbol{S}^{\mathrm{H}}(\psi_0) \boldsymbol{R}_x^{-1} \boldsymbol{S}(\psi_0))$ 为常数,当 μ 取任何不为 0 常数值时,都不影响输出信噪比和阵列方向图。

同时,式(1-42)为单约束条件。

对于多约束条件可写成

$$\boldsymbol{C}^{\mathrm{H}} \boldsymbol{w} = \boldsymbol{F} \qquad (1-44)$$

式中:$\boldsymbol{C}$ 为 $N \times L$ 阶约束矩阵;$\boldsymbol{F}$ 为 $L \times 1$ 阶约束值矢量。

更一般的 LCMVC 可表示为

$$\begin{cases} \min_{\boldsymbol{W}} \boldsymbol{w}^{\mathrm{H}} \boldsymbol{R}_x \boldsymbol{w} \\ \text{s. t. } \boldsymbol{w}^{\mathrm{H}} \boldsymbol{C} = \boldsymbol{F} \end{cases} \qquad (1-45)$$

其最优解为

$$\boldsymbol{w} = \boldsymbol{R}_x^{-1} \boldsymbol{C} (\boldsymbol{C}^{\mathrm{H}} \boldsymbol{R}_x^{-1} \boldsymbol{C})^{-1} \boldsymbol{F} \qquad (1-46)$$

式中:采样协方差矩阵利用采样矩阵求逆(Sample Matrix Znversion,SMI)算法,通过最大似然估计得到 $\hat{\boldsymbol{R}}_x$,可表示为

$$\hat{\boldsymbol{R}}_x = \frac{1}{K}\sum_{k=1}^{K} \boldsymbol{x}_{(s)}(k) \boldsymbol{x}_{(s)}^{\mathrm{H}}(k) \qquad (1-47)$$

DBF 的滤波输出可表示为

$$y(k) = \boldsymbol{w}^{\mathrm{H}} \boldsymbol{x}_{(s)}(k) \qquad (1-48)$$

表 1-10、表 1-11 和表 1-12 分别描述了 DBF、DBF_MVC 和 DBF_LCMVC

三种数字波束形成模型的外部接口。

表 1-10　DBF 模型外部接口明细

模型名称	外部接口	
DBF 模型	参数设置	W_s：空域导向矢量静态权（$N \times 1$ 维实矩阵，N 为方位向上阵元个数） S：目标的空域导向矢量（$N \times 1$ 维复矩阵，N 为方位向上阵元个数）
	信号输入	Data_PC：$KN \times L$ 复矩阵，N 为阵元数，K 为时域脉冲数，L 为距离单元数
	结果输出	P_out：$K \times L$ 复矩阵，K 为时域脉冲数，L 为距离单元数

表 1-11　DBF_MVC 模型外部接口明细

模型名称	外部接口	
DBF_MVC 模型	参数设置	d：阵列的期望输出信号（$K \times 1$ 维复矩阵，K 为时域脉冲数） W_s：空域导向矢量静态权（$N \times 1$ 维实矩阵，N 为方位向上阵元个数） S：目标的空域导向矢量（$N \times 1$ 维复矩阵，N 为方位向上阵元个数）
	信号输入	Data_PC：$KN \times L$ 复矩阵，N 为阵元数，K 为时域脉冲数，L 为距离单元数
	结果输出	P_out：$K \times L$ 复矩阵，K 为时域脉冲数，L 为距离单元数

表 1-12　DBF_LCMVC 模型外部接口明细

模型名称	外部接口	
DBF_LCMVC 模型	参数设置	F：约束值矢量（$L \times 1$ 维实矩阵，L 为距离单元数） C：约束矩阵（$N \times L$ 维实矩阵，N 为阵元数，L 为距离单元数） W_s：空域导向矢量静态权（$N \times 1$ 维实矩阵，N 为方位向阵元个数） S：目标的空域导向矢量（$N \times 1$ 维复矩阵，N 为方位向上阵元个数）
	信号输入	Data_PC：$KN \times L$ 复矩阵，N 为阵元数，K 为时域脉冲数，L 为距离单元数
	结果输出	P_out：$K \times L$ 复矩阵，K 为时域脉冲数，L 为距离单元数

1.3.5　常规脉冲多普勒处理组件模型

常规脉冲多普勒处理包括动目标显示（Moving Target Indication，MTI）、动目标检测（Moving Target Detection，MTD）。

MTI 是基于回波多普勒信息而区分运动目标与固定目标（包括低速运动的杂波等）。

PD 雷达为了抑制杂波并保持各种不同速度(不同多普勒频率)的目标回波,通过将对消滤波器的凹口对准杂波的多普勒中心频率而实现。

MTD 是 MTI 的改进或更有效的频域处理技术,利用窄带多普勒滤波器组将目标和杂波分离。MTD 信号处理采用批处理,一次对一个相干处理间隔的一组相干脉冲处理。MTD 处理技术的优势有:

(1)完善滤波器的频率特性,使其更接近最佳匹配滤波器,以提高改善因子。

(2)能检测出强地物杂波中的低速运动目标,甚至是切向飞行的大目标。

(3)能消除平均多普勒频率为零的固定杂波,能抑制慢速运动杂波,如气象、鸟群等杂波。

1. MTI

MTI 一般采用对消法。对消有两脉冲对消、三脉冲对消等形式,通过非递归滤波器实现。

两脉冲固定对消可表示为

$$y(n) = x(n) - e^{-j\omega_d} x(n-1) \qquad (1-49)$$

三脉冲固定对消可表示为

$$y(n) = x(n) - 2e^{-j\omega_d} x(n-1) + e^{-2j\omega_d} x(n-2) \qquad (1-50)$$

式中:ω_d 为主杂波中心归一化角频率。

两脉冲对消器、三脉冲对消器的实现结构如图 1-20 所示。

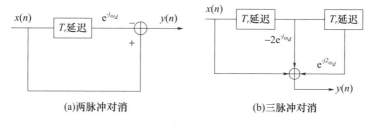

(a)两脉冲对消　　　　　　　(b)三脉冲对消

图 1-20　两脉冲和三脉冲对消示意图

2. MTD

MTD 通常可直接利用有限长单位冲激响应(Finite Impulse Response,FIR)滤波器组来实现,也可以采用 FFT 方法来实现。利用 FIR 滤波器实现 MTD 处理流程如图 1-21 所示,具有 N 个输出的横向滤波器,经过各脉冲不同加权及求和后,可做成 N 个相邻窄带滤波器组,且该滤波器组的频率覆盖范围为 $0 \sim f_r$

(f_r 为脉冲重复频率)。

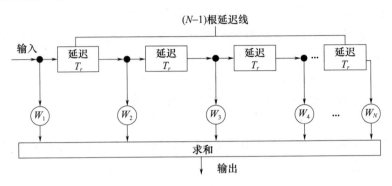

图 1-21 基于 FIR 的 MTD 处理流程

图 1-21 中:横向滤波器具有 $N-1$ 根延迟线,且每根延迟线的延迟时间为 T_r(脉冲重复周期),且 $T_r = 1/f_r$,则加在 N 个输出头的权值可表示为

$$W_{ik} = w_i \mathrm{e}^{-\mathrm{j}[2\pi(i-1)k/N]}, i = 1, 2, \cdots, N \tag{1-51}$$

式中:i 为第 i 个抽头;w_i 为压低旁瓣的静态加权值;每个 k 值对应一组不同的加权值 W_{ik},即对应于一个不同的多普勒滤波器响应。横向滤波器的加权求和也可以利用快速傅里叶变换的算法来完成,即用 N 点傅里叶变换实现 N 个滤波器。

表 1-13 和表 1-14 分别描述了两脉冲对消、三脉冲对消 MTI 模型的外部接口,表 1-15 描述了 MTD 模型的外部接口。

表 1-13 两脉冲对消 MTI 模型外部接口明细

模型名称	外部接口	
2 脉冲对消 MTI 模型	参数设置	Wf:各距离单元主瓣杂波中心频率的极值
	信号输入	Datas_PC:$K \times L$ 复矩阵,K 为时域脉冲数,L 为距离单元数
	结果输出	Datas_MTI:$(K-1) \times L$ 复矩阵,K 为时域脉冲数,L 为距离单元数

表 1-14 三脉冲对消 MTI 模型外部接口明细

模型名称	外部接口	
3 脉冲对消 MTI 模型	参数设置	Wf:$1 \times L$ 复矩阵,各距离单元主瓣杂波中心频率极值,L 为距离单元数
	信号输入	Datas_PC:$K \times L$ 复矩阵,K 为时域脉冲数,L 为距离单元数
	结果输出	Datas_MTI:$(K-2) \times L$ 复矩阵,K 为时域脉冲数,L 为距离单元数

表 1-15　MTD 模型外部接口明细

模型名称	外部接口	
MTD 模型	参数设置	$W:K\times1$ 实矩阵，K 为时域脉冲数，存放 MTD 加权矢量
	信号输入	Datas_PC:$K\times L$ 复矩阵，K 为时域脉冲数，L 为距离单元数
	结果输出	A_OUT:$K\times L$ 复矩阵，K 为时域脉冲数，L 为距离单元数

1.4 雷达数据处理

1.4.1 航迹起始组件模型

航迹起始算法主要有两类：一类是顺序处理技术，即通过一定的算法对每个时刻的数据分别进行处理；另一类是批处理技术，即通过一定的算法直接对一定时刻内的所有数据一起进行处理。典型的航迹起始算法主要有基于顺序处理的直观法和逻辑法，以及基于批处理的 Hough 变换法。

1. 直观法

假设 $r_i(i=1,2,\cdots,N)$ 为第 i 次获得的位置观测值，$t_i(i=1,2,\cdots,N)$ 为第 i 次获得的观测时间，则这 N 次扫描中任意 M 次量测，满足下列条件，即认为起始一条航迹。

（1）量测或估计的速度介于目标最小速度 $V_{\min}$ 和最大速度 $V_{\max}$ 之间，可表示为

$$V_{\min} \leqslant \left|\frac{\boldsymbol{r}_i - \boldsymbol{r}_{i-1}}{t_i - t_{i-1}}\right| \leqslant V_{\max} \tag{1-52}$$

（2）量测或估计的加速度的绝对值小于最大加速度 $a_{\max}$，可表示为

$$\left|\frac{\boldsymbol{r}_{i+1} - \boldsymbol{r}_i}{t_{i+1} - t_i} - \frac{\boldsymbol{r}_i - \boldsymbol{r}_{i-1}}{t_i - t_{i-1}}\right| \leqslant a_{\max} \tag{1-53}$$

除以上两条外，还可追加一种角度限制规则：受到机动能力的限制，目标不可能在短时间内改变飞行方向太大的角度。令 φ 为矢量 $\boldsymbol{r}_{i+1} - \boldsymbol{r}_i$ 和 $\boldsymbol{r}_i - \boldsymbol{r}_{i-1}$ 之间的夹角，则有

$$\varphi = \arccos\left[\frac{(\boldsymbol{r}_{i+1} - \boldsymbol{r}_i)(\boldsymbol{r}_i - \boldsymbol{r}_{i-1})}{|\boldsymbol{r}_{i+1} - \boldsymbol{r}_i||\boldsymbol{r}_i - \boldsymbol{r}_{i-1}|}\right] \leqslant \varphi_0 \tag{1-54}$$

式中：$0 \leqslant \varphi_0 \leqslant \pi$。当 $\varphi_0 = \pi$ 时，即是不加入角度限制的情况。

2. 逻辑法

设 $z_i^l(k)$ 是 k 时刻量测 i 的第 l 个分量,定义观测值 $z_i(k)$ 与 $z_j(k+1)$ 间的距离矢量 $\boldsymbol{d}_{ij}$ 的第 l 个分量,可表示为

$$\boldsymbol{d}_{ij}^l(t) = \max\left[0, z_j^l(k+1) - z_i^l(k) - v_{\max}^l t\right] + \max\left[0, -z_j^l(k+1) + z_i^l(k) + v_{\min}^l t\right] \quad (1-55)$$

式中:t 为采样间隔。

假设观测误差是服从零均值、高斯分布的白噪声,并且是相互独立的,令协方差为 $\boldsymbol{R}_i(k)$,则有

$$\boldsymbol{D}_{ij}(k) = \boldsymbol{d}_{ij}'\left[\boldsymbol{R}_i(k) + \boldsymbol{R}_j(k+1)\right]^{-1}\boldsymbol{d}_{ij} \quad (1-56)$$

式中:$\boldsymbol{D}_{ij}(k)$ 为服从 χ^2 分布且自由度为 p 的随机变量。通过查表可得相应的门限 γ,若 $\boldsymbol{D}_{ij}(k) \leqslant \gamma$,则可以判定 $z_i(k)$ 和 $z_j(k+1)$ 互联。

具体搜索步骤如下:

(1)对于前两次扫描得到的量测值,用速度限定的方法建立相关波门,第二次扫描中所有落入相关波门内的量测值,均建立可能航迹。

(2)对于步骤(1)中确定的可能航迹,利用两点外推法确定下一时刻的预测值,并以此为中心,建立相关波门,其大小通过航迹外推的误差协方差确定。第三次扫描中落入相关波门内并离预测中心最近的予以互联。

(3)若步骤(2)中确立的相关波门内没有落入量测值,则将可能航迹撤销,或者用加速度限定法重新确定波门,并再次验证第三次扫描中是否有量测值落入波门内。

(4)继续上述步骤,直到形成稳定航迹,航迹起始才算结束。

(5)在每次扫描中,都没有落入相关波门内参与互联的量测值,均转到步骤(1),重新起始航迹。

3. Hough 变换法

Hough 变换法是将笛卡儿坐标系中的观测数据 (x,y) 变换到参数空间中的坐标 (ρ,θ),转换表达式为

$$\rho = x\cos\theta + y\sin\theta \quad (1-57)$$

式中:$\theta \in [0,\pi]$。

对于一条直线上的点 (x_i,y_i),必有两个唯一的参数 ρ_0 和 θ_0 满足以下关系,可表示为

$$\rho_0 = x_i\cos\theta_0 + y_i\sin\theta_0 \tag{1-58}$$

笛卡儿坐标系中一条直线上的点迹在转换到参数空间后,所有曲线必定有一个交点,如果将参数空间分割成若干个小空间,通过计算落入每个小空间中的点迹个数就可以判断这些点迹在笛卡儿坐标系中是否在一条直线上。参数空间中各个小空间的中心点为可表示为

$$\theta_n = \left(n - \frac{1}{2}\right)\Delta\theta, n = 1, 2, \cdots, N_\theta \tag{1-59}$$

$$\rho_n = \left(n - \frac{1}{2}\right)\Delta\rho, n = 1, 2, \cdots, N_\rho \tag{1-60}$$

式(1-59)和式(1-60)中:$\Delta\theta = \pi/N_\theta$,$N_\theta$ 为参数 θ 的分割段数;$\Delta\rho = L/N_\rho$,N_ρ 为参数 ρ 的分割段数,L 为雷达测量范围的两倍。

当笛卡儿平面坐标系中有位于一条直线上的多个点迹时,这些点迹就会聚集在设定的参数空间方格内。经过多次扫描后,那些做直线运动的目标,在某一个特定单元中点的数量都会得到累积,如果单元格内点的数量超过了预定的门限值,那么就可以宣布检测到一条航迹。表 1-16 ~ 表 1-18 分别对直观法、逻辑法、Hough 变换法三种航迹起始模型的外部接口进行描述。

表 1-16 直观法模型外部接口明细

模型名称		外部接口
直观法模型	参数设置	V_{up}:速度上限 V_{down}:速度下限 A_{up}:加速度上 A_{down}:加速度下限 φ_0:角度限制
	信号输入	当前点迹位置:X,Y,Z(固定坐标系下)
	结果输出	Flag:起始是否成功标志

表 1-17 逻辑法模型外部接口明细

模型名称		外部接口
逻辑法模型	参数设置	R:观测误差协方差,3×3 矩阵
	数据输入	当前点迹位置:X,Y,Z(固定坐标系下)
	结果输出	Flag:起始是否成功标志

表1-18 Hough变换法模型外部接口明细

模型名称	外部接口	
Hough变换法模型	参数设置	N_θ:参数θ的分割段数 N_ρ:参数ρ的分割段数 L:雷达测量范围的两倍
	数据输入	目标三个时刻点的位置:X,Y,Z(固定坐标系下)
	结果输出	Flag:起始是否成功标志

1.4.2 航迹关联组件模型

航迹关联是将雷达录取器录取的点迹与已经存在的航迹比较,并确定正确的"点迹-航迹对"的过程。在杂波环境下,这是一个在探测到目标相关门内有多个观测回波时,将多目标数据和观测回波关联的过程。由于关联结果将决定更新航迹的观测回波,数据关联的准确性将直接影响多目标跟踪系统的性能。当目标的波门内只有一个点迹时,关联过程比较简单;但当目标比较多且相互靠近时,关联过程就变得十分复杂,此时要么单个点迹位于多个波门内,要么多个点迹位于单个目标波门内,数据关联的算法很多,常见的有最近邻域(Nearest Neighbor,NN)法、概率数据关联(Probabilistic Data Association,PDA)法、联合概率数据关联(Joint Probabilistic Data Association,JPDA)法。

1. 最近邻域法

最近邻域法是一种具有一定记忆功能,并且能在多量测值的环境下进行跟踪的滤波器。该滤波器仅利用与被跟踪目标预测状态最近点(当前时刻的量测值),作为目标状态更新的依据。

最近邻域法首先设置跟踪门,通过跟踪门筛选当前时刻量测数据,落入跟踪门内的即成为候选回波,也就是判定目标的量测值$Z(k+1)$是否满足以下关系

$$[Z(k+1)-\hat{Z}(k+1|k)]'S^{-1}(k+1)[Z(k+1)-\hat{Z}(k+1|k)] \leq \gamma \tag{1-61}$$

式中:$\hat{Z}(k+1|k)$为目标的预测量测值;$S(k+1)=H(k+1)P(k+1|k)H^T(k+1)+R(k+1)$为新息协方差矩阵;$H(k+1)$,$P(k+1/k)$,$R(k+1)$为跟踪滤波器观测矩阵、一步预测协方差矩阵和观测噪声方差矩阵。

其次,在候选回波中选择统计距离(新息加权范数)最小的作为目标相应的量测值,进行下一步的卡尔曼滤波和状态更新。

新息加权范数的表达式为

$$d^2(z) = [z - \hat{z}(k+1|k)]' S^{-1}(k+1)[z - \hat{z}(k+1|k)] \quad (1-62)$$

式中：$d^2(z)$ 服从自由度 p 的 χ^2 分布，p 为量测值 z 的维数，查表可得门限 γ。

最近邻域法一般有 4 条判别准则：

(1) 假若某个波门内只有一个点迹数据，则该航迹只与此点迹关联，而不必考虑其他点迹。

(2) 假若某个点迹已落入某个波门内，则该点迹只与此航迹关联，而不必考虑其他点迹。

(3) 当某个波门内有多个点迹时，则该航迹选择与最近的点迹关联。

(4) 当某点迹落入多个波门内时，则该点迹选择与最近的航迹关联。

最近邻域法易于实现，计算简单且计算量小，但在杂波密度较大或目标比较密集的情况下，容易出现滤波发散、误跟或丢失目标等现象。但它仍不失为一种可行的数据关联算法。

2. 概率数据关联法

概率数据关联法综合考虑了落入相关波门内的所有候选回波，认为只要落入相关波门内的回波，都有可能来自此目标，只是每个回波源自此目标的概率有所不同而已。在算法的流程中，需要按照不同的情况（有回波或无回波）计算每个候选回波源自目标的相关概率，然后利用这些概率值，对相关波门内的所有候选回波进行加权，最后得到加权值作为等效回波（也就是当前时刻的量测值），再进行下一步滤波过程和状态更新。

概率数据互联算法流程如图 1-22 所示，相关变量定义见跟踪滤波器组件模型部分。

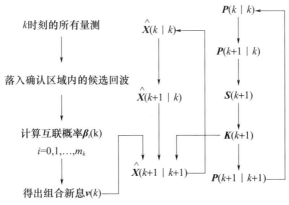

图 1-22 概率数据互联算法流程

3. 联合概率数据关联法

联合概率数据互联算法综合考虑所有落入相关波门内的候选回波,这些候选回波并非只来源于一个目标,而是可能分属于不同目标。因此,联合概率数据互联算法主要用于解决多目标跟踪问题。

联合概率数据关联法在涉及有回波落入两个或多个波门的相交区域内时,需要计算此回波源自每个目标的概率,再通过联合概率加权计算当前时刻每个目标的状态矢量,然后进行下一步的滤波计算,状态的更新。联合概率数据关联算法流程如图1-23所示,相关变量定义见跟踪滤波器组件模型部分。

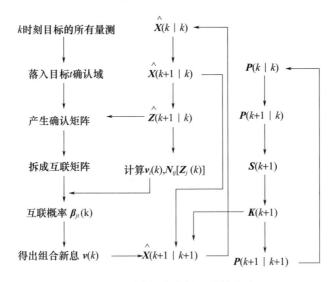

图 1-23 联合概率数据互联算法流程

表1-19~表1-21分别描述了最近邻域模型、概率数据关联模型和联合概率数据关联模型的外部接口。

表 1-19 最近邻域模型外部接口明细

模型名称	外部接口	
最近邻域模型	参数设置	γ:跟踪门大小
	信号输入	当前时刻所有点迹位置 所有航迹的预测信息
	结果输出	关联结果

表1-20 PDA模型外部接口明细

模型名称	外部接口	
PDA模型	参数设置	P_D:目标的检测概率 P_G:波门概率质量
	信号输入	当前时刻所有点迹位置 所有航迹的预测信息
	结果输出	关联结果

表1-21 JPDA模型外部接口明细

模型名称	外部接口	
JPDA模型	参数设置	P_D:目标的检测概率 P_G:波门概率质量
	信号输入	当前时刻所有点迹位置 所有航迹的预测信息
	结果输出	关联结果

1.4.3 跟踪滤波器组件模型

航迹跟踪滤波是对来自目标的量测值进行处理,以便保持对目标现时状态的估计。典型的跟踪器包括常增益 $\alpha-\beta$ 滤波器、常增益 $\alpha-\beta-\gamma$ 滤波器、Kalman 滤波器和交互式多模型(Interacting Mutiple Model,IMM)滤波器。

1. 常增益 $\alpha-\beta$ 滤波器

$\alpha-\beta$ 滤波器是针对匀速运动目标模型的一种常增益滤波器,此时目标的状态矢量中只包含位置和速度两项,$\alpha-\beta$ 滤波器与卡尔曼滤波器最大不同点在于增益计算不同,$\alpha-\beta$ 滤波器的增益计算式为

$$K(k+1) = (\alpha,\beta/T)' \tag{1-63}$$

式中:系数 α,β 为无纲量,分别为目标状态的位置和速度分量的常滤波增益;T 为采样间隔。

此时,协方差和目标状态估计的计算不再通过增益使它们交织在一起。在单目标情况下,不再需要计算协方差的一步预测、新息协方差和更新协方差。但是,在多目标情况下,由于波门大小与新息协方差有关,而新息协方差又与一步预测协方差和更新协方差有关,所以此时协方差计算不能忽略。

对于单目标情况,$\alpha-\beta$ 滤波器描述如下:

状态一步预测,可表示为

$$\hat{X}(k+1/k) = \phi(k)\hat{X}(k/k) \qquad (1-64)$$

状态更新方程,可表示为

$$\hat{X}(k+1/k+1) = \hat{X}(k+1/k) + K(k+1)[Z(k+1) - H(k+1)\hat{X}(k+1/k)] \qquad (1-65)$$

对于多目标情况,$\alpha-\beta$ 滤波器需要再增加以下描述:

状态预测协方差矩阵外推方程,可表示为

$$P(k+1/k) = \phi(k)P(k/k)\phi^T(k) + Q(k) \qquad (1-66)$$

新息协方差,可表示为

$$H(k+1)P(k+1/k)H^T(k+1) + R(k+1) \qquad (1-67)$$

协方差更新方程,可表示为

$$P(k+1/k+1) = [I - K(k+1)H(k+1)]P(k+1/k)$$
$$[I + K(k+1)H(k+1)]' - K(k+1)R(k+1)K(k+1)' \qquad (1-68)$$

式(1-64)~式(1-68)中:$\hat{X}(k/k)$,$\hat{X}(k+1/k+1)$ 分别为 k 时刻和 $k+1$ 时刻的滤波状态矢量;$\hat{X}(k+1/k)$ 为 k 时刻的预测状态矢量值;$\phi(k)$ 为状态转移矩阵;$K(k+1)$ 为滤波器的增益;$Z(k+1)$ 为 $k+1$ 时刻的观测值;$H(k+1)$ 为量测矩阵;$P(k/k)$,$P(k+1/k+1)$ 为 k 时刻和 $k+1$ 时刻的滤波协方差矩阵;$P(k+1/k)$ 为一步预测协方差矩阵;$Q(k)$ 为过程噪声协方差矩阵;$R(k+1)$ 为观测噪声协方差矩阵。

$\alpha-\beta$ 滤波器的关键是系数 α,β 的确定问题,工程上常采用如下与采样时间 k 有关的 α,β 确定方法,其表达式为

$$\alpha = 2(2k+1)/k(k+1) \qquad (1-69)$$

$$\beta = 6/k(k+1) \qquad (1-70)$$

2. 常增益 $\alpha-\beta-\gamma$ 滤波器

$\alpha-\beta-\gamma$ 滤波器用于对匀加速运动目标进行跟踪,此时系统的转台方程和量测方程仍同 $\alpha-\beta$ 滤波器,不过目标的状态矢量中包含位置、速度和加速度三项分量。

$\alpha-\beta-\gamma$ 滤波器增益,可表示为

$$K(k+1) = [\alpha, \beta/T, \gamma/T^2]' \qquad (1-71)$$

$\alpha-\beta-\gamma$ 滤波器的公式形同 $\alpha-\beta$ 滤波器,不过此时滤波器的维数增加了。工程上常采用以下方法来确定 α,β,γ 的值,即把它们简化为采样时刻 k 的函数,分别表示为

$$\alpha = 3(3k^2 - 3k + 2)/k(k+1)(k+2) \quad (1-72)$$
$$\beta = 8(2k-1)/k(k+1)(k+2) \quad (1-73)$$
$$\gamma = 60/k(k+1)(k+2) \quad (1-74)$$

3. 卡尔曼滤波器

设状态矢量 $X = [x, y, z, \dot{x}, \dot{y}, \dot{z}, \ddot{x}, \ddot{y}, \ddot{z}]$，则目标运动模型表示为

$$X(k+1) = \varphi(k)X(k) + V(k) \quad (1-75)$$

式中：$\phi(k)$ 为状态转移矩阵，表示目标运动规律的基本部分。根据所选目标的运动模型的不同，$\phi(k)$ 对应的具体表达式也不同。$V(k)$ 为零均值；方差矩阵为 Q 的高斯白噪声形式的过程噪声，表示目标运动规律中不能精确描述的随机偏差部分。

目标的量测值也可以通过相应的数学模型来描述，可表示为

$$Z(k) = H(k)X(k) + W(k) \quad (1-76)$$

式中：$Z(k)$ 为雷达探测到的目标参数；$X(k)$ 为目标运动状态；$H(k)$ 为变换矩阵；$W(k)$ 为雷达探测误差（表示雷达在探测目标过程中不可避免的随机误差部分，它是一个具有平稳均方误差协方差 R 的零均值高斯分布随机变量）。

卡尔曼滤波跟踪算法具体描述如下：

状态外推方程即测量值预测方程，可表示为

$$\hat{X}(k+1/k) = \phi(k)\hat{X}(k/k) \quad (1-77)$$

状态预测协方差矩阵外推方程，可表示为

$$P(k+1/k) = \phi(k)P(k/k)\phi^{\mathrm{T}}(k) + Q(k) \quad (1-78)$$

状态修正方程即测量值滤波方程，可表示为

$$\hat{X}(k+1/k+1) = \hat{X}(k+1/k) + K(k+1)[Z(k+1) - H(k+1)\hat{X}(k+1/k)] \quad (1-79)$$

式中：卡尔曼增益 $K(k+1)$ 可表示为

$$K(k+1) = P(k+1/k)H^{\mathrm{T}}(k+1)[H(k+1)P(k+1/k)H^{\mathrm{T}}(k+1) + R(k+1)]^{-1} \quad (1-80)$$

状态估计协方差矩阵的修正方程为

$$P(k+1/k+1) = [I - K(k+1)H(k+1)]P(k+1/k) \quad (1-81)$$

式（1-77）~式（1-81）中，相关变量定义同 $\alpha-\beta$ 滤波器部分。

4. 交互式多模型滤波器

交互式多模型算法包含多个滤波器（各自有着相应的模型）、一个模型概率

估计器、一个交互式作用器(输入端)和一个估计混合器(输出端),多模型通过交互作用跟踪机动目标。

IMM算法原理如图1-24所示。

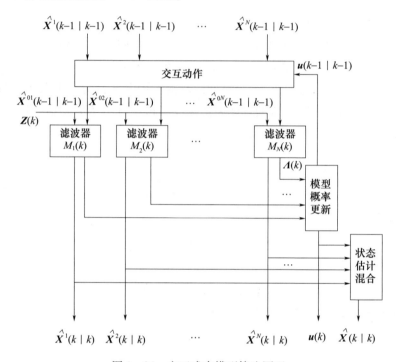

图1-24 交互式多模型算法原理

图1-24中:$\hat{X}(k|k)$为k时刻经过N个滤波器之后的混合状态估计;$\hat{X}^j(k|k)$,$j=1,2,\cdots,N$为k时刻单个滤波器j的状态估计;$\Lambda(k)$为模型的可能性矢量;$u(k)$为模型的概率矢量;$\hat{X}^j(k-1|k-1)$为$k-1$时刻第j个滤波器的状态估计;$\hat{X}^{0j}(k-1|k-1)$为各个模型的状态估计$\hat{X}^j(k-1|k-1)$交互作用后的结果,作为k时刻滤波器j的输入;$Z(k)$是k时刻检测到的量测值。

N个模型的IMM算法流程描述如下:

假设模型之间的概率转移矩阵为$P_{t_{ij}}$,代表从i模型转到j模型;$P^j(k-1|k-1)$为$k-1$时刻滤波器j的状态协方差矩阵,$u_{k-1}(j)$为相应的概率,$i,j=1,2,\cdots,N$,则经过交互计算后N个滤波器在k时刻的输入,可表示为

$$\hat{X}_{0j}(k-1|k-1) = \sum_{i=1}^{N} \hat{X}^i(k-1|k-1) u_{k-1|k-1}(i,j) \quad (1-82)$$

$$P^{0j}(k-1|k-1) = \sum_{i=1}^{N} [P^i(k-1|k-1) + (\hat{X}^i(k-1|k-1) - \hat{X}^{0j}(k-1|k-1))$$
$$(\hat{X}^i(k-1|k-1) - \hat{X}^{0j}(k-1|k-1))']u_{k-1|k-1}(i|j) \quad (1-83)$$

其中

$$u_{k-1|k-1}(i|j) = \frac{1}{\overline{C}_j} P_{t_{ij}} u_{k-1}(i) \quad (1-84)$$

$$\overline{C}_j = \sum_{i=1}^{N} P_{t_{ij}} u_{k-1}(i) \quad (1-85)$$

将交互过后的 $\hat{X}^{0j}(k-1|k-1)$、$P^{0j}(k-1|k-1)$ 作为 k 时刻第 j 个滤波器的输入,经过卡尔曼滤波后相应的输出为 $\hat{X}^j(k|k)$,$P^j(k|k)$。

设第 j 个模型的滤波新息为 V_k^j,协方差为 S_k^j,且服从高斯分布,则此模型的可能性表示为

$$\Lambda_k^j = \frac{1}{\sqrt{|2\pi S_k^j|}} \exp\left[-\frac{1}{2}(V_k^j)'(S_k^j)^{-1} V_k^j\right] \quad (1-86)$$

其中

$$V_k^j = Z(k) - H^j(k)\hat{X}^j(k|k-1) \quad (1-87)$$
$$S_k^j = H^j(k)P^j(k|k-1)H^j(k)' + R(k) \quad (1-88)$$

模型 j 的概率更新表达式为

$$u_k(j) = \frac{1}{C} \Lambda_k^i \overline{C}_j \quad (1-89)$$

最终的混合输出表达式为

$$\hat{X}(k|k) = \sum_{i=1}^{N} \hat{X}^i(k|k) u_k(i) \quad (1-90)$$

$$P(k|k) = \sum_{i=1}^{N} u_k(i) \left[P^i(k|k) + (\hat{X}^i(k|k) - \hat{X}(k|k))(\hat{X}^i(k|k) - \hat{X}(k|k))'\right]$$
$$(1-91)$$

综上可知,IMM 滤波器的总输出是多个滤波器滤波结果的加权平均值,权重即模型概率。哪个模型起主导作用,则其模型概率较高,接近于 0.9~1,而其他的模型概率较低,小于 0.1 而接近于 0。表 1-22~表 1-24 分别描述 $\alpha-\beta$、$\alpha-\beta-\gamma$ 和 Kalman 三种航迹滤波器模型的外部接口,表 1-25 描述了 IMM 滤波器模型的外部接口。

表1-22　α-β滤波器外部接口明细

模型名称	外部接口	
α-β 滤波器模型	参数设置	alfa:位置增益 beta:速度增益
	信号输入	关联点迹位置:X,Y,Z
	结果输出	跟踪点迹位置:X,Y,Z 跟踪点迹速度:V_x,V_y,V_z

表1-23　α-β-γ滤波器外部接口明细

模型名称	外部接口	
α-β-γ 滤波器模型	参数设置	alfa:位置增益 beta:速度增益 gama:加速度增益
	数据输入	关联点迹位置:X,Y,Z
	结果输出	跟踪点迹位置:X,Y,Z 跟踪点迹速度:V_x,V_y,V_z 跟踪点迹加速度:A_x,A_y,A_z

表1-24　Kalman滤波器外部接口明细

模型名称	外部接口	
Kalman 滤波器模型	参数设置	R:观测噪声协方差,3×3矩阵 Q:过程噪声协方差,3×3矩阵
	数据输入	关联点迹位置:X,Y,Z
	结果输出	跟踪点迹位置:X,Y,Z 跟踪点迹速度:V_x,V_y,V_z 跟踪点迹加速度:A_x,A_y,A_z

表1-25　IMM滤波器外部接口明细

模型名称	外部接口	
IMM 滤波器模型	参数设置	N:模型个数 R:观测噪声协方差为3×3矩阵 每个模型过程噪声协方差Q为3×3矩阵
	数据输入	关联点迹位置:X,Y,Z

续表

模型名称	外部接口	
IMM 滤波器模型	结果输出	跟踪点迹位置:X,Y,Z 跟踪点迹速度:V_x,V_y,V_z 跟踪点迹加速度:A_x,A_y,A_z

1.5 雷达资源调度

1.5.1 任务优先级模型

任务的优先级通常与任务的紧迫性和重要性密切相连,系统总是先处理优先级最高的任务。一般需要综合任务的多种属性来判断任务最终的优先级。根据输入属性参数的不同,优先级确定准则可分为固定优先级(Fixed Priority,FP)、动态优先级(Dynamic Priority,DP)和混合优先级(Merge Priority,MP)三类。

1. 固定优先级

在算法的设计阶段就预先确定好各种任务的优先级大小,然后在实际的调度过程中维持任务优先级不变,以此来调度任务。

2. 动态优先级

基于任务的执行参数和先验知识,如威胁度、敌对程度、跟踪质量、目标的相对位置和目标上武器系统的能力等,对各种任务在线实时地分配优先级。基于模糊逻辑的动态优先级确定方法:首先根据先验知识确定每一个模糊变量以及相应的模糊值;其次选取相应的隶属度函数(三角形、梯形和钟形)进行模糊运算,使输入变量的任一取值都能得到相应的隶属度;最后根据选定的模糊 IF – THEN 推理规则实现优先级的确定。

3. 混合优先级

不同程度上含有固定优先级和动态优先级两类方法的特性,即通过任务的多种属性确定优先级。混合优先级设计法的设计思想,一方面将任务中各个量纲不同的参数映射到同一层面上,另一方面利用线性加权的思想将不同的参数赋予不同的权值。

设 m,n,p 代表任务的三个属性参数映射到同一层面,并且可以直接加权的

三个值,根据线性加权的思想,任务的最终优先级可表示为

$$\text{pri} = \alpha \cdot m + \beta \cdot n + \gamma \cdot p \tag{1-92}$$

式中:$\alpha + \beta + \gamma = 1$。

表1-26~表1-28分别描述了FR、DP、MP三种不同任务优先级模型的外部接口。

表1-26 FP模型外部接口明细

模型名称	外部接口	
FP模型	参数设置	驻留任务的波形参数、期望执行时间、时间窗
	输入	雷达事件请求序列、驻留任务工作方式优先级
	输出	按优先级由高到低排序的雷达事件请求序列

表1-27 DP模型外部接口明细

模型名称	外部接口	
DP模型	参数设置	驻留任务的波形参数、期望执行时间、时间窗
	输入	雷达事件请求序列、威胁度、敌对程度、跟踪质量、目标的相对位置、目标上武器系统的能力
	输出	按优先级由高到低排序的雷达事件请求序列

表1-28 MP模型外部接口明细

模型名称	外部接口	
MP模型	参数设置	驻留任务的波形参数、期望执行时间、时间窗
	输入	雷达事件请求序列、驻留任务工作方式优先级、威胁度、敌对程度、跟踪质量、目标的相对位置、目标上武器系统的能力
	输出	按优先级由高到低排序的雷达事件请求序列

1.5.2 波束驻留自适应调度算法模型

波束驻留自适应调度是基于任务优先级驱动的调度策略安排一个调度间隔内的事件序列。这种算法中,高优先级任务被调度后,后面的低优先级任务不能在时间上与其冲突,否则将被延时或放弃。

1. 基于遗传算法的自适应调度算法(Genetic Adaptive Scheduling,GAS)

遗传算法以编码空间代替问题的参数空间,以适应度函数为评价依据,以

编码群体为进化基础,以对群体中个体位串的遗传操作实现选择和遗传机制,建立起一个迭代过程。在这一过程中,通过随机重组编码位串中重要的基因,使新一代的位串集合优于老一代的位串集合,群体的个体不断进化,逐渐接近最优解,最终达到求解问题的目的。

遗传算法的 4 个关键步骤如下:

(1)参数编码和初始群体:个体的长度即是当前调度周期内所有申请调度的任务个数。个体的每个基因位对应每个申请任务的实际执行时间。

(2)适应度函数设计:适应度函数采取调度间隔内所有调度成功任务收益之和。调度算法的最终目标即是搜索调度收益之和最大的个体。

(3)遗传操作:包括选择、交叉和变异三个遗传算子,选择有轮盘赌式选择、精英选择和排序选择。

(4)控制参数:设定群体规模、最大迭代代数、交叉概率、变异概率、精英选择数目。

2. 基于时间指针的自适应调度算法(Time Pointer Adaptive Scheduling,TPAS)

基于遗传算法的自适应调度算法,在各个任务的可执行范围内和各种雷达资源约束条件下,按照某种准则,选择最优的实际调度执行时刻。一旦所有的申请任务都完成了各自的选时间过程,当前调度间隔内的任务调度也就完成。而基于时间指针的调度算法从另一个角度出发,来获得调度执行序列。此调度算法中定义了一个时间指针指向当前的分析时刻,从所有满足此时刻的申请任务中,按照某种准则选择一个最适合在此时刻执行的任务。一旦这个时间指针所指向的所有时刻点都完成了选任务的过程,当前调度间隔内的调度便完成。

3. 引入波形参数的波束驻留自适应调度算法(Waveform Parameter Adaptive Scheduling,WPAS)

每一个雷达任务都是通过天线端发射一段波束驻留,然后结合信号处理模块得以实现的。一个任务驻留时间一般由发射期、等待期和接收期三个部分组成。发射期和接收期是不能抢占的。在驻留任务等待期,天线的前端是空闲的,因此在不影响原驻留任务的前提下,相控阵雷达可以利用等待期来发射或接收别的驻留任务,实现脉冲交错。对于现代的多功能相控阵雷达,可以通过脉冲交错的形式实现多波束收发,波形参数对波束驻留调度有着相当重要的影响。图 1-25 描述了两种脉冲交错方式。

图 1-25 中,若两个波束交错成功需分别满足以下时间约束关系,可表示为

$$\begin{cases} t_{w1} > t_{x2} \\ t_{w2} > t_{r1} \end{cases} \quad (1-93)$$

$$t_{w1} > t_{w2} + t_{x2} + t_{r2} \quad (1-94)$$

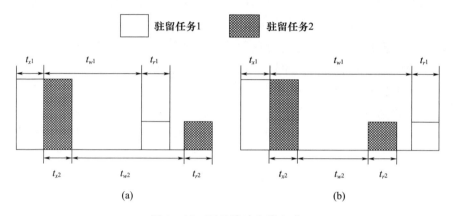

图 1-25 两种脉冲交错方式

将系统时间做长度为 ΔT 的离散化处理,n 为总的离散时间间隔数,假设在第 $k_{\Delta T}$ 个时间间隔内所有脉冲所占比例为 $\alpha_{k_{\Delta T}}$,可表示为

$$\alpha_{k_{\Delta T}} = \frac{1}{\Delta T} \sum_{i=1}^{N_{k_{\Delta T}}} t_{p_i} \quad (1-95)$$

式中:$k_{k_{\Delta T}} = 1, 2, \cdots, n$,$k_{\Delta T}$ 为时间间隔编号;$N_{K_{\Delta T}}$ 为在第 $k_{\Delta T}$ 个时间间隔内的脉冲个数。

假设相控阵雷达能提供平均功率为 P_{av},每个发射脉冲的峰值功率为 P_t,当忽略接收期所消耗的能量时,在能量的约束下,发射脉冲所消耗的总能量应小于系统能承受的能量,可表示为

$$\alpha_{k_{\Delta T}} \Delta T P_t \le P_{av} \Delta T \quad (1-96)$$

由此,可得到交错情况下由占空比表示的能量约束,可表示为

$$\alpha_{k_{\Delta T}} \le \frac{P_{av}}{P_t} \quad (1-97)$$

当每次成功调度任务时,都需要更新占空比,以判断是否满足此能量约束。

每一个任务调度成功后,根据驻留任务已知参数计算需更新的占空比的时间间隔编号,表示为

$$k_{\Delta T} \in \left[\left\lfloor \frac{st_i - t_0}{\Delta T} \right\rfloor, \left\lceil \frac{st_i + ld - t_0}{\Delta T} \right\rceil \right] \quad (1-98)$$

令 $k_{\Delta T_{\min}} = \left\lfloor \dfrac{st_i - t_0}{\Delta T} \right\rfloor$, $k_{\Delta T_{\max}} = \left\lceil \dfrac{st_i + ld - t_0}{\Delta T} \right\rceil$,可得到占空比在任务调度成功后更新的表达式为

$$\begin{cases} \alpha_{k_{\Delta T}} = \alpha_{k_{\Delta T}} + \dfrac{\left\lfloor \dfrac{k_{\Delta T}\Delta T - st_i}{T_{r_i}} \right\rfloor \cdot tp_i}{\Delta T}, & k_{\Delta T} = k_{\Delta T_{\min}} \\ \alpha_{k_{\Delta T}} = \alpha_{k_{\Delta T}} + \dfrac{\left\lfloor \dfrac{\Delta T}{T_{r_i}} \right\rfloor \cdot tp_i}{\Delta T}, & k_{\Delta T_{\min}} < k_{\Delta T} < k_{\Delta T_{\max}} \\ \alpha_{k_{\Delta T}} = \alpha_{k_{\Delta T}} + \dfrac{\left\lfloor \dfrac{st_i + ld - k_{\Delta T}\Delta T}{T_{r_i}} \right\rfloor \cdot tp_i}{\Delta T}, & k_{\Delta T} = k_{\Delta T_{\max}} \end{cases} \quad (1-99)$$

表 1-29 ~ 表 1-31 分别描述遗传自适应、时间指针自适应、波形参数自适应三种调度模型外部接口。

表 1-29 GAS 模型外部接口明细

模型名称	外部接口	
GAS 模型	参数设置	驻留任务波形参数、群体规模、最大迭代代数、交叉概率、变异概率、精英选择数目
	输入	可在当前调度间隔内执行,并已按相对优先级由高到低排序的雷达事件请求序列
	输出	安排在当前调度间隔内执行的雷达事件请求序列

表 1-30 TPAS 模型外部接口明细

模型名称	外部接口	
TPAS 模型	参数设置	驻留任务波形参数、任务期望执行时间、时间指针
	输入	可在当前调度间隔内执行,并已按相对优先级由高到低排序的雷达事件请求序列
	输出	安排在当前调度间隔内执行的雷达事件请求序列

表1-31 WPAS模型外部接口明细

模型名称	外部接口	
WPAS模型	参数设置	驻留任务波形参数、任务期望执行时间、信号发射功率
	输入	可在当前调度间隔内执行,并已按相对优先级由高到低排序的雷达事件请求序列
	输出	安排在当前调度间隔内执行的雷达事件请求序列

1.6 雷达终端显示

1.6.1 PPI显示

PPI(Plan Position Indicator)显示器又称为全景显示器或环视显示器,简称P显。以雷达布站位置为中心 $O(CoordinateX, CoordinateY)$,半径为 R,显示距离为 D,作为主显示器,提供360°范围内全部平面显示情况。中心点 O 水平向右为 X 正半轴方向,竖直向上为 Y 正半轴方向。从图1-26可以看出,雷达坐标系下目标位置 $POS_{radar}(Filtplot\_Range, Filtplot\_Azi, Filtplot\_Ele)$ 与PPI显示坐标系下的目标位置 $POS_{ppi}(PPI\_X, PPI\_Y)$ 转换关系可表示为

$$\begin{cases} PPI\_X = CoordinateX + Filtplot\_Range * R/D * \cos(Filtplot\_Ele) * \cos(Filtplot\_Azi) \\ PPI\_Y = CoordinateY + Filtplot\_Range * R/D * \cos(Filtplot\_Ele) * \sin(Filtplot\_Azi) \end{cases}$$

$$(1-100)$$

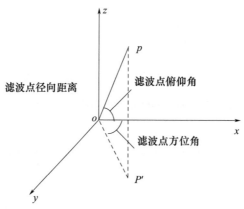

图1-26 雷达坐标系与PPI显示坐标系

如图1-27所示,通过图形绘制方法描述雷达PPI显示效果,图中圆点代表雷达目标检测点迹,曲线表示雷达目标跟踪航迹。

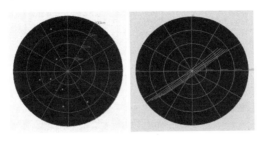

图1-27 雷达PPI显示(检测点迹/跟踪航迹)

1.6.2 RH显示

RH表示距离高度,横轴表示目标到雷达的径向距离,纵轴表示目标到地平面的高度。

如图1-28所示,在RH显示区域描绘出雷达目标的跟踪航迹。

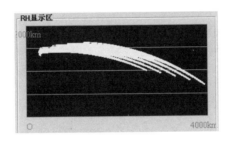

图1-28 雷达跟踪航迹RH显示

1.6.3 信息列表显示

信息列表包括目标列表、波束请求列表、交会列表、状态消息列表等。

如图1-29、图1-30所示,"目标列表显示区"主要负责对每次调度间隔内的目标跟踪信息进行列表显示,所显示的目标信息包括交会时间(s)、航迹号、距离(km)、方位角(度)、俯仰角(度)、航迹状态(可靠航迹、暂时航迹、中止航迹)。"波束请求列表区"主要负责对每次调度间隔内的波束请求信息进行列表显示,所显示的波束请求信息包括调度编号、帧编号、波束编号、发射时间(s)、工作模式、方位角(度)、俯仰角(度)。

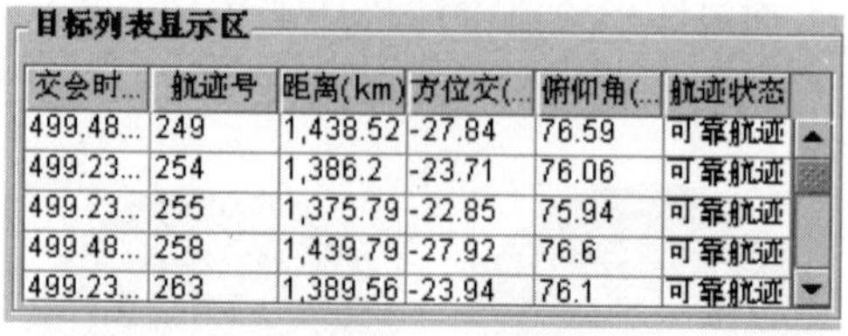

目标列表显示区

交会时...	航迹号	距离(km)	方位交(...	俯仰角(...	航迹状态
499.48...	249	1,438.52	-27.84	76.59	可靠航迹
499.23...	254	1,386.2	-23.71	76.06	可靠航迹
499.23...	255	1,375.79	-22.85	75.94	可靠航迹
499.48...	258	1,439.79	-27.92	76.6	可靠航迹
499.23...	263	1,389.56	-23.94	76.1	可靠航迹

图 1－29　目标列表显示

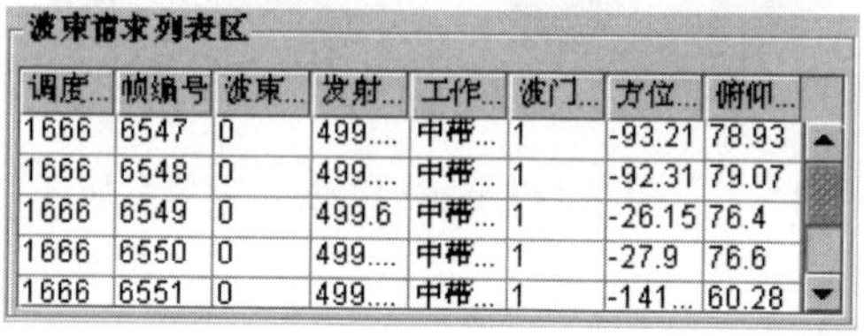

波束请求列表区

调度...	帧编号	波束...	发射...	工作...	波门...	方位...	俯仰...
1666	6547	0	499....	中带...	1	-93.21	78.93
1666	6548	0	499....	中带...	1	-92.31	79.07
1666	6549	0	499.6	中带...	1	-26.15	76.4
1666	6550	0	499....	中带...	1	-27.9	76.6
1666	6551	0	499....	中带...	1	-141...	60.28

图 1－30　波束请求列表显示

如图 1－31 所示,“SSG 坐标显示列表区”主要负责对当前调度间隔内当前帧所交会到的目标信息进行显示,显示内容包括帧编号、目标编号、x 坐标、y 坐标、z 坐标。

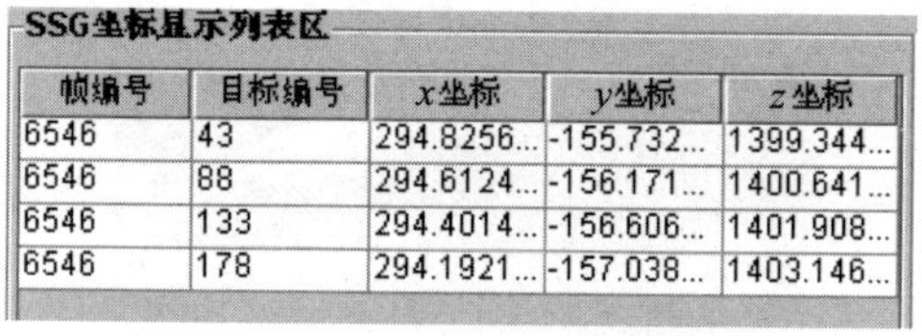

SSG坐标显示列表区

帧编号	目标编号	x坐标	y坐标	z坐标
6546	43	294.8256...	-155.732...	1399.344...
6546	88	294.6124...	-156.171...	1400.641...
6546	133	294.4014...	-156.606...	1401.908...
6546	178	294.1921...	-157.038...	1403.146...

图 1－31　交会列表显示

如图 1－32 所示,“状态消息显示区”主要负责雷达终端显示系统与其他相关模块系统之间所传递的指令消息内容的显示。指令消息内容包括指令消息来自哪个模块(子系统)、指令消息源地址(IP 地址、通信端口号)、其他提示性语句等。

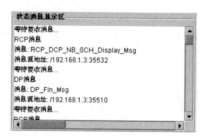

图 1－32　状态消息显示

第 2 章 建模与仿真分离设计

2.1 主流仿真标准

从 20 世纪 60 年代起,国内外科研工作者开始了对雷达系统仿真建模技术的研究工作。美国国防部建模与仿真办公室(Defense Modeling and Simulation Office,DMSO)在 1989 年提出了分布交互仿真(Distributed Interactive Simulation,DIS)建模标准,旨在实现仿真系统各模块之间信息交互规范的标准化。紧接着,一年之后美国国防部又提出了聚合级仿真协议(Aggregate Level Simulation Protocol,ALSP),用于发展和支撑联合冲突仿真、联合战术仿真等分布式仿真。1995 年,DMSO 又在 DIS 和 ALSP 的基础上提出了到现在依旧广泛应用的经典的仿真建模技术框架——高层体系结构(High Level Architecture,HLA)。HLA 虽然成功地解决了高层应用的互联互通操作,但其也存在许多缺点,如模型粒度过粗以及系统维护困难等。于是,为进一步解决 HLA 存在的问题,国际仿真互操作性标准组织(Simulation International Standard Organization,SISO)提出了基本对象模型(Base Object Model,BOM)。但令人遗憾的是,BOM 与 HLA 类似,同样存在规则体制太过复杂、使用困难等问题。此后,欧洲航天局(European Space Agency,ESA)提出仿真模型可移植性规范(Simulation Model Portability Specification,SMP),旨在提升仿真模型的可移植性以及可维护性,目前广泛应用 SMP2 标准。但是,SMP2 仍存在建模与仿真标准复杂且效率不足、重用性低、不易扩展等问题。

近年来,国内科研工作者也在雷达系统仿真建模方面开展了大量的研究工作,并取得了不少优秀的成果。例如,国防科技大学在 HLA 基础上开发了 KD-RTI 等优秀的雷达系统仿真平台。西安电子科技大学雷达信号处理国家重点实验室基于 Simulink 开发了完整的雷达仿真建模系统与模型库,如胡贵生、郭伟等研究了组件化仿真技术,并设计了组件化雷达仿真系统。电子科技大学王磊等深入研究了雷达系统标准化建模的过程,提出了一套雷达系统建模标准框架。钟荣华等基于 BOM,研究了组件式仿真模型及其自动生成方法,有效地提升了模型的扩展性。

下面将围绕三种主流仿真标准,分别从设计思想、体系结构、组件设计规范、运行机制、模型发布、模型交互、开发过程等几方面具体阐述。

2.1.1 高层体系结构

美国国防建模与仿真办公室 1995 年 10 月制订建模与仿真主计划,提出了未来建模仿真共同技术框架,包括三个方面:高层体系结构 HLA、任务空间概念模型(Conceptual Models of the Mission Space,CMMS)和数据标准(Data Standards,DS)。制定共同技术框架的目标是实现仿真间互操作,并促进仿真资源的重用。

2.1.1.1 设计思想

1996 年 8 月,DMSO 正式公布 HLA 定义和规范。经过完善,HLA 的联邦规则(Federation Rules,FR)、接口规范(Interface Specification,IS)、对象模型模板(Object Model Template,OMT)三项内容在 2000 年 9 月 22 日由美国 IEEE 标准化委员会正式定为 IEEE1516、IEEE1516.1、IEEE1516.2 HLA 标准。对象管理组织(Object Management Group,OMG)和北约建模与仿真组织也采纳 HLA 作为标准。

HLA 是分布交互仿真的高层体系结构,不考虑如何由对象构建成员,而是在假设已有成员情况下考虑如何构建联邦。如图 2-1 所示,HLA 提供了以联邦成员通过运行支撑环境(Runtime Infrastructure,RTI)实现数据交互的仿真架构,RTI 是一个运行时系统,联邦成员通过 RTI 接口与 RTI 进行交互,底层硬件支持分布式网络通信和集中式共享内存通信。RTI 是按照 HLA 接口规范开发的服务程序,提供一系列支持联邦成员互操作的服务函数,支持联邦成员级的重用。

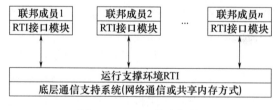

图 2-1 HLA 仿真架构

2.1.1.2 体系结构

HLA 模型体系组成包括联邦和联邦成员。如图 2-2 所示，从概念层次来看，"联邦"是用于达到某一特定仿真目的的分布仿真系统，由若干个相互作用的联邦成员构成。联邦可以作为一个成员加入一个更大的联邦；从执行层次来看，"联邦成员"是指所有参与联邦运行的应用程序。应用程序执行并创建成员实例和对象实例，联邦成员由若干相互作用的对象构成，对象是联邦的基本元素。

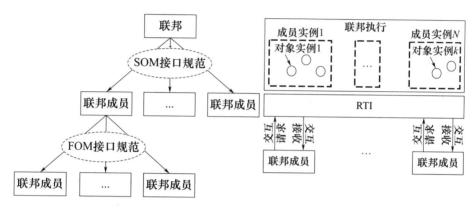

图 2-2　HLA 模型体系组成及其互操作描述

HLA 作为一种仿真标准和规范，主要由对象模型模板（OMT）、框架与规则集（Frame and Rules）、接口规范（Interface Specification）三方面共同组成。

1. 对象模型模板

HLA 利用对象模型模板（OMT）规范对象模型描述，促进仿真系统间的互操作和重用。HLA OMT 定义两类对象模型：一类描述联邦对象模型（Federation Object Model，FOM），另一类描述成员对象模型（Simulation Object Model，SOM）。

（1）FOM 提供公共化、标准化的格式描述联邦成员之间的数据交互，包括参与联邦成员交换的对象类、对象类属性、交互类、交互类参数。

（2）SOM 描述成员对外公布或需要订购的对象类、对象类属性、交互类、交互类参数。

OMT 规范化的表格主要包括对象模型鉴别表、对象类结构表、交互类结构表、属性表、参数表、枚举数据类型表、复杂数据类型表、路径空间表、FOM/SOM 词典。

2. 框架与规则集

HLA 分别定义联邦规则和成员规则,描述联邦、成员职责,以确保一个联邦内仿真正确交互。

1) 联邦规则

(1) 每个联邦必须有一个 FOM,其格式应与 HLA OMT 兼容。

(2) 联邦中,所有与仿真有关对象实例应该在联邦成员中描述而不是在 RTI 中。所有与仿真有关的实例属性应该由联邦成员拥有而不是 RTI。RTI 服务应能支持各种联邦,并提供了能被广泛重用的基本服务集,如联邦运行时间协调与数据分发等。

(3) 联邦运行过程中,各成员之间交互必须通过 RTI 进行。

(4) 在联邦运行过程中,所有联邦成员应按照 HLA 接口规范与 RTI 交互。

(5) 联邦运行过程中,任意时刻同一实例属性最多只能为一个联邦成员所拥有。

2) 成员规则

(1) 每个联邦成员必须有一个符合 HLA OMT 规范的成员对象模型。

(2) 每个联邦成员必须有能力更新/反射 SOM 中指定对象类的实例属性,并且能够发送/接收 SOM 中指定交互类的交互实例。

(3) 联邦运行过程中,每个联邦成员必须具有动态接收和转移对象属性所有权的能力。

(4) 每个联邦成员应能改变其 SOM 中规定的更新实例属性值的条件(如改变阈值)。

(5) 联邦成员必须管理好局部时钟,以保证与其他成员进行协同数据交换。

3. 接口规范

HLA 接口规范是 HLA 另一个关键组成部分,如表 2-1 所示,这些服务反映了 HLA 有效解决联邦成员之间互操作必须实现的功能。

表 2-1 接口规范定义的服务

名称	功能
联邦管理	提供创建、删除、加入、退出、控制联邦运行、保存状态等
声明管理	公布、订购属性/交互,支持仿真交互控制
对象管理	对象实例注册和更新,发现和反射,收发交互信息、控制实例更新等
时间管理	提供 HLA 时间管理策略、时间推进机制

续表

名称	功能
所有权管理	提供属性所有权/对象所有权迁移/接收
数据分发管理	管理路径空间和区域,提供数据分发服务
其他服务	完成联邦执行过程中名称及其句柄之间相互转换

1）联邦管理服务

联邦管理服务负责联邦执行的过程管理,如一个联邦执行的创建、动态控制、修改、删除等。在一个计算机网络中,RTI 和其他的一些支持软件构成一个综合仿真环境。在这个环境中可以运行各种联邦。此外,联邦管理还包括联邦成员之间的同步、联邦的保存和恢复等。

2）声明管理服务

声明管理负责为联邦成员提供类层次表达机制,包括类发布和订购。联邦成员通过声明管理服务向 RTI 表明自己可以发布或需要订购的对象类和交互类(对于交互类,只能发布或订购整个交互类;对于对象类,则可以发布或订购局部或全部属性)。在此基础上,RTI 负责在联邦成员之间进行匹配,并将数据传递给正确的联邦成员。因此,声明管理服务可以解决分布式交互仿真(Distributed Interconnection Simulation,DIS)协议中仿真系统之间交互通信量大的问题。

3）对象管理服务

对象管理服务进一步实现对象实例注册/发现、属性值更新/反射、交互实例发送/接收、对象实例删除/移走等管理服务。

4）时间管理服务

时间管理服务保证仿真事件发生顺序与真实事件发生顺序一致,各成员能以同样的顺序观察事件发生,协调相关活动。

5）所有权管理服务

所有权管理服务负责转移实例属性的所有权。在联邦执行生命周期的任意时刻,一个实例属性最多只能被一个联邦成员拥有,只有唯一拥有实例属性所有权的联邦成员才能更新该实例属性值。

6）数据分发管理服务

数据分发管理是在实例属性层次上增强联邦成员精简数据需求的能力,旨在减少仿真运行过程中无用数据的传输和接收,进一步减少网络数据量,提高仿真运行效率。

2.1.1.3 组件设计规范

HLA组件设计规范主要体现在对象模型模板和运行时支撑系统两方面。

1. 对象模型模板

HLA OMT 用于描述两类系统:一类是 HLA SOM,另一类是 HLA FOM。为更好地支持仿真系统的互操作和仿真部件重用,OMT 提供以下表格形式描述模型信息:

(1)对象模型鉴别表——记录鉴别 HLA 对象模型的重要信息。

(2)对象类结构表——记录对象类及其父类/子类关系。

(3)交互类结构表——记录交互类及其父类/子类关系。

(4)属性表——说明对象属性的特性。

(5)参数表——说明交互参数的特性。

(6)路径空间表——说明一个联邦中对象属性和交互的路径空间。

(7)FOM/SOM 词典——用来定义各表中使用的所有术语。

1)对象模型鉴别表

如对象模型鉴别表 2-2 所示,对象模型的描述信息主要包括名字(Name)、版本号(Version)、创建日期(Creation Date)、目的(Purpose)、应用范围(Application Domain)、资助机构(Sponsor)、联系人信息(Contact Person Information,CPI)、联系人单位(CPI Organization)、联系人电话(CPI Telphone)、联系人邮件地址(CPI Email)。

表 2-2 对象模型鉴别表

项目	含义
Name	对象模型的名称
Version	对象模型的版本标识
Creation Date	该版本对象模型的创建日期或最后修改日期
Purpose	创建该联邦或成员的目的,也可包含对其特点的简短描述
Application Domain	联邦或成员的应用领域
Sponsor	负责(或资助)联邦或成员开发的机构
CPI	联邦或成员对象模型的联系人信息,包括头衔、级别、姓名
CPI Organization	联系人所属单位
CPI Telphone	联系人电话
CPI Email	联系人电子邮箱地址

2) 对象类结构表

如 FOM/SOM 对象类定义表 2-3 所示，对象类描述信息是一个结构化的数据结构，采用"条目及其定义"的结构化描述方式定义对象类的具体内容。

表 2-3　FOM/SOM 对象类定义表

Term	Definition
< term name >	< term definition >

对象类描述文件格式如表 2-4 所示，objects 是一个结构化的条目，包括联邦中所有对象类和管理对象模型中对象类的声明。所有对象类都是一个名称为"objectRoot"基类的子类，该基类只有一个属性"priviledgeToDelete"。对象类定义可以划分为：对象类名称(class < Name >)、属性定义(attribute)。属性定义又可以划分为：属性名称(attribute < Name >)、消息传递机制(< delivery >)、时间顺序(< time order >)、路径空间(space)。消息传递机制由两个参数定义：一个参数为消息传递方式(reliable/best_effort)，另一个参数为消息传递顺序(timestamp/receive)。一个对象类根据其抽象表示含义，可能会包含一个或多个属性定义以及其他对象类定义。Manager 代表管理器类对象，它是一个负责管理对象类及交互类相互作用的对象。

表 2-4　对象类描述文件格式

```
(objects
        (class objectRoot
                (attribute privilegeToDelete reliable timestamp A)
                (class RTIprivate)
                (class Manager
                ...
                )
                (class <Name>
                        (attribute <Name> <delivery> <time order> <space>)
                        (attribute <Name> <delivery> <time order> <space>)
                        ...
                )
                ...
        )
)
```

3) 交互类结构表

如 FOM/SOM 交互类定义表 2-5 所示,交互类定义与对象类定义相似,采用"条目及其定义"的结构化描述方式定义交互类的具体内容。

表 2-5　FOM/SOM 交互类定义表

Term	Definition
< term name >	< term definition >

如交互类描述文件格式表 2-6 所示,interactions 是一个结构化的条目,包括联邦中所有交互类以及管理对象模型中交互类的申明,所有交互类继承于 interactionRoot。交互类定义包括交互类名称(calss < Name >)、消息传递机制、时间顺序(< time order >)、路径空间(< space >)、参数(parameter < Name >)。

表 2-6　交互类描述文件格式

```
(interactions
        (class interactionRoot
                (class RTIprivate best_effort receive)
                (class Manager best_effort receive
                ...
                )
                (class <Name> <delivery> <time order> <space>
                        (parameter <Name>)
                        (parameter <Name>)
                        ...
                )
                (class <Name> <delivery> <time order> <space>
                        (parameter <Name>)
                        (parameter <Name>)
                        ...
                )
                ...
        )
)
```

4) 属性表

如 FOM/SOM 属性定义表 2-7 所示,采用"类、条目及其定义"的结构化描述方式定义属性的具体内容。因为属性是类(Class)的内部成分,所以属性表中需要增加 Class 子项。

表2-7 FOM/SOM 属性定义表

Class	Term	Definition
< term name >	< term name >	< term definition >

5) 参数表

如 FOM/SOM 参数定义表 2-8 所示,采用"类、条目及其定义"的结构化描述方式定义参数的具体内容。参数是一种特例化的属性,同样地,参数表也需要增加 Class 子项。

表2-8 FOM/SOM 参数定义表

Class	Term	Definition
< term name >	< term name >	< term definition >

2. 运行时支撑系统

RTI 由 RtiExec、FedExec、LibRTI 三个组件构成,可以运行于单机或网络。LibRTI 是一个 C++库,提供了 HLA 接口规范定义的一系列服务。成员通过 LibRTI 调用 HLA 的服务并与 RtiExec、FedExec 以及其他成员进行通信。HLA 接口规范定义了 LibRTI 向成员提供的服务以及成员向联邦承担的责任。

2.1.1.4 运行机制

RTI 提供了用于仿真互联的服务,是 HLA 仿真系统进行分层管理控制、实现分布仿真可扩充性的支撑基础。根据调用关系,RTI 被分为两部分:一部分抽象为 RTIAmb 类,负责定义和实现联邦成员与 RTI 的通信接口,由联邦成员主动调用;另一部分抽象为 FedAmb 类,负责定义和实现 RTI 与联邦成员的通信接口,由 RTI 回调使用,根据具体的联邦仿真应用开发,完成相应的功能。

为了减少网络开销,HLA 规范还提供数据过滤机制,即 RTI 数据分发管理服务。数据分发管理服务有基于类的数据过滤、基于值的数据过滤两种。在 HLA 框架下,支持数据过滤的基本概念是路径空间(Route Space,RS),用于描述一个多维坐标系统。

路径空间原理:首先将路径空间分区,其次通过计算获得对象及交互类对应区域所在的空间分区。目前路径空间的实现方法主要有网格法、保护区法、基于接收方的过滤(Receiver Based Filtering,RBF)机制等。

RTI 时间管理服务保证 RTI 能在正确的时间以适当的方式和顺序将来自成

员的事件转发给相应成员。时间管理控制各盟员在仿真时间轴上推进,时间推进必须和对象管理相协调。时间管理功能的实现还必须和对象管理及数据分发管理相协调,使得发送给盟员的数据逻辑上是正确的。

图 2-3 描述了 HLA 联邦成员的执行流程,包括:开始时初始化成员数据,创建加入联邦执行,声明发布/订购关系,确定时间推进策略,注册对象实例,请求时间推进,时间推进许可判决,仿真推进,当满足仿真结束条件时退出联邦执行,撤销联邦执行并结束。

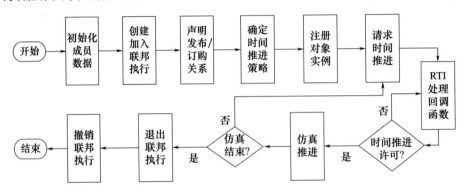

图 2-3 HLA 联邦成员的执行流程

图 2-4 给出 HLA RTI 在某一节点上消息的逻辑流程。

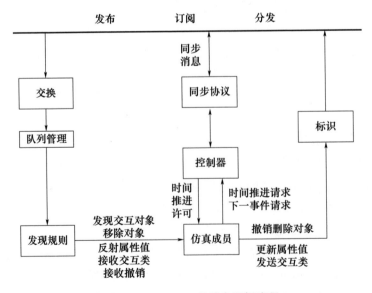

图 2-4 HLA RTI 的消息逻辑流程

图 2-4 中:每个联邦成员对应一个其订购对象和属性的更改/交互信息流。消息经发现规则(Discovery Rules)过滤后进入联邦仿真;同步协议(Synchronization Protocol)用于处理因果顺序或时间发送顺序(Time Send Order,TSO)的事件服务;控制器(Controller)增加一些头标示信息再发送到网络上。到达 RTI 的消息以接收/发送顺序分类,可分为按接收顺序(Receive Order,RO)消息、按时间发送顺序消息。RTI 内部为每个联邦成员建立一个消息队列。需要转发给联邦成员的 RO 消息在相应队列中排队,在条件允许时按先进先出(First In First Out,FIFO)顺序将消息发送出去。对于 TSO 消息,各自携带消息产生时刻的时间戳值,RTI 将其分别置于相应的消息队列,在传送给该成员条件许可的情况下,RTI 首先剔除队列中"时间戳小于联邦成员当前仿真时间"的消息,并保证不再会接收到比消息队列中最小时间戳值更小的时间戳消息,发送那些满足发送要求的 TSO 消息。为确保后一条件,RTI 必须计算一个接收从其他联邦成员将要发来的消息的时间戳最小值(下限)。

2.1.1.5 模型发布

HLA 模型发布采用对象类公布/订购关系进行描述,如表 2-9 所示,Target、Interference、Radar 分别表示目标对象类、干扰对象类、雷达对象类。联邦成员包括目标、干扰、X 波段雷达(X Band Radar,XBR)等。其中,目标联邦成员发布 Target 对象类,干扰联邦成员发布 Interference 对象类和订购 Radar 对象类,XBR 订购 Target 对象类。发布表示向外公开的对象类,订购表示需要从外部引入的对象类。

表 2-9 对象类的公布/订购关系描述

对象类	目标	干扰	XBR	…
Target	发布		订购	
Interference		发布		
Radar		订购		

2.1.1.6 模型交互

在一个成员加入一个联邦执行前,联邦执行必须存在;联邦的撤销必须在所有成员都退出后进行。联邦执行可以理解为主流程控制对象,联邦成员可以理解为构成联邦的分系统,分系统运行后作为一个实例对象,通过与联邦执行间的直接交互实现分系统之间的间接交互。图2-5描述联邦执行的创建和撤销过程,图2-6描述联邦成员和RTI交互关系。

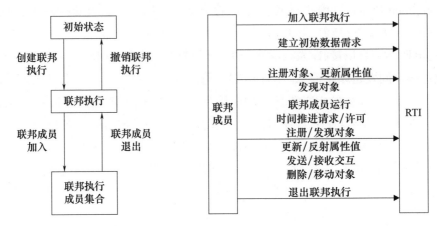

图2-5 联邦执行的创建和撤销　　图2-6 联邦成员和RTI交互关系

图2-7描述管理对象模型(Manage Object Model,MOM)的层次结构关系。

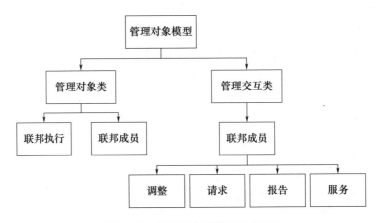

图2-7 管理对象模型层次结构

图2-7中:管理对象模型包括管理对象类和管理交互类。管理对象类负责联邦执行、联邦成员模型定义;管理交互类负责联邦成员模型定义,主要提供调整、请求、报告、服务等交互管理功能。

管理对象类包含描述联邦执行状态的属性集。仿真运行过程中,RTI将公布该对象类,并为联邦执行注册一个该对象类的对象实例,但RTI不会自动更新该对象类的实例属性值,联邦成员必须使用"Request Attribute Value Update"

服务以获得实例属性值。联邦成员对象类包含描述联邦成员状态的属性集，RTI 将公布该对象类，并为联邦执行中的每个联邦成员注册一个对象实例，对象实例的属性包括联邦成员的标识信息、成员的时间状态信息、RTI 为联邦成员维护的事件队列状态信息等。所有管理对象类定义在 FED 文件中。

如表 2-10 所示，HLA 交互类描述信息主要包括交互类名、参数名、数据类型、基数、单位、分辨率、精度和精度条件。

表 2-10　HLA 交互类描述信息表

对象属性		特征说明
Interaction class	交互类名	必须用 ASCII 码定义，可以用点符号表明继承关系
Parameter name	参数名	必须用 ASCII 码定义，且不能与高层父类的参数名重复
Datatype	数据类型	表明参数的类型
Cardinality	基数	记录数组和序列大小，基数列用 1 标记
Units	单位	指定参数的单位
Resolution	分辨率	
Accuracy	精度	描述联邦或联邦成员中参数值偏离其预期值的最大数值
Accuracy condition	精度条件	

MOM 预定义一个顶级交互类 Manager，它有一个子类 Federate。Federate 有 4 个子类：

（1）Manager.Federate.Adjust：负责调整联邦管理成员报告的方式。

（2）Manager.Federate.Request：负责请求报告联邦中各联邦成员的状态信息。

（3）Manager.Federate.Report：负责响应 Manager.Federate.Request 交互类的请求。

（4）Manager.Federate.Service：代表联邦成员激活其 RTI 大使服务（控制联邦执行）。

RTI 发送和接收的 MOM 交互类均为上面 4 个交互子类。

2.1.1.7　开发过程

联邦开发有一个一般的、通用性步骤，如图 2-8 所示，规定联邦开发过程中所有必需的活动和过程，以及每一个活动和过程需要的前提条件与输出结果。联邦开发过程主要步骤包括：定义联邦目标→执行概念分析→设计联邦→开发联邦→计划、集成、测试联邦→执行联邦并输出→分析数据和评价结果。

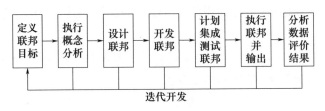

图2-8 联邦开发过程

2.1.2 基本对象模型

2.1.2.1 设计思想

1997年,SISO提出BOM,旨在解决联邦开发过程中FOM的设计问题,提供一组可重用信息包,用来表示仿真内部实体交互的各种模式,实现仿真系统灵活性、可组合性。2006年3月发布BOM标准规范和使用指南,通过BOM的模块化、开放标准、元数据和松散耦合设计,有效支持基本组件的可组合能力,使静态和动态快速组合仿真和仿真环境成为可能。BOM作为一种基于组件的标准,采用本体方法刻画仿真元素以及实体间关系,支持仿真基本组件互操作、可组合、可重用。BOM的设计思想如图2-9所示,可以为上层应用提供联邦成员和联邦两个层次的模型视图,分别对应HLA标准中的SOM和FOM。

为了构建可组合能力并提供更好的灵活性,BOM进一步发展了HLA体系规范,引入了状态机、作用模式、实体等概念,将FOM、SOM进一步细化,建立更细粒度的概念模型,从仿真模型层次上提高模型的重用性和互操作性。BOM不是概念模型标准,由于其从本体知识工程角度和类似统一建模语言(Unified Modeling Language,UML)定义基本对象模型,从静态和动态两方面描述对象模型元素与关系,这种表示方法易于被不同知识背景的人员理解。

BOM强调通过基本对象模型及其组装方法定义FOM,采用交互作用模式描述联邦。因此,支持交互作用模式的概念实体(Entity)和概念事件(Event)可以与HLA对象类、交互类、对象类和交互类属性及参数进行关联,并且可以在BOM、FOM、SOM中查找这些映射的对象模型定义元素。

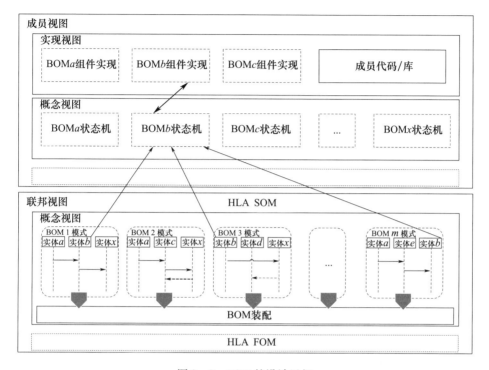

图 2-9 BOM 的设计思想

2.1.2.2 体系结构

如图 2-10 所示，BOM 仿真标准的体系结构由模型鉴别信息（Model Identification）、概念模型定义（Conceptual Model Definition）、模型映射（Model Mapping）、对象模型定义（Object Model Definition）、支持表（Supporting Tables）5 个部分组成。

1. 模型鉴别信息

模型鉴别信息是 BOM 的元信息，用于描述 BOM 的基本信息、使用目的、应用领域、使用限制、关键词等。

2. 概念模型定义

概念模型定义负责对模型功能进行描述，主要从交互作用模式（Pattern of Interplay）、状态机（State Machine）、实体类型（Entity Type）、事件类型（Event Type）等几方面具体展开。其中，实体、事件是对事物进行静态描述，交互作用模式、状态机是动态描述事物间的联系与影响。

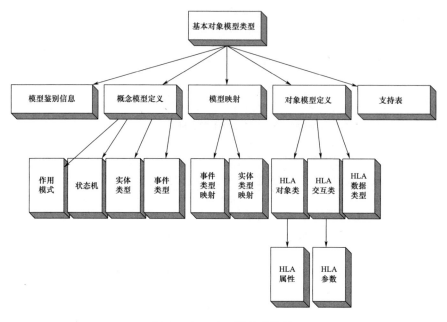

图 2－10　BOM 的体系结构

3. 模型映射

模型映射负责定义 BOM 概念模型元素与 HLA 对象模型元素之间的映射，主要分为两类映射：实体类型映射、事件类型映射。如图 2－11 所示，实体类型映射负责对 BOM 概念模型的实体与 HLA 对象模型的对象类元素进行映射；事件类型映射负责对 BOM 概念模型的事件与 HLA 对象模型的交互类元素进行映射，使抽象概念模型与具体实现技术进行分离。

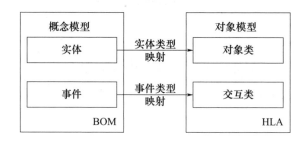

图 2－11　BOM 概念模型与 HLA 对象模型映射关系

4. 对象模型定义

对象模型定义负责记录与交互作用模式有关的 HLA 对象类，并描述类与子类关系。

5. 支持表(Supporting Tables)

支持表由笔记和词典组成。

2.1.2.3 组件设计规范

"可组合性"是一种能力,支持选择仿真组件,通过不同形式合并满足用户特定需求。BOM 将可组合性划分为语法可组合性、语义可组合性。其中,语法可组合性负责检查组件集成时运行接口是否正确;语义可组合性负责检查组件组合后执行是否正确有效。

BOM 的组合过程可以描述为查找→匹配→组合。

(1) 查找。从 BOM 模型库提取一些与仿真需求相关的基本对象模型,实现时借助于仿真参考标记语言(Simulation Reference Markup Language,SRML)描述仿真需求。

(2) 匹配。根据查找得到的 BOM 集合,对基本对象模型进行比较、匹配。匹配包括语法层匹配、静态语义层匹配、动态语义层匹配三个方面,如表 2-11 所示。

表 2-11 BOM 的匹配分类

匹配层次	主要工作
语法层匹配	判断两个动作在语法上能否组合
静态语义层匹配	比较动作、消息、参数、实体等语义信息
动态语义层匹配	执行动作,验证 BOM 实体交互是否正确

(3) 组合。匹配之后,将得到的 BOM 进行组合,最终获得仿真模型。

如图 2-12 所示,BOM 对 HLA 对象模型进一步抽象后建立概念模型,并通过代码实现 BOM 组件,在此基础上通过组件组合应用构建仿真系统。

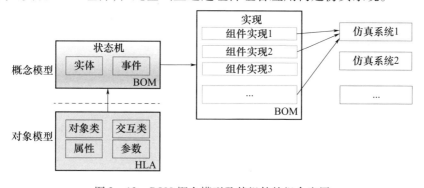

图 2-12 BOM 概念模型及其组件的组合应用

下面将分别从概念模型、模型映射和对象模型定义三方面具体阐述 BOM 仿真规范。

1. 概念模型

BOM 概念模型由交互作用模式、状态机、实体类型、事件类型 4 部分组成，分为静态和动态两个方面。静态概念模型包括实体类型和事件类型，动态概念模型包括交互作用模式和状态机。

1) 交互作用模式

交互作用模式用于描述 BOM 中不同实体之间的交互，一般通过一个或多个步骤描述要完成的特定功能，每一个步骤对应一个模式动作(Action)，每一个模式动作可以关联到一个事件。BOM 将事件分为变更类事件、异常类事件两类。图 2-13 描述了 BOM 的交互作用模式，Pattern 代表模式，Action 代表动作，Pattern 与 Action 是聚合关系，一个 Pattern 中的 Action 可能会引用另一个 Pattern 中的动作。

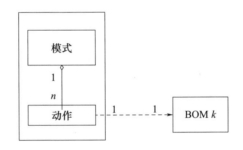

图 2-13 "模式/动作/事件"交互作用模式

关于动作属性的具体描述信息如表 2-12 所示。

表 2-12 动作属性描述信息

动作名称	英文表示	具体数值
序号	sequence	××××
关联事件	event	××××
语义描述	semantics	××××
持续时间	duration	××××
发送方	sender	××××
接收方	receiver	××××
备注	notes	××××

表2-13给出了作用模式的描述信息。

表2-13 作用模式描述信息

作用模式		序号	动作名称	发送方	接收方	事件	BOM名称	条件
作用模式名称	动作							
	异常							
	变更							

2）状态机

状态机用于描述概念实体的状态转换，依靠交互作用模式动作完成，即交互作用模式中的动作触发了实体的状态转换，每个动作都有相应的发送者和接收者。因此，每个状态机可以表示一个或多个概念实体的状态转换。

表2-14描述了状态机的描述信息。

表2-14 状态机信息描述表

状态机组成			描述	数目	
Name			状态机名称	1	
Conceptual entities			状态机中的概念实体	≥1	
State	Name		状态名称	1	≥1
	Exit condition	Exit action	使状态产生转换的动作	1	
		Next state	状态转换的下一个状态	1	≥0

表2-15描述了状态的属性信息。

表2-15 状态属性信息表

名称			
语义描述			
退出条件	退出动作		下一状态
备注			

3）实体类型

实体类型用来标识问题域中不同类型的概念实体。实体类型一般作为模式动作的发送者或接收者，也可以是状态机的主体。每个实体类型都用一个唯一的名称和至少一个属性（Characteristic）进行标识。如图 2 - 14 所示，Entity Type 与 Entity Characteristic 之间是聚合关系，一个 Entity Type 可以有一个或多个 Entity Characteristic。

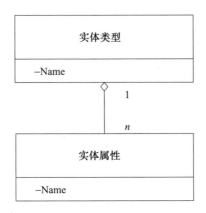

图 2 - 14　实体类型

表 2 - 16 描述了实体类型的具体信息，即实体包含一个或多个属性。

表 2 - 16　实体类型信息描述表

实体构成			描述	数目
名称				1
属性	属性 1			1
	属性 2			1
	…			1

4）事件类型

事件类型用于描述交互作用模式和状态机中涉及的活动，标识概念事件（包括消息、触发器）。事件类型分为消息类型事件和触发器类型事件两类。

（1）消息类型事件用于表示概念实体之间点对点事件，通过源属性（Source Characteristic）、目标属性（Target Characteristic）、内容属性（Content Characteristic）等具体描述。

（2）触发器类型事件用于表示按照条件触发的事件，通过源属性、内容属性、触发条件（Trigger Condition）等具体描述。

图 2 - 15 描述了 Event Type 概念模型，它至少包含一个源属性，可以有或没有目标属性、内容属性，没有或最多拥有一个触发条件。

第2章 建模与仿真分离设计

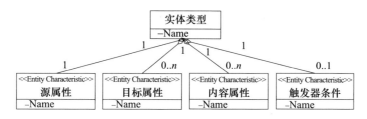

图 2-15 事件类型概念模型

从表 2-17 可知，Source Characteristic 指定事件来源的对象，Target Characteristic 指定事件去往的对象，Content Characteristic 描述事件的内容，Trigger Condition 指定事件触发所需满足的条件。

表 2-17 事件类型信息描述表

类别		描述	数目
Name		事件类型名称	1
Source Characteristic		描述事件来源的对象	1
	Name	事件来源名称	1
Target Characteristic		描述事件去往的对象	1
	Name	事件去向名称	≥0
Content Characteristic		描述事件表示的内容	≥0
	Name	事件内容名称	1
Trigger condition		表示触发条件	0/1

2. 模型映射

BOM 作为概念抽象模型，强调与底层并行离散事件仿真（Parallel Discrete Event Simulation，PDES）系统之间在概念模型与仿真对象模型存在映射关系，如图 2-16 所示。其中，实体类型负责描述仿真系统的行为主体，可以映射为仿

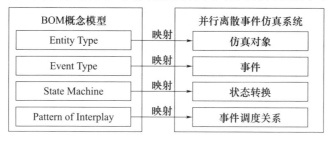

图 2-16 BOM 与 PDES 概念映射关系

真对象或比仿真对象更小的组件。交互作用模式负责定义不同实体之间的交互,即仿真对象之间的事件调度关系。状态机负责定义实体的状态变化过程,可以映射为仿真对象的状态转换过程。事件类型负责定义实体间行为(交互作用模式)触发的条件,可以映射为仿真对象的事件。

BOM 概念模型与 HLA 对象模型之间的映射关系可以采用图 2-17 进行描述。

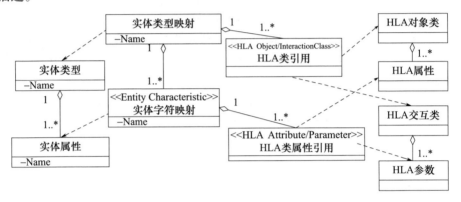

图 2-17　BOM 与 HLA 的映射

BOM 实体通过实体类型映射建立了与 HLA 对象类、交互类、属性和参数等直接引用的对应关系,从而间接实现了与 HLA 对象类、交互类的映射关联。图 2-18 进一步描述了 BOM 通过事件类型映射建立与 HLA 类属性引用和条件的对应关系。其中,Source Characteristic、Target Characteristic 和 Content Characteristic 可以聚合一个或多个 HLA 类属性(HLA Class Property),触发条件对应一个或多个 HLA 条件(HLA Condition)。HLA 类属性和 HLA 条件通常由 HLA Attribute 具体描述。

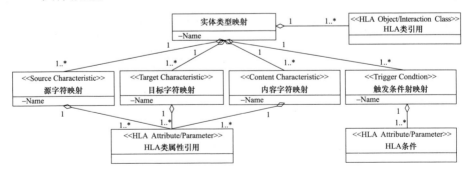

图 2-18　事件类型/内部要素与类/属性/参数间映射

3. 对象模型定义

对象模型定义负责记录与交互作用模式有关的 HLA 对象类,主要包括 HLA 对象类(HLA Object Class)、HLA 交互类(HLA Interaction Class)、HLA 数据类型(HLA Data Type)。在定义对象类时,对象模型定义主要考虑 HLA 属性(HLA Attribute);在定义交互类时,对象模型定义主要考虑 HLA 参数(HLA Parameter)。

图 2-19 描述了 BOM 对象模型定义与 HLA 对象类、交互类、数据类型以及属性、参数之间的层级对应关系。其中,一个对象模型定义可以对应多个 HLA 对象类和交互类,每个 HLA 对象类代表一个或多个 HLA 属性的聚合体,每个 HLA 交互类代表一个或多个 HLA 参数的聚合体。

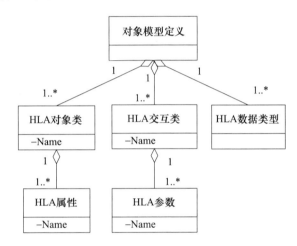

图 2-19 BOM 对象模型定义与 HLA 对象类/交互类/数据类型层级对应关系

2.1.2.4 运行机制

BOM 对象运行是基于状态机和描述对象的执行过程,状态机由一些概念实体(Conceptual Entity)和一系列状态(State)组成,概念实体由实体类型定义,状态由模式动作(Pattern Action)、退出动作(Exit Action)、退出条件(Exit Condition)、转换状态(Next State)共同定义。

如图 2-20 所示,BOM 状态机运行机制可以这样描述:一个状态机可以描述为一个或多个状态和概念实体的聚合形式(集合)。其中,一个概念实体需要对应一个实体类型,一个状态可以不具有或对应多个退出条件。一个退出条件需要具体指定一个退出动作和下一个状态(Next State),而一个退出动作可以引用一个模式动作,下一个状态可以引用一个状态。

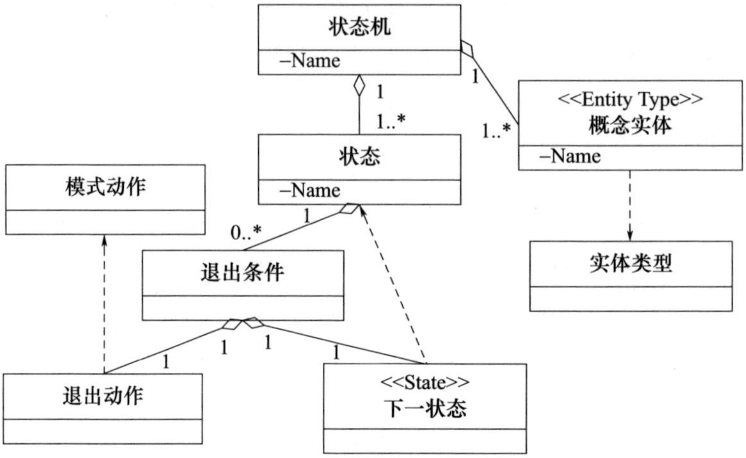

图 2-20　BOM 状态机运行机制

BOM 规定状态机模型定义采用表 2-18 进行描述,定义时主要描述一系列状态及其退出条件和涉及状态变化的概念实体。其中,退出条件又可以通过退出动作,以及切换的下一状态进行定义。

表 2-18　BOM 状态机模型定义

状态机 1	状态 1	退出条件 1	退出动作
			下一状态
		退出条件 2	退出动作
			下一状态
		…	
	状态 2		
	…		
	概念实体 1	实体类型	
	概念实体 2	实体类型	
	…		

2.1.2.5　模型发布

在 BOM 中,相互作用模式中动作发送者所代表的概念实体将信息以事件形式发布,供其他概念实体接收并做出反应。但是,动作发送者并不知道另一端目标概念实体是什么。换句话说,BOM 通过发布/订阅事件方式(图 2-21)

在动作发送者与接收器之间建立间接联系。而在 HLA 中,事件是通过使用对象类属性更新或发送交互参数产生的。

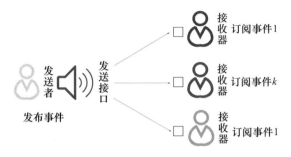

图 2-21 BOM 事件发布/订购

在 BOM 中,事件的响应(或反应)可能是被一个或多个订阅的概念实体产生的,这些实体都对指定的可观察事件感兴趣。而在 HLA 中,事件没有指向,是通过联邦感兴趣产生的,联邦在需要时会对这种动作做出反应。

如图 2-22 所示,建模人员直接利用 BOM 模型库中已定义 BOM2、BOM4、BOM17、BOM23 四个模型,可以快速构建组件 A 模型;直接利用 BOM 模型库中已定义 BOM1、BOM3、BOM11、BOM19 四个模型,可以快速构建组件 B。这也体现了基于 BOM 模型重用建模设计思想。

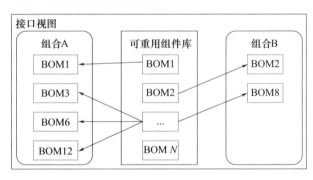

图 2-22 BOM 可重用库

2.1.2.6 模型交互

在 BOM 中,事件类型分为消息类型事件(message type event)、触发类型事件(trigger type event)两类事件定义。概念实体从静态层面描述模型对象,交互作用模式从动态层面描述模型对象之间的交互行为,两者联系的桥梁就是消息(Message)或触发器(Trigger)。关于 BOM 概念实体之间的交互过程,图 2-23

描述了 BOM 模型交互规则机制。

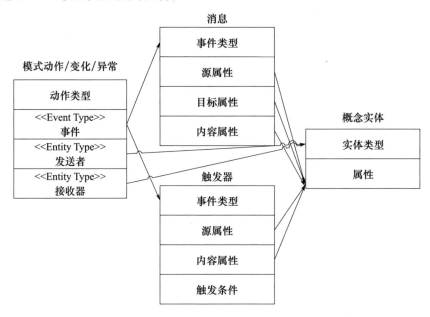

图 2-23　BOM 概念实体间的交互机制

交互作用模式定义模式动作、变化(Variation)或异常,要指定动作类型(Action Type)、事件类型、发送者(Sender)、接收器(Receiver);概念实体要指定实体类型、属性。消息用于定义事件类型、事件源、事件目标、事件内容。触发器用于定义事件类型(Event type)、事件源、事件内容、触发条件。

模式动作定义两个概念实体之间数据传递关系,即一个概念实体作为事件源发送数据,另一个概念实体作为事件目标接收交互数据。交互作用模式代表概念实体间的动态行为,消息和触发器代表概念实体间的交互数据格式。

如图 2-24 所示,BOM 作用模式中标识为动作发送者的概念实体,负责直接将消息事件发给标识为接收器的概念实体;被标识为接收器的概念实体,负责响应在直接消息中所含的信息。

图 2-24　BOM 事件发送与接收

2.1.2.7 开发过程

如图 2-25 所示,利用 BOM 规范进行仿真系统开发的过程主要有以下步骤:

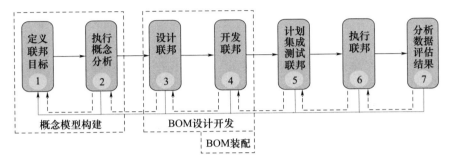

图 2-25 基于 BOM 的仿真模型开发过程

(1)定义联邦目标。
(2)执行概念分析。
(3)设计联邦。
(4)开发联邦。
(5)制订计划,集成和测试联邦。
(6)执行联邦,然后输出。
(7)分析数据,评价输出结果。

在以上这 7 个步骤中,(1)、(2)属于概念模型设计阶段,(3)、(4)属于 BOM 设计阶段,(4)还涉及 BOM 模型装配,应该说从(1)到(7),全过程都是在对概念模型进行迭代修改和完善,有的是处在目标阶段,有的是处在匹配 BOM 阶段,有的是处在装配阶段,有的是处在语义组合性校验、结果验证阶段,还有的是处在结果确认阶段。图 2-26 从另一个层面来描述 BOM 规范下的开发流程:

(1)识别用途/目标/意图,包括聚焦捕获概念模型、识别仿真交互作用模式。

(2)在 BOM 模型库中查找 BOMs 候选对象,包括使用用途、关键字和概念模型作为查找标准,在模型库中匹配可用 BOMs 的元数据信息。

(3)若在库中找到 BOM 候选对象,则使用候选对象装配得到新的 BOM,包括:通过 BOM 组合实现输入/输出支持要求,然后执行第(4)步;否则(未找到

BOM候选对象),执行第(6)步。

(4)根据新的BOM,生成HLA联邦对象模型FOM、仿真对象模型SOM,并将FOM/SOM插入模型库。

(5)联邦集成(结束),包括使用BOM对象模型定义、确认联邦成员支持BOM的概念行为、开发或使用已有的BOM组件实现(BOM Component Implementation,BCI)。

(6)新建BOM对象,具体包括:定义交互作用模式、状态机、实体、事件(触发类型事件、消息类型事件)等概念模型;定义类结构(对象模型定义);定义模型映射;使用BOM DIF(基于HLA对象模型模板OMT扩展)。

(7)将新建BOM保存到模型库。

以上步骤中,(6)、(7)是BOM候选对象不存在情况下,首先新定义BOM模型,其次将其插入BOM模型库的一系列操作。

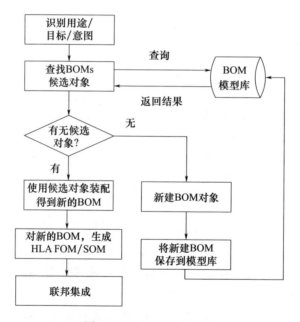

图2-26 BOM开发流程

2.1.3 仿真模型可移植性规范

2.1.3.1 设计思想

仿真模型可移植性规范由欧洲航天局制定,旨在提高不同仿真环境和操

作系统中模型可移植性,提高模型可重用性。SMP2.0 明确地提出以下应用需求:

(1)仿真环境之间模型可移植,即要求仿真模型为不同仿真环境提供标准接口。

(2)模型在不同平台可移植,即 SMP 标准支持模型在不同操作系统和硬件等平台可移植。

(3)支持现代软件工程技术,SMP 标准支持面向对象设计和组件设计。

(4)关于模型重用,SMP 标准支持组件模型重用,定义良好接口及模型如何部署到目标平台。

(5)模型集成,支持将单个模型集成起来构成一个完整的系统。

(6)模型开发生产率,SMP 标准应减少模型开发人员实现模型基础元素的工作量,模型要易于集成到仿真环境或与其他模型集成。模型开发人员专注于模型功能开发,而不是基础构造方面。

(7)可配置、柔性仿真,SMP 标准应支持开发高可配置、柔性的仿真系统。

(8)SMP 标准应基于元模型的支持,使用开放标准。

2.1.3.2 体系结构

SMP 的元模型(Meta – Model)就是仿真模型定义语言(Simulation Model Definition Language,SMDL),用于设计模型、集成模型实例、调度模型实例,采用类、接口、组件、事件、数据流等建模技术。SMDL 是一种用于描述模型的语言,包括 SMDL 目录(SMDL Catalogue)、SMDL 装配(SMDL Assembly)、SMDL 调度(SMDL Schedule)、SMDL 打包(SMDL Package)、SMDL 配置(SMDL Configuration)5 个组成部分。各部分职责描述如表 2 – 19 所示。

表 2 – 19 SMDL 各组成部分职责描述

SMDL 组成部分	职责描述
SMDL Catalogue	负责定义 SMP 模型
SMDL Assembly	负责定义如何装配模型实例的集合
SMDL Schedule	负责实现对组装后的模型实例进行调度
SMDL Package	负责定义如何对模型实现进行打包
SMDL Configuration	通过文件配置模型字段值属性

图 2 – 27 ~ 图 2 – 28 分别描述 SMDL 装配(Assembly)、SMDL 调度(Schedule)的设计原理。

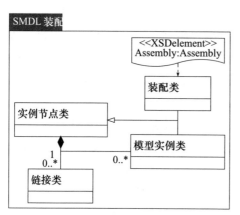 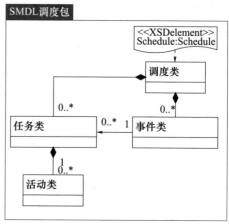

图 2-27　SMDL Assembly　　　　图 2-28　SMDL Schedule

InstanceNode 代表实例节点,ModelInstance 代表模型实例,Link 代表链接。InstanceNode 可以聚合一个或多个 ModelInstance,也可以聚合一个或多个 Link。ModelInstance 是从 InstanceNode 基类派生的,作为 InstanceNode 的子类。因此,通过 Link 可以实现一个或多个 ModelInstance 的组合关系,从而装配得到更大粒度的 InstanceNode。

Schedule 模型抽象定义了任务(Task)、事件、活动(Activity)三个元素,共同描述一个 Schedule。Schedule 可以聚合一个或多个 Task,也可以聚合一个或多个 Event,Task 可以聚合一个或多个 Activity,Event 可以不引用或引用一个或多个 Task。事实上,Schedule 是由一组 Task 和 Event 组成的序列,Task 是一组 Activity 组成的序列,这样两层序列关系代表了 SMDL Assembly 模型实例的调度计划安排。

SMDL Configuration 抽象定义了一种表示方法,提供文件配置模型字段值属性功能。如图 2-29 所示,Configuration 描述 SMDL 配置信息,ComponentConfiguration 描述一个或多个组件配置,组件配置具体对应于字段值(FieldValue)。每个 FieldValue 都是一个 Value,支持字符型数据类型描述。

如图 2-30 所示,SMDL Catalogue 与 SMDL Package 有着一定的联系。SMDL Catalogue 通过命名空间(Namespace)描述,即每一个 Catalogue 由一个或多个 Namepspace 组成,每一个 Namespace 可以不含或者包含一个或多个类型(Type)。SMDL Package 采用包(Package)描述模型目录的层级关系。事实上,

SMDL Package 是 SMDL Catalogue 的具体实现形式。

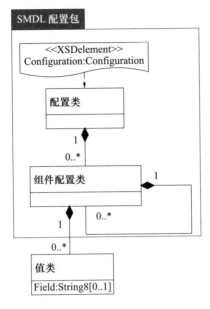

图 2-29 SMDL Configuration

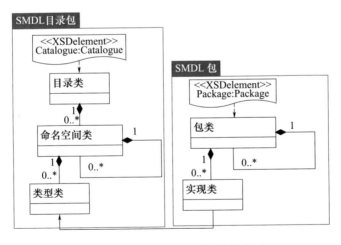

图 2-30 SMDL Catalogue 与 SMDL Package

SMP 元模型的 5 个顶级元素均采用可扩展标记对语言数据描述格式。表 2-20 给出了 SMP 元模型功能描述信息。

表 2-20 SMP 元模型功能描述

SMP	简要描述	备注
Catalogue	目录由命名空间构成，命名空间由类型构成。类型可以是模型类型以及其他类型，如结构、类和接口。可以定义的其他类型是用于描述模型事件的事件类型，以及用于描述类型化元数据的属性类型	类或模型头文件
Configuration	支持对仿真层次结构组件实例所指定任意字段值进行配置	
Assembly	装配(组合)负责描述一组模型实例的配置，指定所有字段、子实例以及基于类型的接口、事件和数据字段绑定的初始值。装配可以指定模型类型的场景而不需要指定它们的具体实现。装配模型实例必须绑定到 SMP 目录指定的模型	Make 文件
Schedule	调度负责定义如何调度 Assembly 模型实例的入口点。通常，在动态配置仿真中，调度与 Assembly 模型一起使用	调度负责定义模型入口点、调用频次、时间偏移量等
Package	包用于定义可以包含任意数量的实现要素。每一个实现要素引用目录的一个类型，该类型应该在包中实现。此外，包还可以引用其他包作为依赖项	
Model Implementation	模型实现负责定义具体要实现模型的行为。模型实现可以源代码或二进制代码级别交付	

SMP 既是一种仿真规范，也提供了建模与仿真环境。为完成平台独立模型的目标，SMP 主要通过以下两方面具体实施：

(1)SMP 元模型，即仿真模型定义语言。

(2)SMP 组件模型(Component Model)和 SMP 仿真服务。

SMP 包括仿真组件和仿真环境组件。仿真组件由模型实例(Model Instance)构成，模型实例确定仿真组件的特定行为；仿真环境组件用于提供仿真环境服务。

图 2-31 描述了 SMP 规范的仿真体系结构，分为上下两个层次：上层为仿真层(Simulation Level)，下层为仿真环境层(Simulation Environment Level)。仿真层是以系统视图描述模型仿真交互关系，具体涉及系统组成及组成成分之间的交互关系；仿真环境层则主要提供仿真环境服务和本地仿真支撑环境(Native Simulation Environment)，仿真环境服务包括日志(Logger)、调度(Scheduler)、时

间管理(Time Keeper)、事件管理(Event Manager)4类服务,底层的本地仿真环境(Native Simulation Environment)实现具体特定的操作系统服务。

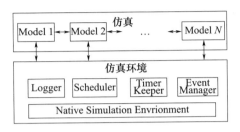

图2-31 SMP体系结构

1. 仿真组件

表2-21给出SMP仿真组件常用的一些术语及其表示含义。Document、NamedElement、Container、Interface、Model、Value属于类型,Assembly、ServiceProxy、AssemblyNode、InstanceNode、Link、ModelInstance、AssemblyInstance属于实例,<<XSDelement>>Assembly:Assembly属于模式。

表2-21 SMP仿真组件术语简介

术语	含义	分类
ModelInstance	模型实例	实例对象
AssemblyInstance	装配模型实例	
Assembly	装配(组合)模型	
AssemblyNode	装配(组合)节点	
InstanceNode	实例节点	
Link	链接	
ServiceProxy	服务代理对象	
Model	模型	类型对象
Interface	接口	
Value	值	
Container	容器	
NamedElement	命名元素	
Document	文档	
<<XSDelement>>Assembly:Assembly	装配模式	模式对象

如图2-32所示,SMP仿真组件模型间的作用机制具体描述如下:

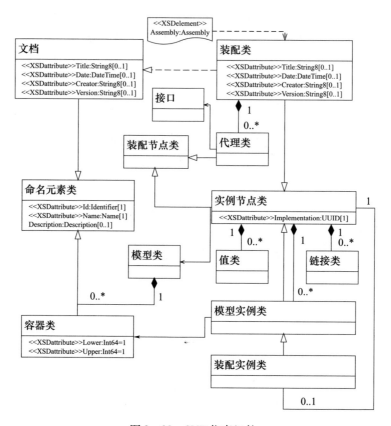

图 2-32 SMP 仿真组件

图 2-32 中：NamedElement 是类型对象的根节点，主要负责描述识别编号 Id、名字 Name、描述信息 Description 等公共的抽象特征。NamedElement 作为父类，其派生子类包括 Document、Container、AssemblyNode，Document 新定义了标题 Title、日期 Date、创造者 Creator、版本号 Version 等文档属性特征；Container 新定义了下限 Lower、上限 Upper 两个容器属性特征；AssemblyNode 代表装配节点实例，同时也是一个可命名元素对象，因此 AssemblyNode 继承了基类 NamedElement 的定义。

Interface 负责定义接口类型，可以用于抽象一些公共的对象操作（或方法）。

Model 描述模型定义的基本框架，一个 Model 对象既可以是一个原子对象（不可再分），也可以是一个容器对象（可组合）。原则上来讲，Model 作为容器对象，可以包含一个或多个容器，因此 Model 与 Container 两个类型之间，存在一种聚合引用关系。

作为一种类型对象，Model 是从概念上定义描述模型具体信息。而仿真执行的行为主体都是实例化对象，实例化对象是模型的运行形式。InstanceNode 是实例化对象的根节点，抽象定义了实例化对象的公共特征 Implementation，代表实例化对象的唯一编号。一个实例化节点要求必须引用一个模型对象，因此 InstanceNode 与 Model 之间是引用关系。此外，InstanceNode 要求 Model 在实例化时具有实际值，故 InstanceNode 与 Value 之间是聚合引用关系，即一个 InstanceNode 可以聚合一个或多个 Value 值类型对象。同时，InstanceNode 与 Link 之间也是聚合引用关系，即一个 InstanceNode 可以聚合一个或多个 Link 类型对象。

InstanceNode 作为父类，其派生子类包括 ModelInstance、Assembly，在继承了 InstanceNode 基类定义之外，ModelInstance 新定义了容器引用；Assembly 新定义了标题 Title、日期 Date、创造者 Creator、版本号 Version 等组装模型的公共特征属性信息。

仿真组件既可以包含模型实例（每个实例引用目录 Catalogue 模型），还可以包含组件实例来支持子组件，以及服务代理来访问服务。每个模型实例可以使用模型容器包含子组件、引用和接口链接、事件源/槽链接、输入/出字段链接。

装配节点（AssemblyNode）作为装配树中所有节点的抽象基类，可以为接口链接提供类型。这样可以确保相同的链接机制，用以解决模型引用（通过一个接口链接到一个实例节点，即装配模型实例或组件实例）和服务引用（通过一个接口链接到一个服务代理）。

实例节点（InstanceNode）是 Assembly 和 ModelInstance 的抽象基类，用于描述实例对象的公共特性。InstanceNode 表示模型的一个实例，与 Model 之间是引用关系。

服务代理（ServiceProxy）通过指定的接口链接（服务类型）和名称属性（服务名称）来描述服务。对于 Assembly，ServiceProxy 作为解析模型服务引用的接口链接的终点。对 SMDL Assembly 进行实例化时，仿真环境调用 ISimulator::GetService()解析服务代理，使用 ModelInstance 提供解析服务接口（模型实例通过一个接口链接应用服务代理）。

模型实例（ModelInstance）表示模型的一个实例，派生于抽象基 InstanceNode。每个 ModelInstance 都包含在一个 Assembly 中，或者存在于另一个 ModelInstance，因此 ModelInstance 必须指定其所在的父容器（容器链接的 xlink:title 属性应包含容器名称）。

装配实例（AssemblyInstance）表示装配模型的实例，由其所引用的 SMDL

Assembly 具体定义。因此,要求 AssemblyInstance 及其引用的 Assembly 必须一致。

装配链接(Assembly link)必须指定该引用所在 SMDL Assembly 文件中的 AssemblyNode。

2. 仿真环境组件

仿真环境组件提供了三大类服务,具体包括基本服务(Logger Service、Scheduler Service、Time Keeper Service、Event Manager Service)、解析服务(Resolver Service)、用户自定义服务(User Defined Service)。

(1)日志服务(Logger Service):采用一致方式记录信息、事件、警告、错误消息,被用于模型和其他服务。

(2)调度服务(Scheduler Service):基于突发或周期性事件调用模型的接口入口点,主要依赖于时间服务。

(3)时间管理服务(Time Keeper Service):提供四种类型时间,包括:相对仿真时间、绝对公元纪元时间、相对任务时间、绝对与计算机时钟相关的 Zulu 时间。

(4)事件管理服务(Event Manage Service):提供全局事件排序和处理机制。可用于支持事件句柄的注册、事件广播,并允许定义用户特定的事件类型。

(5)解析服务:依据路径获取模型树中其他模型实例的引用。

(6)用户自定义服务:仿真器接口(ISimulator)提供了添加服务 AddService()方法,允许注册用户定义服务。所有用户定义服务必须实现服务接口(IService),以便使用标准化服务获取机制。

SMP 规范规定,仿真运行划分为仿真建立、仿真执行和仿真终止三个阶段(图 2 - 33)。

图 2 - 33 SMP 仿真运行阶段划分

仿真建立阶段主要活动可以描述为创建模型实例并安排模型层次(模型树)、模型发布字段(状态、事件)和操作(动态激活)、模型外部配置、模型与仿真服务及其他模型链接、模型初始化。

仿真执行阶段主要活动可以描述为调度器调度模型入口点、模型交互、模型调用仿真服务。

仿真终止阶段主要活动可以描述为模型释放资源、仿真停止或关闭。

SMP 通过映射机制实现平台无关性,支持将元模型、组件模型、仿真服务映射为 ANSI/ISO C++目标平台。目标平台可以是:①Cpp:标准 ANSI/ISO C++,适用于任何环境;②Cpp_linux:Linux 操作系统环境 C++;③Idl:Corba IDL;④Xsd:XML Schema;⑤Java:Java Language。

2.1.3.3 组件设计规范

SMP 组件模型(Component Model)提供了在 SMP 仿真中所使用组件独立于平台的定义,组件除了包括模型类型组件(Model)和服务类型组件(Service),还包括模拟器(Simulator)。

Component Model 要求每个模型都必须实现的一组强制性接口,还提供支持高级组件的可选接口 Model 要与 Simulator 进行交互,必须使用 Service。Service 是描述 SMP 服务的接口定义。SMP 要求每个符合 SMP 的 Simulator 都必须提供 Service 接口所定义的操作(或方法)。

SMP 组件结构如图 2-34 所示。

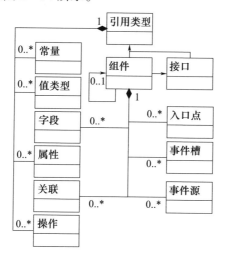

图 2-34 SMP 组件结构

图 2-34 中:引用类型(ReferenceType)是一个抽象的基类定义,组件(Component)和接口(Interface)是 ReferenceType 的派生子类,一方面继承了 ReferenceType 类定义,另一方面新增定义了组件或接口的新特性(属性或操作方法)。对于一个 Component,其内部可以聚合引用字段(Field)、关联(Association)、入口点(EntryPoint)、事件源(EventSource)、事件槽(EventSink)等类对象。其中,Field 表示字段类型定义,用于描述组件对象的数据对象;Association 表示关联类型定义,

用于描述相关事务之间的联系;EntryPoint 表示入口点类型定义,用于描述入口地址;EventSource 表示事件源类型定义,用于描述事件的发起者对象;EventSink 表示事件槽类型定义,用于描述事件的接收者对象。Component 与 Interace 之间是引用关系,即一个 Component 可以实现一个或多个接口定义,当然也可以不实现接口定义。Constant 表示常量类型定义,用于描述值不会变化的对象;ValueType 表示值类型定义,用于描述数值的类型(如整型、实型等数值类型);Property 表示属性定义,用于描述引用类型的特征;Operation 表示操作定义,用于描述对象的操作接口(或方法)。ReferenceType 可以聚合引用一个或多个 Constant、ValueType、Property、Operation 类定义对象,当然也可以不引用这些类定义对象。

SMP 模型定义如图 2 - 35 所示,Model 用于抽象表示 SMP 模型类定义,作

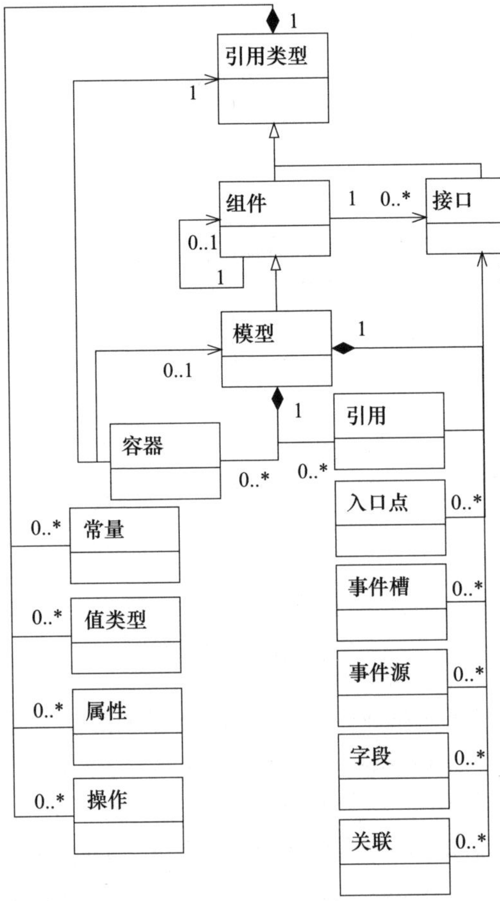

图 2-35 SMP 模型定义

为 Component 的派生子类,既继承了 Component 类定义,又新增了对 Container 和 Reference 类定义的聚合引用特性。通常,Model 类定义时,可以在其内部定义一个或多个容器 Container 类定义对象,也可以没有 Container 类定义对象。同样,Model 可以包含一个或多个引用 Reference 类定义对象,当然也可以没有 Reference 类定义对象。容器(Container)类定义本身就可以表示一种默认的模型类定义,引用(Reference)类定义用于表示一个或多个接口类定义。通过比较可知,Model 强调模型对象类概念,Component 强调实例对象类概念,前者关注概念描述,后者关注实例化描述。

如图 2-36 所示,服务(Service)类定义也是组件(Component)类的派生子类,用于抽象描述服务类型组件定义。

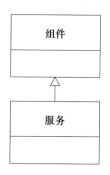

图 2-36 SMP Service 组件定义

SMP 规范将组件的接口分为 9 种类型,具体描述如下:
1) 聚合型组件接口(IAggregate)

实现聚合功能的组件要求必须实现 IAggregate 接口定义。"聚合"是指可以引用组件层次结构中其他组件并使用其公开操作(或方法)。与组合接口要求不同,实现聚合接口的组件只能被引用。对于需要引用其他组件的组件,SMP 要求它必须实现 IAggregate 接口,被引用组件通过命名引用记录。IReference 是一个描述引用的接口定义,支持查询被引用的组件。ReferenceCollection 是一个引用集合,以集合存储引用对象,并允许迭代所有被引用成员。如图 2-37 所示,IAggregate 引用接口有 GetReferences( ) 和 GetReference(name:String8)两个操作。这两个操作都是获取引用对象,区别在于:前者以 ReferenceCollection 形式返回一组引用对象,后者查找并返回指定名称的引用对象。

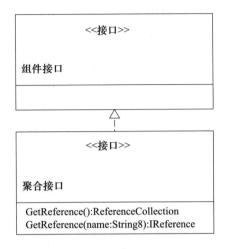

图 2-37　引用接口 IAggregate

2）组合型组件接口（IComposite）

聚合是通过引用方式实现一个组件对其他组件的使用，被引用的组件与这个组件的生命周期并不相关，有可能组件在内存中通过回收已经不存在了，而被其引用的组件仍存在。

组合是指一个组件可以在组件层次结构中包含其他组件，被包含的组件是被这个组件所拥有的，被包含组件的生命周期与其父组件保持一致。父组件也称为容器，作为被包含组件的父亲；被包含组件是容器内的一个组分（Composition），作为容器的孩子。容器与组分的生命周期保持一致，即当容器创建时，其组分也随之创建；当容器因内存回收而消亡时，其组分也随之消亡。容器与其组分采用组件树结构建立关系模型，根节点是顶层容器。

图 2-38 和图 2-39 所示分别描述了组合接口 IComposite 和容器接口 IContainer。

组合接口 IComposite 继承了 IComponent 组件接口定义，同时还提供了获取并返回容器（包括容器集合、容器）的操作（或方法）。容器接口 IContainer 继承了 IObject 对象接口定义，同时还提供并返回了组件（包括组件集合、组件）的操作（或方法）。

图 2-40 描述了容器集合 ContainerCollection 用于存取实现 IContainer 容器接口定义的容器对象。

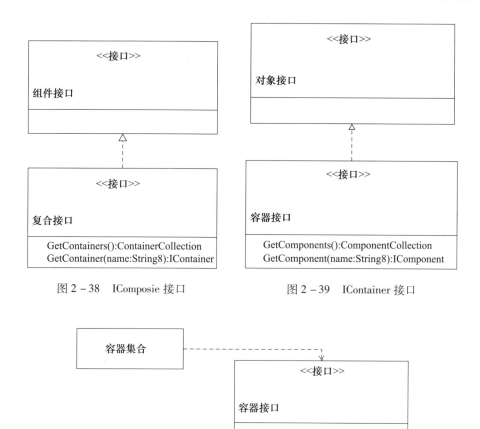

图 2-38　IComposie 接口

图 2-39　IContainer 接口

图 2-40　容器集合 ContainerCollection

3) 事件提供者接口(IEventProvider)

产生事件的主体称为事件提供者,它也是事件对象的来源。

如图 2-41 所示,IEventProvider 用于描述事件提供者接口定义,它继承了 IComponent 接口定义,还扩展了 GetEventSource(name:String8)和 GetEventSources()两个新的操作,用于获取并返回事件源对象。第一个方法通过名字查找并返回事件源对象,第二个方法以事件源集合形式返回一组事件源对象。图 2-42 描述了事件源接口 IEventSource,它继承 IObject 接口定义,扩展 Subscribe(eventSink:IEventSink)和 Unsubscribe(eventSink:IEventSink)两个新操作。第一个方法表示订阅事件槽,第二个方法表示退订事件槽,这两个方法都带有指定的事件槽对象作为参数。

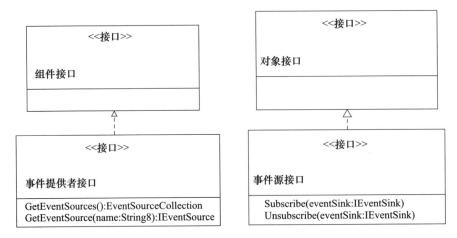

图 2-41　事件提供者接口 IEventProvider　　图 2-42　事件源接口 IEventSource

事件提供者是带有事件源的组件，允许其他组件订阅用于接收事件源的事件槽。这也是一个可选的接口，只需要为托管的组件实现 IEventProvider 接口定义，允许按照名字访问事件源。

4）事件消费者接口（IEventConsumer）

响应事件的主体称为事件消费者，它是需要对事件进行响应处理的对象。如图 2-43 所示，IEventConsumer 描述事件消费者，它继承 IComponent 接口定义，扩展了 GetEventSinks() 和 GetEventSink(name：String8) 两个操作，用于获取并返回事件槽对象。前者以事件槽集合形式返回一组事件槽对象，后者通过名字查找并返回事件槽对象。图 2-44 描述事件槽接口 IEventSink，它继承 IObject 接口定义，扩展了 GetOwner() 和 Notify(sender：IObject, arg：AnySimple) 两个新操作。前者返回拥有这个事件槽的组件对象，后者在事件产生时调用执行，sender 代表事件源对象，arg 代表事件的参数。

事件消费者是带有事件槽的组件，事件槽可以订阅到其他组件的事件源。这也是一个可选的接口，只需要为托管的组件实现 IEventConsumer 接口定义，允许按照名字访问事件槽。图 2-45 描述了事件源集合 EventSourceCollection 和事件槽集合 EventSinkCollection，分别用于存取实现 IEventSource 和 IEventSink 接口定义的事件源对象与事件槽对象。

第 2 章 建模与仿真分离设计

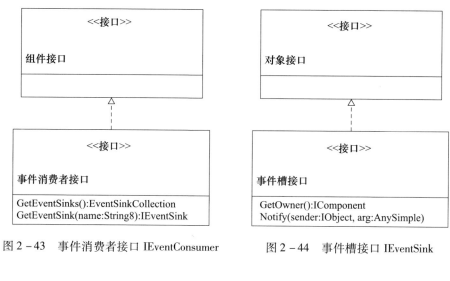

图 2-43 事件消费者接口 IEventConsumer

图 2-44 事件槽接口 IEventSink

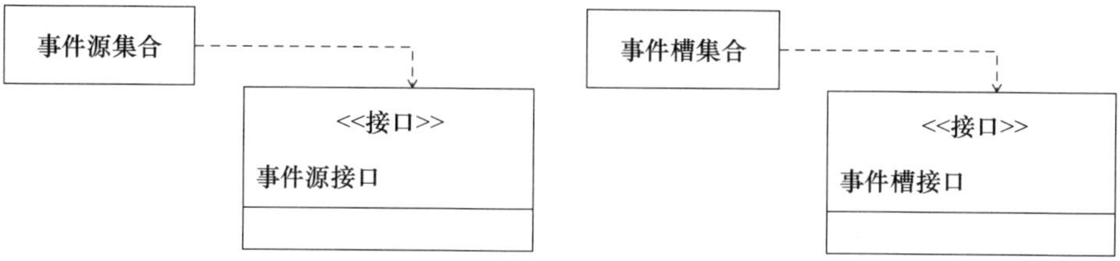

图 2-45 事件源集合 EventSourceCollection 和事件槽集合 EventSinkCollection

5) 动态调用型接口(IDynamicInvocation)

动态调用是一种可选的机制,通过标准接口使得组件操作可用。为了允许调用一个带有一组参数的命名方法,一个请求对象将被创建,它包括这个方法调用所需的全部信息。这个请求对象也被用于传送操作的返回结果。IDynamicInvocation 接口有 CreateRequest( )和 DeleteRequest( )两个方法,分别用于创建和删除请求对象。图 2-46 描述了用户通过 IComponent 和 IDynamicInvocation 请求创建模型对象、调用模型操作并获取结果、销毁模型对象的过程,分为以下 13 个步骤:

(1) 用户调用组件接口 CreateRequest( ),请求创建模型的对象。

(2) 模型根据请求,使用参数的默认值,创建模型的对象。

(3) 模型对象创建完成后,模型调用 IRequest 接口将已创建的对象(通常是指向对象的指针)返回给用户。

(4)用户调用对象 SetParameterValue()操作,设置参数的非默认值。

(5)用户调用对象的 Invoke()操作,执行具体的操作。

(6)模型调用对象的 GetParameterValue()操作,获取参数值。

(7)模型调用本地操作。

(8)模型调用对象的 SetReturnValue()操作,设置返回值。

(9)模型将控制权转给用户。

(10)用户调用对象的 GetReturnValue()操作,获取操作的返回值。

(11)用户调用对象的 DeleteRequest()操作,删除已创建的请求对象。

(12)模型销毁要删除的请求对象。

(13)模型将控制权返回给用户。

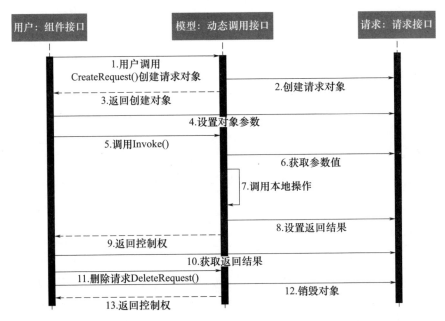

图 2-46　使用 CreateRequest()和 DeleteRequest()方法的步骤

图 2-47 描述 IDynamicInvocation 接口定义,包括创建请求对象方法 CreateRequest(operationName)、调用请求对象方法 Invoke(request：IRequest)、删除请求对象方法 DeleteRequest(request：IRequest)。其中,请求对象被抽象定义为 IRequest。如果需要动态调用,组件可以具体实现 IDynamicInvocation 接口定义。

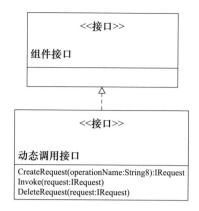

图 2-47 动态调用接口 IDynamicInvocation

请求对象描述通过 IDynamicInvocation 调用的一个操作与被调用组件之间传递的信息。图 2-48 描述了请求接口(IRequest)接口定义,主要包括以下一组操作(或方法):

(1) String8 GetOperationName():用于获取操作的名字。

(2) Int32 GetParameterCount():用于获取参数个数。

(3) Int32 GetParameterIndex(parameterName:String8):根据参数名字进行查询,返回参数的索引编号。

(4) SetParameterValue(index:Int32,value:AnySimple):按照索引编号设置参数值。

(5) AnySimpleGetParameterValue(index:Int32):按照索引编号返回参数值。

(6) SetReturnValue(value:AnySimple):设置返回值。

(7) AnySimpleGetReturnValue():获取返回值。

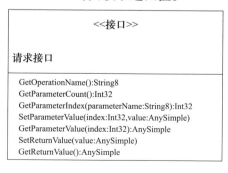

图 2-48 请求对象接口 IRequest

6)持久化接口(IPersist)

SMP组件持久化可以使用以下两个方法中任意一个,即

(1)外部保存:通过直接访问对仿真环境公开的字段存储和恢复模型状态,如IPublication接口。

(2)自己保存:组件可以实现IPersist接口,以允许通过仿真环境提供的存储空间存储和恢复。这个方法由专用模型根据需要使用,如嵌入式模型可以从具体文件载入板上软件。调度服务可以使用这种机制存储和恢复自己当前的状态。

自己保存是一个可选的机制,而外部保存(通过ISimulator接口的Store()和Restore()方法)对每个SMP仿真环境则是一种强制性的机制。

如图2-49所示,IPersist是描述自己保存组件的接口,提供允许存储和恢复自己状态的一组操作。Restore(reader:IStorageReader)方法用于恢复组件的状态(从reader恢复状态信息),Store(writer:IStorageWriter)方法用于保存组件的状态(将状态写入writer)。

图2-49 持久化接口IPersist

7)入口点发布接口(IEntryPointPublisher)

IEntryPoint抽象描述入口点(EntryPoint)接口,它公开了一个没有返回值的函数(通知方法,或事件句柄),可供调度服务或者事件管理服务调用。ITask描述任务接口,即入口点的有序集合。ITask接口扩展了IEntryPoint接口,以允许在一个操作中执行一些入口点。

如图2-50所示,IEntryPoint接口定义包括IComponent GetOwner()和Execute()。前者获取入口点对象的所有者,后者执行入口点。图 2-51 描述 ITask 接口定义,包括 AddEntryPoint(entryPoint) 和 EntryPointCollectionGetEntryPoint()。前者添加入口点,后者获取入口点。

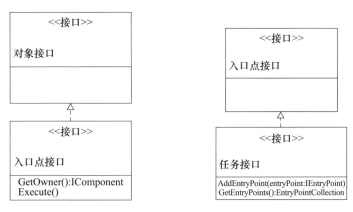

图 2-50　入口点接口 IEntryPoint　　　　图 2-51　任务接口 ITask

图 2-52 描述了入口点集合,它是保存入口点的数据结构。

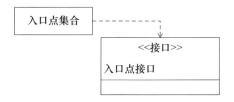

图 2-52　入口点集合 EntryPointCollection

图 2-53 描述了 IEntryPointPublisher 接口定义,代表发布入口点的模型。它是一个可选的接口,若需要提供按名字访问入口点,则由管理模型实现这个接口。IEntryPointPublisher 接口定义了 EntryPointCollectionGetEntryPoints() 和 IEntryPointGetEntryPoint(name:String8)两个方法,前者用于获取一组入口点,并以入口点集合形式返回;后者用于获取指定名字的入口点。

图 2-53　入口点发布对象 IEntryPointPublisher

8)管理型组件接口(IManagedComponent)

图 2-54 描述了管理对象接口(IManagedObject),它继承了 IObject 接口定义,并新增了 SetName(name:String8)和 SetDescription(description:String8)两个操作,分别用于设置管理对象名字、设置描述信息。如图 2-55 所示,IManagedComponent 继承了 IComponent 和 IManagedObject 两个接口定义,并新增了 SetParent(parent:IComposite),用于设定实现 IComposite 接口定义的 parent 对象作为管理组件的父亲。

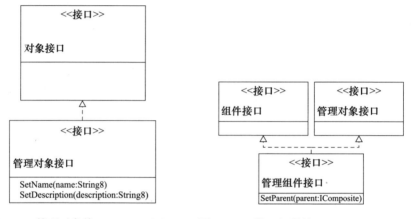

图 2-54　管理对象接口 IManagedObject　　图 2-55　管理组件接口 IManagedComponent

如图 2-56 所示,组件集合接口 IComponentCollection 定义了三个操作(或方法),包括:

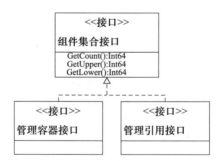

图 2-56　组件集合接口 IComponentCollection

(1)Int64 GetCount()方法:用于获取集合内组件个数。

(2)Int64 GetUpper()方法:用于从已排序组件集合内获取第一个组件。

(3)Int64 GetLower()方法:用于从已排序组件集合内获取最后一个组件。

管理容器接口(IManagedContainer)和管理引用接口(IManagedReference)都继承了IComponentCollection接口定义的三个方法。

IManagedContainer同时继承IContainer和IComponentCollection两个接口定义(图2-57),并新增了定义AddComponent(component:IComponent),用于向实现IManagedContainer接口的对象内部添加一个组件。图2-58描述了IManagedReference接口,它继承了IReference和IComponentCollection两个接口定义,并新增两个操作(或方法),包括:

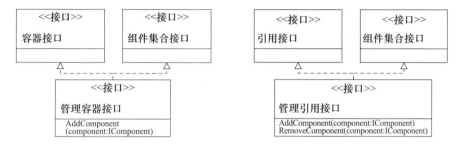

图2-57 管理容器接口 IManagedContainer　　图2-58 管理引用接口 IManagedReference

(1)AddComponent(component:IComponent):向实现管理引用接口的对象内部添加一个组件。

(2)RemoveComponent(component:IComponent):从实现管理引用接口的对象内部删除一个组件。

图2-58中,管理引用接口(IManagedReference)还允许查询最大引用个数限制,添加和删除引用的组件对象。管理容器接口(IManagedContainer)允许查询管理容器对象容纳的最大数量以及添加一个组件。

图2-59描述仿真器接口(ISimulator),在继承IComposite接口定义的同时,新增了以下一组操作:

(1)Initialise():用于定义初始化操作。

(2)Publish():用于定义发布操作。

(3)Configure():用于定义配置操作。

(4)Connect():用于定义连接操作。

(5)Hold():用于定义保持操作。

(6)Store(filename:String8):用于定义存储操作。

(7)Restore(filename:String8):用于定义恢复操作。

图 2-59 仿真器接口 ISimulator

(8) Reconnect(root:IComponent):用于定义重新连接操作。

(9) Run():用于定义运行操作。

(10) Exit():用于定义退出操作。

(11) Abort():用于定义异常退出操作。

(12) SimulatorStateKindGetState():用于定义获取状态操作。

(13) AddInitEntryPoint(entryPoint:IEntryPoint):用于定义添加一个入口点操作。

(14) AddModel(model:IModel):用于定义添加一个模型操作。

(15) AddService(service:IService):用于定义添加一个服务操作。

(16) IServiceGetService(name:String8):用于定义按名字获取服务操作。

(17) ILoggerGetLogger():用于定义获取日志记录的操作。

(18)ISchedulerGetScheduler():用于定义获取调度服务的操作。

(19)ITimeKeeperGetTimeKeeper():用于定义获取时间服务的操作。

(20)IEventManagerGetEventManager():用于定义获取事件管理服务的操作。

(21)IResolverGetResolver():用于定义获取解析服务的操作。

(22)ILinkManagerGetLinkManager():用于定义获取链接管理服务的操作。

通过ISimulator接口的操作(可以访问仿真环境状态和状态切换信息。ISimulator还提供添加模型、添加和获取仿真服务的操作。要求每个与SMP可以兼容的仿真环境必须实现ISimulator接口定义。

如图2-60所示,管理仿真器接口IManagedSimulator继承ISimulator接口,新增定义4个操作(或方法):

(1)RegisterFactory(componentFactory:IFactory):向仿真器注册一个组件工厂对象。

(2)IComponentCreateInstance(implUuid:Uuid):创建一个组件实例。

(3)IFactoryGetFactory(implUuid:Uuid):获取一个组件工厂。

(4)FactoryCollectionGetFactories(specUuid:Uuid):以工厂集合形式返回多个组件工厂。

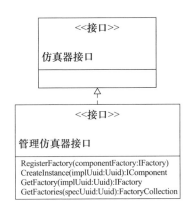

图2-60 管理仿真器接口IManagedSimulator

通过IManagedSimulator接口可以访问管理仿真器。这个接口扩展了ISimulator接口,并添加了几个方法通过组件工厂创建组件。仿真环境可以根据需要选择是否实现IManagedSimulator接口。

图2-61描述了工厂接口(IFactor),它继承了IObject接口定义,并新增定义了4个操作(或方法):

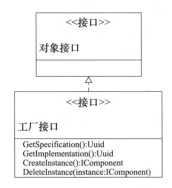

图 2-61 工厂接口 IFactory

(1) UuidGetSpecification()方法:用于获取工厂规范的唯一标识号。

(2) UuidGetImplementation():用于获取工厂实现的唯一标识号。

(3) IComponent CreateInstance():用于创建一个组件实例。

(4) DeleteInstance(instance:IComponent):用于删除一个指定的组件实例。

图 2-62 描述了工厂集合(FactoryCollection),它负责存储实现 IFactory 接口定义的对象。在工厂集合中,IFactory 对象被进行排序,并允许迭代访问。

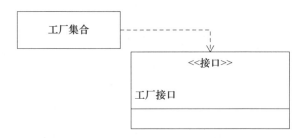

图 2-62 工厂集合 FactoryCollection

图 2-63 和图 2-64 分别描述了 SMP 组件机制和模型机制。IObject 是 SMP 规范中所有对象的公共接口定义,IComponent 继承于 IObject,并进一步扩展定义了聚合接口(IAggregate)、复合接口(IComposite)、事件提供者接口(IEventProvider)、事件消费者接口(IEventConsumer)、动态调用接口(IDynamic-Invocation)、持久化接口(IPersist)、入口点发布者接口(IEntryPointPublisher)、管理组件接口(IManagedComponent)、链接接口(ILinkingComponent)等多个子接口。每一类子接口抽象定义了一组操作,可以获取相应服务。子接口的具体实现可以延迟到组件对象。IModel 继承了 IComponent 接口,还作为 IManagedModel 和 IFallibleModel 两个接口子类的父类。

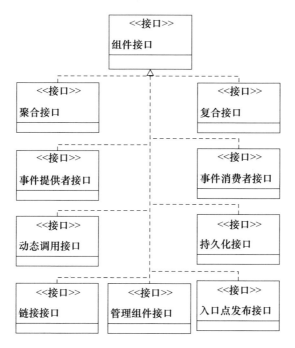

图 2-63 组件机制

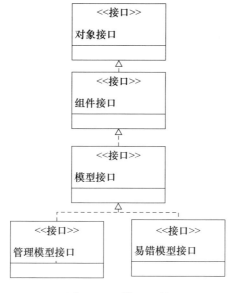

图 2-64 模型机制

图 2-65 描述组件接口 IComponent,它继承 IObject,新增 IComposite GetParent( )操作,获取组件父亲。

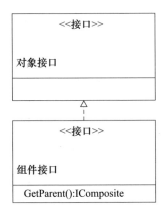

图 2-65 组件接口 IComponent

SMP 强调基于接口的设计方法,其主要接口定义如表 2-22 所示。

表 2-22 SMP 的主要接口定义

接口定义	方法	父类	用途
IObject	GetName( ):String8	无	根节点,基类接口
	GetDescription( ):String8		
IComponent	GetParent( ):IComposite	IObject	
IReference	GetComponents( ):ComponentCollection	IObject	
	GetComponent(name:String8):IComponent		
IContainer	GetComponents( ):ComponentCollection	IObject	
	GetComponent(name:String8):IComponent		
IEntryPoint	GetOwner( ):IComponent	IObject	
	Execute( )		
IEventSink	GetOwner( ):IComponent	IObject	
	Notify(sender:IObject,arg:AnySimple)		
IEventSource	Subscribe(eventSink:IEventSink)	IObject	
	Unsubscribe(eventSink:IEventSink)		
IFailure	Fail( )	IObject	
	Unfail( )		
	isFailed( ):Bool		

续表

接口定义	方法	父类	用途
IManagedObject	SetName(name:String8)	IObject	
	SetDescription(description:String8)		
IField	GetView():ViewKind	IObject	
	IsState():Bool		
	IsInput():Bool		
	IsOutput():Bool		
IArrayField	GetValue(index:Uint64):AnySimple	IField	
	SetValue(index:Uint64,value:AnySimple)		
	GetValues(length:Uint64,values:AnySimpleArray)		
	SetValues(length:Uint64,values:AnySimpleArray)		
	GetSize():Uint64		
ISimpleField	GetValue():AnySimple	IField	
	SetValue(value:AnySimple)		
IForcibeField	Force(value:AnySimple)	ISimpleField	
	Unforce()		
	IsForced():Bool		
	Freeze()		
IService		IComponent	
IAggragate	GetReferences():ReferenceCollection	IComponent	
	GetReference(name:String8):IReference		
IComposite	GetContainer():ContainerCollection	IComponent	
	GetContainer(name:String8):IContainer		
IPersist	Restore(reader:IStorageReader)	IComponent	
	Store(writer:IStorageWriter)		
IDynamicInvocation	CreateRequest(operationName:String8):IRequest	IComponent	
	Invoke(request:IRquest)		
	DeleteRequest(request:IRquest)		
IEventConsumer	GetEventSinks():EventSinkCollection	IComponent	
	GetEventSink(name:String8):IEventSink		
IEventProvider	GetEventSource(name:String8):IEventSource	IComponent	
	GetEventSources():EventSourceCollection		

101

续表

接口定义	方法	父类	用途
IRequest	GetOperationName( ):String8	IObject	
	GetParameterCount( ):Int32		
	GetParameterIndex(parameterName:String8):Int32		
	SetParameterValue(index:Int32,value:AnySimple)		
	GetParameterValue(index:Int32):AnySimple		
	SetReturnValue(value:AnySimple)		
	GetReturnValue( ):AnySimple		
IEntryPointPublisher	GetEntryPoints( ):EntryPointCollection	IModel	
	GetEntryPoint(name:String8):IEntryPoint		
IManagedModel	GetSimpleField(fullName:String8):ISimpleField	IModel IManagedComponent	
	GetArrayField(fullName:String8):IArrayField		
IManagedComponent	SetParent(parent:IComposite)	IComponent IManagedObject	
IModel	GetState( ):ModelStateKind	IComponent	ModelStateKind 定义4种状态: MSK_Created MSK_Publishing MSK_Configured MSK_Connected
	Publish(receiver:IPublication)		
	Configure(logger:ILogger)		
	Connect(simulator:ISimulator)		
ITask	AddEntryPoint(entryPoint:IEntryPoint)	IEntryPoint	
	GetEntryPoints( ):EntryPointCollection		
IFallibleModel	IsFailed( ):Bool	IModel	
	GetFailure(name:String8):IFailure		
	GetFailures( ):FailureCollection		
IComponentCollection	GetCount( ):Int64		
	GetUpper( ):Int64		
	GetLower( ):Int64		
IManagedContainer	AddComponent(component:IComponent)	IComponentCollection IContainer	

续表

接口定义	方法	父类	用途
IManagedReference	AddComponent(component:IComponent)	IComponentCollection IReference	
	RemoveComponent(component:IComponent)		
ISimulator	Initialise()	IComposite	
	Publish()		
	Configure()		
	Connect()		
	Hold		
	Store(filename:String8)		
	Restore(filename:String8)		
	Reconnect(root:IComponent)		
	Run()		
	Exit()		
	Abort()		
	GetState():SimulatorStateKind		
	AddInitEntryPoint(entryPoint:IEntryPoint)		
	AddModel(model:IModel)		
	AddService(service:IService)		
	GetService(name:String8):IService		
	GetLogger():ILogger		
	GetScheduler():IScheduler		
	GetTimeKeeper():ITimeKeeper		
	GetEventManager():IEventManager		
	GetResolver():IResolver		
	GetLinkManager():ILinkManager		
IManagedSimulator	RegisterFactory(componentFactory:IFactory)	ISimulator	
	CreateInstance(impUuid:Uuid):IComponent		
	GetFacotry(ImpUuid:Uuid):IFactory		
	GetFactories(specUuid:Uuid):FactoryCollection		
IFactory	GetSpecification():Uuid	IObject	
	GetImplementation():Uuid		

103

续表

接口定义	方法	父类	用途
IFactory	CreateInstance( ):IComponent	IObject	
	DeleteInstance(instance:IComponent)		

SMP 采用基于接口的设计,其主要接口分类如图 2 - 66 所示,IObject 作为顶层树根,所有接口定义都是由 IObject 继承,接口定义可以划分为 IField、IEntryPoint、IContainer、IEventSink、IReference、IEventSource、IFailure 7 个子类。其中,IField 定义与字段属性有关操作,IEntryPoint 定义与入口点有关操作,IContainer 定义与容器有关操作,IEventSink 定义事件槽操作,IReference 定义与引用有关操作,IEventSource 定义事件源操作,IFailure 定义与故障出错有关操作。

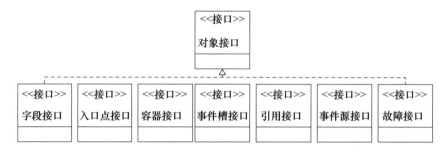

图 2 - 66 SMP 主要接口分类

SMP 组件接口的子类划分如图 2 - 67 所示,IComponent 为组件接口,它是 IObject 根接口的子类。IComponent 派生得到 IModel、IComposite、IService 子类接口,ISimulator 实现 IComposite 接口定义。

Model 的实例可以作为该模型的组件,ISimulator 的实例同样也是组件。SMP 中所有组件构成一个层次化组件树,反映组件类型之间的派生/继承关系。通过调用 IComponent 的 GetParent( )操作,每个组件可以获得其父类对象的引用。父类对象可能是实现 ISimulator 接口的对象,也可能是实现 IModel 接口的对象。ISimulator 是最顶层的仿真组件,也是唯一没有父亲对象的组件。

图 2 - 68 进一步描述了 SMP 组件对象通过容器接口定义实现组合组件的方法原理:IObject 定义了 GetName( )、GetDescription( )两个操作,提供获取对象名字和描述信息的功能;IComponent 继承 IObject 接口,还扩展 GetParent( )操

作,提供获取父类对象的功能;IContainer 继承 IObject 接口,还扩展定义 Get-Components()、GetComponent()两个操作,提供获取容器对象内部组件对象的功能;IComposite 继承 IComponent 和 IContainer,新增 GetContainers()、GetContainer()两个操作,提供获取容器对象的功能。通过这样的层次关系和接口定义,IComposite 共有了容器接口和组件接口的抽象定义。

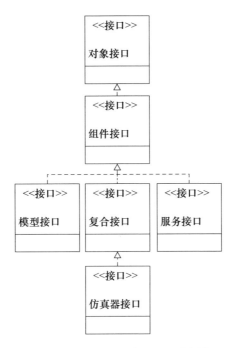

图 2-67　SMP 组件接口的子类划分

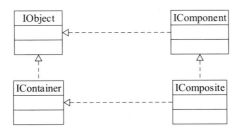

图 2-68　SMP 的容器

图 2-69 描述基于容器类的组合规则定义。容器类是命名元素类(NamedElement)的派生子类,主要用于定义模型的组合规则(包含子元素),即

(1) 可以包含的组件类型是通过 Type 链接指定的。Lower、Upper 属性指定可能包含组件的数量上界、下界。其中,上界可以是无限的(用 upper = = -1 表示)。

(2) 可以通过 DefaultModel 链接指定容器类型的默认实现。

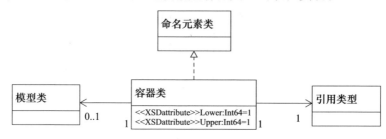

图 2-69　基于容器类的组合规则定义

概括来讲,SMP 规范突出强调了以下设计技术:

1. 基于类的设计

要求每个类知道其他类的实现,使得类之间存在着依赖性。例如,每个模型用一个类表示,类可以访问其他类的公共成员,也可以通过友元机制访问保护成员和私有成员。

2. 基于接口的设计

要求将接口定义与接口实现相分离。如图 2-70 所示,一个接口定义用于声明一组公共特征(属性和方法),由一个模型提供(称为 Provider),发布给外界。接口不包含任何关于这些特征实际实现的信息。若一个模型提供一个接口,则必须确保支持接口声明的所有特征。一个模型使用接口(称为 Consumer),通过接口使用需要的特征,并且无须了解或依赖于 Provider 的实现。

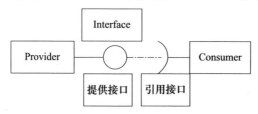

图 2-70　基于接口的设计

例如,CORBA(Common Object Request Broker Architecture)和 COM(Component Object Model)都使用 IDL(Interface Definition Language)定义接口,而不确定其实现。

图2-71描述了模型的聚合规则,即通过Reference定义了模型的聚合(链接到组件)规则:

(1)可以引用的组件(包括IModel、ISimulator)的类型是由Interface链接指定的。

(2)服务引用的特征是一个从Smp:IService派生的接口。

(3)下界(Lower)、上界(Upper)属性指定可能拥有对实现该接口组件的引用数量。其中,上界可以是无限的,用upper = -1表示。

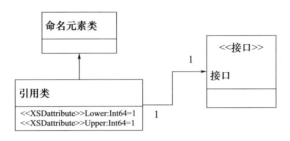

图2-71 模型聚合规则描述

3. 基于事件的设计

SMP允许模型间自动传播信号,如图2-72所示,具体描述为:拥有事件源的事件发布器(Publisher)可以链接到一个或多个拥有同样事件类型的事件槽的模型(Consumer)。当Provider中的事件被触发,将激活对应Consumer的事件句柄。为区分不同类型的事件,每个事件具有一个事件类型,该类型定义了在事件激活时传递给事件句柄的数据。

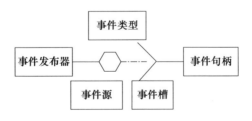

图2-72 基于事件的设计

如图2-73所示,事件源指定一个组件以给定名称发布一个特定的事件。事件槽指定一个组件可以使用给定名称接收一个事件。EventSink可以连接到任意数量EventSource实例。EventSource和EventSink通过Type链接指定事件的类型(EventType)。

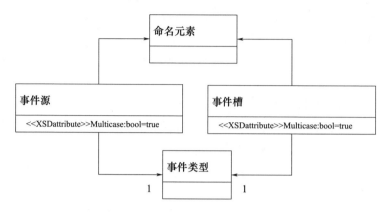

图2-73 描述事件的类及其关系

4. 基于数据流的设计

SMP采用基于数据流的设计,如图2-74所示,描述模型之间数据通信的机制。模型实例之间的数据传输是通过输入/输出字段的链接进行的。模型实例与其他模型的交互是由专门负责数据传输的组件完成的,即数据传输组件读取源模型实例的输出字段值,将其写入目标模型实例的输入字段。

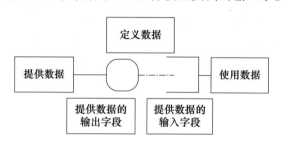

图2-74 基于数据流的设计

2.1.3.4 运行机制

SMP将仿真环境服务和模型区分开来,但无论组件属于哪一类,都是通过接口定义公开发布其操作方法,操作可以代表环境服务和模型。如图2-75所示,仿真环境服务包括Scheduler、TimeKeeper、Logger、EventManager等,分别定义IScheduer、ITimeKeeper、ILogger、IEventManager等服务接口,IModel是模型接口,IService为仿真环境提供的服务接口,调用IService可以使用仿真环境服务。Scheduler和Event Manager服务都无须传递参数给操作,也不需要判断操作返回值,因此它们实际上负责调用模型入口点。图2-76描述EntryPoint,它是一个模型或服务的可命名元素,实际是一个没有参数的 void 操作,可以从外部客户端(如调度程序或事件管理器服务)调用。EntryPoint 可以同时引用 Input 和 Output 字段。这些链接用来确保在调用入口点前更新所有输入字段,或者在调用入口点后使用所有输出字段。

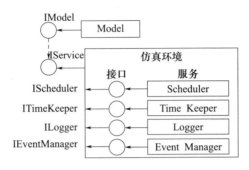

图 2-75　SMP 通过接口定义仿真服务

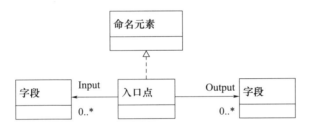

图 2-76　入口点

入口点没有参数、没有返回值的操作,即 void-void 操作。

SMP 规范中,模型代表类定义,类操作对应类的成员函数。成员函数只能通过实例指针进行调用(C++中,成员函数可以使用 this 指针)。相同模型在仿真过程中可能会生成多个实例,每个实例必须有自身的入口点。因此,SMP 不能仅使用指向入口点的函数指针,还必须录入内存地址(函数指针限于单个地址空间中是有效的,因此不适于多进程应用或分布式仿真)。

SMP 通过接口引用入口点,每个入口点仅允许通过 IEntryPoint 接口调用。IEntryPoint 接口定义只有一个 Execute( )方法。这就要求所有目标平台(C++,CORBA,J2EE,COM,NET)必须支持 IEntryPoint 接口定义,只有这样 SMP 才能够用于目标平台。

仿真应用的核心是一个模型实例的层次化组合("配置"),"配置"需要通过从可用的模型实现中创建或组装模型实例("模型树")。SMP 提供了支持某些标准化任务的模型数据卸载机制,包括模型字段的外部访问(用于可视化)、仿真应用状态保存与恢复(用于断点状况处理)等。为支持这些标准化运行机制,模型能够将其字段("数据项")通过 Publish() 接口发布给其他外部组件。一般来讲,发布的接收者为仿真环境,有时也可能是其他组件。

在动态配置时,配置信息从 Assembly 文件载入,模型管理器根据载入信息配置模型实例,包括设置模型初始值、建立模型实例之间的接口连接关系(SMP 定义了若干种连接机制以支持不同设计方法)。SMP 规范对模型实例提出以下要求:

(1)每个模型实例能够在其 Configure() 方法中完成客户化的配置过程。

(2)模型实例在仿真执行前会得到该模型实例与仿真服务和其他模型接口连接点连接的机会。

(3)仿真环境会遍历模型树,调用每个模型的 Connect 接口,将仿真服务的引用(或"句柄")传递给模型。仿真服务与模型实例是一对多关系。每个模型都有唯一的仿真服务引用。

(4)模型实例使用仿真服务引用(或"句柄")可以查询其所需要的服务,并且调用任何仿真环境服务操作。如果有需要,模型实例还可能获取其他模型实例的引用。

(5)仿真环境调用模型实例的初始化入口点。

2.1.3.5 模型发布

在 SMP 中,一个模型可以发布其服务("操作或方法")和数据项("字段")。

调度器(Scheduler)负责模型交互控制,任何系统组件都可以通过仿真环境获取其他模型的数据。

信息发布的作用:通知仿真环境可用的数据项和服务。例如,可视化数据发布、脚本化服务发布、保存或恢复仿真状态。

SMP 允许模型使用发布信息建立模型间连接。例如,从其他模型读写数据和调用其他模型服务。

2.1.3.6 模型交互

SMP 要求仿真环境必须实现 ISimulator 接口,模型必须实现 IModel 接口。IModel 接口中的 Connect() 方法可用于获取对 ISimulator 的引用。模型使用 ISimulator 接口时,可以将服务名称作为参数并调用 GetService() 方法。模型通过服务引用调用指定的服务操作。当模型能够访问服务时,仿真环境必须确保所有这些服务的可用性。图 2-77 所示描述了模型与仿真环境之间的交互过程。

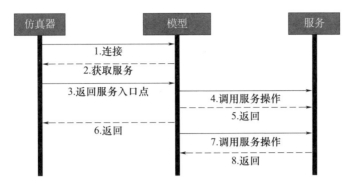

图 2-77 SMP 服务获取机制

图 2-78 描述了 SMP 状态及其变换,可以分为创建阶段(Setup)、执行阶段(Execution)、结束阶段(Termination)三个阶段。

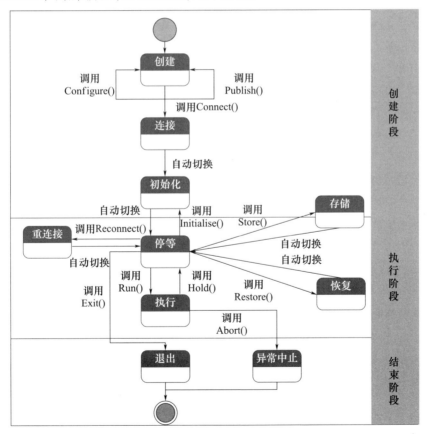

图 2-78 仿真环境状态切换

图2-78中:SMP一共定义了创建(Building)、连接(Connecting)、初始化(Initialising)、停等(Standby)、执行(Executing)、存储(Storing)、恢复(Restoring)、重连接(Reconnecting)、退出(Exiting)、异常中止(Aborting)等状态。调用服务操作后,SMP组件会发生对应的状态切换。

在停等状态中,时间服务将不会推进仿真时间。此时,只有注册了Zulu时间的入口点才能被执行。Standby状态是从初始化、存储、恢复状态自动进入的,或者从执行状态通过人工调用Hold()转换操作进入。停等状态是留给Run()、Store()、Restore()、Initialise()、Reconnect()或Exit()这些状态转换操作使用的。

在Executing状态中,时间服务会推进仿真时间。已注册可用时间类型的入口点会被执行。通过Run()状态转换可以进入执行状态。执行状态是留给Hold()状态转换操作使用的。

在Storing状态中,仿真环境受限保存发布字段值以及状态属性到存储体(通常是文件)。之后,实现可选的IPersist接口定义的所有组件(包括模型和服务)的Store()方法会被调用,从而允许保存更多的信息。当处于存储状态时,被发布的字段和状态属性禁止被模型修改,这样可以确保存储字段值的一致性。调用Store()状态转换操作可以进入存储状态。在仿真器状态保存结束后,转向停等状态的一个自动转换操作会被执行。

在Restroing状态中,仿真环境先从存储体(通常是文件)恢复所有发布字段和状态属性的值。然后,实现可选的IPersist接口定义的所有组件的Restore()方法会被调用,从而允许恢复更多的信息。当处于恢复状态时,发布的字段和状态属性禁止被模型修改,从而确保恢复字段值的一致性。调用Restore()状态转换操作可以进入Restoring状态。从一个仿真器状态恢复之后,转向停等状态的一个自动状态转换会被执行。

在重连接状态中,仿真环境要保证离开创建状态并且已经加入仿真器中的模型被正确地发布、配置和连接。调用Reconnect()状态转换操作可以进入Reconnecting状态。一旦完成对所有新加入模型的连接,转向停等状态的一个自动状态转换会被执行。

在退出状态中,仿真环境会适时地终止一个正在运行的仿真。调用Exit()状态转换操作可以进入Exiting状态。退出后,仿真器将处于一个未定义的状态。

在异常中止状态中,仿真环境会执行一个异常的仿真关机。调用Abort()状态转换操作可以进入到Aborting状态。异常中止后,仿真器将处于一个未定义的状态。

第2章 建模与仿真分离设计

仿真环境总是处于状态图中的某一个状态,可以通过定义良好的状态转换方法进行状态切换。SimulatorStateKind 枚举定义了仿真环境状态,ISimulator 接口提供状态转换的操作(或方法)。异常退出 Abort() 状态转换方法可以由其他任何一个状态调用,除此之外,其他所有状态转换方法只能由正确的状态调用。然而,当一个状态调用状态转换方法时,仿真环境将不会抛出异常,除了忽略状态转换操作。类似地,ModelStateKind 枚举定义了模型状态,并通过 IModel 提供模型状态转换的操作。

如图 2-79 所示,模型状态定义包括已创建(Created)、已发布(Published)、已配置(Configured)、已连接(Connected),这 4 个模型状态之间的转换操作包括发布操作 Publish()、配置操作 Configure()、连接操作 Connect()。

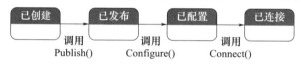

图 2-79 模型状态切换

图 2-80 描述了 SMP Schedule 模型定义。Schedule 是一个文档,包含任意数量的任务和触发这些任务的事件。Schedule 可以通过 EpochTime、MissionStart 指定纪元时间、任务时间起点。这些值将通过调用 TimeKeeper 服务的 SetEpochTime()、SetMissionStart() 方法进行设置。

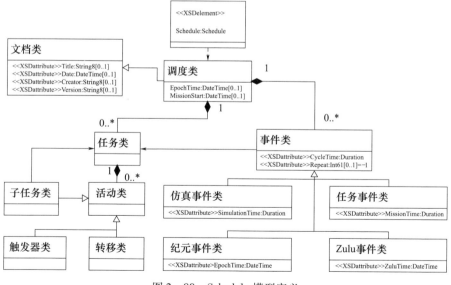

图 2-80 Schedule 模型定义

图2-81描述任务与活动的关系,任务是活动的容器,Activity的顺序由被调用活动引用的入口点确定。如图2-82所示,Activity派生子类包括触发器(Trigger)、转移(Transfer)和子任务(SubTask)。

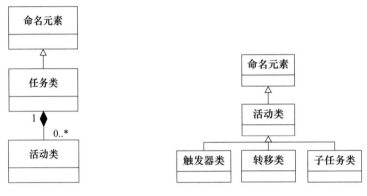

图2-81　Task与Activity的关系　　　　图2-82　Activity的分类

图2-83描述Trigger与Activity、Model、Component之间的关系,Trigger只允许执行一个EntryPoint,Component可以没有或者聚合多个EntryPoint,Model继承Component定义,InstanceNode是Model的实例化对象,Trigger作为活动元素只允许一次提供给一个InstanceNode。一个InstanceNode只对应一个Model。SMP规定Trigger描述模型的一个实例化对象的活动,且只允许执行一个入口点。

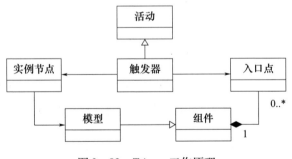

图2-83　Trigger工作原理

图2-84描述Transfer的工作原理,即Transfer允许按照指定的字段链接(FieldLink)初始化一个数据迁移。图2-85描述SubTask与Task的关系,SubTask允许执行定义在另一个任务中的所有活动。

图 2 – 84　Transfer 工作原理　　　图 2 – 85　SubTask 与 Task 的关系

2.1.3.7　开发过程

SMP 开发过程如图 2 – 86 所示，包括设计、设计校验、实现、集成、执行 5 个阶段。设计阶段完成 UML Model 建模，设计校验阶段完成 SMP Catalogue 建模，实现阶段完成 Model 源码具体实现（生成二进制模型），集成阶段完成 SMP Assembly 工作，执行阶段完成 SMP Schedule 和 SMP Configuration，通过 Run – time Environment 执行 SMP 模型实例。

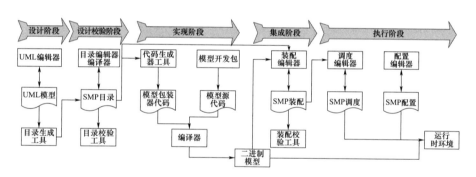

图 2 – 86　SMP 开发过程描述

2.1.4　结论

1. 三种主流仿真体系标准的共同点

（1）采用面向对象思想和设计方法对研究目标进行抽象表示与对象建模。

（2）认为概念建模应与模型实现分离。概念模型是对研究目标（系统或对象）的抽象描述，具有平台无关性；模型实现与平台环境（操作系统、集成开发环境及工具）紧密结合，采用具体的程序设计语言、脚本语言等完成模型代码实现。

（3）将仿真模型构建与仿真运行环境解耦。仿真模型构建关注模型构建问题,即仿真模型逼真度;仿真运行环境关注仿真系统运行机制、模型交互模式、模型数据传递方式、时间控制策略等公共服务性问题,即仿真平台框架的可重用性、可移植性、系统执行效率。

(4)通过制定限定性约束条件建立相关标准和规范。HLA制定对象模板、框架和规则集、接口规范三层标准规范;BOM制定概念模型、模型映射、对象模型定义三层标准规范;SMP制定模型组件、仿真组件设计规范。

2. 三种主流仿真体系标准的不同点

(1)三种主流仿真体系标准呈现出由浅入深的发展趋势,关注目标有所不同。HLA通过制定对象模板、框架和规则集、接口规范三层标准规范,实现仿真模型互操作;BOM在HLA基础上建立补充了概念模型、模型映射、对象模型定义三层标准规范,实现仿真模型层次上的复用性;SMP采用类、接口、事件、数据流等接口设计方法,将抽象与实现分离后,实现仿真模型的可移植性。

(2)三种主流仿真体系标准研究层次高低不同。HLA和BOM属于体系结构模式范畴,SMP属于设计模式范畴。体系结构模式是一个系统的高层次策略,其好坏可以影响总体布局和框架性结构。设计模式是中等尺度的结构策略,其好坏可以影响系统或组件的微观结构。

(3)三种主流仿真标准对模型复用性观点有所区别。HLA建立FOM和SOM的模型体系,通过RTI可以实现仿真模型的平台可复用和可扩展;BOM强调概念模型的抽象性,提出采用概念模型、模型映射和对象模型定义完善补充HLA在仿真模型层次上复用性的不足;SMP更加强调抽象接口设计,将组件模型的具体实现细节延迟到下一个层次。SMP认为抽象接口是组件设计思想的核心,通过抽象接口机制可以实现仿真模型的可移植性。

(4)三种主流仿真标准没有明确提出仿真模型的执行效率问题。

2.2　元对象工具

元对象工具(Meta Object Facility,MOF)旨在提供一个开放的、独立于平台的元数据管理框架及其相关的元数据服务集,用以支持模型和元数据驱动系统的开发与互操作性。目前,MOF标准已经更新到版本2(MOF2),标准的内容主要包括Core、XMI Mapping(XML元数据交换)、工具和对象生命周期、版本控制和开发生命周期、查询/视图/转换、模型到文本6个部分。MOF2的用途是支持对自身、其他模型和元模型(如 UML2 和 CWM2 等)进行建模。

为了方便用户使用,MOF2 主要提供两个工具包:基本元对象工具(Essential MOF,EMOF)、完整元对象工具(Complete MOF,CMOF)。其中,EMOF 只保留了 MOF2 的最基本内容,旨在提供匹配面向对象编程语言的能力以及到 XMI 或 JMI 的映射,而 CMOF 则提供 MOF2 的全部元建模能力。

2.2.1 设计目标

MOF2 是对象管理组织提供的下一代独立于平台的元数据框架。由于 UML2、MOF2 和其他元模型之间存在着重用核心建模概念的共同愿景,于是 OMG 统一 MOF2 和 UML2 中的建模概念,并在 MOF2 和 UML2 规范中重用了一个公共元模型,其设计关注点和目标是:

(1)易于定义和扩展现有的元模型:希望确保定义和扩展元模型与元数据模型就像定义和扩展普通对象模型一样简单。

(2)更加模块化、可重用:模型包可以跨建模框架重用,同时使用模型重构来提高模型的可重用性。例如,通过 MOF2 和 UML2 规范可重用的元模型包的子集。

(3)确保 MOF2 独立于平台。

(4)模型与模型的服务(实用程序)相互分离。

(5)MOF2 支持对反射进行建模。

(6)MOF2 支持对标识符概念进行建模:MOF、UML、CWM 等缺乏这种能力,使得元数据的互操作性难以实现。

(7)通过封装 MOF,使其可以在不同的元模型层重用建模框架和模型包。

2.2.2 体系结构

MOF2 主要包括 Identifiers、Common、Reflection、Extension、CMOFReflection 5 部分内容,下面将分别进行阐述。

2.2.2.1 MOF :: Identifiers

每个元素都有一个标识符,用以同其他元素进行区分。图 2-87 描述了 MOF :: Identifiers,它是从 MOF :: Object 派生而来的,严格意义上不属于模型元素。

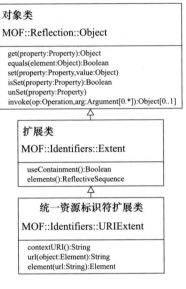

图 2-87　MOF∷Identifiers

2.2.2.2　MOF∷Common

图 2-88 描述 MOF∷Common 包的构成:反射集合(MOF∷Common∷ReflectiveCollection)、反射序列(MOF∷Common∷ReflectiveSequence)。其中,MOF∷Common∷ReflectiveCollection 描述反射集合的抽象定义,从 MOF∷Reflection∷Object 继承得到获取对象属性和操作定义,新增添加对象、移除对象、清除等操作。MOF∷Common∷ReflectiveSequence 描述反射序列的抽象定义,继承 MOF∷Common∷ReflectiveCollection,新增按序号添加对象、获取对象、移除对象、设定对象等操作。

MOF∷Common∷ReflectiveCollection 访问具有多个值的属性对象。对于有序属性,要求返回反射序列。对反射集合所做修改会自动更新至属性对象值。MOF∷Common∷ReflectiveCollection 定义操作有:

(1) add(object:Object):负责将对象添加到集合中的最后一个位置。

(2) addAll(elements:ReflectiveSequence):负责将一个反射序列元素添加到集合的末尾。

(3) clear():负责从反射集合中移除所有对象。

(4) remove(object:Object):负责从反射集合中移除指定的对象。

(5) size():负责返回集合中对象的数量。

```
┌─────────────────────────────────────────────┐
│ 对象类                                       │
│ MOF::Reflection::Object                     │
├─────────────────────────────────────────────┤
│ get(property:Property):Object               │
│ equals(element:Object):Boolean              │
│ set(property:Property,value:Object)         │
│ isSet(property:Property):Boolean            │
│ unSet(property:Property)                    │
│ invoke(op:Operation,arg:Argument[0.*]):Object[0..1] │
└─────────────────────────────────────────────┘
                     △
┌─────────────────────────────────────────────┐
│ 反射集合类                                    │
│ lMOF::Common::ReflectiveCollection          │
├─────────────────────────────────────────────┤
│ add(object:Object):Boolean                  │
│ addAll(object:ReflectiveCollection):Boolean │
│ clear()                                     │
│ remove(object:Object):Boolean               │
│ size():Integer                              │
└─────────────────────────────────────────────┘
                     △
┌─────────────────────────────────────────────┐
│ 反射序列类                                    │
│ MOF::Common::ReflectiveSequence             │
├─────────────────────────────────────────────┤
│ add(index:Integer,object:Object)            │
│ get(index:Integer):Object                   │
│ remove(index:Integer):Object                │
│ set(index:Integer,object:Object):Object     │
└─────────────────────────────────────────────┘
```

图 2-88　MOF::Common

MOF::Common::ReflectiveSequence 是 MOF::Common::ReflectiveCollection 派生的子类，进一步限定了集合中对象是有序的对象，新增定义了以下一些操作：

（1）add(index:Integer,object:Object)：依据索引将对象添加到反射序列中，并移动后面的对象。

（2）get(index:Integer)：返回反射序列中给定索引处的对象。

（3）remove(index:Integer)：负责从反射序列中移除指定索引对象。

（4）set(index:Integer,object:Object)：负责用新对象替换指定索引对象。

MOF::Common 包主要提供反射集合、反射序列两个类定义，用于支持对象反射机制。同时，作为 MOF 模型框架的一个重要组成部分，可以方便模型重用。

2.2.2.3　MOF::Reflection

MOF2 引入 Java 反射机制，提供在程序运行时动态加载类并获取其详细信息的功能，以便于随时获取操作类或对象的属性和方法。反射的原理是 Java 虚拟机（Java Virtual Machine, JVM）得到类对象之后，再通过对类对象反编译，从而获取对象的各种信息。使用对象反射技术,可以在运行时动态创建对象并调用其属性,不需要提前在编译阶段知道运行的对象是谁。

MOF2 允许在事先不知道对象特征情况下使用对象。根据面向对象设计思想,对象类(通常称作它的元对象)揭示了对象的类型(或特征)。要获取对象类信息,可以借助 Java 对象反射机制,因此 MOF2 提供反射包(Reflection Package),支持发现和操作元对象与元数据。图 2-89 描述了 MOF∷Reflection 包主要由 MOF∷Reflection∷Object、MOF∷Reflection∷Type、MOF∷Reflection∷Element、MOF∷Reflection∷Factory 4 个类定义组成。

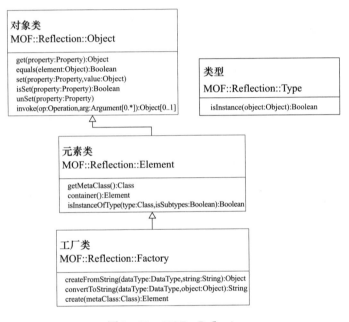

图 2-89　MOF∷Reflection

MOF∷Reflection∷Object 作为基类提供获取对象属性、判别对象、设置对象属性、判别对象属性是否已设置或尚未配置、根据参数调用对象操作等公共接口定义。

MOF∷Reflection∷Element 是描述获取一个对象的属性及其操作的类。它合并和扩展了 UML∷Element。MOF∷Reflection∷Element 通过反射机制可以获取 UML∷Element 对象属性和操作信息。

MOF∷Reflection∷Factory 是 MOF∷Reflection∷Element 的子类,扩展定义了根据元对象类创建元素对象、创建指定名称和数据类型的反射对象、将反射对象某一数据类型转换为字符串等操作,从而支持提供创建元素对象的工厂方法。

2.2.2.4　MOF∷Extension

MOF2 提供定义元模型元素的能力,如具有属性和操作的类。但是,有些场合需要使用额外信息动态地对模型元素进行注释。于是,MOF2 抽象定义了 MOF∷Extension,用于关联"名字-值对"(name-value pair)与模型元素(MOF∷Reflection∷Element),满足这种应用需求。如图 2-90 所示,标签类(MOF∷Extension∷Tag)描述一条信息,可以与模型元素(MOF∷Reflection∷Element)关联。

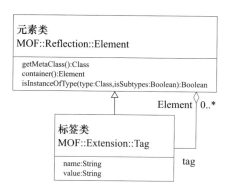

图 2-90　MOF∷Extension

MOF∷Extension∷Tag 新增 name、value 两个属性,name 是区分与模型元素关联标签的名称;value 定义标签值。这样,标签类就可以表示一个命名值,该值可以与零个或多个模型元素相关联。名字-值对为 MOF 模型提供可扩展性,满足减少重新定义元模型的需要,以便提供简单、动态的扩展。

2.2.2.5　MOF∷CMOFReflection

图 2-91 描述了 MOF∷CMOFReflection 包的构成,主要定义了 MOF∷CMOFReflection∷Link、MOF∷CMOFReflection∷Element、MOF∷CMOFReflection∷Exception、MOF∷CMOFReflection∷Argument、MOF∷CMOFReflection∷Factory、MOF∷CMOFReflection∷Extent 6 个类。

MOF∷CMOFReflection∷Link 是一个描述关联实例的类,与 Element 描述类实例的方式相同。

MOF∷CMOFReflection∷Argument 描述开放式反射操作命名参数。开放表示允许提供元素和数据值。

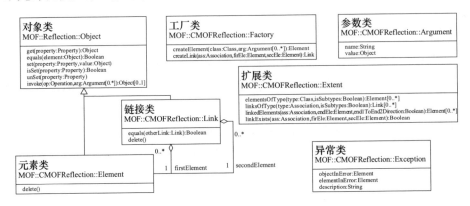

图2-91　MOF∷CMOFReflection 包的组成

MOF∷CMOFReflection∷Element 继承 MOF∷Reflection∷Object,新增 delete()操作删除元素对象。

MOF∷CMOFReflection∷Exception 定义两类描述错误信息的元素:objectInError:Element、elementInError:Element。

MOF∷CMOFReflection∷Factory 新增以下两个操作:

(1)createElement(class:Class,arguments:Argument[0..*]):创建指定 arguments 和 class 的元素对象。

(2)createLink(association:Association,firstElement:Object,secondElement:Object):用于在 firstElement 和 secondElement 两个元素对象之间创建一个链接,该链接是关联类的一个实例。firstElement 与第一个端点相关联(组成关联端点的属性是有序的),并且必须符合指定类型。同理,secondElement 表示关联的第二个元素。

MOF∷CMOFReflection∷Extent 定义以下4个操作:

(1)elementsOfType(type :Class,includeSubtypes :Boolean):Element[0..*]:返回元素的类型。如果 includeSubtypes 设置为 true,那么元素所含子类实例也会被返回。

(2)linksOfType(type :Association,includesSubtypes :Boolean):Link[0..*]:返回链接的类型,链接是所提供关联的实例,或者是它的子类的实例(如果包含子类型为 true)。

(3)linkedElements(association :Association,endElement :Element,end1To

End2Direction：Boolean）：Element[0..*]：从元素（endElement）开始寻找关联的元素对象，方向由 end1ToEnd2Direction 给出。若为真，则将元素（endElement）视为关联的第一个端点。

（4）linkExists(association：Association,firstElement：Element,secondElement：Element)：Boolean：用于判别 firstElement 与 secondElement 两个元素之间是否存在关联。若 firstElement 和 secondElement 端点之间至少存在一个关联链接，则返回 true。

2.2.3 组件设计规范

2.2.3.1 EMOF

基本元对象工具（Essential Meta Object Facility,EMOF）是 MOF 的子集。为实现 MOF 模型映射到简单元模型，如 Java 元数据接口（Java Metadata Interface,JMI）、可扩展标记对语言元数据接口（XML Metadata Interface,XMI），EMOF 提供一个简单的框架。EMOF 允许使用简单概念定义简单的元模型，支持使用 CMOF 进行复杂元建模的扩展。EMOF 和 CMOF 都重用了 UML 元模型。这个目标背后的动机是降低模型驱动的工具开发和工具集成的门槛。EMOF 也被描述为 UML 模型。然而，要完全支持 EMOF 则需要对其本身进行描述，并删除在 UML 模型中可能已经指定的任何包。这样就产生了一个完整的、独立的 EMOF 模型，它不依赖于任何其他包，不支持 EMOF 本身不支持的元建模功能。

如图 2-92 所示，EMOF 模型合并了 MOF::Identifiers、MOF::Reflection、MOF::Extension 等多个包定义，提供发现、操作、标识、扩展元数据等服务。MOF::Common 也被合并到 EMOF，是为了便于提供 MOF 内部特性。同时，EMOF 模型还使用受约束的 UML 2 类模型。

为了将两者合并，EMOF 和 UML 元模型之间的关系需要进一步给出解释。理想情况下，EMOF 只是使用提供额外属性和操作的子类来扩展 UML。然而，这还不够，因为反射必须在类层次结构中引入 Object，这样才可以作为需要合并的 UML::Element 的新超类。因此，EMOF 作为合并的结果，是一个单独的模型，只合并了 UML，没有从它继承。通过包合并，EMOF 可以直接与 UML XMI 文件兼容。通过包合并（Package Merge）来指定完整的、合并的 EMOF 模型，这是为了能够提供一个元模型，使其可以用于导入 EMOF 的元模型工具，而不需要 CMOF 和包合并语义的实现。

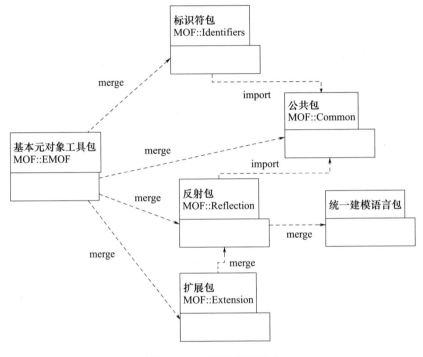

图 2-92　EMOF 模型组成

图 2-93 给出 EEMOF 类图，描述了 Class、Property、Operation、Parameter、Association 等类定义及作用关系。Class 定义模型，Property 描述属性（模型的构成，如成员信息），Operation 描述操作（模型的行为，如接口），Class 是由 Property 和 Operation 构成的；Association 定义关系，如所属关系等；Parameter 描述操作参数，一个 Operation 可能聚合一个或多个 Parameter，也可能没有 Parameter。

图 2-94 描述了 UML2 数据类型元素与 EMOF 数据类型元素的对应关系。Type、Classifier、DataType、PrimitiveType、Enumeration 是 UML2 中定义的数据类型元素，分别表示类型、类类型、数据类型、简单类型、枚举类型。而 NamedElement、PackageableElement、InstanceSpecification、EnumerationLiteral 是 EMOF 定义中使用的数据类型元素，分别表示命名元素、包元素、实例说明、枚举常量。UML2 与 EMOF 数据类型在对应层次具有一一对应关系。

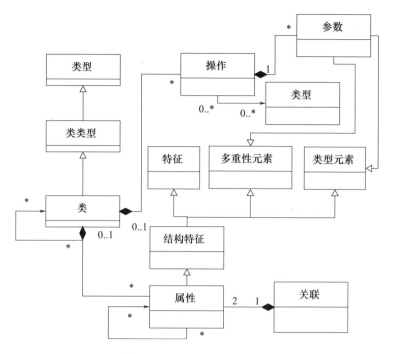

图 2-93 EMOF 的类图描述

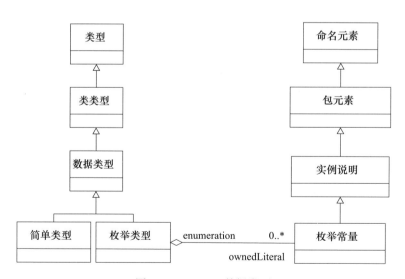

图 2-94 EMOF 数据类型

图 2 - 95 描述了 EMOF Package 类定义。

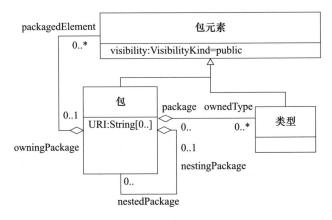

图 2 - 95 EMOF Package

Package 用于描述包元素，Package 是 PackageElement 派生的子类，继承了 visibility 属性定义，又新增扩展了 URI 属性（用于描述包位置信息）。每个 Package 可以包含一个或多个 Type，同时 Package 又可以嵌套包含其他 Package。

图 2 - 96 描述了 EMOF 主要类型元素及其相互作用关系，包括 Element、NamedElement、TypedElement、PackageableElement、Type、Comment。其中，Element 表示元素，代表模型要素。NamedElement 表示命名元素，具有名称属性；Comment 描述备注信息；NamedElement 和 Comment 都是 Element 的子类。Ty-

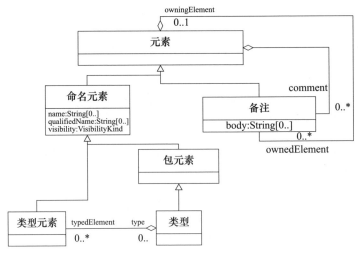

图 2 - 96 EMOF 类型元素及其关系

pedEement 代表类型元素,PackageableElement 代表包元素,它们都是 NamedElement 的子类。Type 是 PackageableElement 的子类,一个 Type 可以聚合多个 TypedElement。

2.2.3.2 CMOF

CMOF 模型是由 EMOF 和 UML 元模型的选定元素所构建的,通常用作定义其他元模型(如 UML2)的元模型。如图 2-97 所示,CMOF 模型包没有定义它自己的任何类,而是将 MOF::EMOF 和 MOF::CMOFExtension 合并在一起,提供定义基本元建模的功能。

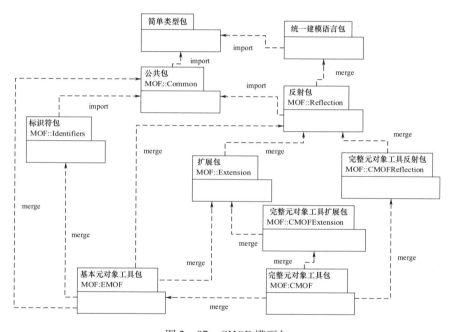

图 2-97 CMOF 模型包

图 2-98 给出从 UML 2 选定的关键元素,他们被用来构建 CMOF 元模型,即提供类建模的结构。CMOF 还合并了 EMOF 包,这样就引入了 Identifiers、Reflection、Extension 等模型要素。

2.3 面向模型设计

面向模型建模提供一个以模型为中心的建模技术框架,将平台选择与业务

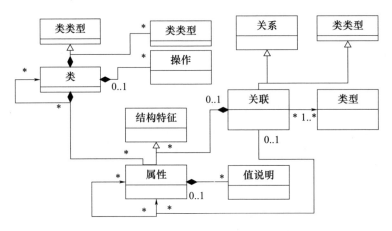

图 2-98 从 UML2 中选定的关键元素

逻辑分离以使系统获得更大的灵活性。这种技术采用模型驱动建模方法解决模型表示和使用多样性问题,旨在设计一种从抽象模型自动产生代码,并使用标准的说明语言来描述模型的技术框架。这种技术也称为模型驱动建模(Model Driven Modeling,MDM)。MDM 主要关键技术包括建立模型抽象语义,模型描述、表示和扩展,模型自动转换生成三个方面。

2.3.1 建立模型抽象语义

建模是一种将现实问题进行抽象化表征的手段和方法,主要依赖于抽象语义的建立。模型就是抽象语义的表示形式。实现建模标准化的本质就是要建立标准化的模型抽象语义体系。目前,对建模语言的语义描述主要有文本描述和转换规则两个方法。定义模型语义可以通过定义转换规则把模型转换到某个具有严格语义的模型(如状态图、可执行程序)。

芬兰学者 Korhonen 提出建模支撑工具的三层结构:语言、生成器、构件框架[1]。语言层主要是元模型,复用相对容易;生成器层负责将模型转换为源代码。Korhonen 认为应该把大部分可以下放的功能放置到框架中,从而简化代码生成器的内部构造,而框架的复用性取决于框架的模块化程度。

2.3.2 模型描述、表示和扩展

模型描述语言主要有两类:统一建模语言(Unified Modeling Language,UML)、体系结构描述语言(Architecture description language,ADL)。UML 认为

模型描述必须是简单、易于理解的。最好是可视化的,并能支持设计人员从多个视图描述系统、描述符号不一定要具备严格的形式化语义,向开发人员提供一些简单的分析功能即可。与其观点相反,ADL 认为模型描述应当具备严格的形式化语法和语义,同时要能够提供强有力的分析能力。

UML 虽然是一种通用建模语言,但还难以从 UML 模型生成完整的应用系统。ADL 虽然种类繁多,但大多数只支持模型向可执行代码的生成,并不支持需求到软件体系结构的映射。从目前来看,需求描述与软件体系结构描述在形式上存在很大差异,实现需求到软件体系结构的映射是一个较难解决的问题。

2.3.3　模型自动转换生成

图 2-99 描述了模型转换工作原理:模型转换的输入为源模型和映射规则;输出为目标模型和映射记录。转换过程由转换引擎控制,包括规则的选取和调度、转换流程。

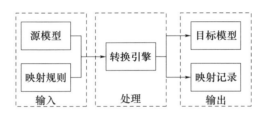

图 2-99　模型转换的工作原理

国内外学者从这方面研究并取得了一定的阶段成果,如美国国防部建模与仿真办公室(Defense Modeling and Simulation Office,DMSO)研制的对象模型开发工具(Object Model Development Tool,OMDT),可以对高层体系结构(High Level Architecture,HLA)中的仿真对象模型(Simulation Object Model,SOM)和联邦对象模型(Federation Object Model,FOM)定义描述。中国航天机电集团第二研究院 204 所建立了对象模型自动生成系统(Object Model Automation System,OMAS),可以生成系统所需的 FOM/SOM 表,产生运行时间支撑系统(Run-Time Infrastructure,RTI)运行时所需的联邦执行数据(Federation Execution Data,FED)文件。国际商业机器公司(International Business Machines Corporation,IBM)的 Rational Rose、Microsoft 的 Visio、Eclipse 建模框架(Eclipse Modeling Framework,EMF)[2-3]、北大青鸟面向对象工具(Jade Bird Object-Oriented,JBOO)、南京大学的 ICE-Modeling Tool[2],这些工具都具有代码自主生成的能

力。然而,这些模型驱动开发环境还停留在仅仅作为建模工具的角色上,不能最大化建模优势的同时最小化维护开销[4]。

软件生产过程自动化是提高软件产品质量和生产效率的重要途径[5]。以代码为中心的传统软件项目开发方法需要高昂的开发和维护费用,在系统集成时存在较高的风险[6]。采用以模型为中心的开发方法可以有效解决系统集成过程中存在的高风险问题,这个方法通过将平台特定代码与业务逻辑分离很好地实现了模型的平台无关性,然后由模型转换与代码生成控制算法作用产生目标代码。因而,这个方法的仿真效率、系统可移植性更强。

模型转换方法主要有手动转换、基于模板的代码生成、基于关系代数的模型转换、基于图的模型转换、利用扩展样式表转换语言(Extensible Stylesheet Language Transformation,XSLT)进行模型转换、基于模式的模型转换。这些方法的区别在于对模型表述形式不同。

代码生成方法的相关研究集中在建立模型描述规范,研制具体问题域的解析器,通过解析器将模型转化后自动生成目标代码。目前,在雷达建模仿真过程中使用较多的是基于模板的代码生成方法。例如,ASTRAD[7-8]支持雷达模式行为建模的快速原形构建,通过从拥有200种模型的算法库和已有仿真资源的重用实现。它采用XML数据格式描述模型,然后将模型链接到自动代码生成器。集成过程可以按照"雷达对象—模块—库—模型"持续化进行。

在国内,北京仿真中心建立了基于组件的一体化建模仿真环境(Component based Integrated Environment for Centeralized/Distributed/Parallel Simulation,CISE)[9],实现了组件代码框架的自动生成功能。然而,CISE仅支持Windows操作平台,难以适应其他平台和环境的要求。我们采用模板方法定义符合标准C/C++规范的对象模型,在模型的通信和数据接口层次提出了一种代码生成控制方法,可以适应不同平台环境,也提高了雷达仿真系统开发的效率。

2.4　自动化驱动仿真

近年来,计算机和网络通信技术不断推动了分布式交互仿真技术的快速发展。仿真模型通过一定的驱动连接可以构成仿真系统,实现同构、异构环境下不同仿真模型之间结构和功能的集成,满足仿真应用的目标。雷达系统模拟有很多种分类方式,其中的一种是按照软硬件实现的方式划分,包括全数字仿真(功能全部通过软件实现)、实物仿真(功能全部由硬件实现)、半实物仿真(功能由软件和硬件搭配实现)。

国内外这方面研究可以归纳为两类:一类是模型间通信驱动技术研究;另一类是模型间数据传递驱动技术研究。前者主要研究在不同网络拓扑中模型进行信息交换所采用的通信协议和控制机制;后者主要研究模型进行信息交换所采用的数据协议和存储方法。

L. Bair[10]采用进程间通信的方式实现机载雷达仿真模型之间的驱动连接。仿真系统采用共享内存结构和消息队列机制实现,共享内存结构为大块数据传输提供有效途径,消息队列提供可靠的、顺序数据传输服务。B. MAHAFZA等[11]对雷达信号仿真的实时性问题进行研究,研制了实时目标复杂生成器(Real-Time Target Complex Generator,RT-TCG)。系统采用TCP/IP通信协议传输数据,模块间定义了分布式光纤数据接口。法国学者D. GOUMAND[7]和A. Meurisse等[8]研制了一种图形化集成环境ASTRAD(图2-100)。

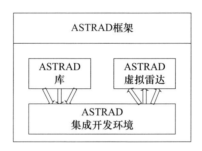

图2-100 ASTRAD集成环境

ASTRAD支持从行为级建模扩展到更细的分析建模,可以构建虚拟雷达模型。DIS[12]标准中,模型采用TCP/IP协议进行点对点或广播式通信,协议数据单元(Protocol Data Units,PDU)作为模型交换的信息单元。HLA[13-16]标准中,采用RTI作为中心节点实现仿真联邦间的组播通信,交互数据按照FOM和SOM文件格式定义,采用本地文件存储方式记录仿真过程数据。

国内的相关研究工作主要是建立在HLA标准上的,一些科研单位和院校开发了具有自主知识产权的RTI通信组件。例如,国防科技大学开发的KD-RTI,航天机电集团第二研究院开发的SSS-RTI等。

第3章 元模型重构技术

当前,随着不断变化军事需求的快速发展,雷达作战使命已经出现多向分化和范围扩展趋势[17],雷达在对地侦察、精确打击、防空防天、反导反卫、反恐维稳、灾难救援等任务中起到预警探测、跟踪制导、侦察监视、目标识别、打击评估、环境感知等作用。同时,雷达也被广泛用于气象预报、目标检测[18]、人体运动监测[19]、近距离医学成像[20]、海岸监视[21]等民事应用领域。

在新趋势发展背景下,以面向应用为核心提出未来雷达应满足多任务、多功能、快速升级等要求,这给雷达研制工作带来了新挑战。因此,亟须研制一种新雷达操作环境,可以根据应用性需求定义信息,系统功能可通过软件定义、扩展;利用重用性机制实现雷达同构或异构模型重构,既能满足不同应用需求的具体定制要求、有选择地组合和装配模型库构件,又能支持准确、高效、低成本的建模、设计、仿真、调试和运行等开发活动。

传统的雷达系统研制以硬件设计和开发为核心,实现专用的功能;其研制周期长,升级改造困难,维护成本高。与之相比(表3-1),软件化雷达技术以一个通用的、标准的、模块化的底层硬件平台为依托[22-24];采用面向应用开发模式,实现底层硬件和上层任务软件解耦;强调体系结构的开放性和全面可编程性,通过软件更新改变硬件配置结构,实现多样化功能[24]。对比结果表明,软件化雷达作为一种新技术、新方法,能够形成快速响应不同用户需求的能力,适合未来雷达多任务、多功能、快速升级的需求,有效解决传统雷达研制过程中存在升级改造难、维护成本高、功能扩展难等问题,这也将成为应对新形势和新挑战的必然选择。

表3-1 传统雷达与软件化雷达比较

比较项	传统雷达	软件化雷达	比较项	传统雷达	软件化雷达
开发模式	面向硬件	面向应用	可靠性	低	高
硬件平台通用性	弱	强	维护费用	高	低
可编程性	局部	全面	系统升级能力	弱	强

续表

比较项	传统雷达	软件化雷达	比较项	传统雷达	软件化雷达
研制周期	长	短	性能指标	强调分系统	强调总体
成本	高	低	体系结构开放性	差	好
发现问题阶段	系统调试阶段	系统设计阶段	设计思想	硬件设计	软件定义

软件雷达具有软件可重构[23,25]、需求可定义[23]、硬件可重组[23]等特征,可以采用以下具体描述：

(1)雷达功能构件化。系统功能采用构件化设计,通过雷达操作环境实现雷达模型构件组合装配、构件间驱动关联和即插即用。雷达功能构件不单是软件模块,还包括硬件组件;不同的构件实现雷达系统的一部分模块功能,并可以通过软件控制协议和硬件驱动程序实现雷达系统集成。

(2)基于用户需求定制雷达。由于雷达研制目标的不同、应用背景的多样化等因素相互作用,用户对雷达功能和性能要求也不尽相同。在这样情况下采用软件化雷达技术,可以根据用户需求(包括作战使用需求、雷达任务需求、雷达工作模式要求、系统指标需求等)定义新模块,扩展和选择不同已有模型构件,设计不同体制、不同频段、不同平台、不同任务、多样化功能的雷达,满足雷达、电子战、通信等多功能、多任务要求。

(3)通用硬件平台及开放式架构。由于软件化雷达实现了底层硬件与上层任务软件的解耦,因而硬件平台更强调通用性,即在通用的硬件平台资源条件下,用户可以重定义、重加载上层的任务软件,对雷达孔径、计算资源等物理硬件进行重组,从而实现雷达功能的调整、变化和扩展。雷达开放式体系结构将以部件为基础,采用通用、开放的分层雷达基础设施,实现最可行、最实用的模块化子功能以及开放式接口。体系结构中的组件可以独立于运行环境,在雷达系统之间交换和重用。

综上所述,雷达功能构件化是软件化雷达进行顶层设计时就需要考虑的核心问题,基于模型构件的软件重构性技术是其关键性支撑技术之一,具有十分重要的战略意义。

与数字化和现代化的装配式建筑设计思想相似(图3-1),实现软件化雷达可重构能力的关键在于根据雷达模型重用性目标,建立一种科学划分的、层次化、多粒度的模型体系,并在体系内部构建一种支持重构的有效作用机制。从概念上来理解,模型体系用于描述系统包含哪些模型、采用什么样的静态结构以及模型之间存在怎样的联系。

图 3-1　装配式建筑思想

在模型体系内部构建可重构机制时,需要重点考虑如何对具体模型的静态结构和动态行为特征建立抽象性的描述,即通过一种抽象模型建立描述具体模型的形式化定义方法,如功能抽象定义(从具体到一般进行抽象,描述共性功能)、虚拟接口定义(描述共性的接口,而不考虑接口的实现细节)、功能继承定义(通过世代相传,重用已定义的功能模块)、功能派生定义(在已定义功能模块基础上,增加新的功能描述)、对象组合定义(每个对象作为一种成分,多个对象集成为系统)、接口实现定义(接口自身的具体实现)、引用接口定义(关联一个已定义的接口)等。这种抽象建模方法从本质上可以揭示可重构模型构件的组合规则、数据传递关系、交互通信方式等作用机理。显然,在雷达模型体系下,建立支撑软件可重构的有效作用机制,需要针对模型构件提出一种标准的、规范的形式化定义方法,用于表征模型组成要素及其静态结构和动态行为特征等模型信息。

目前,形式化定义表征模型重用性的方法可以归纳为 4 类:程序设计语言、仿真专用语言、统一建模语言和元模型。图 3-2 描述了 4 个方法的相互支撑关系以及对软件化雷达面向模型应用的支撑作用。

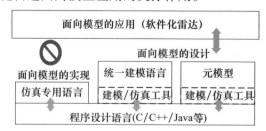

图 3-2　形式化表征模型重用性方法及其相互关系

总的来讲,程序设计语言是用于书写计算机程序的语言,仿真专用语言是基于程序设计语言而又比其更高级的软件系统,这两个方法都属于面向模型实现的形式化定义方法,前者在代码层次实现模型重用,但开发效率很低;后者限定了具体建模领域,不支持可重用模型表示的多领域建模。与之不同,UML 和元模型都支持面向模型的设计,实现了从以代码为中心向以模型为中心开发模式的转变和升级,代表了先进建模仿真技术的发展趋势。UML 虽然提供用例图、类图、构件图、活动图等图形化建模语言,利于模型理解和交流,但其无法满足针对特定领域的建模需求[26],还存在用例图不能很好地表示和刻画模型转换需求[27]、使用类图描述模型转换的静态结构不容易转换为具体实现[27]、构件图不适合描述组合转换结构[27]等缺点,特别是无法集成各种已有异构模型。元模型作为一种高度抽象的模型,是对模型静态结构和动态行为特征等共性问题形式化定义的总结与凝练,支持模型重用和异构模型在元层次上的集成处理。

模型粒度划分得越细,功能划分也就越明确,模块化程度也越高,支持可重构的能力也越强,但模型分层结构也就越复杂,形式化定义和描述模型的难度也越大。基于模型粒度与可重构能力相互作用关系,选择粒度适中的构件作为模型重用对象是一种平衡策略。对于构件化与模型重用关系本质的认知,参考文献[28]认为构件化仿真模型是实现模型可重用、可组合的重要手段;参考文献[29]认为组件(或构件)是实现模块化、层次化的技术途径;参考文献[30]认为组件是可重用和自包含的软件成分,如一些功能模块、被封装的底层类、软件框架等。以上参考文献强调了构件与模型重用的相关性,但没有进一步阐明两者关系的本质。事实上,构件化方法重在强调将功能模块封装成构件所需遵循的结构性约束规则(如构件的静态结构信息),并不能从体系层面阐释层次化模型的可重用性机制(如动态行为化的构造方法),这就要求必须研究并建立形式化定义及表征模型重用性的描述方法。

元模型是一种强语义支持的模型重用性表示方法,定义了描述某一模型的规范,即组成模型的元素和元素之间的关系。针对基于元模型的雷达软件重构性问题,从系统顶层架构设计雷达元模型体系,提出基于雷达元模型的构件重用性表示方法,定义软件雷达领域建模的语法、语义、语用等规范,探索并建立基于元模型的重构性作用机制,有利于从根本上实现软件化雷达可重构。

2014 年,美军在一项价值 850 万美元的分布式阵列雷达合同中,再次强调该雷达采用软件定义技术,具有多功能、动态多任务能力,用于情报、通信和电子战等作战需求。另据报道,瑞典和意大利合作研制的 M-AESA 项目(图 3-3),融合了雷达(包括导弹预警、跟踪目标分类、空域搜索、导弹控制、低空搜索、跟踪目标显示)、通信、电子战(包括干扰对抗、信号智能、敌我识别)等多种功能。这些事实证明了满足多种作战需求是软件化雷达的重要应用目标。

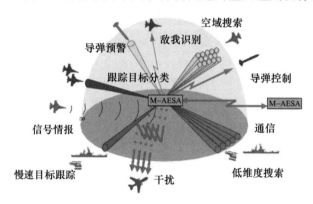

图 3-3 融合雷达、通信、电子战多种功能的 M-AESA 项目

现代雷达体制种类繁多,分类方式也较复杂。例如,按照雷达用途分类,包括预警、搜索警戒、引导指挥、导航制导、敌我识别等;按照雷达信号形式分类,包括脉冲、连续波、频率捷变等;按照角跟踪方式分类,包括单脉冲、圆锥扫描等;按照信号处理方式分类,包括相参积累和非相参积累、脉冲压缩、动目标显示、动目标检测、脉冲多普勒、合成孔径等。同时,不同用途和功能的雷达对收发机天线参数、信号参数(载频、脉宽等)、发射波形参数、信号处理和数据处理方式也有着不同要求。各种因素交织在一起,增加了雷达功能模块化难度,也对实现软件雷达需求可定义提出了新挑战。

软件化雷达采用开放的体系架构,涉及硬件和软件两个层面:前者强调硬件模块可以通过标准的硬件总线加载或卸载,从而满足硬件平台开放、可扩展;后者强调软件构件可以通过开放的软件总线联通和交互,与运行环境保持松耦合的关系;本书主要关注在开放的软件体系架构下模型构件的高效性驱动环境技术,即关注模型在软件层面上的高效驱动控制方法。

与常规的信息流驱动方法相比,在雷达操作环境中采用并发数据流驱动机制,以数据流图这样一种非常直观的方式描绘数据在雷达系统中流动和处理的过程,对于软件雷达可视化建模、设计、仿真和调试有着极其重要的研究价值。从原理上,数据流驱动允许任何指令均由数据可用性驱动。指令的执行完全受数据流驱动,其顺序只受指令中数据相关性制约,与指令在程序中出现的先后无关。只要数据不相关和资源可利用就可以并行,从而有利于并行性开发。

3.1 元模型理论

仿真模型可重用对象按粒度从小到大依次分为函数、类、构件(或组件)、框架等。对象粒度越小,模块化程度越高,模型重构关系也越复杂。参考文献[28-29]认为组件化(或构件化)方法是实现模块化、层次化和模型可重用、可组合的技术途径;参考文献[30]将组件视作可重用、自包含的软件成分,如一些功能模块、被封装的底层类、软件框架等。这些参考文献都强调了构件可以支持模型重用,但没能进一步阐明构件的重用性机理。阐释模型的重用性机理首先要解决两个问题:一是模型构件静态结构的重用性描述;二是模型构件动态行为的重用性描述。这就要求必须研究建立形式化表征模型重用性的描述方法。

目前,形式化表征模型重用性的方法主要有程序设计语言(Programming Language, PL)、仿真专用语言(Simulation Language, SL)、UML、元模型(Meta Model, MM)。其中,PL 可以在代码层次实现模型重用,但效率低下;SL 不支持可重用仿真模型表示的多领域建模;UML 无法集成各种已有异构模型。MM 通过抽象模型表示特定领域模型,抽象程度高,对于异构模型可以在元层次上集成处理。因此,研究并建立雷达仿真的元模型,有利于从根本上实现雷达仿真模型可重构。

近些年,国内外对元模型研究主要有:参考文献[31]提出仿真模型组合的形式化描述方法。参考文献[32-33]分别研究面向组件和基于 BOM 模型的语法和语义组合方法。参考文献[34]提出基于元对象机制的模型转换方法,实现 Web 服务本体语言到业务过程执行语言和 Web 服务描述语言的模型转换。参考文献[26]提出一种表示法定义元模型,用于解决图形化建模语言的定义问题。参考文献[35]定义模式单元元模型,提出元模型单元化建模支撑机制,解决单元化模式建模问题。目前,在国内,研究人员大多通过使用国外发布的仿真标准、软件等试用版本从事有关项目应用性研究,较少有对"雷达元模型的可重用构件形式化表征方法"这一基础性关键问题进行深入研究。

在建模与仿真领域,国外标准规范主要包括:美国国防建模与仿真办公室提出的高层体系架构[36-37]、仿真标准化组织提出的基本对象模型[38](Base Object Model, BOM)和欧洲航天局提出的仿真模型可移植性规范 2.0 版本[39-40]

(Simulation Model Portability Sepcification Version 2.0,SMP2)。其中,HLA 基于联邦对象模型[41]和仿真对象模型[41]实现模型重用;通过运行时支撑环境[42-43]和交互类实现模型互操作。但是,HLA 没有使用元模型表示方法,其可重用模型仅限于高层次应用对象,不支持细粒度的模型重用。BOM[38]提出面向概念的元模型设计,采用由模型鉴别信息、概念模型定义、模型映射和对象模型定义完善 HLA 在仿真模型层次上复用性的不足。但是,BOM 规则体制太过复杂导致使用困难。SMP2.0[39-40]采用面向对象和组件的元模型设计,通过抽象接口机制实现模型可移植。但其同样存在重用性低、不易扩展等问题。

雷达组合式概念模型,即元模型,它是一种抽象模型,位于组件模型体系之下,用于抽象描述组件模型。元模型定义了组件的具体规范,包括初始化接口定义、可执行接口定义、输入/输出端口定义、功能角色定义、实体类定义、输入/输出关系类定义、链接类定义等。

图3-4给出雷达组件体系底层所采用的元模型架构,通过类图及其相互关系描述了元模型的重构性设计。

初始化接口(Initializable)和可执行接口(Executable)分别规定了组件的初始化方法和可执行方法,角色接口 Actor 继承了 Initializable 和 Executable 两个接口的抽象定义,同时也是原子角色类(AtomicActor)和复合角色类(CompositeActor)的基类。

实体类 Entity 定义了组件的封装操作,如新增一个端口(newPort(String))、删除一个端口(_removePort(IOPort))、链接关系的列表(linkedRelationList())、链接端口的列表(connectedPortList())等。组件实体类(ComponentEntity)和复合实体类(CompositeEntity)都是 Entity 的派生类,前者定义了原子实体对象的操作方法,后者定义了可以组合实体对象的操作方法。通过 CompositeEntity 和 ComponentEntity 两个类定义,元模型体系描述了实体对象之间的组合方法,即组件的组合机制。

输入/输出端口类(IOPort)用于描述组件的输入/输出端口定义。IOPort 对象与 Entity 对象之间是复合关系,即一个 Entity 对象可以包含一个或多个 IOPort 对象;IOPort 与接收器(Receiver)对象是聚合关系,即每一个 IOPort 具有一个或多个接收器(Receiver);IOPort 与 IORelation 是关联关系,即每一个 IOPort 对象可以关联到一个或多个 IORelation。

输入/输出关系类(IORelation)类用于定义两个或多个 IOPort 之间的关联关系,这也间接反映了 Entity 对象之间的数据流指向关系。当一个 IORelation

描述两个以上 IOPort 对象之间的数据流指向关系时,这个 IORelation 称为一个输入/输出关系组。一个 CompositeEntity 对象通过包含一个或多个 ComponentEntity 和 IORelation 等对象,从而实现组件的组合机制。

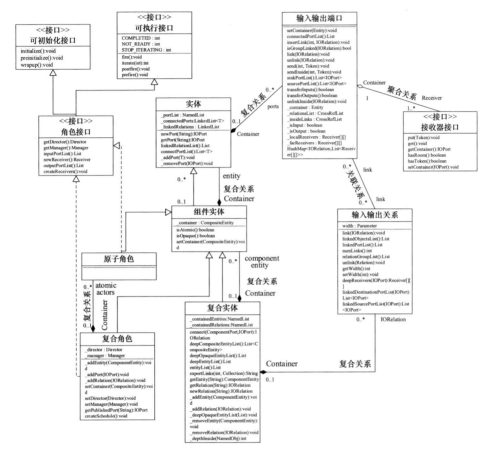

图 3-4　元模型体系类图及相互关系

AtomicActor 一方面具体实现 Actor 抽象接口定义,另一方面还继承 ComponentEntity 类定义的属性和操作,如 AtomicActor 可以通过 newPort(String)方法增加一个输入/输出端口,通过 setContainer(CompositeEntity)方法使自身成为其他复合组件模型的一部分等;CompositeActor 在实现 Actor 抽象接口定义的同时,也继承了 ComponentEntity 基类的定义,如可以通过_addEntity(ComponentEntity)方法间接地实现复合多个 AtomicActor 对象;通过_addPort(String)和_addRelation(IORelation)两种方法实现添加输入/输出端口、添加组合关系;通过

setContainer(CompositeEntity)方法使自身成为更大粒度复合组件模型的一部分等。因此,AtomicActor通常用于没有层次结构的原子组件定义,CompositeActor通常用于描述带有层次结构的复合组件定义。

由此可见,元模型体系不依赖于特定的问题领域,充分利用了程序设计语言的语法、语义和语用机制,包括:类与对象,类的继承与派生,对象的组合、聚合与引用,接口的抽象与实现;向上为雷达组件模型定义提供了一种更为抽象的元模型表示方法,可以用于描述原子组件、复合组件、组件之间的组合关系(如上下层次包含关系、平行层次关联关系等)、组件通过输入/输出端口传递数据等,更好地支持组件体系的构建。基于元模型,用户不仅可以定义雷达组件模型,而且同样适用于其他特定问题领域的组件模型定义和设计,因而更具通用性表达。

3.2 元模型体系结构

3.2.1 公开的基础接口

3.2.1.1 可命名接口

可命名接口(Nameable Interface)是用于描述具有名称和容器的对象的一个公开接口,而可命名对象类(NamedObj Class)是用于描述具有名称和容器的对象的一个公开基类。NamedObj 必须实现包括可命名(Nameable)、可修改(Changeable)、可复制(Cloneable)、可调试(Debuggable)、调试可监听(DebugListener)、可派生(Derivable)、建模标记语言可输出(MoMLExportable)、模型出错可处理(ModelErrorHandler)、可移动(Moveable)等这些接口中预先定义的方法。以上这些接口定义位于 ptolemy.kernel.util 包。

Nameable 所描述的名称可以是一个任意字符串,支持"完全名称"(全名)描述。全名是一个对象的完全名称,全名的起始为对象所属容器的全名,然后是一个句点,后面跟着这个对象的名称。

Nameable 接口抽象定义了以下一些接口方法:

(1) description():用于返回对象的描述信息。

(2) getContainer():用于返回对象所属的容器(对象)。

(3) getDisplayName():用于返回显示给用户的名字,名字通常是一个字符串。

（4）getFullName()：用于返回实现 Nameable 接口定义的对象的全名。全名使用句点作为容器的分隔符。例如：可命名对象的全名为 Radar. SSG. TargetSimualtor。

（5）getName()方法：用于返回实现 Nameable 接口定义的对象的名字。

（6）getName(NamedObj)方法：用于获取一个对象相对于指定容器 NamedObj 的名字。

（7）setName(String)方法：用于设定（或修改）一个实现 Nameable 接口的对象的名字。

3.2.1.2　可变更接口

可变更接口（Changeable Interface）是一个用于描述可以延迟的变更请求对象的接口。

变更请求（ChangeRequest）：对模型可能执行的任何修改，称为"变更"。但是，执行过程中可能只在特定时段能够确保修改是安全的。

变更请求传递过程描述为：由 ChangeRequest 子类的实例化对象，将变更请求传递给实现 Changeable 接口对象的 requestChange()方法。实现 Changeable 接口的对象可以委托其他对象执行变更请求（如可以通过将请求传递给其所属容器，从而将所有此类请求合并到层次结构的顶层）。如果变更请求确实被委托给另一个对象，通常希望这个对象将所有命令一致地委托给同一个被委托的对象。当发出变更请求时，如果可以确保变更修改是安全的，除非 setDeferringChangeRequests(true)（表示延迟变更请求）已经被调用，否则实现 Changeable 接口的对象立即将执行变更请求。若一个实现 Changeable 接口的对象正在执行变更请求，该执行又触发新的变更请求，此时变更请求是不安全的。

Changeable 接口抽象定义了以下一些接口方法：

（1）addChangeListener(ChangeListener)：用于添加一个变更请求监听器（ChangeListener）。

每个变更请求无论执行成功或是失败，它都会告知监听这个变更请求的对象（监听器）。

（2）executeChangeRequests()：用于执行请求的变更操作。

（3）isDeferringChangeRequests()：用于判别变更请求是否允许延迟。

（4）removeChangeListener(ChangeListener)：用于删除指定监听某一变更请求的监听器。

（5）requestChange(ChangeRequest)：用于请求执行指定的变更操作。

（6）setDeferringChangeRequests(Boolean isDeferring)：用于指定是否立即执行调用 requestChange() 的变更请求。

如果参数 isDeferring 值为 true，那么实现可变更接口的对象需要对请求进行排队，直到这个带有参数 false 的方法被调用，或者 executeChangeRequests() 方法被调用。

如果参数 isDeferring 值为 false，那么就执行被挂起的变更请求，并设置一个标识，表示将立即执行变更操作的请求。

3.2.1.3 可复制接口

可复制接口(Cloneable Interface)是一个抽象接口，用于定义一个可复制对象必须实现的接口。这个接口来源于 Java 工具包中的 Cloneable 接口定义。

3.2.1.4 可调试接口

可调试接口(Debuggable Interface)是一个用于描述调试监听器连接对象的接口，定义了两种方法：

（1）addDebugListener(DebugListener listener)：用于添加一个调试监听器对象。

（2）removeDebugListener(DebugListener listener)：用于注销一个调试监听器对象。

3.2.1.5 建模标记语言可输出接口

建模标记语言可输出接口(Modeling of Markup Language Exportable Interface, MoMLExportable Interface)是一个描述具有持久特性、使用建模标记语言(Modeling Markup Language, MoML)描述对象的接口。MoML 属于可扩展标记语言的一种模式。实现 MoMLExportable 接口的对象，可以输出 MoML 文件，文件格式如表 3-2 所示。

表 3-2　MoML 文件格式

```
< elementName name = "name" class = "className" source = "source" >
    body,determined by the implementor
< /elementName >
```
或者
```
< class name = "name" extends = "className" source = "source" >
    body,determined by the implementor
< /class >
```

在以上格式代码段中,elementName 是一个字符串,由 getElementName( )方法返回得到;"name"中的 name 是由 getName( )方法返回的字符串,"className"中的 className 是由 getClassName( )方法返回得到;"source"中的 source 是由 getSource( )方法返回得到。如果 getName( )和 getSource( )两个方法中的任意一个返回值为空值(null),那么 XML 属性将从 description 中删除。

MoMLExportable Interface 除继承 Nameable 接口的定义外,还新增扩展了以下一些方法:

(1) exportMoML( ):用于返回该对象的 MoML 描述(实际上是一个字符串)。

(2) getClassName( ):用于返回类名。

(3) getElementName( ):用于提取 XML 元素名称。

(4) getSource( ):用于获取源文件。

(5) isPersistent( ):如果对象可以持久化,那么该方法返回值为 true,否则,返回值为 false。

可持久化对象是具有一个 MoML 描述,可以存储于一个文件并被用于重建的对象。

非持久化对象是不具有 MoML 描述,因此不能存储到文件,自然也不能通过文件重建的对象。一般地,一个非持久化对象有一个空的 MoML 描述。

(6) setPersistent( ):用于设定对象的持久性。

一旦这个对象被设置为持久化,就意味着该对象将不再从类继承属性,要求必须通过持久化模型文件进行重建。因此,实际调用 setPersistent(true),将会重写类给出的值。

(7) setSource(String source):用于设置源文件。

要求源文件提供一个与实体关联的外部 URL。参数 source 对应输出 MoML 中"source"属性值。

3.2.1.6 模型错误处理接口

模型错误处理接口(ModelErrorHandler Interface)抽象定义了描述模型错误处理程序需要实现的接口。若一个模型错误是一个异常,则它会沿着层级结构向上传递以寻求对出现异常的处理,直到找到一个具有已注册错误处理程序的容器为止。若寻找过程中,没有找到已注册错误处理程序的对象,则忽略这个错误。ModelErrorHandler 接口抽象定义了一个方法,即

handleModelError(NamedObj context, IllegalActionException exception):用于

实现一个错误处理程序。

3.2.1.7 可移动接口

可移动接口(Moveable Interface)用于描述一个容器的对象列表中可移动对象的接口,它抽象定义了以下一些接口方法:

(1)moveDown():负责将对象从容器的对象列表的当前位置向下移动一个位置。

(2)moveUp():负责将对象从容器的对象列表的当前位置向上移动一个位置。

(3)moveToFirst():负责将对象移动到容器的对象列表的第一个位置。

(4)moveToLast():负责将对象移动到容器的对象列表的最后一个位置。

(5)moveToIndex(int):负责将对象移动到容器的对象列表中的指定位置。

3.2.1.8 可初始化接口

可初始化接口(Initializable Interface)抽象定义了预初始化、初始化、收尾等操作方法,即

(1)preintialize():定义预初始化操作,该方法在类型解析前执行且只调用一次。

(2)initialize():定义初始化操作,该方法在执行期间允许多次调用。

(3)wrapup():定义结束操作,该方法在执行结束时只能调用一次。

3.2.1.9 变更监听器接口

变更监听器接口(ChangeListener Interface)是一个由具体对象实现的接口,这些对象关注被执行模型的变更操作。当每一个变更操作执行成功时,或者当试图执行变更操作时遇到一个异常,监听这些变更操作的监听器就会被通知。ChangeListener 接口抽象定义了以下两个方法:

(1)changeExecuted(ChangeRequest):用于响应一个已成功执行的变更请求,变更请求成功执行后调用。

(2)changeFailed(ChangeRequest,Exception):用于响应一个执行过程中出现异常的变更请求,在变更请求执行后调用,但在执行期间将会抛出异常。

3.2.1.10 变更请求类

变更请求类(ChangeRequest Class)是一个描述变更请求的抽象基类,定义的操作(或方法)有:

（1）ChangeRequest（Object source，String description，Boolean isStructuralChange）：用于构造一个指定参数 source 和 descrption 的变更请求对象。

参数 descrption 是一个字符串，用于报告这个更改，通常用在调试环境中向用户报告。

参数 Source 是发出变更请求的对象。变更监听器可能需要检查对象 source，以便在被告知变更执行错误或者成功时，它可以判断这个变更是否为请求的变更。

参数 isStructuralChange 指定变更是否为结构化。如果它不是结构化的更改（isStructuralChange 为 false 时），那么不会对可视化模型进行完全的重新绘制 repaint。否则，如果有 AbstractBasicGraphModel 类型的监听器正在监听这个变更请求，那么就会进行重新绘制 repaint。

（2）execute（）：用于执行具体的变更操作。实际上，该方法执行时将调用_execute（）方法，用于向监听器报告执行，并唤醒任何可能在调用 waitForCompletion（）的线程。

（3）getLocality（）：当一个变更被限定于一个特定的对象以及它所包含的对象时，getLocality（）方法将返回这个对象。若 getLocality（）方法返回空值，则表示变更没有本地化。

（4）getSource（）：用于返回在构造函数中指定的 source 对象。

（5）isErrorReported（）：在 setErrorReported（）方法带有 true 参数被调用时，isErrorReported（）方法返回值为 true。这是为了避免监听器重复报告错误而使用的方法。

（6）setPersistent（false）、isPersistent（）：如果通过调用 setPersistent（false）判定请求的变更是非持久性的，那么 isPersistent（）方法返回值为 fasle。否则，返回 true。

（7）isStructuralChange（）：用于确定是否需要对模型进行完全的重新绘制。

（8）removeChangeListener（ChangeListener listener）：用于删除一个指定的变更监听器 ChangeListener。

（9）setListener（List listeners）：用于指定一个监听器列表。

（10）waitForCompletion（）：用于描述等待这个变更请求的执行或失败。

调用 waitForCompletion（）的线程将被挂起直到 execute（）完成。如果处理请求时发生异常，该方法将会抛出这个异常。使用 waitForCompletion（）可能会导致模型陷入死锁无法继续进行。例如，如果从 Swing 线程调用这个方法，并且模型中所有角色都在等候 Swing 事件,那么这种情况势必会出现死锁。

(11)_execute():这是一个抽象的受保护方法,实际执行的更改操作将在这个方法中实现。

3.2.1.11 调试监听器接口

调试监听器接口(DebugListener Interface)是一个公开的接口,用于描述接收调试消息的监听器的接口。DebugListener 定义了两个操作(或方法):

(1)event(DebugEvent event):负责响应给定的调试事件 event。

(2)message(String):负责响应一个调试消息。

3.2.1.12 依赖关系接口

依赖关系接口(Dependency Interface)从父类 Comparable 派生得到。可比较接口(Comparable Interface)是一个抽象接口,定义了用于对象间比较的抽象操作 CompareTo(Object)。

与 Comparable 不同,Dependency 接口用于描述端口之间的依赖关系。"依赖关系"用于抽象描述两个端口之间的因果关系,包括等于(EQUALS)、大于(GREATER_THAN)、小于(LESS_THAN)、无法比较(INCOMPARABLE)。

Dependency 接口定义以下一组公共的方法,具体描述如下:

(1)oPlus(Dependency d):用于返回一个依赖项(dependency),要求满足结合率、交换率,即

d1.oplus(d2).oplus(d3)等价于 d1.oplus(d2.oplus(d3)),表示 oplus 满足结合律。

d1.oplus(d2)等价于 d2.oplus(d1),表示 oplus 满足交换律。

此外,任何实现都应具有幂等性,即 d.oplus(d) = d。

(2)oPlusIdentity():用于返回依赖项,当使用 oPlus()将这个依赖项添加到任何其他依赖项时,将产生其他依赖项。

(3)oTimes(Dependency):用于返回一个依赖项,要求满足结合率,但不一定服从交换律,即

d1.otimes(d2).otimes(d3)等价于 d1.oTimes(d2.otimes(d3)),表示 otimes 满足结合律。

它还应该满足分配律,即 d1.oTimes(d2.oplus(d3))等价于(d1.oTimes(d2)).oplus(d1.oTimes(d3))。

(4)oTimesIdentity():该方法在使用 oTimes()时乘以任何其他依赖项时,得

到其他依赖项并返回。

3.2.1.13 装饰器接口

装饰器接口(Decorator Interface)是 Nameable 的派生接口,用于修饰可命名对象类的实例,使其具有指定 decorator 和 NamedObj 的额外属性。这些额外属性由 DecoratorAttributes 类的一个属性包含,可以通过调用 createDecoratorAttributes(NamedObj)并指定一个可以包含额外属性的 NamedObj 创建一个 DecoratorAttributes 对象。被修饰的 NamedObj 将包含 DecoratorAttributes 类的实例。

Decorator 接口抽象定义了以下一组方法:

(1) createDecoratorAttributes(NamedObj):用于创建并返回指定 NamedObj 的 DecoratorAttributes。

(2) decoratedObjects():用于返回一个由这个 decorator 修饰的对象的列表。例如,返回的对象列表可能是这个 decorator 的容器所包含的所有实体。

(3) isGlobalDecorator():如果装饰器通过不透明的层次结构边界来修饰对象,那么 isGlobalDecorator()方法返回 true。此时,即使在不透明复合角色中,也可以让 decorator 可见。

3.2.1.14 时间调节器接口

时间调节器接口(TimeRegulator Interface)是在指示器推进时间情况下由希望查询的属性实现的接口。TimeRegulator 的派生类有 HLAManager、SynchronizeToRealTime 两个。

当指示器(director)要提前时间,又希望能够被指示器查阅,director 将调用 TimeRegulator 中的 proposeTime(Time proposedTime)方法,传递建议提前的时间 proposedTime,该方法会返回一个值(要么是建议的时间,要么是一个更小的时间)。TimeRegulator 定义了两个公共接口方法,即

(1) booleannoNewActors():若在调用建议时间期间提交变更请求,则返回 false。

(2) Time proposeTime(Time proposedTime):提出一个要推进的时间。

3.2.1.15 角色执行体接口

角色执行体接口(ActorExecutionAspect Interface)是从 Decorator 接口派生而来的,描述可以介入角色执行中的对象的接口。执行资源调度程序所修饰角色的 director 必须在启动角色之前查阅资源调度程序。如果资源调度程序返回没有足够的可用资源来触发角色,那么角色触发必须延迟。例如,资源调度程序

可以描述 CPU 和在 CPU 上调度的角色已经执行的时间，即负责根据给定的调度策略调度角色，追踪执行中角色剩余的执行时间。

ActorExecutionAspect 规定了以下一组公开的操作，并可以延迟到具体实现者来定义具体操作：

（1）addExecutingListener(ExecutionAspectListener)：用于添加一个执行体监听器。

（2）initializeDecoratedActors()：用于遍历容器包含的所有实体，并记录容器中还未执行的每个实体。

（3）getExecutionTime(NamedObj)：用于获取一个角色的执行时间。

（4）isWaitingForResource(Actor)：用于返回一个布尔值，表明指定的角色是否正在等待一个资源。

（5）lastScheduledActorFinished()：检查调度的最后一个角色是否完成了执行，并返回布尔值。

（6）notifyExecutionListeners(NamedObj entity, Double time, ExecutionEventTypeeventType)：参数 entity 表示被调度的实体，time 表示实体被调度的时间，eventType 表示事件的类型。这个方法用于向执行监听器通知重新调度的事件。

（7）schedule(Time environmentTime)：当没有新角色请求被调度时，schedule(Time environmentTime)方法用于执行一个重新调度的操作。

（8）schedule(NamedObj actor, Time environmentTime, Time deadline, Time executionTime)：参数 actor 表示要调度的角色，environmentTime 表示当前的平台时间，deadline 表示允许被调度的最晚时间（截止期），executionTime 表示角色的执行时间。这个方法用于调度角色。通常，由实现 ActorExecutionAspect 接口的子类定义角色的具体调度操作。

（9）removeExecutionListener(ExecutionAspectListener listener)：用于删除指定的执行体监听器。

3.2.1.16 接收器接口

接收器接口（Receiver Interface）是一个公共接口，定义可以保存令牌的对象的接口。无论访问接收器的线程数量多少，Receiver 接口的所有实现必须遵循以下规则：

规则1：如果 hasToken() 返回值为 true，那么下一次调用 get() 方法一定不会引发无令牌异常（NoTokenException）的抛出。

规则 2：如果 hasRoom( )返回值为 true，那么下一次调用 put( )方法一定不会引起无空间异常(NoRoomException)的抛出。

以上两个规则，表明多线程域必须为接收器提供同步。

规则 3：实现 Receiver 接口的对象只能被输入/输出端口类(IOPort Class)的实例包含。

通常，实现一个接口的对象可以是类的实例，也可以是接口。类可以通过实例化得到一个对象，接口却不能实例化。接口通常用于描述一系列的行为操作，而类用于描述具有某一类特征的对象。

Receiver 接口定义以下一组公共的方法，可以延迟到 Receiver 的子类来实现具体的定义：

(1) clear( )：负责清除接收器所包含的令牌。

(2) elementList( )：用于返回一个带有令牌的列表 List < Token >，这些令牌对于 get( )或 getArray( )方法是可用的。要求时间最久的令牌(放在第一位的标记)应该在该方法的任何具体实现中最先被列出。

(3) get( )：用于从接收器获取一个令牌。

(4) getArray(int numberOfTokens)：用于从接收器获取一组令牌(令牌数组)。参数 numberOfTokens 指定了获取令牌的个数(令牌数组的长度)。

(5) getContainer( )：用于返回接收器所在的容器，或者为空值(如果容器不存在)。

这里规定，限定能够包含接收器的容器必须是一个 IOPort 类型。

(6) hasRoom( )：如果接收器有足够的空间存放令牌，那么 hasRoom( )方法返回 true，这就保证在后面调用 put( )方法时不会引发 NoRoomException 异常抛出。

(7) hasToken( )：如果接收器内部保存有令牌，那么 hasToken( )返回 true。这时调用 get( )方法，不会引起 NoTokenException 异常被抛出。

(8) put(Token token)：用于将指定的令牌放入接收器队列。如果 token 为空值，那么接收器认为当前不发送任何令牌。

(9) putArray(Token[ ] tokenArray, int numberOfTokens)：用于将一组令牌放入接收器队列。

参数 numberOfTokens 表示这组令牌的个数，tokenArray 表示一组令牌(令牌数组)。

(10) reset( )：用于重置接收器为初始状态，通常为空状态或者未知。

(11) setContainer(IOPort port):用于指定 IOPort 类型的实例对象作为接收器的容器。

3.2.1.17　可运行接口

可运行接口(Runable Interface)是一个抽象的公共接口,定义了一个 run() 方法,要求所有可以运行的对象必须实现 run() 方法。

3.2.1.18　可执行接口

可执行接口(Executable Interface)定义了一组操作方法,用于决定如何调用一个对象。要求实现 Executable 接口的对象必须是角色(actor)或 director。

(1) void fire():用于对一个角色进行触发/点火。

这个方法可以在 prefire() 和 postfire() 之间调用多次。fire() 方法用于执行与角色有关的计算,输出数据通常会在这个函数调用中产生,且不需要有界执行。但是,在 endFire() 调用之后,fire() 方法应该在有界的时间内返回。

(2) booleanisFireFunctional():用于判别一个可执行模型的执行状态是否正常,并返回结果。

如果一个可执行模型(角色)在 prefire() 或 fire() 中没有改变状态,那么 isFireFunctional() 方法返回值为 true。返回 true 的类被认为遵从角色的抽象语义。这类角色主要用于具有固定点语义的域,并且在提交状态变化之前重复地触发角色。

(3) booleanisStrict():用于判别一个可执行模型是否严格,并返回结果。

如果一个可执行模型(如角色)是严格的,那么 isStrict() 方法返回值为 true,表示所有输入在迭代执行前必须是已知的。通常,实现 Executable 接口的类要求必须是严格的。

(4) int iterate(int):用于角色迭代执行指定的次数。

一个迭代执行 iterate() 实际上是按顺序依次调用 prefire()、fire()、postfire() 三个操作。在这个过程中,存在以下几种情况:

①如果 prefire() 返回值为 true,那么 fire() 将被调用一次,然后是 psotfire()。

②如果 prefire() 返回值为 false,那么 fire() 和 postfire() 都不会被调用,并且 iterate(int) 方法返回值为 NOT_READY,表示迭代执行条件未具备。

③如果 postfire() 返回值为 false,那么将不会再执行迭代,此时 iterate(int) 方法的返回值为 STOP_ITERATING,表示停止迭代执行。

④如果 postfire() 返回值为 true,那么 iterate(int) 方法返回值为 COMPLET-ED,表示迭代执行已完成。

⑤在 Executable 接口中,iterate(int) 方法没有定义任何操作。但是,在 Executable 接口的具体实现者中,要求 iterate(int) 方法必须定义具体的操作。

(5) boolean postfire():用于定义角色触发执行结束后的一些操作。

关于 postfire() 方法,PtolemyII 设计规定如下:

①postfire() 方法应该在角色迭代执行的最后一次 fire() 结束之后进行调用。

②postfire() 方法不应该在角色的输出端口上产生输出数据。

③如果当前执行可以继续进入下一次迭代,那么 postfire() 方法会返回 true。

④如果角色不希望再次被触发,那么 postfire() 方法返回 false。

⑤postfire() 方法通常用于结束一次迭代时使用,可能会涉及本地状态更新或更新显示等操作。

(6) booleanprefire():用于定义角色被触发前的一些操作,称为预触发/预点火。

关于 prefire() 方法,PtolemyII 设计规定:

①prefire() 应该在每次调用 fire() 方法之前进行调用。

②如果可以调用 fire() 方法,那么 prefire() 方法返回值为 true,并给定角色的参数和输入的当前状态。因此,prefire() 通常用于对角色的触发/点火的先决条件进行检查等一些操作。

③在一个不透明的、非原子实体中,prefire() 方法可以用于实现将数据移动到内部子系统的功能。

(7) void stop():用于要求当前可执行模型尽快停止。

关于 stop() 方法,PtolemyII 设计规定如下:

①stop() 方法的实现者应该将这个请求传递给它所包含的任何可执行对象。

②具体实现时,应该从 postfire() 返回 false,以指示调用者不需要进一步执行这个可执行模型。

③调用 postfire() 方法后,不应再次触发可执行对象。

④stopFire() 方法要求完成当前迭代,但不要求停止整个执行。

(8) void stopFire():用于要求完成当前迭代执行。

关于 stopFire() 方法,PtolemyII 设计规定如下:

①通常情况下,iterate()是有限的计算,即 fire()方法总是在有限的时间内返回,那么在定义 stopFire()方法时,除了可能将请求传递给其所包含的可执行对象,不需要做任何事情。

②若 iterate()不能在有限时间内返回,此时使用 stopFire()方法可以用于请求将一个无界的计算挂起,并将控制权返回给调用者。因此,如果 fire()方法不会在有限的时间内返回,那么通常使用 stopFire()方法请求返回。

③如果再次调用 fire()方法,那么将在暂停的断点上恢复继续执行。但是,不应该假设会再次调用 fire()方法,接下来可能将调用 wrapup()方法。

(9) void terminate():用于强制终止当前正在执行的任何模型。

关于 terminate()方法,PtolemyII 设计规定如下:

①通常,不建议使用 terminate()方法来停止执行。

②要正常停止执行,可以调用 finish()方法。

③只有当执行中遇到某些程序性错误(无限循环、线程错误等)而无法正常终止时,才应该调用 terminate()方法。

④在 terminate()方法执行结束后,应该释放所有正在使用的资源,并终止任何子线程。但是,这样并不能保证状态是一致的。

⑤在尝试任何进一步操作之前,应该重新创建拓扑。

⑥terminate()方法不应该被同步,因为无论如何,这个方法必须尽快执行。

3.2.1.19 可派生接口

可派生接口(Derivable Interface)是从 Nameable 派生的,抽象描述可派生的对象的接口。可派生对象通过类继承机制,跟踪被派生的对象。这个被跟踪的对象就是它的"原型"(Prototype)。原型及其派生对象是相同类定义的实例,默认情况下,如果它们具有"值",那么原型及其派生对象具有相同的值。但是,派生对象可以"覆盖"这个值。Derivable 接口中定义了一组方法,主要包括:

(1) propagateExistence():用于判断可派生对象与原型之间是否存在传播性。

(2) propagateValue():将值更新从原型传播到不覆盖其值的派生对象。

(3) getDerivedLevel():返回一个派生对象相对于原型的层级(派生级数)。层级数或层次深度为一个整型值。整型值 Integer.MAX_VALUE 表示对象不是一个派生对象。1 表示这个可派生对象所属容器是一个孩子,是从其父容器原型派生的。如果 getDerivedLevel()返回值大于 1,表示派生对象与原型之间存在多个层级。

(4) getDerivedList():返回从原型派生的所有对象的列表。这些派生对象的存在是由一个父子关系"隐含"的。实现这个方法时,可以返回一个空列表,但不应该返回空值;可以返回一个完整的列表,包括被覆盖的对象。要求返回列表中的所有对象都必须与调用此方法的对象属于同一个类。

(5) getPrototypeList():用于返回派生该对象的所有原型的列表(按照距离远近依次列出对象)。

3.2.1.20　可实例化接口

可实例化接口(Instantiable Interface)从 Derivable 派生,抽象定义可实例化对象的操作。实现 Instantiable 接口的对象存在两种状态:要么是类定义(调用 isClassDefinition()返回 true),要么不是。只有类定义的对象才能被实例化,实例化是通过调用 instantiate(NamedObj,String)方法来完成的。

如果从一个类定义对象实例化创建了一个对象,那么这个新建的对象称为"孩子"(Child),类定义对象称为"父亲"(Parent)。一个实例化对象最多可以有一个父亲(由 getParent()方法返回),也可以有许多孩子(由 getChildren()方法返回)。通常所说的对象可以是子对象,也可以是父对象。

Instantiable 接口中定义的方法主要有:

(1) getChildern():用于返回一个弱引用列表,引用指向这个对象的孩子。若返回结果为空值或空列表,则表明该对象没有孩子。

(2) getParent():用于返回该对象的父亲,或者是一个空值(如果不存在)。

(3) instantiate(NamedObj container,String name):用于深层次地克隆这个对象并修改对象及其父类之间的父子关系来创建一个实例化的对象。

克隆是将它的定义延迟到一个对象,这个对象称为"父亲"。"孩子"继承这个对象包含的所有对象。如果这个对象是复合对象,那么 instantiate(NamedObj container,String name)方法必须调整子对象包含的所有父子关系。默认情况下,新对象不是类定义(是实例),即 isClassDefinition()返回 false。

(4) isClassDefinition():如果对象是类定义的,那么该方法返回值为 true。

3.2.1.21　调度元素类

调度元素类(ScheduleElement Class)是描述调度问题建模元素的一个抽象基类。例如,调度元素可以是一个调度计划,也可以是一个触发/点火(Fire)等。调度、触发/点火的这类调度元素的实例可用于构造一个静态调度。一个调度元素可以包含一个角色,也可以包含另一个调度元素。PtolemyⅡ规定,所有最低级别的调度元素必须包含一个角色,并由调度程序强制执行。

Schedule 是一个由迭代计数器和调度元素列表构成的类,是描述角色调度序列的抽象模型。或者说,调度计划类是一个包含调度计划的调度元素。触发/点火类(Firing Class)是一个包含角色的调度元素。PtolemyⅡ规定,顶层调度元素必须是调度计划的一个实例,所有最低层次的元素必须是触发/点火类的一个实例。

ScheduleElement 抽象定义了以下一些属性和方法:

(1)_parent:ScheduleElement,表示当前调度元素的父亲,Null 代表这个调度没有父亲。

(2)_iterationCount :int,这是一个私有成员,表示当前调度的迭代计数值,默认为1。

(3)_firingElementClass :Class,这是一个私有成员,表示调度元素的类别。

(4)firingElementClass():用于返回触发/点火元素所属类别。

(5)firingElementIterator():用于返回触发/点火元素的序列形式。

(6)firingIterator():以触发/点火元素序列的形式返回角色的调用序列。

(7)getIterationCount():用于返回迭代计数值。

(8)getParent():用于返回调度元素的父亲。

(9)setIterationCount(int):用于设定迭代计数值。

(10)getIterationCount():用于返回由 setIterationCount(int)方法设定的迭代计数值。如果 setIterationCount()方法从未被调用,返回默认值1。

(11)setParent(ScheduleElement parent):将 parent 设置为调度元素的父亲。

(12)toParenthesisString(Map nameMap):负责以嵌套括号样式打印这个调度计划,并设置空格作为分隔符。该方法内部调用 toParenthesisString(Map,String)实现具体操作。

(13)toParenthesisString(Map,String):负责以嵌套样式打印调度计划。每一对括号中有一个迭代计数值和一些迭代对象(至少一个)。迭代对象可以是触发/点火的实例,也可以是另一个调度的实例。

(14)_getVersion():返回调度元素当前版本。对这个调度元素进行结构更改时,版本号会发生变化。

(15)_incrementVersion():用于增加调度元素的版本号数值。

3.2.1.22 因果关系接口

因果关系接口(CausalityInterface)是描述 Actor 的输入和输出端口的依赖关系,常用于对 Actor 的调度执行或静态分析。实现这个接口时要求确保 dependentPorts(IOPort)、equivalentPorts(IOPort)、getDependency(IOPort,IOPort)这些方法之间的一致性。Causality 接口定义了一组操作,主要有:

(1) void declareDelayDependency(IOPort input,IOPort output,double timeDelay,int index):用于设置指定输出端口对指定输入端口的依赖关系,以表示具有指定值和超密集时间索引的时间延迟。

(2) Collection < IOPort > dependentPorts(IOPort port):返回 Actor 中依赖于指定端口的端口集合。

(3) Collection < IOPort > equivalentPorts(IOPort input):返回在关联的 Actor 中与指定输入端口同类别的输入端口集合。

(4) Actor getActor():返回有关联的 Actor。

(5) DependencygetDefaultDependency():返回默认的依赖项。

(6) DependencygetDependency(IOPort input,IOPort output):返回指定输入和输出端口的依赖项。

(7) void removeDependency(IOPort inputPort,IOPort outputPort):删除输出端口对输入端口的依赖项。

3.2.1.23 通信体接口

通信体接口(CommunicationAspect Interface)是描述对象的接口,可以介入角色之间的通信。如果通信体创建接收器,那么根据需要将其委托(或不委托)给其他接收器。如果输入输出端口(IOPort)对象引用了通信体,那么对该端口中任何接收器的调用都将由通信体创建的接收器处理。

CommunicationAspect 定义了一些公开的接口方法,主要有:

(1) Receiver createIntermediateReceiver(Receiver receiver):创建一个中间接收器,用于协调与指定接收器之间的令牌传递(通信)。

(2) void registerListener(CommunicationAspectListener monitor):注册通信体监听器对象 monitor 并添加到监听器列表。

(3) void reset():负责重置。

(4) void sendToken(Receiver source,Receiver receiver,Token token):使用通信体接口协调从 source 接收器发往指定接收器 receiver 之间的令牌 token 的传

送过程。

3.2.1.24 层次监听器接口

层次监听器接口(HierarchyListener Interface)是一个描述对象的接口,当对象的层次结构发生变化时会通知层次监听器。实现 HierarchyListener 的对象需要向该对象的容器注册。如果上述对象的容器发生变化,或者对象从不透明变为透明(反之亦然);或者得到(或失去)一个指示器,将对实现层次监听器接口的对象调用两个方法:先调用 hierarchyWillChange(),通知对象层次结构即将更改;后调用 hierarchyChanged(),通知对象层次结构已经更改。被通知的对象可以通过在调用第一个方法时抛出异常来防止更改。HierarchyListener 定义的操作包括:

(1) void hierarchyChanged():通知这个对象其上面的层次结构发生变化。

(2) void hierarchyWillChange():通知这个对象其上面的层次结构将会发生变化。

3.2.1.25 完全偏序接口

完全偏序接口(CPO < T extends Object > Interface)在 ptolemy.graph 包中定义,它没有直接父类,其派生子类包括有 ConceptGraph、DAGConceptGraph、DirectedAcyclicGraph 和 ProductLatticeCPO。

CPO < T > 是用于定义完全偏序(Complete Partial Order, CPO)操作的接口。CPO 中每个元素都由一个对象表示。CPO < T extends Object > 定义一些属性和公共接口方法,包括:

(1) static int HIGHER:表示第一个元素高于(优于)第二个元素。

(2) static int INCOMPARABLE:表示这两个元素是不可比较的。

(3) static int LOWER:表示第一个元素低于(次于)第二个元素。

(4) static int SAME:表示这两个元素是相同的。

(5) Object bottom():返回该 CPO 的底部元素。

(6) int compare(Object e1, Object e2):比较 CPO 中的两个元素 e1 和 e2。

(7) Object[ ] downSet(Object e):计算该 CPO 中元素的下集。

(8) Object greatestElement(Set < T > subset):计算子集 subset 的最大元素。

(9) Object greatestLowerBound(Object e1, Object e2):比较并计算两个元素 e1 和 e2 的最大下界(Greatest Lower Bound, GLB)。

(10) T greatestLowerBound(Set < T > subset):计算子集 subset 的 GLB。

(11) boolean isLattice( ):测试这个 CPO 是否属于格。

(12) Object leastElement(Set < T > subset):计算子集 subset 的最小元素。

(13) Object leastUpperBound(Object e1,Object e2):比较并计算两个元素 e1 和 e2 的最小上界(Least Upper Bound,LUB)。

(14) T leastUpperBound(Set < T > subset):计算子集 subset 的 LUB。

(15) Object top( ):返回该 CPO 的顶部元素。

(16) Object[ ] upSet(Object e):计算该 CPO 中元素的上集。

以上这些接口并没有具体实现,这部分工作将由该接口的具体实现者完成。

3.2.1.26 不等式项接口

不等式项接口(InequalityTerm Interface)是描述 CPO 不等式比较项的一个接口。通常,不等式项可能是一个常数,一个变量或一个函数。比较项可以表示对象某个特性,因此有必要获取该对象的引用,一般通过 InequalityTerm 的 getAssociatedObject( )方法实现。

InequalityTerm 是在 ptolemy.graph 包中定义的,定义了一些公共接口方法,主要有:

(1) Object getAssociatedObject( ):返回与不等式项关联的对象。

(2) Object getValue( ):返回不等式项的值。

(3) InequalityTerm[ ] getVariables( ):以数组形式返回包含在不等式项中的变量。

(4) void initialize(Object e):将不等式项初始化为指定的 CPO 元素。

(5) boolean isSettable( ):检查这个不等式项是否可以设置为底层 CPO 的指定元素。

(6) boolean isValueAcceptable( ):检查不等式项的当前值是否可以接受,若可以,则返回 true。

(7) void setValue(Object e):将不等式项的值设置为指定的 CPO 元素。

3.2.1.27 不等式类

不等式类(Inequality Class)的父类是 Object。Inequality 描述 CPO 上的不等式关系。每个不等式由两个不等式项组成。不等式还有一个变量列表,是由单个变量组成的不等式项。

Inequality 定义了一组公共的操作(或方法),主要有:

(1)Inequality(InequalityTerm lesserTerm,InequalityTerm greaterTerm):构造一个描述较小项 lesserTerm 与较大项 greaterTerm 的不等式。

(2)booleanequals(Object object):若由参数命名的对象 object 等于不等式对象,则返回 true。

(3)InequalityTermgetGreaterTerm():返回不等式的大项。

(4)InequalityTermgetLesserTerm():返回不等式的小项。

(5)int hashCode():返回不等式的哈希码(hashCode)。

(6)booleanisSatisfied(CPO cpo):检验不等式是否满足完全偏序关系。

(7)String toString():用于输出不等式描述信息。

3.2.1.28 类型约束接口

类型约束接口(HasTypeConstraints Interface)没有直接父类,它是在 ptolemy.data.type 包中定义的。HasTypeConstraints 负责描述具有类型约束的对象操作,类型约束一般用于描述具有类型的对象之间的不等式。HasTypeConstraints 定义了一个操作:

Set < Inequality > typeConstraints():以集合的形式返回对象的类型约束条件,即一系列不等式。

3.2.1.29 类型化接口

类型化接口(Typeable Interface)实现了 HasTypeConstraints 接口,它是在 ptolemy.data.type 包中定义的。Typeable 用于描述具有类型的对象的操作,该接口定义用于设置、获取类型和类型约束的方法。

Typeable 定义了一些公共操作(或方法),主要有:

(1)Type getType():返回实现 Typeable 接口的对象的类型。

(2)InequalityTermgetTypeTerm():返回表示此对象的不等式项。

(3)booleanisTypeAcceptable():检查此对象的类型是否可接受。

(4)void setTypeAtLeast(InequalityTerm typeTerm):将此对象的类型约束设置为等于或大于指定的不等式项 typeTerm 所表示的类型。

(5)void setTypeAtLeast(Typeable lesser):将此对象的类型约束设置为等于或大于参数 lesser 的类型。

(6)void setTypeAtMost(Type type):将此对象的类型约束设置为等于或小于参数类型 type。

(7)void setTypeEquals(Type type):将此对象的类型约束设置为等于参数

类型type。

(8) void setTypeSameAs(Typeable equal):将此对象的类型约束设置为与参数equal的类型相同。

3.2.1.30 周期指示器接口

PeriodicDirector用于描述具有周期性参数的指示器的接口,主要定义以下两个操作(或方法):

(1) booleanisEmbedded():若指示器嵌入一个复合角色包含的不透明复合角色中,则返回true。

(2) double periodValue():以双精度数据类型返回时间周期值。

3.2.1.31 可实例化可命名的对象类

可实例化可命名的对象类(InstantiableNamedObj Class)的直接父类是NamedObj,同时要求实现Instantiable。InstantiableNamedObj用于描述一个可实例化的命名对象,这个对象或者是类定义,或者是类通过实例化得到的一个对象。如果对象是类定义,可以通过调用instantiate()创建这个类的对象,这些实例称为类定义的"孩子",类定义称为"父亲",二者是"父子"关系,类定义的改变会自动传播到实例。InstantiableNamedObj定义了一些属性和公开的操作(或方法),主要有:

(1) List _children:表示父对象的孩子的弱引用列表。

(2) InstantiableNamedObj _parent:表示这个实例化命名对象的父亲。

(3) boolean _isClassDefinition:表明是否类定义。

(4) InstantiableNamedObj():在默认工作区间内创建一个名字为空字符串的实例化命名对象。

(5) InstantiableNamedObj(String name):在默认工作区间内创建一个指定名字的实例化命名对象。

(6) InstantiableNamedObj(Workspace workspace):在指定的工作区间内创建一个名字为空字符串的实例化命名对象。

(7) InstantiableNamedObj(Workspace workspace,String name):在指定的工作区间内创建一个指定名字的实例化命名对象。

(8) Object clone(Workspace workspace):克隆这个对象,将其添加到指定的工作区间。

(9) void exportMoML(Writer output,int depth,String name):用指定的缩进深

度和指定的名称替换此对象的名称来编写此对象的 MoML 描述。描述有两种形式,取决于这是否为类定义。

(10) List getChildren( ):获取对可实例化对象的实例的弱引用列表,这些实例是该对象的孩子。此方法可能返回空值或空列表,表明没有子元素。

(11) String getElementName( ):获取 MoML 元素名称。若是类定义,返回类名。否则,遵从基类。

(12) Instantiable getParent( ):返回该对象的父对象,若没有父对象,则返回空值。

(13) List getPrototypeList( ):返回此对象的原型列表。

返回的原型列表是有序的,以至于更多的本地原型会在远程原型之前列出来。具体地说,如果这个对象有一个父亲,那么首先列出父亲。如果容器有一个父亲容器,并且父亲容器包含一个对象,父亲容器所含对象名称与该对象的名称匹配,那么接下来列出该对象。依此类推。

(14) Instantiable instantiate(NamedObj container, String name):先深度地克隆此对象,然后调整克隆对象及其父对象之间的父-子关系,按此方式创建一个实例。

(15) final booleanisClassDefinition( ):若这个对象是类定义的,则表示它可以通过实例化创建,此时返回值为 true。反之,返回值为 false。

(16) final booleanisWithinClassDefinition( ):若这个对象是类定义或者在一个类定义的内部,则表示包含这个对象的高层次的容器对象是类定义的,此时返回值为 true。反之,返回值为 false。

(17) void setClassDefinition(booleanisClass):指定这个对象是否类定义。

(18) void _setParent(Instantiable parent):用于为该对象指定父对象 parent。

3.2.2 抽象角色接口

抽象角色接口(Actor Interface)用于描述一个可执行的实体。作为 AtomicActor、CompsiteActor 的父类,Actor 指定了 AtomicActor、CompositeActor 应该共同遵守的操作规则,要求 AtomicActor 和 CompositeActor 扩展定义时必须实现 Actor 接口。同时,Actor 是 NamedObj 和 Executable 的派生子类,因而继承了可命名对象类和可执行接口的定义。Actor 定义了一些公共的操作,主要有:

(1) void createReceivers( ):用于为所有必要的端口创建接收器。

（2）CausalityInterfacegetCausalityInterface()：返回与 Actor 有关的因果关系接口。

（3）DirectorgetDirector()：先返回 Actor 本地指示器；若无，返回可执行指示器；若无，返回空值。

（4）DirectorgetExecutiveDirector()：返回 Actor 的可执行指示器；否则，返回空值。

（5）ManagergetManager()：返回 Actor 的管理器 Manger。

（6）List　inputPortList()：返回 Actor 的输入端口列表。

（7）Receiver　newReceiver()：新建一个接收器。

（8）List　outputPortList()：返回 Actor 的输出端口列表。

3.2.2.1　原子角色类

原子角色类（AtomicActor Class）在 ptolemy.actor 包中定义，实现以下一些接口定义，包括可复制接口（Cloneable）、角色接口（Actor）、可执行接口（Executable）、触发可记录接口（FiringsRecordable）、可初始化接口（Initializable）、可变更接口（Changeable）、可调式接口（Debuggable）、调试监听接口（DebugListener）、可派生接口（Derivable）、可实例化接口（Instantiable）、模型错误处理接口（ModelErrorHandler）、MoML 输出接口（MoMLExportable）、可移动接口（Moveable）和可命名接口（Nameable）。此外，AtomicActor 的派生类有典型原子角色（TypedAtomicActor）等。

AtomicActor 是原子角色的抽象定义，描述一个不能包含其他角色的可执行实体。AtomicActor 的端口被限定为输入输出端口（IOPort）。AtomicActor 的派生类可以通过重写 newPort() 方法进一步约束并创建适合子类的端口。在 AtomicActor 类定义中，角色不需要实现预点火 prefire()、点火 fire() 等操作，这项工作可以延迟到 AtomicActor 派生子类的定义环节。AtomicActor 定义的操作包括：

（1）void _actorFiring(FiringEventType type, int multiplicity)：将角色的触发事件类型发送给已注册到该角色的所有角色触发监听器。

（2）void _actorFiring(FiringEvent event)：向已注册到该角色的所有角色触发监听器发送触发事件。

（3）void _declareDelayDependency(IOPort input, IOPort output, double timeDelay)：声明输入端口 input 与输出端口 output 之间存在延迟依赖，延迟时间值

为 timeDelay。

（4）void addActorFiringListener（ActorFiringListener listener）：添加一个角色触发监听器 listener 到该角色的触发监听器集合。

（5）void addInitializable（Initializable initializable）：将指定的可初始化接口对象 initializable 添加到一组对象中，这些对象的 preinitialize（）、initialize（）和 wrapup（）方法应在调用这个角色的相应方法时执行。

（6）Object clone（Workspace workspace）：克隆这个角色并加入指定工作区间 workspace。

（7）void connectionsChanged（Port port）：通知端口 port 连接发生变换，若端口 port 是输入端口并且有一个指示器，则创建新的接收器。

（8）void createReceivers（）：负责为角色的每个输入端口创建一个接收器。

（9）void declareDelayDependency（）：声明这个角色的输入端口和输出端口之间存在延迟依赖。

（10）void fire（）：该方法是一个空的定义，将延迟到具体的实现者来定义。

（11）CausalityInterfacegetCausalityInterface（）：返回这个角色的因果关系接口。

（12）Director getDirector（）：返回负责执行这个角色的指示器。

（13）Director getExecutiveDirector（）：返回这个角色的可执行指示器。

（14）Manager getManager（）：返回负责执行这个角色的管理器 Manager（如果有）。

（15）void initialize（）：负责初始化这个角色。

（16）List < T > inputPortList（）：以列表形式返回这个角色的所有输入端口。

（17）booleanisFireFunctional（）：用于判别这个角色的执行状态是否正常，并返回结果。

（18）booleanisStrict（）：用于判别角色是否严格，并返回结果。

（19）int iterate（int count）：调用角色，使其迭代执行指定次数。

（20）Port newPort（String name）：新建一个具有指定名称为 name 的 IOPort。

（21）Receiver newReceiver（）：新建并返回一个与指示器兼容的接收器。

（22）List < T > outputPortList（）：以列表形式返回这个角色的所有输出端口。

（23）booleanpostfire（）：表示触发后操作，默认返回值为 true，除非调用了 stop（）方法。

（24）booleanprefire( )：表示触发前操作，默认返回值为 true。可以使用它检查迭代的前置条件。

（25）booleanpreinitialize( )：负责对角色进行预初始化，通常包括创建接收器并声明延迟依赖。

（26）void recordFiring(FiringEvent. FiringEventType type)：用于记录一个触发事件。

（27）void removeActorFiringListener(ActorFiringListener listener)：注销一个角色触发监听器。

（28）void removeDependency(IOPort input, IOPort output)：删除 output 对 input 的依赖关系。

（29）void removeInitializable(Initializable initializable)：从角色的对象列表中删除指定的可初始化对象 initializable，这些对象的 preinitialize( )、initialize( )和 wrapup( )方法应该在调用角色相应方法时执行。

（30）void setContainer(CompositeEntity container)：为这个角色指定容器对象 container。

（31）void stop( )：请求当前迭代的执行尽快停止。

（32）void stopFire( )：请求停止当前迭代的执行。

（33）void terminate( )：立刻终止执行。

（34）void wrapup( )：表示收尾结束操作，一般在该方法中调用通过 addInitializable( )注册的任何对象的 wrapup( )方法。

3.2.2.2　类型原子角色类

类型原子角色类（TypedAtomicActor Class）是 AtomicActor 派生的子类。TypedAtomicActor 定义时指定端口和参数的类型。通常，可以通过 typeConstraints( )返回角色的端口和参数间的类型约束。TypedAtomicActors 的端口被限制为 TypedIOPort。TypedAtomicActor 定义的操作，包括：

（1）Set < Inequality > _containedTypeConstraints( )：从类型表（端口/变量/参数）收集所有类型约束。

（2）Set < Inequality > _customTypeConstraints( )：用于为类型原子角色的子类设置自定义类型约束。

（3）Set < Inequality > _defaultTypeConstraints( )：返回默认的类型约束。

（4）void _fireAt(double time)：请求在指定时间触发角色，若指示器不同意，则抛出异常。

（5）void attributeTypeChanged(Attribute attribute)：负责对属性类型的更改做出反应。

（6）Port newPort(java. lang. String name)：新建一个指定名称为name的TypedIOPort。

（7）Set < Inequality > typeConstraints( )：以集合形式返回这个角色的类型约束。

（8）Boolean isBackwardTypeInferenceEnabled( )：若层次结构中的第一个不透明的复合角色中启用了向后类型推断，则返回true，否则返回false。

3.2.2.3 复合角色类

复合角色类（CompositeActor Class）是由一组Actor按照一定结构组成的集合体。CompositeActor是具有层次的模型，拥有一个本地指示器（local director），负责执行该复合角色内部包含的角色。

在层次结构的顶部，一个复合角色（拓扑图中位于顶部的复合角色）通常会与local director并存，此时顶层的复合角色是没有容器的（因为顶层的复合角色已经在最高层次）。位于较低层次的复合角色也可能会有一个local director。通常，一个具有local director的复合角色是不透明的，也就是说，这个具有local director的复合角色的端口是不透明的，复合角色内部包含其他一些角色和关系。

位于顶层的复合角色要求必须与一个管理器（Manager）对象关联，Manager负责管理拓扑图中任何一个高层次的执行，即Manager负责管理顶层复合角色的执行。可执行指示器（executable director）是指这个角色所在容器的本地指示器。由于顶层的复合角色没有容器，自然也就没有executable director，因此顶层的复合角色调用getExecutiveDirector( )方法时，返回值为空值。

透明的复合角色的executable director和local director是同一个对象。若一个透明的复合角色有本地指示器，则可以通过调用getDirector( )返回local director。相反地，若一个透明的复合角色没有本地指示器，则可调用getDirector( )将返回复合角色的executable director。无论返回指示器对象的是什么，都称为复合角色的director（这个director可能是本地指示器，或者是可执行指示器）。

一个CompositeActor必须要有一个executable director，以便于与其周围的层次结构进行沟通。如果没有 executable director,复合角色甚至不能从输入端口接收数据,这是因为 executable director 负责向端口(Port)提供接收器。顶层 CompositeActor 没有 executable director,也不能有传输数据的端口,但是只要有一个 local director,仍然是可以执行的。因此,对于顶层的 CompositeActor,如果调用 getDirector( )返回空值,表明位于顶层的 CompositeActor 肯定是不可执行的。

当一个复合角色同时具有 local director 和 executable director 时,由 local director 实现的计算模型不一定要求必须与由 executable director 实现的计算模型相同,即两个指示器的具体实现可以不同。这体现了 PtolemyII 的分层异构思想,用于更好地支持多个计算模型嵌套设计与并存。

通常,复合角色的端口被限制为输入输出端口类(IOPort),关系被限制为输入输出关系类型(IORelation),角色被限制为组件实体类型(ComponentEntity)的实例并要求实现 Actor。

CompositeActor 主要定义了以下一些操作(或方法):

(1)void _actorFiring(FiringEventType type,int multiplicity):将角色的触发事件类型发送给已注册到该角色的所有角色触发监听器。

(2)void _actorFiring(FiringEvent event):向已注册到该角色的所有角色触发监听器发送触发事件。

(3)void _addEntity(ComponentEntity entity):为复合角色添加一个组件实体 entity。

(4)void _addPort(Port port):向这个复合角色添加一个端口 port。

(5)void _addRelation(ComponentRelation relation):向这个复合角色添加一个关系 relation。

(6)void _finishedAddEntity(ComponentEntity entity):通知该复合角色,entity 已完成添加。

(7)void _setDirector(Director director):设定本地指示器负责该复合角色的执行。

(8)void _transferPortParameterInputs( ):从参数端口读取输入并更新。

(9)void addActorFiringListener(ActorFiringListener listener):添加一个角色触发监听器 listener 到这个复合角色的触发监听器集合。

(10)void addInitializable(Initializable initializable):将 initializable 添加到一组对象中,这些对象的 preinitialize( )、initialize( )和 wrapup( )方法应在调用这个

复合角色的相应方法时执行。

（11）void addPiggyback（Executable piggyback）：将指定的可执行接口对象 piggyback 添加到一组对象中，在调用该复合角色的相应操作方法时对应调用这些对象的操作方法。

（12）Object clone（Workspace workspace）：克隆这个复合角色并加入指定工作区间。

（13）void connectionsChanged（Port port）：通知端口 port 连接发生变换，若端口 port 是输入端口并且有一个指示器，则创建新的接收器。

（14）void createReceivers（）：负责为复合角色的每个输入端口创建一个接收器。

（15）void createSchedule（）：为这个复合角色创建一个调度计划。

（16）void fire（）：如果这个复合角色是不透明的，先将此复合模型的输入端口中的任何数据传输到内部连接的端口，然后调用其本地指示器的 fire（）方法。

（17）CausalityInterfacegetCausalityInterface（）：返回这个复合角色的因果关系接口。

（18）Director getDirector（）：返回负责执行这个复合角色内部包含角色的指示器。

（19）Director getExecutiveDirector（）：返回这个复合角色的可执行指示器。

（20）Manager getManager（）：返回负责执行这个复合角色的管理器。

（21）IOPortgetPublishedPort（String name）：返回这个复合角色中名称为 name 的公开端口。

（22）String getPublishedPortChannel（IOPort port）：获取复合角色中公开端口为 port 的通道名称。

（23）List < IOPort > getPublishedPorts（Pattern pattern）：以列表形式返回与 pattern 匹配的已发布的端口。

（24）String getSubscribedPortChannel（IOPort port）：获取复合角色中订阅端口 port 的通道名称。

（25）booleaninferringWidths（）：确定当前是否正在推断端口的宽度（通道数）。

（26）void inferWidths（）：推断复合角色中尚未指定宽度的端口宽度。

（27）void initialize（）：对这个复合角色进行初始化。

（28）List inputPortList（）：以列表形式返回这个复合角色的输入端口。

（29）booleanisFireFunctional（）：用于判别这个角色的执行状态是否正常，并返回结果。

（30）booleanisOpaque()：如果这个复合角色包含一个本地指示器,那么返回 true,表示非透明。

（31）booleanisPublishedPort(IOPort port)：若指定端口 port 处在已发布端口列表中,则返回 true。

（32）booleanisStrict()：用于判别角色是否严格,并返回结果。

（33）int iterate(int count)：调用复合角色,使其迭代执行指定次数。

（34）void linkToPublishedPort(Pattern pattern, TypedIOPort subscriberPort)：将类型输入输出端口 subscriberPort 连接到这个复合角色已注册且满足 pattern 匹配的被发布的端口。

（35）booleanneedsWidthInference()：判断并返回是否需要再次推断复合角色具有的关系的宽度。

（36）Receiver newInsideReceiver()：新建并返回一个与本地指示器类型兼容的接收器。

（37）Receiver newReceiver()：新建并返回一个与可执行指示器类型兼容的接收器。

（38）Port newPort(java.lang.String name)：新建一个指定名称为 name 的端口。

（39）ComponentRelatioinnewRelation(java.lang.String name)：新建一个指定名称为 name 的输入输出关系 IORelation,将其添加到关系列表,然后返回这个新建的关系。

（40）void notifyConnectivityChange()：通知 Manager,复合角色链接发生了变化（如关系的宽度发生了变化、添加了关系、链接到不同的端口等）。

（41）List outputPortList()：以列表形式返回这个复合角色的输出端口。

（42）booleanpostfire()：表示复合角色的触发后操作。

（43）booleanprefire()：表示复合角色的触发前操作。

（44）booleanpreinitialize()：表示复合角色的预初始化操作。

（45）booleanrecordFiring(FiringEvent.FiringEventType type)：用于记录一个触发事件。

（46）void registerPublisherPort(String name, IOPort port)：为复合角色注册并发布名字为 name 的 port。

（47）void removeActorFiringListener(ActorFiringListener listener)：为复合角

色注销一个 listener。

（48）void removeInitializable(Initializable initializable)：从复合角色的对象列表中删除 initializable，这些对象的 preinitialize()、initialize() 和 wrapup() 方法应该在调用复合角色相应方法时执行。

（49）void removePiggyback(Executable piggyback)：从对象列表中删除指定的可执行对象 piggyback，在调用复合角色对象的相应操作方法时，调用该对象的对应操作方法。

（50）void requestChange(ChangeRequest change)：复合角色有变化时，请求发出一个变更请求对象。

（51）void setContainer(CompositeEntity container)：设定组件实体对象 container 作为复合角色的容器。

（52）void setDirector(Director director)：设定本地指示器负责该复合角色执行。

（53）void setManager(Manager manager)：设定管理器 Manager 负责该复合角色模型执行。

（54）void stop()：请求当前迭代的执行尽快停止。

（55）void stopFire()：请求停止当前迭代的执行。

（56）void terminate()：如果复合角色不透明，请求指示器立刻终止执行；反之，忽略它。

（57）void unlinkToPublishedPort(Pattern pattern, TypedIOPort subscriberPort)：断开满足 pattern 模式匹配的与类型输入输出端口 subscriberPort 链接的已发布的端口。

（58）void unregisterPublisherPort(String name, IOPort publisherPort)：注销已发布的 publisherPort。

（59）void wrapup()：表示收尾结束操作。

如果该复合角色是不透明的，将调用本地指示器的 wrapup() 方法。

3.2.3 端口类

端口类(Port Class)是负责描述一个实体与任意数量的关系(Relation)的接口，在 ptolemy.kernel 包中定义。Port 代表聚合指向关系的一组连接。一般来讲，连接实体的边可以划分为任意数目的子集，而端口用于代表由一些边构成的子集。

第3章 元模型重构技术

一方面,一个端口是被一个实体包含(尽管一个端口可能没有容器);另一方面,一个端口可以连接到关系类的实例。若一个关系的子类希望限制端口的容器为 Entity 的某个派生子类,则可以重写_checkContainer(Entity)方法来实现。组件端口类(ComponentPort Class)是 Port 的一个派生子类,负责抽象描述组件端口的定义。Port 主要定义了以下一些操作(或方法):

(1) void _checkContainer(Entity container):检查实体对象 container 是否符合该端口要求的容器类型。

(2) void _checkLink(Relation relation):检查关系对象 relation 是否符合该端口要求的关系类型。

(3) NamedObj _ getContainedObject (NamedObj container, String relativeName):获取 container 中名称为 relativeName 的对象。

(4) NamedObj_propagateExistence(NamedObj container):将该端口的存在传播到指定容器对象。

(5) Object clone(Workspace workspace):克隆这个端口并加入指定工作区间。

(6) List connectedPortList():以列表形式返回与这个端口对象连接的端口。

(7) NamedObjgetContainer():获取该端口的容器对象。

(8) void insertLink(int index, Relation relation):为该端口插入编号为 index 的关系的链接,并通过 connectionsChanged()通知端口的容器。

(9) boolean isGroupLinked(Relation r):若给定的关系 r 对象与这个端口是组链接的,则返回 true。

(10) booleanisLinked(Relation r):若给定的关系 r 对象与这个端口有链接,则返回 true。

(11) void link(Relation relation):链接端口与 relation,调用 connectionsChanged()通知端口的容器。

(12) List linkedRelationList():以列表形式返回与这个端口有链接的关系。

(13) Enumeration linkedRelations():枚举这个端口链接的关系对象。

(14) int numLinks():返回这个端口的链接数。

(15) void setContainer(Entity entity):指定实体对象 entity 作为端口的容器。

(16) void setName(java.lang.String name):设置端口的名称为 name。

(17) void unlink(int index):断开指定编号为 index 的关系与这个端口的链接。

(18) void unlink(Relation relation):断开关系对象 relation 与这个端口的链接。

(19) void unlinkAll( ):断开这个端口的所有链接。

3.2.3.1 组件端口类

组件端口类(ComponentPort Class)主要服务于面向层次结构角色模型应用,是 Port 的派生子类。一个 ComponentPort 可以同时具有"内部"和"外部"两个链接。

内部链接是一个连接到端口所属容器对象内部包含关系对象的链接;外部链接是一个连接到端口所属容器对象外部关系对象的链接。因此,对应内部和外部两种链接,规定 Component 既可以是透明的,也可以是不透明的。如果 Component 是透明的,那么"深度"的拓扑访问过程可以通过端口探查来实现。如果组合端口是不透明的,通过端口探查组件内部链接是不允许的。有一些应用需要跨层次结构的连接,这些连接中的链接要使用 liberalLink( )方法创建,而 link( )方法则禁止水平交叉连接。

对于 ComponentPort,探查内外关系拓扑的方法可以分为浅层、深层两类。其中,深层探查方法较复杂,对于透明端口这种情形,采用以下两条规则:

规则 1:探查方向从内向外,即如果在内部遇到透明端口,那么将继续遍历其外部链接。

规则 2:探查方向从外向内,即如果从外部遇到透明端口,那么将继续遍历其内部链接。

如果一个组件(端口的容器)是不透明的,那么组件的端口就是不透明的(ComponentPort 的 isOpaque( )方法返回 true)。当然,派生类也可以使用其他策略来指定组件端口是否为不透明。

通常,ComponentPort 的实例只能由组件实体类(ComponentEntity Class)的对象作为容器。如果试图将容器设置为实体类(Entity Class)的实例,这样将会引发一个异常。如果 ComponentPort 的派生子类希望约束该端口的容器为 ComponentEntity 的子类,可以通过重写_checkContainer( )方法来实现。

ComponentPort 的派生子类主要有输入输出端口类、语法端口类(SyntacticPort)等。

ComponentPort 主要定义了以下一些操作(或方法):

(1) void _checkContainer(Entity container):检查组件端口的容器类型,要求

确保 container 是 Entity。

（2）void _checkLiberalLink(Relation relation)：检查组件端口与 relation 的链接是否存在层级交叉。

（3）void _checkLink(Relation relation)：检查与组件端口链接的关系对象 relation 的类型是否相符。

（4）List _deepConnectedPortList(java.util.LinkedList path)：以列表形式返回与组件端口连接的端口。

（5）List _deepInsidePortList(LinkedList path)：如果组件端口透明，深度遍历与其连接的内部端口。

（6）boolean _isInsideLinkable(Nameable entity)：如果组件端口是指定实体的端口，或者是深度包含指定实体的端口，那么返回 true。

（7）Object clone(Workspace workspace)：克隆这个组件端口，将其加入指定工作区间。

（8）List deepConnectedPortList()：以列表形式返回这个组件端口外部连接的端口。

（9）List deepInsidePortList()：以列表形式返回这个组件端口内部连接的端口。

（10）void insertInsideLink(int index, Relation relation)：为组件端口插入一个内部链接 relation，指定编号为 index，并通过调用 connectionsChanged() 方法通知这个组件端口。

（11）void insertLink(int index, Relation relation)：为组件端口插入一个外部链接 relation，指定编号为 index，并通过调用 connectionsChanged() 方法通知这个组件端口。

（12）List insidePortList()：以列表形式返回组件端口内部连接的端口。

（13）List insideRelationList()：以列表形式返回组件端口内部链接的关系。

（14）Enumeration insideRelations()：枚举与组件端口内部链接的关系。

（15）boolean isDeeplyConnected(ComponentPort port)：判断给定端口 port 与组合端口是否为深层次链接，是则返回 true；否则返回 false。

（16）boolean isInsideGroupLinked(Relation r)：判断给定关系对象 r 是否与组件端口是内部组链接，是则返回 true；否则返回 false。

（17）boolean isInsideLinked(Relation relation)：判断指定关系对象 relation 是否为组件端口的内部链接，是则返回 true；否则返回 false。

（18）booleanisOpaque( )：判断组件端口是否为不透明，是则返回 true；否则返回 false。

（19）void liberalLink(ComponentRelation relation)：交叉链接组件端口与指定的组合关系 relation。

（20）void link(Relation relation)：链接组件端口与指定的关系 relation。

（21）int numInsideLinks( )：返回组件端口的内部链接个数。

（22）void setContainer(Entity entity)：设置实体 entity 为组件端口的容器。

（23）void unlink(Relation relation)：断开组件端口与指定关系的链接。

（24）void unlinkAll( )：断开组件端口的所有外部链接。

（25）void unlinkAllInside( )：断开组件端口的所有内部链接。

（26）void unlinkInside(int index)：断开组件端口与指定索引编号的关系的内部链接。

（27）void unlinkInside(Relation relation)：断开组件端口与指定关系 relation 的内部链接。

3.2.3.2　输入输出端口类

输入输出端口类（IOPort Class）是 ComponentPort 的派生子类，职责是通过消息传递实现实体之间数据交换。IOPort 可以作为输入端口、输出端口或者两用端口。若 IOPort 是输入端口，要求它通过接收器（Receiver）接收远程实体的数据。若 IOPort 是输出端口，要求它将数据发送到远程的 Receiver。

接收器接口是用于描述可以保存令牌的对象操作的接口，主要提供 put( ) 和 get( ) 两个关键方法。put( ) 方法用于将一个令牌保存到接收队列。get( ) 方法用于获取已经存入的一个令牌。获取令牌的顺序取决于具体的实现，并不一定与令牌存入的顺序相一致。无论访问 Receiver 的线程有多少个，这个接口的所有实现必须遵循这些 put( ) 和 get( ) 的操作规则，具体表述如下：

规则 1：若 hasToken( ) 返回 true，则下一次调用 get( ) 方法不会导致 NoTokenException 异常抛出。

规则 2：若 hasRoom( ) 返回 true，则下一次调用 put( ) 方法不会导致 NoRoomException 异常抛出。

以上两个规则表明，采用多线程实现 put( ) 和 get( ) 方法时，必须为 Receiver 提供同步控制。

Receiver 是由 director 创建的，要求 Receiver 必须被一个具有 director 的角

色所包含。如果不是这样,那么 receiver 试图读取数据或者列表将会引发一个异常。

实现 Receiver 接口的对象只能被 IOPort 类的实例包含,即实现 Receiver 接口的对象(输入端口)只能选用 IOPort 作为容器。如果 IOPort 位于复合角色的边界,那么它可以同时具有内部和外部链接。

如果 IOPort 不是透明的,它还会具有对应的内部 receivers 和外部 receivers。通常,内部链接指向不透明角色内部的关系,外部链接是指向外部的关系。

IOPort 的参数 defaultValue 默认值为空。如果该参数值不为空,那么端口总是具有一个令牌。端口的值最初由 defaultValue 指定,端口的前一个令牌可以被记忆。

IOPort 的参数 width 默认值为 0 或 1。width 表示连接关系宽度的总和。如果 width 值为 w,表示这个端口同时处理 w 个不同的数据输入或者输出通道。一个宽度大于 1 的端口可以作为一个总线接口。

一个允许宽度大于 1 的端口称为"多端口",调用 setMultiport(true) 方法可以将一个端口转换为一个多端口。通常,端口的宽度不是直接设定的,宽度值实际对应于端口的外部链接的关系数量的总和。连接到内部链接的关系数量的总和可以大于或者小于端口的宽度。

IOPort 只能连接到输入输出关系类(IORelation Class)的实例,即 IOPort 只能被组件实体类(ComponentEntity Class)的子类所包含,并要求实现 Actor 接口定义。IOPort 的派生子类主要有类型输入输出端口类(TypedIOPort)。IOPort 主要定义了以下一些操作(或方法):

(1) void _checkContainer(Entity container):检查 IOPort 的容器类型,要求确保 container 是 Entity。

(2) void _checkLiberalLink(Relation relation):检查 IOPort 与 relation 的链接是否存在层级交叉。

(3) void _checkLink(Relation relation):检查与 IOPort 链接的 relation 的类型是否相符。

(4) void _exportMoMLContents(Writer output, int depth):以 MoML 文件保存 IOPort 对象描述。

(5) int _getInsideWidth(IORelation except):返回 IOPort 内部链接关系的宽度,except 关系除外。

(6) int _getOutsideWidth(IORelation except):返回 IOPort 外部链接关系的宽

度,except 关系除外。

（7）Receiver[ ][ ] _getReceiversLinkedToGroup(IORelation relation, int occurrence)：如果是输入端口，那么返回它的接收器，用于处理来自指定关系或关系组中任一关系传入的通道数据。

（8）Receiver _newInsideReceiver( )：新建一个与本地指示器兼容的接收器。

（9）Receiver _newInsideReceiver(int channel)：新建一个与本地指示器兼容的接收器。

（10）Receiver _newReceiver( )：新建一个与可执行指示器兼容的接收器。

（11）Receiver _newReceiver(int channel)：新建一个与可执行指示器兼容的接收器。

（12）void _notifyPortEventListeners(IOPortEvent event)：将 event 发送到已注册到 IOPort 所有端口的事件侦听器。

（13）void _removeReceivers(Relation relation)：删除与输入输出端口链接的关系 relation 的接收器。

（14）void _setConstant(Token token, int limit)：设置一个常量的令牌数值，以便每次调用 get(int)或 get(int, int)时都用这个指定的令牌值替换返回的令牌。

（15）Receiver _wrapReceiver(Receiver receiver, int channel)：将接收器和通道号关联起来。

（16）void addIOPortEventListener(IOPortEventListener listener)：将给定的输入输出端口事件监听器 listener 对象添加到输入输出端口的事件监听器集合。

（17）void attributeChanged(Attribute attribute)：负责输入输出端口的属性对象 attribute 的修改。

（18）void broadcast(Token token)：发送令牌 token 给所有与输入输出端口连接的接收器。

（19）void broadcast(Token[ ] tokenArray, int vectorLength)：将 tokenArray 发送给 IOPort 的接收器。

（20）void broadcastClear( )：清空与这个 IOPort 外部链接的所有接收器。

（21）void checkWidthConstraints( )：检查输入输出端口的宽度约束是否满足。

（22）Object clone(Workspace workspace)：克隆该端口并将其加入指定工作区间。

（23）Token convert(Token token)：将指定的令牌 token 转化为这个端口要

求的令牌格式。

（24）void createReceivers（）：为这个端口创建新的接收器，验证该端口可能包含的任何可设置实例。

（25）List < IOPort > deepConnectedInPortList（）：以列表形式返回与该端口外部连接的输入端口。

（26）List < IOPort > deepConnectedOutPortList（）：以列表形式返回与该端口外部连接的输出端口。

（27）Receiver[ ][ ] deepGetReceivers（）：若 IOPort 是输入端口，则深度遍历并返回内部链接的接收器。

（28）Token get（int channelIndex）：从指定编号为 channelIndex 的通道获取一个令牌。

（29）Token[ ] get（int channelIndex，int vectorLength）：从指定编号为 channelIndex 的通道获取一组令牌，数组长度（或令牌个数）为 vectorLength。

（30）int getChannelForReceiver（Receiver receiver）：返回 receiver 对象在这个端口关联的通道编号。

（31）List < CommunicationAspect > getCommunicationAspects（）：以列表形式返回这个端口的通信体。

（32）int getDefaultWidth（）：获取这个端口的默认宽度。

（33）Token getInside（int channelIndex）：从这个端口的指定编号为 channelIndex 的通道获取一个令牌。

（34）Receiver[ ][ ] getInsideReceivers（）：如果 IOPort 不透明，那么返回它的所有内部链接的接收器。

（35）List < IOPortEventListener > getIOPortEventListeners（）：以列表形式返回这个端口的事件监听器。

（36）Time getModelTime（int channelIndex）：返回编号为 channelIndex 的通道的模型时间。

（37）Time getModelTime（int channelIndex，boolean inside）：返回与编号为 channelIndex 的通道的模型时间，inside 为 true 表示内部通道，反之表示外部通道。

（38）Receiver[ ][ ] getReceivers（）：如果这个 IOPort 是输入端口，那么返回从它的接收器。

（39）Receiver[ ][ ] getReceivers（IORelation relation）：如果 IOPort 是输入端

口,返回 relation 的接收器。

(40) Receiver[ ][ ] getReceivers(IORelation relation, int occurrence):如果这个 IOPort 是输入端口,那么返回指定关系 relation 的接收器。如果这个 IOPort 是一个不透明的输出端口,并且关系是内部链接,那么返回内部的接收器。因为 IOPort 可能被多次链接到指定关系,occurrence 用于指定希望检查的链接。

(41) static int getRelationIndex(IOPort port, Relation relation, boolean isOutsideRelation):检索 port 与 relation 之间是否为外部链接关系,如果是,那么返回 relation 在 port 中的索引编号。如果不是,那么返回 −1。

(42) Receiver[ ][ ] getRemoteReceivers( ):如果 IOPort 是输出端口,那么返回从其接收数据的远程接收器。

(43) Receiver[ ][ ] getRemoteReceivers(IORelation relation):如果这个 IOPort 是输出端口,那么返回能够从指定关系 relation 通过这个端口接收数据的远程接收器。

(44) int getWidth( ):返回这个端口的宽度。

(45) int getWidthFromConstraints( ):如果宽度是完全确定的,那么从这个端口的约束中获取宽度值。

(46) int getWidthInside( ):返回这个端口的内部宽度。

(47) booleanhasNewToken(int channelIndex):如果指定通道拥有新的令牌需要通过 get( )方法进行交付,那么返回 true。如果该端口不是输入端口,或者通道索引超出范围,那么抛出异常。注意,这不会报告输出端口的内部接收器中的任何令牌,只能通过 getInsideReceivers( )访问。

(48) booleanhasNewTokenInside(int channelIndex):如果指定通道拥有新的令牌需要通过 getInside( )方法进行交付,那么返回 true。

(49) boolean hasRoom(int channelIndex):如果指定通道可以通过 put( )方法接收令牌,那么返回 true。

(50) boolean hasRoomInside(int channelIndex):如果指定通道通过 putInside( )接收令牌,那么返回 true。

(51) boolean hasToken(int channelIndex):如果这个端口是持久性的,或者最近的输入是 SmoothToken,或者指定的通道有一个令牌要通过 get( )方法交付,那么返回 true。

(52) boolean hasToken(int channelIndex, int tokens):如果给定的通道有指定

数量的令牌要通过 get( )方法交付,那么返回 true。

（53）boolean hasTokenInside(int channelIndex)：如果这个端口是持久性的,或者指定的通道有令牌要通过 getInside( )方法交付,那么返回 true。

（54）boolean hasWidthConstraints( )：判断 IOPort 是否具有宽度限制,有则返回 true,无则返回 false。

（55）insertLink(int index, Relation relation)：为 IOPort 增加一个链接,关联 relation 并指定编号 index。

（56）List < IOPort > insideSinkPortList( )：返回一个端口列表,在内部接收来自这个 IOPort 的数据。

（57）List < IOPort > insideSourcePortList( )：以列表形式返回端口,要求从内部发送数据到这个 IOPort。

（58）void invalidateCommunicationAspects( )：使通信体失效。

（59）boolean isInput( )：如果该端口是一个输入端口,那么返回 true。

（60）boolean isInsideConnected( )：如果这个端口有内部链接的关系,那么返回 true。

（61）boolean isKnown( )：如果这个端口的所有通道都有已知的状态,那么返回 true。

（62）boolean isKnown(int channelIndex)：如果这个端口的指定通道是已知的状态,那么返回 true。

（63）boolean isKnownInside(int channelIndex)：如果指定的通道是内部已知的,那么返回 true。

（64）boolean isMultiport( )：如果这个端口是多端口,那么返回 true。

（65）boolean isOutput( )：如果这个端口是一个输出端口,那么返回 true。

（66）boolean isOutsideConnected( )：如果这个端口具有外部链接的关系,那么返回 true。

（67）liberalLink(ComponentRelation relation)：在 IOPort 与 relation 之间建立交叉链接。

（68）void link(Relation relation)：在 IOPort 与 relation 之间建立链接(通常不跨越层次)。

（69）int numberOfSinks( )：返回可以从这个端口接收数据的目标端口的数量。

（70）int numberOfSources( )：返回可以向这个端口发送数据的源端口的

数量。

（71）void removeIOPortEventListener(IOPortEventListener listener)：注销这个端口上的 listener。

（72）void reset()：如果端口具有默认值，那么重置这个值。

（73）void send(int channelIndex, Token token)：将指定的令牌发送到与指定通道连接的所有接收器。

（74）void send(int channelIndex, Token[] tokenArray, int vectorLength)：将指定的令牌数组 tokenArray 发送到与编号为 channelIndex 的通道的所有接收器，vectorLength 是令牌数组长度。

（75）void sendClear(int channelIndex)：将所有与指定通道连接的目标接收器设置为没有令牌。

（76）void sendClearInside(int channelIndex)：将内部连接通道 channelIndex 的目标接收器设为无令牌。

（77）void sendInside(int channelIndex, Token token)：发送 token 到内部连接 channelIndex 的接收器。

（78）void setContainer(Entity container)：设定这个端口的容器对象为实体 container。

（79）void setDefaultWidth(int defaultWidth)：设定这个端口的默认宽度。

（80）void setInput(boolean isInput)：如果参数 isInput 为 true，那么设定这个端口为输入端口。

（81）void setMultiport(boolean isMultiport)：如果 isMultiport 为 true，那么设定这个端口为多端口。

（82）void setOutput(boolean isOutput)：如果参数 isOutput 为 true，那么设定这个端口为输出端口。

（83）void setWidthEquals(IOPort port, boolean bidirectional)：将该端口的宽度限制为 IOPort 的宽度。

（84）void setWidthEquals(Parameter parameter)：按照参数 parameter 设定这个端口的宽度。

（85）List < IOPort > sinkPortList()：返回可能从外部接收这个端口发送数据的端口列表。

（86）List < IOPort > sourcePortList()：返回可能从外部向这个端口发送数据的端口列表。

(87) void unlink(int index):断开这个端口的编号为 index 的关系链接。

(88) void unlink(Relation relation):断开这个端口与指定关系 relation 之间的链接。

(89) void unlinkAll( ):断开这个端口的所有关系链接。

(90) void unlinkAllInside( ):断开这个端口的所有内部关系链接。

(91) void unlinkInside(int index):断开这个端口的编号为 index 的内部链接。

(92) void unlinkInside(Relation relation):断开这个端口与 relation 之间的内部链接。

3.2.3.3 类型化输入输出端口类

类型化输入输出端口类(TypedIOPort Class)描述具有类型的输入输出端口定义,它的直接父类是 IOPort,还实现了类型化接口(Typeable Interface)。TypedIOPort 的类型由 data.type 包中的类型的实例表示,调用 setTypeEquals( ) 进行声明。如果未调用该方法,或者使用 BaseType.UNKNOWN,代表端口的类型将由使用类型约束的类型解析设置。这时,TypedIOPort 的类型约束就需要使用 Typeable 接口中定义的方法来指定。

TypedIOPort 保留一个类型监听器(TypeListener)列表。一旦类型发生变化,就会产生一个类型事件(TypeEvent)的实例,可以调用 typeChanged( ) 将其传递给监听器。TypeListener 调用 addTypeListener( ) 注册端口类型更改事件的监听器,也可以调用 removeTypeListener( ) 删除一个监听器。

一个 TypedIOPort 只能链接到 TypedIORelation 的实例。TypedIOPort 派生的子类可以约束链接到 TypedIORelation 的子类的链接。此时,应该重写_link( ) 和_linkInside( ),以便在参数不符合类型要求时抛出异常。一个 TypedIOPort 只能被 ComponentEntity 的派生子类作为容器,并且要求实现 TypedActor。子类可以重写_checkContainer( ) 约束容器类型要求。TypedIOPort 主要定义了以下一些属性和操作:

(1) Type _resolvedType:端口的解析类型。

(2) static int TYPE:表明 description(int) 方法应该包含关于此端口类型的信息。

(3) TypedIOPort( ):构造一个 TypedIOPort,没有指定容器和名称,既不是输入也不是输出。

（4）TypedIOPort(ComponentEntity container, String name)：构造一个 TypedIOPort，指定容器 container，指定名称 name，但既不是输入也不是输出。

（5）TypedIOPort(ComponentEntity container, String name, boolean isInput, boolean isOutput)：构造一个 TypedIOPort，指定容器 container，指定名称 name，如果 isInput 为 true，那么它是输入端口；如果 isOutput 为 true，那么它是输出端口。

（6）TypedIOPort(Workspace workspace)：构造具有指定工作区间且名字为空的一个 TypedIOPort。

（7）void _checkContainer(Entity container)：检查端口的容器是否为实体 container。

（8）void _checkLiberalLink(ComponentRelation relation)：检查端口与 relation 是否交叉链接。

（9）void _checkLink(Relation relation)：检查端口与关系 relation 对象之间是否有链接。

（10）void _checkType(Token token)：检查 token 和默认值中的令牌是否与此端口的解析类型兼容。

（11）void _checkTypedIOPortContainer(Entity container)：检查实体 container 是否为这个端口的容器。

（12）String _description(int detail, int indent, int bracket)：返回这个端口的描述信息。

（13）void addTypeListener(TypeListener listener)：为这个端口添加一个类型监听器。

（14）void attributeChanged(Attribute attribute)：对属性 attribute 发生改变做出处理。

（15）void broadcast(Token token)：将令牌 token 发送给所有与这个端口链接的接收器 receiver。

（16）void broadcast(Token[] tokenArray, int vectorLength)：发送一组令牌给与该端口链接的 receiver。

（17）Object clone(Workspace workspace)：克隆这个类型端口，将其添加到指定的工作区间。

（18）Token convert(Token token)：将指定的令牌转换为类型等于 getType() 返回的类型的令牌。

(19) boolean getAutomaticTypeConversion()：判断并返回已接收令牌的类型是否可以自动转换。

(20) Type getType()：返回这个端口的类型。

(21) InequalityTerm getTypeTerm()：返回这个类型端口的不等式项。

(22) boolean isTypeAcceptable()：检查这个端口当前的类型是否可以接受。

(23) void removeTypeListener(TypeListener listener)：从这个端口删除指定的类型监听器 listener。

(24) void send(int channelIndex, Token token)：发送令牌到编号为 channelIndex 的通道。

(25) void send(int channelIndex, Token[] tokenArray, int vectorLength)：将令牌数组发送给编号为 channelIndex 通道的所有接收器，检查类型并在必要时转换令牌，vectorLength 是令牌数组长度。

(26) void sendInside(int channelIndex, Token token)：将令牌 token 发送给连接到该端口的编号为 channelIndex 内部通道的所有接收器，检查类型并在必要时转换令牌。

(27) void setAutomaticTypeConversion(boolean automaticTypeConversion)：允许角色在其输入端口上禁用自动类型转换，以防不需要它，此时需设置 automaticTypeConversion 为 false。

(28) void setTypeAtLeast(InequalityTerm typeTerm)：将此端口的类型约束为等于或大于指定不等式项 typeTerm 所表示的类型。

(29) void setTypeAtLeast(Typeable lesser)：将此端口类型约束为等于或大于指定类型化对象的类型。

(30) void setTypeAtMost(Type type)：将此端口的类型约束为等于或小于参数 type 的类型。

(31) void setTypeEquals(Type type)：设定这个端口的类型为 type。

(32) void setTypeSameAs(Typeable equal)：要求这个端口的类型与 equal 的类型相同。

(33) Set < Inequality > typeConstraints()：以一组不等式的形式返回此端口的类型约束。

3.2.3.4 参数端口类

参数端口类(ParameterPort Class)的直接父类是类型化输入输出端口类

(TypedIOPort Class)。通常,ParameterPort 与端口参数类(PortParameter Class)配置使用,ParameterPort 由 PortParameter 的实例创建,并为参数提供值。一般不允许直接从 ParameterPort 读取数据,而是要求通过调用 PortParameter 的 update()方法来读取数据。ParameterPort 仅在容器不透明时使用,而且不会被检查。

ParameterPort 主要定义了以下一些属性和操作(或方法):

(1)PortParameter _parameter:代表与这个 ParameterPort 相关的参数。

(2)ParameterPort(ComponentEntity container,String name):在指定的容器 container 中构造一个名称为 name 的参数端口对象。要求指定的容器必须实现 Actor 接口,否则将引发异常。

(3)ParameterPort(ComponentEntity container,String name,PortParameter parameter):在 container 中构造一个名称为 name 的参数端口对象,这个参数端口对象使用的参数为 parameter。

(4)void _setTypeConstraints():设置受保护成员_parameter 与此端口之间的类型约束。

(5)Object clone(Workspace workspace):克隆这个端口,将其添加到指定工作区间。

(6)PortParametergetParameter():获取这个参数端口的端口参数。

(7)void setContainer(Entity entity):设定实体 entity 作为这个参数端口对象的容器。

(8)void setDisplayName(String name):设置参数端口的可显示名称。

(9)void setName(String name):为这个参数端口设置名字,传播名字的变更到相关的参数。

3.2.3.5 端口参数类

端口参数类(PortParameter)的直接父类是抽象初始化参数类(AbstractInitializableParameter),它还实现 Initializable。PortParameter 的派生子类包括文件端口参数类(FilePortParameter Class)和镜像端口参数类(MirrorPortParameter)。

PortParameter 的作用是更新与 PortParameter 存在绑定关系的端口参数值。PortParameter 参数有两个值:一个是当前值,一个是持久值,这两个值有可能是不相等的。关于设定 PortParameter 的持久值,主要有 setExpression()和 setToken()两个方法。获取端口参数的持久性值,可以调用 getExpression()。获取端口参数的当前值,可以调用 getToken( )。

关于设定端口参数的当前值,主要提供以下两个设置方法:

①调用 setCurrentValue( )。

②如果有一个关联的端口并且这个端口有令牌等待消耗,那么调用 update( )设置当前值。

PortParameter 主要定义以下一些属性和操作(或方法):

(1) PortParameter(NamedObj container, String name):构造一个指定容器 container 和名称 name 的端口参数对象。

(2) PortParameter(NamedObj container, String name, boolean initializeParameterPort):构造一个指定容器 container 和名称 name 的端口参数对象,要求容器不能为空,否则将抛出 NullPointerException,这个 PortParameter 对象将在容器 container 中创建关联端口。

(3) PortParameter(NamedObj container, String name, ParameterPort port):构造一个指定容器 container 和名称 name 的端口参数对象,要求容器不能为空,否则将抛出 NullPointerException,这个 PortParameter 对象将在容器 container 中关联参数端口 port 对象。

(4) PortParameter(NamedObj container, String name, Token token):构造一个指定容器 container、名称 name 和令牌 token 的端口参数对象。

(5) String _getCurrentExpression( ):将持久表达式作为字符串并获取,用于导出到 MoML。

(6) NamedObj_propagateExistence(NamedObj container):将该端口参数传播到指定容器对象。

(7) void _setTypeConstraints( ):设置端口参数类的受保护成员_port 的类型约束。

(8) void attributeChanged(Attribute attribute):对一个属性的改变做出处理。

(9) Object clone(Workspace workspace):克隆这个参数,将其添加到指定工作区间。

(10) String getExpression( ):获取这个端口参数的持久表达式。

(11) ParameterPortgetPort( ):获取与这个端口参数关联的参数端口。

(12) void initialize( ):对端口参数对象进行初始化。

(13) void preinitialize( ):对端口参数对象进行预初始化。

(14) void setContainer(NamedObj entity):设置 entity 作为端口参数的容器。

（15）void setCurrentValue(Token token)：设置 token 作为参数的当前值，并通知容器和值侦听器。

（16）void setDisplayName(String name)：设置 name 为端口参数的显示名字。

（17）void setExpression(String expression)：设定端口参数对象的持久值。

（18）void setName(String name)：设置或修改端口参数对象的名字，传播名字更改到关联的端口。

（19）void setToken(Token newValue)：设置 newValue 为端口参数对象的当前值。

（20）boolean update()：检查令牌是否已到达关联的参数端口，若已到达，则使用该令牌更新参数的当前值。

3.2.4 可命名对象类

可命名对象类(NamedObj)表示可命名对象，实现一组接口，包括 Cloneable、Changeable、Debuggable、DebugListener、Derivable、ModelErrorHandler、MoMLExportable、Moveable 和 Nameable。NamedObj 作为基类，派生的子类有 Attribute、CertiRtig、CodeGeneratorAdapter、InstantiableNamedObj、Manager、Memory、Port 和 Relation。

NamedObj 是 PtolemyII 中几乎所有对象的基类，该类支持命名模式、更改请求、MoML、模型的工作区互斥机制、错误处理程序、具有继承的层次化类机制。NameObj 的实例可以通过添加属性类的实例进行参数化。通过调用 setContainer() 添加 Attribute 类的实例，并将实例对象作为参数传递。这些实例可以通过 getAttribute(String)、getAttribute(String, Class)、attributeList() 和 attributeList(Class)等方法报告。NamedObj 的派生类可以将属性约束为 Attribute 的子类。为此，派生类需要重写受保护的_addAttribute(Attribute)方法，以便在提供的对象不属于正确的类别时可以抛出异常。

NamedObj 的实例拥有一个名字，名字是没有句点的任意字符串。如果没有提供名字，将被视为空字符串(不是空引用)。实例也有一个全称，即容器的全称和简单名字的连接，中间用一个句点分隔。若没有容器，则全名以句点开头。全称将用于 PtolemyII 报告错误时使用。

如表 3-3 所示，这段代码描述使用指定工作区参数 workspace 的 NamedObj 的构造方法具体实现。

第3章 元模型重构技术

表3-3 可命名对象类带 workspace 参数的构造方法内部实现

```
public NamedOjb(Workspace workspace){
   if(workspace==null){
      workspace=_DEFAULT_WORKSPACE;
   }
   _workspace=workspace;
   try{
      workspace.add(this);
   }catch(IllegalActionException ex){
      throw new InternalErrorException(null,ex,"Internal error in NamedObj constructor!");
   }
   try{
      setName("");
   }catch(KernelException ex){
      Throw new InternalErrorException(null,ex,"Internal error in NamedObj constructor!");
   }
}
```

NamedObj 类主要定义了以下一些操作(或方法):

(1) NamedObj():使用默认工作区间构造一个可命名对象,该对象的名称为空字符串。

(2) NamedObj(String name):使用默认工作区间,构造给定名称 name 的可命名对象。

(3) NamedObj(Workspace workspace):使用 workspace 构造一个可命名对象,对象名称为空字符串。

(4) NamedObj(Workspace workspace,String name):使用 workspace,构造一个名称为 name 的可命名对象。

(5) NamedObj(Workspace workspace, String name, booleanincrementWorkspaceVersion):使用 workspace 构造一个名称为 name 的可命名对象,incrementWorkspaceVersion 用于指示是否增加版本号。

(6) void _addAttribute(Attribute attribute):给 NamedObj 添加一个属性 attribute。

(7) void _attachText(String name,String text):将指定的文本附加为具有指定名称的属性。

(8) void _cloneFixAttributeFields(NamedObj newObject):修正指向属性的给

定对象的字段。

（9）List＜Decorator＞_containedDecorators( )：返回 NamedObj 对象包含的装饰器列表。

（10）void _debug(DebugEvent event)：向 NamedObj 所有已注册的调试监听器发送一个 DebugEvent。

（11）void _description(int detail, int indent, int bracket)：返回 NamedObj 这个对象的描述信息。

（12）void _executeChangeRequests(List＜ChangeRequest＞ changeRequests)：执行列表中的变更请求。

（13）void _exportMoMLContents(Writer output, int depth)：输出 NamedObj 的 MoML 描述（属性）。

（14）NamedObj_getContainedObject(NamedObj container, String relativeName)：获取容器 container 中名称为 relativeName 的可命名对象。

（15）boolean_isMoMLSuppressed(int depth)：如果在 MoML 中描述该类是多余的，那么返回 true。

（16）void _markContentsDerived(int depth)：将这个 NamedObj 的内容标记为可派生对象。

（17）void _notifyHierarchyListenersAfterChange( )：如果 NamedObj 注册了监听器，一旦发生更改，将通知这些监听器。

（18）void _notifyHierarchyListenersBeforeChange( )：如果 NamedObj 在任何层次结构都注册了监听器，在更改之前通知这些监听器。

（19）NamedObj_propagateExistence(NamedObj container)：将可命名对象传播到容器对象 container。

（20）void _propagateValue(NamedObj destination)：将可命名对象的值传播给对象 destination。

（21）void _removeAttribute(Attribute param)：删除指定的属性 param。

（22）void addChangeListener(ChangeListener listener)：给 NamedObj 添加一个变更监听器 listener。

（23）void addDebugListener(DebugListener listener)：将 listener 添加到 NamedObj 的调试监听器集合。

（24）void addHierarchyListener(HierarchyListener listener)：添加层次监听器 listener。

(25) void attributeChanged(Attribute attribute):对属性 attribute 发生改变做出处理。

(26) void attributeDeleted(Attribute attribute):对属性 attribute 被删除做出处理。

(27) List attributeList():返回这个 NamedObj 对象包含的属性列表。

(28) void attributeTypeChanged(Attribute attribute):对属性 attribute 的类型发生改变进行处理。

(29) Iterator containedObjectsIterator():返回一个可以遍历 NamedObj 包含对象的迭代器。

(30) Set<Decorator> decorators():以集合形式返回包装 NamedObj 这个对象的装饰器。

(31) booleandeepContains(NamedObj inside):如果 NamedObj 包含有对象 inside,那么返回 true。

(32) int depthInHierarchy():返回这个对象的层次(深度)。

(33) void event(DebugEvent event):通过转发到任何已注册的调试监听器来响应给定的调试事件。

(34) void executeChangeRequests():执行变更请求。

(35) String exportMoML():输出这个对象的 MoML 描述。

(36) Attribute getAttribute(String name):获取 NamedObj 的名称为 name 的属性。

(37) List getChangeListeners():以列表形式返回这个对象的变更监听器。如果没有,那么返回 null。

(38) String getClassName():返回 MoML 的类名。

(39) NamedObjgetContainer():获取这个对象的容器。

(40) int getDerivedLevel():返回这个对象派生级数。

(41) List getDerivedList():以列表形式返回从该对象派生的对象。

(42) String getElementName():获取这个对象的 MoML 元素名称。

(43) String getFullName():以".name1.name2.….nameN"形式返回这个对象的全称。

(44) ModelErrorHandler getModelErrorHandler():获取由 setErrorHandler()指定的模型错误处理程序。

(45) String getName():获取这个对象的名字。

(46) List getPrototypeList():返回这个对象的原型列表。

(47) String getSource():获取源文件,给出一个与实体关联的外部 URL。

(48) boolean isDeferringChangeRequests():判断这个对象是否设置了延迟变更请求。如果已经调用 setDeferringChangeRequests(true)设定应该延迟更改请求,那么返回 true。

(49) boolean isOverridden():判断这个对象的值是否被重写。

(50) boolean isPersistent():如果这个对象是可持久的,那么返回 true。

(51) void message(java.lang.String message):发送消息 message。

(52) void notifyOfNameChange(NamedObj object):命名对象名称更改时,将调用此方法。

(53) List propagateExistence():用于判断可派生对象与原型之间是否存在传播性。

(54) List propagateValue():将这个对象的值(如果有)传播到未被覆盖的派生对象。

(55) void removeAttribute(Attribute param):删除这个对象的属性 param。

(56) void removeChangeListener(ChangeListener listener):删除这个对象的变更监听器 listener。

(57) void removeDebugListener(DebugListener listener):删除这个对象的调试监听器 listener。

(58) void removeHierarchyListener(HierarchyListener listener):删除这个对象的层次监听器 listener。

(59) void requestChange(ChangeRequest change):请求执行指定的变更操作。

(60) void setClassName(java.lang.String name):设置这个对象的 MoML 的类名。

(61) void setDeferringChangeRequests(boolean isDeferring):确定变更请求是否应该立即执行。

(62) void setDerivedLevel(int level):在层次结构中,设置这个对象的派生级数。

(63) void setDisplayName(String name):设置这个对象的显示名称。

(64) void handleModelError(NamedObj context, IllegalActionException exception):模型错误处理程序。

（65）void setModelErrorHandler（ModelErrorHandler handler）：设置模型错误处理程序。

（66）void setName（String name）：设定或修改这个对象的名字。

（67）void setPersistent（boolean persistent）：设定该对象是可持久的。

（68）void setSource（java.lang.String source）：给出一个与实体关联的外部URL。

（69）List sortContainedObjects（java.util.Collection filter）：返回由filter筛选的已包含对象的有序列表。

（70）NamedObjtoplevel（）：返回容器层次结构的顶层对象（顶层容器对象也是一个NamedObj）。

3.2.5　属性类

属性类（Attribute Class）的直接父类是NamedObj。Attribute是要附加到NamedObj实例的属性的基类。事实上，Attribute就是NamedObj。setContainer（）用于将一个属性对象放入容器的属性列表中。

Attribute定义了以下一些操作（或方法）：

（1）Attribute（）：在默认工作区中构造一个属性，其名称为空字符串。

（2）Attribute（NamedObj container，String name）：为container创建一个名称为name的属性。

（3）void _checkContainer（NamedObj container）：检查容器container是否符合这个属性的类别要求。

（4）NamedObj _ getContainedObject（NamedObj container，String relativeName）：获取container中name的属性。

（5）NamedObj_propagateExistence（NamedObj container）：将属性的存在传播给指定对象container。

（6）NamedObjgetContainer（）：获取此属性所附加的命名对象NamedObj（即该属性的容器）。

（7）int moveDown（）：将此对象在其容器的属性列表中的位置向下移动一位。

（8）int moveToFirst（）：将该对象移动到其容器的属性类表中起始位置。

（9）int moveToIndex（int index）：将此对象移动到容器属性列表中的指定位置。

（10）int moveToLast( )：将此对象移动到容器属性列表中的末尾位置。

（11）int moveUp( )：将此对象在容器的属性列表中的位置向上移动一位。

（12）void setContainer(NamedObj container)：指定容器 NamedObj，将属性添加到容器的属性列表。

（13）void setName(String name)：设定属性的名字。

（14）void updateContent( )：更新属性的内容。

3.2.6 关系类

关系类继承 NamedObj，因此 Relation 也是一个 NamedObj。Relation 的主要职责是描述与端口或关系进行连接的一组操作。Relation 实现了一组接口，包括 Cloneable、Changeable、Debuggable、DebugListener、Derivable、ModelErrorHandler、MoMLExportable、Moveable 和 Nameable；其派生的子类包括 ComponentRelation。

Relation 通常被 Entity 包含，作为 Entity 的组成成分。Relation 通常与 Port 相关联。要将一个 Port 连接到一个 Relation，使用 Port 的 link( )方法；要删除 Port 的一个关系，使用 Port 类的 unlink( )方法。

一个 Relation 也可以链接到另一个 Relation。创建两个 Relation 之间的连接时，可以使用 Relation 类的 link( )方法；要删除这样一个链接可以使用 Relation 类的 unlink( )方法。一组被链接的 Relation 称为"关系组"，使用时就好像是一个关系直接链接到每个关系的所有端口。connectedPortList( )方法都回关系链接端口的列表，列出的端口顺序对应关系组中端口和关系之间链接的顺序。

Relatioin 类定义了以下一些操作（或方法）：

（1）void _checkPort(Port port)：检查这个关系是否可以连接到这个 port。若不能，则抛出异常。

（2）void _checkRelation(Relation relation, boolean symmetric)：检查关系是否与 relation 兼容。

（3）NamedObj _ getContainedObject (NamedObj container, String relativeName)：返回容器 container 中名称为 relativeName 的对象。

（4）void link(Relation relation)：将这个关系与关系 relation 对象进行链接。

（5）List linkedObjectsList( )：返回直接链接到这个关系的对象列表，包括端口和关系。

（6）List linkedPortList( )：以列表形式列出链接到这个关系的端口。

(7) List linkedPortList(Port except):除了 excpet,以列表形式列出链接到这个关系的端口。

(8) int numLinks():返回链接到这个关系的链接数量。

(9) List relationGroupList():以列表形式返回这个关系的关系组对象。

(10) void unlink(Relation relation):断开这个关系与关系 relation 的链接。

(11) void unlinkAll():断开直接链接到这个关系的所有链接(包括端口和关系)。

3.2.6.1 组件关系类

组件关系类(ComponentRelation)负责描述一个支持层次结构的聚类图(clustered graphs)的关系定义,并支持对一个聚类图进行深度遍历。除了继承父类 Relation 的功能,ComponentRelation 增加了一个新方法 setContainer(CompositeEntity),用于指定一个复合实体作为容器,并将关系添加到这个复合实体的关系列表。另一个新增的方法是 deepLinkedPortList(),用于深层次地遍历并列出与这个关系有链接的端口。这个方法可以检查所有透明的端口,但只返回不透明的端口。

ComponentRelation 的实例禁止链接到不属于组件端口类(ComponentPort)的实例的端口。要连接一个 ComponentPort 对象到一个 ComponentRelation 对象,可以使用 ComponentPort 类的 link() 或者 liberalLink() 方法。要删除一个链接,可以使用 unlink() 方法。ComponentRelation 类的实例的容器只能是 ComponentEntity 类的实例。ComponentRelation 类定义了以下一些操作(或方法):

(1) void _checkContainer(CompositeEntity container):检查 container 是否符合容器的类型要求。

(2) void _checkPort(Port port):检查 port 是否符合链接端口的类型要求。

(3) void _checkRelation(Relation relation, boolean symmetric):检查 relation 是否符合链接关系的类型要求。如果指定的关系不是 ComponentRelation 类的实例,将会抛出一个异常。

(4) NamedObj_propagateExistence(NamedObj container):用于将此对象的存在传播到 container。

(5) Object clone(Workspace workspace):通过复制创建对象到指定的工作区间。

(6) List deepLinkedPortList():以列表形式返回这个关系链接的端口。

（7）NamedObjgetContainer()：用于获取这个组件关系的容器。

（8）int moveDown()：用于将该对象在其容器的关系列表中的位置向下移动一位。

（9）int moveToFirst()：用于将此对象移动到容器关系列表中的第一个位置。

（10）int moveToIndex(int index)：用于将此对象移动到容器关系列表中的第 i 个位置。

（11）int moveToLast()：用于将此对象移动到容器关系列表中的最后一个位置。

（12）int moveUp()：用于将该对象在其容器的关系列表中的位置向上移动一位。

（13）void setContainer(CompositeEntity container)：将关系对象添加到 container 的关系列表。

（14）void setName(java.lang.String name)：用于设定这个关系的名字。

（15）void unlinkAll()：断开这个关系的所有链接（包括端口和关系）。

3.2.6.2 输入输出关系类

输入输出关系类（IORelation）是 ComponentRelation 派生的子类。IORelation 负责协调相关端口之间的连接，这些端口可以通过消息传递给彼此发送数据。定义 IORelation 主要有两方面考虑：一方面是为了确保 IOPort 只与 IOPort 端口连接，另一方面是为了支持"宽度"概念。

默认情况下，IORelation 宽度可以被推算出来（默认为自动模式 Auto）。在 Ptolemy 的 Vergil 视窗中，可以将宽度从默认的 Auto 更改为特定数值，从而显式地指定关系的宽度。指定宽度值为 0 时，表示禁用该关系。宽度值设为 -1 等效于设置为 Auto。如果一个关系内部链接到一个具有指定宽度的端口，这个关系的宽度将会被推算为足够的宽度，使得内部所有链接的关系宽度值总和等于端口外部链接的宽度值。如果一个 IORelation 与另一个 IORelation 实例相连，那么这两个 IORelation 的宽度相等。

IORelation 的实例只能连接到 IOPort 或 IORelation 实例。将 IOPort 链接到 IORelation，可以使用 IORelation 类中的 link() 或 liberalLink() 方法。要删除一个链接，可以使用 IORelation 类的 unlink() 方法。如果要链接一个 IORelation 到另一个 IORelation，可以使用 IORelation 的 link() 或 unlink() 方法。

IORelation 的实例所在容器只能是 CompositeActor 的实例。IORelation 派生的子类可以将容器类型限制为组件实体类(ComponentEntity)的子类。IORelation 扩展了以下一组操作(或方法):

(1)attributeChanged(Attribute):负责对属性的变化做出响应。

(2)setContainer(CompositeEntity container):设定 container 作为关系的容器,即将这个关系添加到容器 container 的关系列表。一般地,可能存在以下几种情况:

①如果这个关系具有一个容器,先从容器中删除这个关系。否则,从工作区间对象列表中删除。

②如果参数为空值,将端口从关系中断开,从容器中删除,再将其添加到工作区间的对象列表。

③如果这个关系已经被 container 包含,那么不做任何操作。

(3)void _checkPort(Port port):检查指定端口是否符合关系对端口类型的要求。

(4)void _checkRelation(Relation relation, Boolean symmetric):检查 relation 是否符合关系类型要求。

(5)String _description(int, int, int):用于返回对象描述信息。

(6)Receiver[ ][ ] deepReceivers(IOPort except):返回与此关系关联的所有输入端口的接收器。

(7)int getWidth():用于返回这个关系的宽度值。

(8)boolean isWidthFixed():如果一个关系的宽度值是确定的,那么 isWidthFixed()方法返回 true。

(9)List < IOPort > linkedDestinationPortList():列出这个关系的外部链接的输入端口,以及它的内部链接的输出端口。如果两个端口连接到同一个关系组中的关系,那么这两个端口会被连接。

(10)List < IOPort > linkedDestinationPortList(IOPort except):列出这个关系的外部链接的输入端口,以及它的内部链接的输出端口时,将指定端口 except 排除在外。

(11)List < IOPort > linkedSourcePortList():负责列出这个关系的外部链接的输出端口和它的内部链接的输入端口。如果两个端口链接到同一个关系组中的关系,那么这两个端口会被链接。

(12)List < IOPort > linkedSourcePortList(IOPort):列出这个关系的外部链接

的输出端口和它的内部链接的输入端口时,将指定端口 except 排除在外,即所列出的端口信息中不包含 except 端口。

(13) boolean needsWidthInference():判定这个关系是否需要对宽度值推算处理,返回一个布尔值。

(14) void setWidth(int widthValue):用于设定关系的宽度值。

(15) void _setInferredWidth(int):用于设置这个关系被推断的宽度。

3.2.7 实体类

实体类负责描述广义图顶点的抽象定义。Entity 实现了一些主要接口定义,包括 Cloneable、Changeable、Debuggable、DebugListener、Derivable、Instantiable、ModelErrorHandler、MoMLExportable、Moveable 和 Nameable。Entity 有一个派生子类,即组件实体类(ComponentEntity)。

一个 Entity 对象可以聚合一个或多个 Port 对象,一个 Port 对象可以连接到一个或多个 Relation 对象。Relation 代表了相关 Port 之间的连接,Relation 也可以代表相关 Entity 之间的连接。如果要向 Entity 添加一个 Port,只需要将 Port 的容器 container 设置为这个 Entity。如果要从 Entity 删除一个 Port,只需要将 Port 的容器 container 设置为 null 或者设置为其他实体。

虽然,Entity 类定义是用于描述平面图顶点的,但是,Entity 派生的子类可以进一步通过定义聚合其他 Entity,进而支持层次结构(聚类图)顶点描述。一个 Entity 对象可以包含 Port 类的任何一个实例。Entity 定义了以下一些操作(或方法),主要包括:

(1) void _addPort(T port):添加一个端口。

(2) void _removePort(Port port):删除一个端口。

(3) List<T> connectedPortList():以列表形式返回实体的端口。

(4) void connectionsChanged(Port port):实体与端口 port 连接发生变化的处理。

(5) Iterator containedObjectsIterator():以迭代器形式返回这个实体包含的对象。

(6) Attribute getAttribute(java.lang.String name):返回这个实体中名字为 name 的属性。

(7) Port getPort(java.lang.String name):返回这个实体中名字为 name 的端口。

（8）List linkedRelationList( )：以列表形式返回这个实体链接的关系对象。

（9）PortnewPort(java.lang.String name)：为这个实体创建一个名字为 name 的端口。

（10）List < T > portList( )：以列表形式返回这个实体的端口。

（11）void removeAllPorts( )：删除实体的所有端口，即将所有端口的容器设置为 null。

（12）void setClassDefinition(boolean isClass)：设定实体是否为类定义。

3.2.7.1 组件实体类

组件实体类（ComponentEntity）实现一组接口，包括 Cloneable、Changeable、Debuggable、DebugListener、Derivable、Instantiable、ModelErrorHandler、MoMLExportable、Moveable 和 Nameable。同时，派生的子类主要有原子角色类（AtomicActor）、复合实体类（CompositeEntity）等。

ComponentEntity 对象通常被用作 CompositeEntity 对象的一个组成部分，即 ComponentEntity 的容器通常指定为 CompositeEntity。虽然，一个 ComponentEntity 对象可能是一个复合实体，但是，在 ComponentEntity 类定义时，假定 ComponentEntity 是为原子的，即 ComponentEntity 对象不能包含 ComponentEntity。一个 ComponentEntity 类的实例可以包含一个或多个 ComponentPort 类的实例。

ComponentEntity 定义了以下一些操作（或方法），主要包括：

（1）void _adjustDeferrals( )：调整这个组件实体的延迟。

（2）void _checkContainer(InstantiableNamedObj container)：检查实体对象的容器是否为 container。

（3）NamedObj _ getContainedObject(NamedObj container, String relativeName)：获取并返回这个实体对象内部的对象，限定这个对象的容器是 container，名字是 relativeName。

（4）NamedObj_propagateExistence(NamedObj container)：通知容器 container 这个实体对象的存在。

（5）NamedObjgetContainer( )：获取并返回这个实体对象的容器。

（6）Instantiableinstantiate(NamedObj container, String name)：首先克隆这个实体对象，然后调整克隆对象及其父对象之间的父 – 子关系，从而创建一个实例。container 是实例的容器，name 是名字。

（7）booleanisAtomic( )：用于判别这个实体是否原子不可分，如果为原子的，那么返回 true。

（8）booleanisOpaque（）：用于判别这个实体是否透明,如果非透明,那么返回 true。

（9）Port newPort（String name）：创建指定名称为 name 的新端口。

（10）List propagateExistence（）：传播这个实体的存在性。

（11）void setContainer（CompositeEntity container）：将其添加到容器 container 的实体列表。

（12）void setName（java.lang.String name）：设定组件实体对象的名称。

3.2.7.2 复合实体类

复合实体类（CompositeEntity）实现一组接口,包括 Cloneable、Changeable、Debuggable、DebugListener、Derivable、Instantiable、ModelErrorHandler、MoMLExportable、Moveable 和 Nameable。同时,它还派生出一些子类,包括复合角色类、配置类（Configuration Class）、有限状态机角色类（FSMActor Class）等。

CompositeEntity 负责描述一个聚类图中的簇顶点,簇顶点代表一个非原子实体,可以包含其他实体和关系。CompositeEntity 支持透明端口,即复合实体对象内部所包含实体的端口是由这个复合实体对象的端口表示的。CompositeEntity 可能是非透明的。这种情况下,复合实体对象的端口也是不透明的,此时采用深度遍历拓扑方法不能透过非透明端口查看内部对象的端口。

向 CompositeEntity 添加一个实体或者关系,调用 setContainer（）时可以将 CompsiteEntity 作为参数。CompositeEntity 要删除一个实体或者关系,可以调用以 null 或另一个容器对象作为参数的 setContainer（）。CompositeEntity 限定添加的实体对象必须是组件实体（ComponentEntity）的一个实例或者组件关系的一个实例,否则将会抛出异常。

通常,一个 CompositeEntity 对象允许被另一个 CompositeEntity 对象包含,这种情况下,只需要调用需要被包含实体的 setContainer（）方法即可。一个 CompositeEntity 对象可以包含一个或多个组件端口（ComponentPort）的实例。通常,默认这些端口是透明的。当然,CompositeEntity 的子类可以通过覆盖 isOpaque（）方法并返回 true 来使它们不透明。

由于 CompositeEntity 对象内部所包含的实体实现了 Instantiable,但是其中一些实体有可能是类定义的。遇到这种情况,需要特别注意：

①如果一个实体是类定义,这个实体不会包含在通过调用 entityList（）、entityList(Class)、deepEntityList()、allAtomicEntityList()等方法返回的列表中。

②如果一个实体不是类定义,它不会包含在通过调用 classDefinitionList()方法返回的列表中。

③CompositeEntity 所包含的类定义的实体仍然需要定义与被包含的不是由类定义的实体拥有不同的名字,只要字符串参数表示的名字与实体名字相匹配,getEntity(String)将返回这个实体对象(可能是类定义的,也可能不是类定义的)。

CompositeEntity 对象所包含的类定义实体不能与其他实体连接。而且,只要有子类或实例存在,CompositeEntity 所包含的类定义实体就不能被删除。CompositeEntity 定义了以下一些操作(或方法):

(1) void _addEntity(ComponentEntity entity):向这个复合实体对象添加一个组件实体对象 entity。

(2) void _addRelation(ComponentRelation relation):向这个复合实体对象添加组件关系对象 relation。

(3) void _adjustDeferrals():调整这个复合实体对象的延迟。

(4) List < Decorator > _containedDecorators():以列表形式返回这个复合实体包含的装饰器。

(5) void _deepOpaqueEntityList(java.util.List result):列出该复合实体直接或间接包含的不透明实体。

(6) void _exportMoMLContents(java.io.Writer output, int depth):输出这个复合实体 MoML 描述。

(7) void _finishedAddEntity(ComponentEntity entity):通知此实体,组件实体 entity 已被添加。

(8) void _removeEntity(ComponentEntity entity):从这个复合实体中删除一个指定的组件实体 entity。

(9) void _removeRelation(ComponentRelation relation):从这个复合实体中删除组件关系对象 relation。

(10) List allAtomicEntityList():以列表形式返回复合实体中所有原子实体。

(11) void allowLevelCrossingConnect(boolean boole):判断是否允许使用 connect()方法创建的链接跨越层次结构。boole 为 true,表示允许;否则,表示禁止。

(12) List classDefinitionList():按照被添加顺序列出这个复合实体对象包含的类定义。

（13）ComponentRelationconnect（ComponentPort port1,ComponentPort port2）：创建一个组件关系,使其连接两个端口 port1 和 port2。

（14）Iterator containedObjectsIterator（）：以迭代器形式返回这个复合实体包含对象。

（15）List < CompositeEntity > deepCompositeEntityList（）：返回内部所有透明和不透明复合实体。

（16）List deepEntityList（）：以列表形式列出这个复合实体直接或间接包含的透明实体。

（17）List deepNamedObjList（）：以列表形式列出这个复合实体直接或间接包含的可命名对象。

（18）List deepOpaqueEntityList（）：以列表形式列出这个复合实体直接或间接包含的不透明实体。

（19）Set < ComponentRelation > deepRelationSet（）：以集合形式返回由这个复合实体包含的关系。

（20）List entityList（）：按照被添加顺序列出这个复合实体包含的实体。

（21）List < T > entityList（Class < T > filter）：以列表形式返回这个复合实体包含的组件实体。

（22）String exportLinks（int depth,Collection filter）：返回一系列 MoML 链接属性。

（23）void exportMoML（Writer output,int depth,String name）：输出这个复合实体的 MoML 描述。

（24）Attribute getAttribute（String name）：获取这个复合实体中名称为 name 的属性。

（25）ComponentEntitygetEntity（String name）：获取这个复合实体内部名字为 name 的组件实体。

（26）Port getPort（String name）：获取这个复合实体内部名字为 name 的端口。

（27）ComponentRelation getRelation（String name）：获取这个复合实体内部名字为 name 的组件关系。

（28）booleanisAtomic（）：如果这个复合实体是原子的,返回 true;否则,返回 false。

（29）booleanisOpaque（）：判断这个实体是否不透明。透明时返回 false;否则,返回 true。

（30）ComponentRelation newRelation(String name)：创建名为 name 的组件关系,添加到关系列表。

（31）int numberOfEntities()：返回这个复合实体包含的实体数量,不包括类定义。

（32）int numberOfRelations()：返回这个复合实体包含的关系数量。

（33）List relationList()：以列表形式列出这个复合实体包含的关系。

（34）void removeAllEntities()：删除这个复合实体内部的所有实体,并将它们从所有关系中断开。

（35）void removeAllRelations()：删除这个复合实体内部的所有关系,并将它们全部断开。

（36）void setClassDefinition(boolean isClass)：设定这个复合实体是否为类定义。

（37）void setContainer(CompositeEntity container)：设定 container 作为这个复合实体的容器。

3.2.8 链接类

链接类(Link)的实例表示一个端口和一个关系之间的链接(绑定关系),两个关系之间的链接,或者两个端口之间的一个链接。在前两种情况下,关系由图中显式节点表示。在第三种情况下,不存在表示关系的显式节点,便直接从一个端口连到另一个端口。Link 的父类是 Object 类,Link 派生的子类只有一个：弧(Arc)。Arc 的实例表示两个状态之间的弧。Link 定义一组属性和操作,包括：

（1）_head：一个 Object 类型的对象,表示链接头所指对象。

（2）_tail：一个 Object 类型的对象,表示链接尾所指对象。

（3）_relation：一个 ComponentRelation 类型对象,表示链接所代表的关系对象。

（4）Object getHead()：返回链接的头,它可能是一个端口或一个顶点或一个关系。

（5）ComponentRelationgetRelation()：返回链接所代表的关系。

如果链接是从一个端口指向另一个端口,那么这是获得关系的唯一方法。

如果链接是从一个顶点到一个端口,那么这个关系就是顶点的容器(这种情况用于关系组场合,如从一个端口出来可能分成几个分支连接到不同的端口)。

(6) Object getTail( ):返回链接的尾,它可能是一个端口或一个顶点或一个关系。

(7) void setHead(Object):用于设定链接的头。

(8) void setRelation(ComponentRelation):用于设定链接所代表的关系。

(9) void setTail(Object):用于设定链接的尾,它可能是一个端口或一个顶点或一个关系。

3.2.9 端口-关系-链接规则

复合实体同时存在外部链接和内部链接两种情况,如图3-5所示,这是因为复合实体具有内部结构,复合实体作为中间层次,要考虑外部与内部实体之间的链接关系。外部链接负责连接外部关系与复合实体的组件端口(ComponentPort),内部链接负责连接ComponentPort与内部实体。

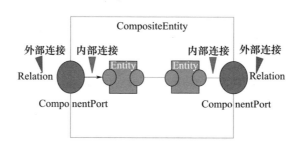

图3-5 复合实体的外部链接与内部链接

在面向角色的同步数据流图(Actor Oriented Synchronous Data Flow Graph, AOSDFG)中,一个链接关联一个实体端口和一个关系必须满足以下规则:

(1)复合实体的输入/输出端口同时具有外部链接、内部链接两种特性。

复合实体的输入端口通过外部链接关联到一个外部关系时,其输入端口类型不变;

复合实体的输入端口通过内部链接关联到一个内部关系时,其输入端口将视作输出端口;

复合实体的输出端口通过外部链接关联到一个外部关系时,其输出端口类型不变;

复合实体的输出端口通过内部链接关联到一个内部关系时,输出端口将视作输入端口。

（2）原子实体的输入/输出端口只有外部链接一种特性，因此描述时简称链接。

原子实体的输入端口通过链接关联到一个关系时，其输入端口类型不变；

原子实体的输出端口通过链接关联到一个关系时，其输出端口类型也不变。

（3）一个实体的输出端口通过链接关系关联到其他实体的输入端口存在一对一、一对多两种情形：

一对一表示数据从一个实体的输出端口传递到另一个实体的输入端口；

一对多表示数据从一个实体的输出端口复制传递到两个及以上实体的输入端口，在同步数据流图中通常用关系组图符进行表示。

（4）一个实体的输出端口不能通过链接关系关联到自身的输入端口。

（5）一个复合实体的输入端口可以通过内部链接关系关联到自身的输出端口。

以上链接关系组合规则，强调数据流在不同角色之间传递时，从一个角色的输出端口指向另一个角色的输入端口，这些约束性条件可以用于描述面向角色的同步数据流图中角色调度次序的偏序关系 R。基于集合的偏序关系理论和方法，可以对面向角色的同步数据流图中实体调度序列进行求解。

图 3-6 给出两个示例，分别描述了透明的复合角色和非透明的复合角色的内部组成成分及其结构关系。图 3-6(a)为透明复合角色，透明复合角色的内部和外部调度采用相同类型的同一指示器。图 3-6(b)为非透明复合角色，其内部必须指定独立的指示器，用于控制内部实体的调度执行。非透明复合角色的外部指示器不能用于调度内部角色执行。

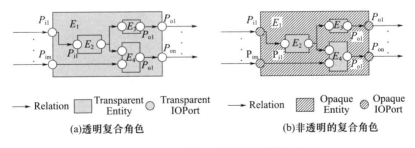

(a)透明复合角色　　　　　　　　(b)非透明的复合角色

图 3-6　复合角色组成成分及其结构关系

3.2.10 调度元素类

调度元素类(ScheduleElement)的父类为 Object,派生的子类包括触发类(Firing)和调度类(Schedule)两个。ScheduleElement 是描述调度的所有概念元素的抽象基类,Schedule 和 Firing 两个子类的实例通常用于构造一个静态调度。Schedule 可以看作由一个迭代计数器和一个调度元素列表组成的结构,用于描述静态调度时所有角色的执行序列。一个 Schedule 可以包括一个 Actor,也可以包括另一个 Schedule。通常要求,所有最低级别的调度元素必须包含一个 Actor。然而,这要由调度程序 Scheduler 来执行。Firing 是一个包含 Actor 的调度元素。因此,顶层的调度元素必须是一个 Schedule 的实例,所有最底层元素必须是一个 Firing 类的实例。ScheduleElement 定义一组属性和操作,包括:

(1) ScheduleElement _parent:保存当前调度元素对象的父亲调度元素类。

(2) Iterator actorIterator( ):以迭代器形式返回静态调度的角色序列。

(3) Iterator firingIterator( ):以迭代器形式返回角色的触发序列。

(4) int getIterationCount( ):返回这个调度的迭代次数。

(5) void setIterationCount(int count):设置这个调度的迭代次数。

(6) void setParent(ScheduleElement parent):为这个调度元素设置父调度元素为 parent。

3.2.10.1 调度类

调度类的父类是调度元素(ScheduleElement),Schedule 派生的子类有一个,即顺序调度类(SequenceSchedule)。Schedule 表示触发/点火元素调用的一个静态计划(static schedule)。这个类的实例由调度器(Scheduler)返回,表示模型中触发/点火元素的顺序。Schedule 是 ScheduleElement 派生的子类。每一个 Schedule 对象都是 ScheduleElement 的一个实例。每个 Schedule 对象可能对应一个单独的触发/点火元素或整个子调度的若干次触发。这种嵌套允许采用循环调度的简洁表示。嵌套可以是任意层次的,但必须是用叶子节点表示触发/点火的树,由 Scheduler 执行此需求。

1. 调度树

假设有一个静态数据流图(Static DataFlow Graph,SDFG),其中包含有角色 A、B、C 和 D,并具有这样的触发/点火次序:ABCBCBCDD。这种触发/点火顺序可以用一个简单的循环调度表示,如图 3-7 所示,这个 SDFG 中角色的触发/点火次序可以通过一个调度树来描述。

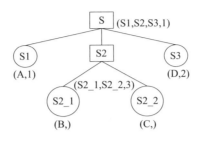

图3-7 调度的树型结构

图3-7中:方块表示树杈节点,圆表示叶子节点。一个树杈节点必须含有至少一个叶子节点。括号"( )"中的元素表示一个调度元素或一个触发/点火元素,数字表示迭代计数值(即执行迭代的次数)。例如,S节点的调度序列表示为(S1,S2,S3,1),元素在( )中的顺序对应添加(执行 add( )方法)的次序,1表示调度迭代次数为1。总的来说,这个序列表示调度树根节点 S 执行过程是:先执行 S1 元素,再执行 S2 元素,最后执行 S3 元素,一共执行 1 次。同理,S1 节点实际调度时执行角色 A 的触发/点火操作,且执行 1 次;S2 节点调度时先执行 S2_1,再执行 S2_2,按这个次序一共执行 3 次;对于 S2_1 节点,实际每调度 1 次将执行角色 B 触发/点火操作 1 次(默认值为迭代计数的默认值,值为1);对于 S2_2 节点,实际每调度 1 次将执行角色 C 触发/点火操作 1 次。由于 S2 节点的迭代计数为3,最终 S2 的执行结果为 BCBCBC。依次类推,该树型结构所描述的调度执行序列为 ABCBCBCDD。

对应图3-7所表示的调度树,相应地,创建此调度树的程序代码如表3-4所示。

表3-4 构建调度树的代码段

```
Schedule S = new Schedule();
Firing S1 = new Firing();
Schedule S2 = new Schedule();
Firing S3 = new Firing();
S.add(S1);
S.add(S2);
S.add(S3);
S1.setFiringElement(A);
S2.setIterationCount(3);
Firing S2_1 = new Firing();
```

续表

```
Firing S2_2 = new Firing();
S2_1.setFiringElement(B);
S2_2.setFiringElement(C);
S2.add(S2_1);
S2.add(S2_2);
S3.setIterationCount(2);
S3.setFiringElement(D);
```

2. 生成调度树算法

(1) 获取调度器 Scheduler 的容器,将其类型转化为静态调度指示器 director。

(2) 获取 director 的容器,即 director 负责的模型(复合角色)compositeActor。

(3) 调用 compositeActor.deepEntityList() 方法获取其组合实体的对象列表 actors。

(4) 新建一个调度 Schedule 对象 schdule。

(5) 调用 actors.iterator() 方法返回得到一个迭代器 actorIterator。

(6) 遍历构成复合角色的组合实体的对象列表 actors,从第一个元素到最后一个,执行子步骤：

① 获取当前角色的实例对象 actor。

② 新建一个触发/点火对象 firing。

③ 为 firing 设置角色 actor,即关联 firing 与 actor。

④ schedule 添加 firing 对象。

⑤ 遍历结束,执行(7);否则,返回(6)继续遍历下一个角色。

(7) 返回生成的调度树对象 Schedule。

如表 3-5 所示,Scheduler._getSchedule() 方法定义并实现了生成调度树的算法。

表 3-5 Scheduler._getSchedule() 方法实现的生成调度树算法

```
protected Schedule _getSchedule() throws IllegalActionException,NotSchedula-
bleException{
    StaticSchedulingDirector director =(StaticSchedulingDirector)getContain-
er();
    CompositeActor compositeActor =(CompositeActor)director.getContainer();
    List actors = compositeActor.deepEntityList();
    Schedule schedule = new Schedule();
    Iterator actorIterator = actors.iterator();
    while(actorIterator.hasNext()){
        Actor actor =(Actor)actorIterator.next();
```

续表

```
        Firing firing = new Firing();
        firing.setActor(actor);
        schedule.add(firing);
    }
    retrun schedule;
}
```

Schedule 定义了以下属性和一些公开的操作(或方法):

(1) List < ScheduleElement > _schedule:一个记录该调度所包含的调度元素的列表。

(2) int _treeDepth:用于描述调度树的层数(深度)。

(3) List _firingInstancesList:一个记录触发/点火实例的列表。

(4) Map _firingElementFiringsMap:一个映射(Map)对象,记录 firing 与 actor 的映射。

(5) void add(ScheduleElement element):将指定的调度元素添加到调度列表的尾部。

(6) void add(int index, ScheduleElement element):将指定的调度元素插入调度列表中的指定位置。如果插入的位序 index 超出列表的范围,将会抛出一个异常。

(7) int appearanceCount(Object firingElement):返回 firingElement 在调度列表中出现的次数。

(8) Iterator firingElementIterator():以一个触发元素序列的形式返回触发/点火元素的调用序列。

(9) Iterator firingIterator():以一个触发/点火序列的形式返回这个调度的触发/点火的调用序列。

(10) List firings(Object firingElement):用于确定元素的出现(顺序)。

(11) ScheduleElement get(int index):返回列表中 index 位置的调度元素。

(12) Iterator iterator():返回一个可以遍历这个调度的调度元素的迭代器。

(13) List lexicalOrder():用于获取触发/点火元素的词典顺序。

(14) int maxAppearanceCount():获取这个调度中所有触发/点火元素的最大出现次数。

(15) ScheduleElement remove(int):在调度列表中删除指定位置上的调度元

素,并返回这个被删除的调度元素 ScheduleElement。

（16）int size()：返回该调度的列表元素的个数,即列表的长度。

（17）String toParenthesisString(Map,String)：以嵌套括号的样式打印输出调度(序列)。

（18）List _getFiringInstancesList()：以列表形式返回一个触发/点火的实例。

（19）Map _getFiringElementFiringsMap()：获得触发元素到触发的映射。

3.2.10.2 触发/点火类

触发/点火类(Firing)是 ScheduleElement 的一个派生子类。Firing 包括对角色的一个引用和一个迭代计数值。Firing 与 Schedule 用于构造一个静态的调度。Firing 表示单个角色重复了若干次调度计划,而 Schedule 用于多个角色调度计划。使用 Firing 类比简单地维护一个角色列表更有效,因为角色经常连续地触发/点火很多次。使用这个类(通常还有调度数据结构)可以大大减少大型调度的内存需求。

调度类 Firing 定义了以下属性和一些公开的操作(或方法)：

（1）Actor _actor：私有变量,表示与触发/点火相关联的角色。

（2）List _firing：私有变量,表示将此触发/点火作为唯一元素的列表。

（3）Object _firingElement：私有变量,表示与触发/点火相关联的角色。

（4）Firing()：用于构造一个具有默认迭代计数(值为 1)并且没有父调度的触发/点火对象。

（5）Firing(Actor actor)：构造函数,带有一个类型为角色 Actor 的参数 actor,用于为这个角色对象 actor 构造一个触发/点火对象 Firing,迭代次数为 1,并且没有父调度。

（6）Firing(Object firingElement)：构造函数,带有一个类型为 Object 的参数 firingElement,使用 firingElement 构造一个触发/点火,迭代次数为 1,并且没有父调度。

（7）Firing(Class firingElementClass)：构造函数,带有一个类型为 Class 的参数 firingElementClass,使用给定的触发元素构造一个触发/点火,迭代次数为 1,并且没有父调度。

（8）Iterator actorIterator()：以一个角色序列的形式返回角色的调用顺序。

（9）Iterator firingIterator()：以一个触发/点火序列的形式返回角色调用的序列。

（10）Iterator firingElementIterator()：以一个触发/点火元素序列的形式返回触发元素调用的序列。

（11）Actor getActor()：获取与这个触发/点火相关联的角色。

（12）Object getFiringElement()：获取与这个触发/点火相关联的触发元素。

（13）void setActor(Actor)：设置与此触发相关联的角色。

（14）void setFiringElement(Object)：设定与这个触发相关联的触发元素。

（15）String toParenthesisString(Map,String)：以括号格式打印输出触发。

3.2.11　工作区间类

工作区间类(Workspace)是一个 final 类，表明这个类不能被继承，即不允许 Workspace 有派生子类。Workspace 的父类是 Object，还实现了 Nameable。Workspace 提供了一个基本的目录服务，可用于跟踪其中的对象。使用目录服务时，可以通过调用 add()将对象添加到目录。

工作区间的同步模型是一个多读者单写者模型，即多个线程可以同时读取工作区间，但一次只能有一个线程对工作区间进行写访问操作，一个线程写操作时，没有其他线程可以获得读访问权。当读取工作区间中对象的状态时，线程必须确保没有其他线程同时修改工作区中的对象。如表 3-6 所示，这段代码主要描述了工作区读同步操作的实现方式。如表 3-7 所示，要安全地修改工作区间中的对象，线程必须使用以下代码进行写同步。

表 3-6　工作区读同步

```
try{
    _workspace.getReadAccess();
    //...code that reads
} finally{
    _workspace.doneReading();
}
```

表 3-7　工作区写同步

```
try{
    _workspace.getWriteAccess();
    //...code that writes
} finally{
    _workspace.doneWriting();
}
```

在上面程序段中,变量_workspace 用于引用工作区间。

如果另一个线程当前正在修改工作区,getReadAccess( )方法将挂起当前线程,否则立即返回。

注意,多个读者可以同时具有读访问权。即使发生异常,也会执行 finally 子句。这是非常重要的,因为如果不调用 doneReading( ),工作区将不再允许任何线程修改它。

同样,对 doneWriting( )的调用也是必要的,否则工作区将永远锁定为读或写。

使用工作区间可以持有一个读锁并申请获取写锁。当一个线程持有读锁并且调用 getWriteAccess( )时,如果其他线程持有读锁,调用 getWriteAccess( )将会阻塞调用线程直到其他读访问被释放为止。当线程被阻塞时,它会产生读访问权限。这可以防止死锁发生。具体来说,其实现代码如表 3-8 所示。

表 3-8　工作区间的读写同步操作

```
try{
    _workspace.getReadAccess();
    …do things…
    try{
      _workspace.getWriteAccess();
      …at this point,the structure of a model may have changed!…
      …make my own changes knowing that the structure may have changed…
    }
    finally{
      _workspace.doneWriting();
    }
    …continue doing things,knowing the model may have changed…
}
finally{
    _workspace.doneReading();
}
```

Workspace 定义了以下属性和一些操作:

(1)String _description(int detail,int indent,int bracket):返回工作区间的描述。

(2)String description( ):返回工作区间的完全描述以及它的目录所包含的信息。

(3)void add(NamedObj item):向目录添加一个项目。

（4）String directoryList()：返回目录中项的不可修改列表，按添加项的顺序排列。

（5）void doneReading()：表示调用线程已完成读取。

（6）void doneTemporaryWriting()：表示调用线程已完成写入。

（7）void doneWriting()：表示调用线程已完成写入。

（8）NamedObjgetContainer()：返回工作区间的容器。

（9）String getDisplayName()：返回要呈现给用户的名称，该名称与 getName()返回的名称相同。

（10）String getFullName()：返回工作区间的完整名称。

（11）String getName()：返回工作区间的名称。

（12）String getName(NamedObj relativeTo)：返回工作区间相对于可命名对象 relativeTo 的名称。

（13）void getReadAccess()：获得读取工作区间中对象的权限。

（14）long getVersion()：获取工作区间的版本号。

（15）void getWriteAccess()：获得写入工作区间中对象的权限。

（16）boolean handleModelError(NamedObj context, IllegalActionException exception)：通过抛出指定的异常来处理模型错误。

（17）void incrVersion()：一般是工作区间发生变化，此时将工作区间的版本号增加 1。

（18）int reacquireReadPermission(int depth)：为当前线程重新获得工作区上的读权限。

（19）void releaseReadPermission()：释放当前线程持有的工作区上的读权限。

（20）void remove(NamedObj item)：从工作区间的目录中删除指定项 item。

（21）void removeAll()：删除工作区间目录中的所有项。

（22）void setName(String name)：设置或修改工作区间的名字。

（23）void wait(Object obj)：释放当前线程持有的所有读访问，调用 object 对象的 wait()挂起线程。

3.2.12　变量类

变量类（Variable）的直接父类是抽象可设置属性类（AbstractSettableAttribute）。同时，Variable 直接实现的接口有类型化的接口（Typeable）、值监听器接口(ValueListener)。Variable 用于描述一个具有数据令牌的属性,可以通过引用其他变量的表达式来设置。变量可以被赋予一个令牌或表达式作为其值,包括使用令牌创建变量、调用合适的构造函数、使用合适的容器和名称创建变量并调用 setToken( )、调用 setExpression( )等。在调用 getToken( )、getType( )前,实际上不会计算表达式的值。如表 3-9 所示,这段代码主要描述变量的使用方法。

表 3-9　变量的使用方法

```
Variable v3 = new Variable(container,"v3");
Variable v2 = new Variable(container,"v2");
Variable v1 = new Variable(container,"v1");
v3.setExpression("v1 + v2");
v2.setExpression("1.0");
v1.setExpression("2.0");
v3.getToken();
```

上面代码示例中,v3 表达式被设置时不能被求值,因为 v2 和 v1 都还没有值。语句这样写是没有问题的,因为直到调用 getToken( )时才会计算该表达式值。同样,也可以调用语句 v3.validate( )。这样将要求 v3 被求值,v1 和 v2 也被求值。执行最后一行语句之前,没有计算 v3 的表达式,所以 v3 对 v1 和 v2 的依赖关系没有被记录下来。因此,如果调用 v1.validate( ),在 v3 被求值之前,它不会触发 v3 的评估。因此,建议在调用 setExpression( )之后立即调用 validate( )。表达式可以引用表达式计算语句(如 getToken( )、validate( ))之前的变量。否则,getToken( )将会抛出异常。

同一个容器中包含的所有变量,以及容器的容器中包含的所有变量,都在该变量的范围内。因此,在上面的例子中,所有三个变量都在彼此范围内,因为它们属于同一个容器。如果作用域中有同名的变量,那么层次结构中较低的变量会对较高的变量进行遮蔽处理。

变量是一个类型化的对象,变量类型的约束可以由相关的其他类型化的对象,或相关的特定类型来定义。前者称为动态类型约束,后者称为静态类型约束。表 3-10 列出了静态类型变量和动态类型变量两种定义所使用的方法。

表 3-10　变量的使用方法

静态类型变量定义	动态类型变量定义
setTypeEquals( )	setTypeAtLeast( )
setTypeAtMost( )	setTypeSameAs( )

Variable 类强制执行静态类型约束,这意味着:

①在设置静态类型约束时,如果这个变量已经有一个值,那么这个值必须满足类型约束。

②如果设置好静态类型约束后给定一个令牌值,那么这个值必须满足这些约束。

Variable 类不强制执行动态类型约束,而仅由 typeConstraints( )方法报告。动态类型约束必须由类型系统强制执行,这会涉及一个由变量和其他类型化的对象组成的网络。如果变量还没有值,那么类型系统可以使用这些约束推断变量的类型,然后调用 setTypeEquals( )。

Variable 定义的一组操作,包括以下内容。

(1)Variable( ):无参数构造函数,在默认工作区中构造一个变量,其名称为空字符串。

(2)Variable(NamedObj container, String name):构造一个具有给定名称的变量作为给定容器的属性。

(3)Variable(NamedObj container, String name, Token token):使用容器、名称和令牌构造一个变量。

(4)Variable(NamedObj container, String name, Token token, boolean incrementWorkspaceVersion):使用给定的容器、名称、令牌和版本号构造一个变量。

(5)Variable(Workspace workspace):在指定的工作区中构造一个变量,其名称为空字符串。

(6)void addValueListener(ValueListener listener):添加一个侦听器,以便变量值更改时得到通知。

(7)void attributeChanged(Attribute attribute):对属性中的更改做出反应。

(8)Type getDeclaredType( ):如果调用了 setTypeEquals( ),那么返回指定的类型。

(9)String getExpression( ):获取此变量当前使用的表达式。

(10)Set getFreeIdentifiers( ):返回当前表达式引用的标识符列表。

(11)ParserScope getParserScope( ):返回此变量的解析器范围。

(12)NamedList getScope( ):返回此变量的值可以依赖于变量的可命名对象的有序列表。

(13)static NamedList getScope(NamedObj object):返回指定变量的值可以依赖变量的 NamedList。

（14）Token getToken( )：获取此变量包含的令牌。

（15）Type getType( )：获取此变量的类型。

（16）InequalityTerm getTypeTerm( )：返回一个不等式项，其值是该变量的类型。

（17）String getValueAsString( )：获取属性的值，即计算后的表达式。

（18）Variable getVariable(java. lang. String name)：查找并返回范围中具有指定名称的属性。

（19）Settable. Visibility getVisibility( )：获取此变量的可见性。

（20）void invalidate( )：将这个变量以及所有依赖于它的变量标记为需要计算。

（21）boolean isKnown( )：如果变量是已知的，返回 true；否则，返回 false。

（22）boolean isStringMode( )：如果参数是字符串模式，返回 true。

（23）boolean isSuppressVariableSubstitution( )：如果该变量禁止变量替换，返回 true。

（24）boolean isTypeAcceptable( )：检查这个变量的当前类型是否可以接受。

（25）void removeValueListener(ValueListener listener)：从该变量的值监听器列表中删除 listener。

（26）void setContainer(NamedObj container)：指定一个容器，将变量添加到这个容器的属性列表中。

（27）void setExpression(String expr)：设置变量的表达式。

（28）void setName(java. lang. String name)：命名变量的名字。

（29）void setParseTreeEvaluator(ParseTreeEvaluator parseTreeEvaluator)：设置一个解析树计算器。

（30）void setStringMode(boolean stringMode)：指定该参数是否应处于字符串模式。

（31）void setToken(String expression)：调用 setExpression( ) 设置变量表达式。

（32）void setToken(Token token)：在此变量中放入一个新令牌，并通知容器以及值侦听器。

（33）void setTypeAtLeast(InequalityTerm typeTerm)：将此变量的类型约束为等于或大于指定的不等式项 typeTerm 所表示的类型。

（34）void setTypeAtLeast(Typeable lesser)：将此变量的类型约束为等于或

大于指定对象的类型。

（35）void setTypeAtMost(Type type)：设置一个类型约束，使该对象的类型小于或等于指定的类。

（36）void setTypeEquals(Type type)：设置一个类型约束，使该对象的类型等于指定的值。

（37）void setTypeSameAs(Typeable equal)：将此变量的类型约束为与指定对象的类型相同。

（38）void setUnknown(boolean value)：如果参数为真，将该变量值标记为未知；反之，标记为已知。

（39）void setValueListenerAsWeakDependency(ValueListener listener)：将值侦听器设置为弱依赖项。

（40）void setVisibility(Settable.Visibility visibility)：设置变量的可见性。

（41）Set < Inequality > typeConstraints()：返回变量的类型约束。

（42）void valueChanged(Settable settable)：对指定 Settable 的实例更改做出反应。

3.2.13 参数类

参数类(Parameter)是 Variable 派生的子类。Parameter 扩展 Variable，提供对字符串值变量的额外支持，这使得这些变量在用户界面级别上更加友好。值可以是任何表达式，或者如果与字符串模式结合使用，可以是任何字符串。默认情况下，Parameter 的实例是持久性的。Parameter 定义了以下操作。

（1）Parameter()：使用一个空字符串作为名字，在指定工作区间中创建一个参数。

（2）Parameter(NamedObj container, String name)：创建一个 container 包含的具有指定名称的参数。

（3）Parameter(NamedObj container, String name, Token token)：创建一个 container 包含的、具有指定名称和令牌的参数。

（4）Parameter(Workspace workspace)：在指定的工作区间中创建一个名字为空字符串的参数。

（5）void addChoice(String choice)：为参数增加一个选项。

（6）void exportMoML(Writer output, int depth, String name)：编写此对象的 MoML 描述。

(7) Stirng[] getChoices( ):获取参数的选项。

(8) void removeAllChoices( ):删除所有选项。

(9) void removeChoice(String choice):删除该参数中指定的选项。

3.3 元模型体系行为

3.3.1 计算域

Ptolemy II 是由 UC. Berkeley 的 Edward A. Lee 教授团队历时多年研发的一款开源的、基于 Java 程序设计语言开发的通用仿真平台,其特色之处在于支持层次异构建模仿真。这款仿真工具支持图形化、模型化设计,提供建模与仿真集成化环境,提出计算模型(Model of Computation, MoC)和面向角色(Actor-Oriented),实现了模型构建与仿真控制分离设计。

(1)计算模型:代表用于控制角色执行、角色间通信的一组计算规则。

(2)面向角色:角色为仿真的基本元素,一切仿真都是基于角色完成的。角色之间的交互与数据传输通过端口与端口之间的通信信道(简称"通道")共同完成。角色是一个独立性、复用性、扩展性很高的基本仿真元素。

(3)域:也可以称为语义域,代表管理角色执行过程控制和角色数据交互控制的一组规则的定义。像这样的一系列规则集合称为"计算模型"。域是计算模型的具体实现,计算模型是域的抽象概念。换言之,可以认为计算模型是一个公共的抽象概念的总称,计算模型包括多个域,每一个域代表一个具体的计算模型的实现。域的规则的作用范围包括三个方面:一是定义角色的构成,二是定义角色的执行,三是定义角色的交互。下面将首先阐述角色模型,然后分别从构成、执行、交互三个层面阐述角色的静态结构和动态行为特征。

3.3.1.1 角色模型

角色是一种执行时受计算模型控制并且可以通过端口发送方式向其他角色传输数据的对象实体。如图 3-8 所示,复合角色由三个角色 A、B、C 组合而成,角色 A 通过端口向 B、C 发送数据。

在角色模型中,角色定义由三部分组成。

(1)端口:主要用于角色之间发送或接收数据令牌,通过数据驱动角色触发操作。端口具有名称、速率、初始令牌数目、接收器等属性信息。角色的域多态性(异构性)是由端口定义完成的。

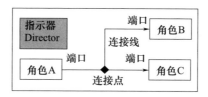

图 3-8 复合的角色模型

表 3-11 代码段描述了 Receiver、IOPort、Port、Entity、Actor 之间的作用原理。

表 3-11 Receiver/IOPort/Port/Entity/Actor 相互作用关系

```
protected Receiver _newReceiver()throws IllegalActionException{
   retrun _newReceiver(0);
}

protected Receiver _newReceiver(int channel)throws IllegalActionException{
   Actor container = (Actor)getContainer();
   if(container = = null){
      throw new IllegalActionException(this,"Cannot create a receiver without a container.");
   }
   Receiver receiver = container.newReceiver();
   receiver.setContainer(this);
   return _wrapReceiver(receiver.channel);
}

public NamedObjgetContainer(){
   return _container;
}

private Entity _container;
...
```

在表 3-11 中,一个输入输出端口对象调用语句 IOPort.newReceiver( )创建一个接收器,事实上,在其内部执行函数 IOPort.newReceiver(0)。结合上面程序代码段可知,通过值传入方式,通道 channel 值设为 0。首先获取当前 IOPort 对象的容器对象,并通过 container 引用容器。IOPort 类没有重新定义 getContainer( ),因此将会沿着类与子类的派生继承方向向上追溯到父类 Port,调用执行操作 Port.getContainer( );这样就得到了 Port 对象的容器(即包含 Port 的容器对象,它是一个 Entity)。因为 Entity 是 InstantiableNamedObj 派生的子类,自然也就间接实现了 Actor 接口定义,采用类型强制转化,即执行类型强制转换为 Actor,然后赋值给 container。其次,执行语句 Receiver receiver = container. newReceiver();用于创建一个接收器对象 receiver。最后,执行语句 receiver. setContainer(this);用于设定 receiver 的容器对象为 this,此处 this 代表 IOPort,即表示将 IOPort 设置为 receiver 的容器。

(2)参数:分为配置参数、行为参数。

配置参数:通常采用参数类 Parameter 描述一个角色的基本配置信息,这些信息代表提供给用户的、在一定合理范围内可修改、可设置的角色模型的基本参数,一般在初始化阶段完成角色模型配置参数的装载处理。

行为参数:由使用者自定义配置,与业务逻辑相关的参数。

以上两类参数都是用于配置角色的功能。对于某些共享参数而言,可以在域范围内实现共享。

(3)行为:描述角色需要完成的业务操作,以及如何完成,通常采用公用的成员接口实现对业务操作的具体定义。

端口、参数和行为三个部分之间的交互方式如图 3-9 所示,端口负责实现角色间数据的输入与输出传递,参数负责实现对角色参数的配置,行为既可以读写端口获取数据,还可以读写参数获取角色的配置参数。

图 3-9 角色构成成分其交互关系

以降低系统复杂性为目标,构建层次化模型可以很好地简化模型视图,使用复杂模型清晰明了。图 3-10 抽象描述了一个层次化角色模型。其中,角色 A 和 C 通过分层进一步细化展开。一个原子角色(Atomic Actor)表示其不可再分,没有内部结构。复合角色(Composite Actor)代表其内部是由其他角色通过组合作用新生成的高层次模型。端口 p 和 q 是连接高低层次模型并实现通信的桥梁。例如,角色 D 和 E 之间的通信就要通过不同端口跨越不同层次模型,实现数据在不同层次模型之间的输入与输出。

图 3-10 中,Director 负责域范围内所有角色的调度,共有两个 Director,分别位于不同层次。由于图中存在两个层次,这里简称顶层和底层。顶层 Director 用于定义位于顶层的角色 A、B、C 交互过程。由于复合角色 C 内部没有 Director,

所以复合角色 C 的内部角色的交互过程将交由顶层 Director 控制。对于像复合角色 C 这类情况,复合角色被看作透明的角色,即其内部结构对于顶层 Director 是可见的。相反,如果复合角色内部有专用的 Director,此时复合角色对于上一层就是不透明的。例如,复合角色 A 拥有内部 Director,所以角色 A 内部的角色交互由其内部 Director 负责控制。角色 A 也被称为不透明复合角色,因为其内部结构对顶层 Director 是不可见的。

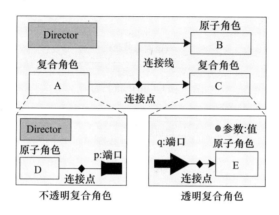

图 3-10 层次化建模实现复合角色细化

不同层次的 Director 并不一定要实现相同的计算模型(如同步数据流模型、动态数据流模型、模态计算模型等)。遵循这样的仿真规范要求,复合角色能够实现多域的异构层次建模,角色复用性大大提高,具备模型扩展能力,这一设计理念非常适合先进雷达操作环境的对建模与仿真能力的要求。

3.3.1.2 角色执行

角色执行是由可执行接口(Executable Interface)抽象定义的。如图 3-11 所示,角色的一次完整执行过程包括初始化、迭代和结束三个阶段,每一个阶段又可以细分为一组子过程(或操作)。图 3-12 描述了迭代操作(iterate(int))所涉及三个操作步骤及其调用关系。如果预触发 prefire() 返回值为 true,fire() 将被调用一次,之后是触发后(psotfire())。如果 prefire() 返回值为 false,fire() 和 postfire() 都不会被调用,并且 iterate(int) 方法返回值为未就绪(NOT_READY)。如果 postfire() 返回值为 false,那么不再执行迭代,iterate(int) 方法返回值为停止迭代(STOP_ITERATING)。如果 postfire() 返回值为 true,将继续执行下一次迭代,iterate(int) 方法返回值为完成(COMPLETED)。

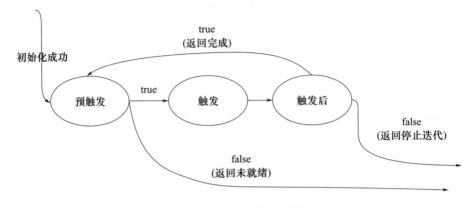

图 3－11　角色执行过程

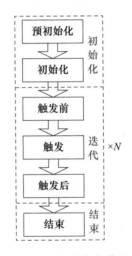

图 3－12　iterate(int)的内部操作及其调用关系

角色的一次完整执行过程由初始化、迭代、结束三个阶段构成，每一个阶段都又可以细分为相应的子过程。

1. 初始化阶段

初始化阶段又细分为预初始化和初始化两个过程。在一次完整的执行过程中，预初始化只会被执行一次，而初始化却可能被多次执行。

预初始化：主要完成一些静态分析行为，如生成调度计划、类型解析以及代码生成等相关工作。

初始化：主要负责迭代阶段前的相关准备工作，包括初始化参数、重置局部状态、产生初始数据等。

2. 迭代阶段

迭代(iteration)主要完成角色指定的行为逻辑,是角色整个执行过程中最重要的一步,包括预触发(prefire)、触发(fire)、触发后(postfire)三个子过程。

预触发:负责测试角色是否已经准备好被触发,然后以布尔返回值的形式告诉指示器,在每一次迭代它只会被执行一次,例如,判断输入端口是否有足够的输入数据。

触发:通常情况下都是用于完成主要的计算过程,从输入端口读取数据,完成计算并在输出端口产生相应的输出。

触发后:由于在某些计算过程中可能会涉及状态变量,因此,触发后主要负责对某些状态量的更新等工作。

3. 收尾阶段

收尾 wrapup():释放角色占用的计算机资源(如内存回收、指针置空、刷新输出缓存、消灭活动线程等)。无论角色执行是正常或是异常,warpup()一定会被调用执行,这样可以最大限度地保证计算机资源一定会被正常回收。

图 3-13 描述了一个包含不透明角色的复合角色的执行过程,具体涉及管理器、顶层复合角色、顶层指示器、非透明复合角色、内部指示器以及所有原子角色相互之间的接口调用、执行和返回操作。

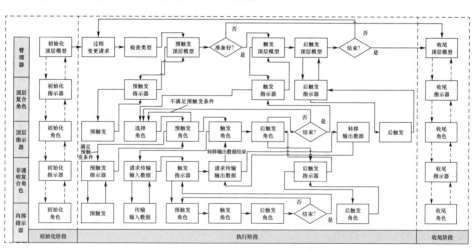

图 3-13 带有不透明组合角色的分层模型的执行过程

3.3.1.3 角色通信

角色间通信也是角色抽象语义的一个重要组成部分。如前所述,角色间通过端口实现通信,端口可以是单端口或多端口。每个角色都拥有至少一个端口,并要求端口必须是 IOPort(PtolemyⅡ 中端口的重要抽象类)的实例。在讲述 IOPort 类时,提到 IOPort 定义了 get( )和 send( )两个重要方法。在角色执行触发操作时,将调用 get( )从输入端口读取数据,完成角色的主要功能计算后,再调用 send( )在其输出端口发送数据。但是,角色之间数据的收发过程是由 Director 实现的,而不是角色自己负责。

事实上,Director 的一个重要职责是首先为各个端口创建接收器,由 receiver 控制角色的通信过程。本章在公开的基础接口部分介绍了接收器接口,receiver 是一个抽象接口,主要定义了 put( )和 get( )两个操作(或方法)。

如图 3-14 所示,E1、E2 是两个角色对象,P1、P2 分别代表 E1 的输出端口、E2 的输入端口。R1 是 Director 在 E2 输入端口上创建的接收器。当 E1 调用 send 方法发送数据时,其输出端口 P1 实际上委托目的输入端口 E2 上的接收器 R1 调用 put 方法来完成数据从 P1 传出的过程。类似地,当角色 E2 调用 get 方法来获取数据时,实际上就是委托输入端口 P2 的接收器 R1 调用 get 方法来完成数据从 P2 的传入过程。接收器 R1 可以采用先进先出队列(经典的同步数据流计算模型就使用 FIFO 队列通信形式)、邮箱、代理或全局队列等存储数据,这就要根据设计要求选择具体的实现方式。由此可见,通过 Director 定义接收器与交互角色的输入和输出端口的一组交互规则,角色之间的通信控制可以由 Director 模型负责完成。

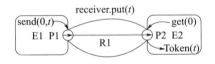

图 3-14 角色间通信过程描述

指示器负责定义角色间通信的一组交互规则。不同域的规则有可能不同,因此按照域的不同需要构建不同的指示器模型。按照这样的设计思路,同一个角色在不同的域中使用,称为"域的多态性"。域的多态性为构建异构建模能力提供了重要的支持作用。

角色之间传递的数据均为托肯(Token:PtolemyⅡ 中所有数据的抽象类)的实例,通过 Token 封装和隐藏了真实数据类型(对外不可见)。通常,托肯的具体类型是由使用者在角色定义中声明的。这样,通过面向对象的方式使得角色不用关心所传递的数据类型,角色具有了"数据多态性"。

很显然,角色的数据多态性和域多态性大大提升了角色的灵活性、易扩展性与复用性,因此以面向角色的方式构建的雷达仿真系统必然具有极高的复用性和易扩展性。

通过以上对角色抽象语义的分析可知,角色从概念描述上是一个独立性很强的基本仿真元素,从实际执行上又是一个可运行的实体。首先,指示器模型解耦了角色之间的通信交互过程描述,角色之间的耦合性大大降低,这符合组件化仿真思想。其次,根据角色组合原理,复合角色还可以包含原子角色,符合组件化思想中的组件组合构建原理。相比之下,角色的复合要明显易于传统雷达系统仿真中组件的复合且支持层次异构复合,PtolemyⅡ中的角色可以被视为增强版的组件。

考虑到不同的仿真应用场景存在不同的交互规则描述,计算模型存在多种类型,这里主要介绍几种常用的计算模型,包括同步数据流、动态数据流、模态模型、事件关联角色和域元模型等。

3.3.2 同步数据流

同步数据流(Synchronized Data Flow,SDF),也称为"静态数据流"。在 SDF 域,当角色每一个输入端口都有令牌(Token)时,角色将被触发(或点火),并在每一个输出端口产生一个令牌。角色的执行顺序是静态的、不依赖于被处理的数据(在角色之间传递的令牌)。这种情况下,负责数据流调度的 SDF 指示器必须确保当角色获得数据后再次点火,模型中一次迭代包含每个角色至少一次点火。某些角色一次点火可能需要多个输入令牌或者将产生多个输出令牌,可以通过指定输入或输出端口的数据速率值(每个角色一次点火操作产生或消耗的令牌数量)来实现。输入或输出端口的数据速率值一旦设定,在角色执行期间就是固定不变的。要求 SDF 指示器能够对任意数据速率的角色执行过程进行调度。

同步数据流对于表示流系统或流应用都非常有用,因为流系统中组件间数据值顺序的流动也是相对有规律的,特别是信号处理系统。数据流域中角色的执行包含一系列点火行为,每一次点火行为都是对输入数据有效性的响应和处理。一次点火行为就是一次计算处理,还包括消耗输入数据、产生输出数据。

3.3.2.1 SDF 调度规则

考虑两个角色 A 和 B 之间的单一连接,如图 3-15 所示。

图 3-15 角色 A 与角色 B 单一连接

图 3-15 表示当角色 A 执行一次点火操作时,它的输出端口将产生 M 个令牌;当角色 B 执行一次点火操作时,它的输入端口将消耗 N 个令牌。其中,M 和 N 是非负整数。假设 A 点火 q 次,B 点火 p 次,当且仅当满足平衡方程(3-1)时,A 产生的所有令牌才能被 B 全部消耗完。也就是说,对于角色 A 和 B 这样一个同步数据流,系统要保持平衡,必须满足 A 产生的令牌与 B 消耗的令牌数量一致。

$$q \times M = p \times N \qquad (3-1)$$

SDF 指示器必须遵照平衡方程要求,调度时求解满足计算式(3-1)的最小正整数 q 和 p,建立一个调度表,执行角色 A 的点火操作 q 次,角色 B 的点火操作 p 次,并且可以多次重复调度,不需要更大的存储空间来储存未消耗的令牌。因此,PtolemyⅡ要求 SDF 指示器调度时可以在有界缓冲区(缓冲区中储存的未消耗的令牌数量是有限的)内完成无限次执行(处理任意数量令牌的执行次数是无限的)。

通常,SDF 指示器为平衡方程求解最小的正整数解,依据该组解构建调度表,保证模型中的角色保持应有的点火次数。对于一个执行序列,若每个角色的点火次数都与平衡方程解出的结果完全一致,则称为一次"完整迭代"。扩展到更为复杂的 SDF 域,相关角色之间可能存在多个连接,同样要求为角色之间的每一个连接建立一个平衡方程。多个连接,自然会存在多个方程,联立起来构成平衡方程组。因此,根据 SDF 模型连接关系,定义一个方程组并求解最小正整数解是关键。拥有平衡方程组非零解的 SDF 模型称为是一致的;相反,若唯一解是零解,则称为 SDF 模型是不一致的。一个不一致的 SDF 模型表示这个 SDF 模型实际上不存在有界缓冲区以支持无限 SDF 模型执行,即 SDF 模型定义存在错误,不能正确执行。

3.3.2.2 打破死锁

一个 SDF 模型,既有可能是开环结构,也有可能是有反馈的闭环结构。对于存在反馈的 SDF 模型,要求一个反馈回路必须至少包含一个采样延时(SampleDelay)角色的实例(SampleDelay 模型组件位于 FlowControl→SequenceControl 子库中)。如果没有使用 SampleDelay 角色,指示器无法判定角色调度的起始位置,这种情况表示 SDF 模型因闭环结构将产生死锁,即无法判定反馈回路最先从哪一个角色开始点火。

对于存在死锁的 SDF 模型,SampleDelay 的作用是为 SDF 模型提供一个或一组初始令牌,打破 SDF 模型中每个角色都在等待点火数据的死锁状态。与 SampleDelay 存在连接的后继角色,因为可以获取 SampleDelay 的初始令牌,将作为 SDF 模型最先触发执行的起点。实际使用时,SampleDelay 的初始令牌并不一定具有真正的数据意义。通常,SampleDelay 的初始令牌可以通过 initialOutputs 参数设置,该参数代表一个或一组令牌,能够促使下游角色执行点火操作,打破无初始令牌时将在反馈回路中的循环依赖。

SDF 的一致性要求对保证缓存区有界是一个充分条件,但是不足以保证一个模型可以无限执行。即使 SDF 模型是一致的,也可能产生死锁。SDF 指示器的另一个职责是分析模型的一致性,并判别是否存在死锁。为允许反馈,SDF 指示器对待延时角色(Delay Actor)与其他角色处理上是不同的。特别地,延时角色在它接收到输入令牌之前能够产生初始输出令牌。在 SDF 域中,初始令牌可以视作 SDF 模型执行的初始条件。

3.3.2.3 模型时间

默认情况下,SDF 指示器通常不使用模型的时间概念,即在 SDF 域中,模型时间不会随着 SDF 模型的执行而推进(尽管 SDF 指示器包含一个 Period 参数,代表 SDF 模型每一次迭代结束可以推进一个固定长度时间)。

3.3.3 动态数据流

SDF 假定连接关系指定了上下游角色执行触发操作的先后次序,因此,只需要知道 SDF 模型的起始角色,并按照平衡方程组解出最小一致解,在这两个前提下,SDF 指示器就可以确定每个角色的执行序列。但是,SDF 也有明显的缺陷,即 SDF 不能直接表达有条件的点火行为。例如,如何让一个令牌有某个特定值时,连接的角色才会点火。遇到这种应用场景,SDF 将不再适用,可以使用动态数据流(Dynamic Data Flow,DDF)实现动态的数据流角色点火行为。因此,DDF 比 SDF 更加灵活,DDF 域内的角色在每次点火时可以产生和消耗不同数量的令牌。

动态数据流域是同步数据流和布尔数据流域的超集。在 SDF 域中,角色每次触发都会消耗并生成固定数量的令牌。这一静态信息使得编译时生成调度计划成为可能。在 DDF 域中,角色的生产和消费行为很少受到限制,因为动态不确定性的存在,调度器将不能在编译阶段生成角色调度计划。相反,每个角色都有一组触发规则(或条件),如果满足其中的任何一个触发规则,就可以立即触发这个角色。一个特定的触发规则可以在输入端口形成未使用令牌序列的前缀。

DDF 域新增 4 类角色,如图 3-16 所示,包括分支角色(Switch Actor)、选择角色(Select Actor)、布尔分支角色(Boolean Switch Actor)、布尔选择角色(Boolean Selector Actor)。后两种较为特殊,限定输入数据为布尔令牌,并且布尔分支角色的输出通道和布尔选择角色的输入通道的数值为 2。这 4 类角色都将根据从控制端口接收的令牌决策是否在输出通道使用(或生成)令牌。

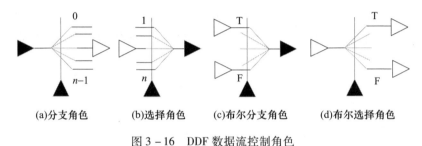

(a)分支角色　　(b)选择角色　　(c)布尔分支角色　　(d)布尔选择角色

图 3-16　DDF 数据流控制角色

每次点火时,Switch 消耗一个输入令牌和控制端口(在底部)的一个整数值令牌,并按照控制令牌的指示为输入令牌路由,以便将其传送到对应的输出通道。所有其他的输出通道在这次点火中不产生令牌。Select 消耗一个来自由控制令牌指定通道的令牌,并将它传送到输出,其他的输入通道不消耗令牌。BooleanSwitch 和 BooeanSelect 是两个特定用例角色。

3.3.3.1　DDF 调度规则

为了更好地描述 DDF 模型调度规则,按照是否可启用、是否可延迟对角色进行分类,定义以下 4 种角色状态:

①可启用且不可延迟角色:不能延迟,可以立即触发的角色。

②可启用且可延迟角色:可启用且可以延迟触发的角色。

③不可启用且可延迟角色:不能立即触发,但可以延迟触发的角色。

④不可启用且不可延迟角色:既不能立即触发,也不能延迟触发的角色。

对应以上 4 种角色状态定义,DDF 域的调度规则为:

(1)角色需要满足点火条件才能进行点火。

(2)调度器在一次基本迭代中将触发所有可启用的且不可延迟的角色。

(3)可延迟角色不会帮助其下游的角色被启用,因为它的下游角色可能在连接这两个角色的通道上已经有足够的令牌,也可能正在等待另外一个通道上的令牌。

(4)如果当前还未有角色触发(没有可启用和不可延迟的角色),那么在所有可启用且可延迟的角色中,调度器将触发那些在其输出通道上具有最小的最大令牌数量(满足目标角色的需求)的角色。

(5)如果仍然未有角色被触发,那么就表示没有可启用的角色。

3.3.3.2　DDF 动态调度算法

设 E 为可启用角色集合,D 为可延迟角色集合,一个基本迭代执行可以描述为表 3-12。

表 3-12　DDF 动态调度算法描述

```
If(E-D！=空集)//若存在可启用且不可延迟角色
  Fire(E-D);//触发满足指定条件的角色
Else if(D！=空集)//若存在可延迟角色
  Fire minmax(D);//触发输出通道上具有最小最大令牌数量(满足目标角色的需求)的角色
Else//若当前既不存在可启用角色,也不存在可延迟角色
  Declare deadlock;//表明遇到死锁
```

3.3.3.3　DDF 迭代

DDF 迭代由满足最小数量要求的基本迭代组成。在一次基本迭代中,DDF 指示器将对所有可启用且不可延迟的角色进行一次点火。一个可启用的角色是指这个角色的输入端口有足够的数据,或者没有输入端口。一个可延迟的角色是指这个角色的执行可以被延迟,因为下游角色不会要求它立即执行(或者是因为下游角色在连接它和可延迟角色的通道上已经有了足够的令牌,或是因为下游角色正在等待另一个通道或端口的令牌)。如果没有可启用且不可延迟的角色,那么指示器会对那些可启用且可延迟角色进行点火,但是要求这些角色的输出通道上拥有满足目的角色要求的最大令牌值的下限。如果以上情况都未出现,即当前仍然没有可启用的角色,那么表示 DDF 模型已经出现死锁。

SDF 和 DDF 都属于数据流计算模型,即角色的执行由输入数据的可用性进行驱动。不同之处在于:SDF 是一个简单的数据流计算模型,能够进行大量的

静态分析和有效的执行；而 DDF 在运行时进行调度决策，更为灵活，调度执行开销更大。

3.3.4 模态模型

模态模型(Modal Model,MM)主要用于显示地表示有限行为(或模式)的集合以及管理这些行为之间转移的一组规则。其中，管理行为之间转移的规则一般通过有限状态机定义。

3.3.4.1 模态模型结构

模态模型是一个分层角色，可以具有多个细化，而复合角色限定只有一个细化。每个细化都是对行为的某个模式的具体化，而状态机负责决定哪个细化在给定时刻是有效的。图 3-17 采用离散事件指示器控制数据流角色的调度执行，主要包括正弦波形(Sinewave)角色、泊松事件(PoissonClock)角色、ModalModel 和点时序(TimedPlotter)角色，通过数据流指向连接构成应用系统。

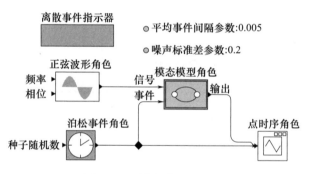

图 3-17 模态模型的应用

ModalModel 内部细化如图 3-18 所示，其所有行为由有限状态机(Finite Staus Machine,FSM)管理，细化共有无噪态(clean)和加噪态(noisy)两个状态。每一个状态就是一个模式。每一个模式由一个椭圆符号表示。ModalModel 是

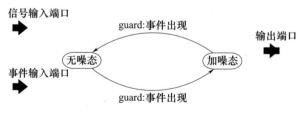

图 3-18 模态模型的结构

一个非透明的复合角色,负责定义模式的行为。模式通过代表状态转移的有向弧线相连接,每个有向转移弧线都要求指定具体的状态转移条件。

如图 3-19 所示,进一步地给出 clean 和 noisy 两个状态的内部结构。其中,clean 模式主要实现输入到输出的直接传递,nosiy 模式主要实现输入数据的加噪处理并输出结果。

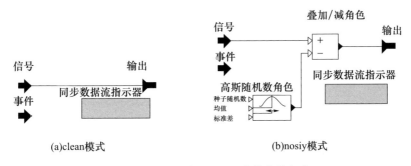

图 3-19　clean 与 noisy 两个状态的细化

图 3-20 主要描述了模态系统的输出结果,它是一个近似正弦的波形结果。

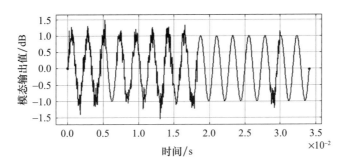

图 3-20　Modal Model 应用模型的输出结果

3.3.4.2　模态模型执行

模态模型的执行与有限状态机的执行类似。在 fire 函数中,模态模型的角色先读取输入,计算当前传出抢占式转移的条件值;如果没有抢占式转移,角色点火当前状态的细化,计算当前状态向外的非抢占式转移的条件值,并选择一个条件值为 true 的转移;最后执行选定转移的输出动作。在 postfire 函数中,模态模型的角色做以下处理:若角色被点火,则后点火当前状态的细化;执行选定转移的赋值动作,当前状态修改为选定转移的目标状态;若是复位转移,则初始化目标状态的细化。

3.3.4.3 模态模型转移

模态模型转移包括以下几种类型。

(1)普通转移:又称为"复位转移",当转移发生时,目标状态的细化已经被初始化了。

(2)抢占式转移:工作模式与分层 FSM 一样。当条件可用时,细化不执行。

(3)差错转移:在执行当前状态细化产生一个错误时,点火差错转移。

(4)终止转移:若源状态的所有细化在点火后阶段返回 false,且转移条件为 ture,则执行终止转移。

总之,FSM 和 ModalModel 提供了一个建立复杂模态行为的有效方法。

3.3.5 事件关联角色

一个面向事件的计算模型定义了一段时间内发生事件的集合,即面向事件的计算模型包含一系列事件,按时间顺序排列,并定义如何由这些事件点火其他事件。如果有外部提供的事件,它也会定义这些事件如何点火外部的事件。在离散事件域中,事件的时间由计时源和延迟角色控制;在有限状态机中,模型主要响应外部提供的事件,但也可能在条件中使用 timeout 函数产生计时事件。

Ptera 计算模型是一个通过有向边连接顶点的图,如图 3-21 所示,包含两个顶点和一条边。一个顶点相当于一个事件,一条有向边表示一个事件触发另一个事件发生的条件。在分层 Ptera 模型中,顶点也可以表示子模型,该子模型可以是 Ptera 模型、FSM 模型或者其他的 PtolemyⅡ 指示器的角色模型。唯一要求是必须符合角色抽象语义的定义。

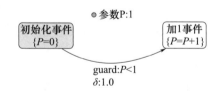

图 3-21 两个事件构成的 Ptera 计算模型

1. 事件参数

在 Ptera 模型中,一个事件可能包含一个形参列表,用于指定参数名称和类型。指向带参数事件的每个调度关系必须指定其"参数"的表达式列表。当处理事件时,这些表达式用来确定参数的实际值。

2. 取消关系

取消关系通过事件之间的虚线边进行描述,由布尔表达式确定转移条件,并且不能有延迟和参数。当某个事件正在执行且具有取消关系时,若转移条件为 true 且目标事件已经在时间队列中,则将目标事件从事件队列中移除。

3. 同时事件

同时事件是指安排在相同模型时间执行的事件队列中的多个事件实例。

4. LIFO/FIFO 策略

Ptera 模型指定两种策略控制事件队列中事件实例的访问顺序,确保具有确定性结果。后进先出(Last In First Out, LIFO)策略是 Ptera 的默认策略,另一种是先进先出策略。

5. 优先级

当相同事件以相同延迟时间调度多个事件时,可以通过分配给调度关系的优先级数确定事件执行的先后顺序。优先级是一个默认值为 0 的整数。

6. 事件命名及调度关系

在 Ptera 模型中,每个事件和每个调度关系都有一个名称。例如,Init、IncreaseA 和 IncreaseB 都是事件的名称。事件会分配一个默认名称,在分层模型的每一层,这些名称都是唯一的。当同时存在事件调度关系的优先级数相同时,Ptera 模型进一步按事件名称字典排序确定同时事件的执行顺序。分层模型中的同时事件可能会有相同的名称。这时,将使用调度关系名称确定不同层次重名事件的执行顺序。

7. 异构组合

1) Ptera 与 DE 模型组合

DE 模型可以包含 Ptera 模型。在 DE 模型中,模型的组件、角色将消耗输入事件并产生输出事件;而在 Ptera 模型中,完整的 Ptera 模型通过产生输出事件对输入事件进行响应。

2) Ptera 与 FSM 模型组合

Ptera 模型可以包含与事件相关联的优先状态机子模型,在事件执行或输入端口接收到输入时,点火优先状态机。

总的来讲,Ptera 模型提供了一种替代 FSM 和 DE 模型的方法,提供对基于事件系统建模的互补方法。与 FSM 中的状态和 DE 中的角色相比较,Ptera 模型中的组件是事件。连接事件的调度关系表示因果关系,其中一个事件可以在特定条件(条件表达式、超时和输入条件)下触发另一个事件。

3.3.6 域元模型

3.3.6.1 管理器

管理器类通过接口实现方式继承一组接口,包括 Cloneable、Runnable、Changeable、Debuggable、DebugListener、Derivable、ModelErrorHandler、MoMLExportable、Moveable 和 Nameable。同时,Manager 还是 NamedObj 的派生子类。Manager 定义一个内部类 Manager.State,用于描述状态分类,主要包括崩溃(CORRUPTED)、退出、空闲(IDLE)、推断宽度(INFERING_WIDTHS)、初始化(INITIALIZING)、迭代执行(ITERATING)、暂停(PAUSED)、断点暂停(PAUSED_ON_BREAKPOINT)、预初始化(PREINITIALIZING)、解析类型(RESOLVING_TYPES)、抛出异常(THROWING_A_THROWABLE)和收尾(WRAPPING_UP)。

对于启动一个系统执行,Manager 类提供三种方式:

1. 调用 execute( )

这是执行模型的最基本方式。执行过程中,模型将进行同步,即当执行完成时,execute( )方法才返回。发生的异常将被执行方法抛出到调用线程,不会向任何执行监听器(Execution Listener)报告。

2. 调用 run( )

这个方式用于启动一个模型的同步执行,会捕获所有异常,并将异常传递给 notifyListenersOfException( )方法,但是不会向调用线程抛出这些异常。

3. 调用 startRun( )

调用 startRun( )启动模型是异步执行,而非同步执行。startRun( )会启动一个新的线程来执行模型,然后立即返回。对于异常,将使用 notifyListenersOfException( )方法报告。

Manager 还提供对拓扑结构变化的清扫处理功能。例如,添加或删除实体、端口或关系、创建或销毁链接、更改参数的值或类型等操作都会引起拓扑结构的变化。通常,在模型执行过程中,变更发生时不一定是安全的。模型可以使用 requestChange( )方法对层次结构中的任何对象或者管理器的变更请求排队。在层次结构中,一个对象只是将请求委托给它的容器,请求会沿着层次结构向上传播,直到到达顶层的复合角色(Composite Actor),顶层的复合角色会将请求委托给 Manager,由管理器最先执行更改请求。一般地,Manager 具体实现时,变更是在迭代过程中执行的。

Manager 可以将一个对象作为变更监听器注册到一个复合角色。当通过 requestChange()发出的请求变更被成功执行时,或者当变更请求以异常失败结束时,变更监听器会得到通知。如果所有关联的指示器允许,Manager 可以在迭代过程中使工作区间写保护来优化执行性能。这样可以消除在工作区间上获得读和写权限的一些开销。默认情况下,指示器不允许这样做,但实际使用时许多指示器都明确地放弃了写访问权,以允许更快地执行。为此,指示器会声明它们不会在执行过程中对拓扑进行更改。总之,当需要执行修改操作时,必须通过 requestChange()委托给 Manager。

许多域都使用了静态分析,如静态调度的角色触发。在某些情况下,这些分析必须利用全局信息。Manager 为管理这一类全局信息提供了一种集中分析机制。例如,在预初始化阶段,域可以调用 getAnalysis()、addAnalysis()创建一个全局分析。这种机制可以确保只创建一次特定类型的分析。在预初始化之后,Manager 会清除分析列表,以避免占用不必要的内存,同时确保在下一次调用模型时再次执行分析。

Manager 定义了以下一些操作(或方法)。

(1) void addAnalysis(String name, Object analysis):向该管理器添加一个静态分析。

(2) void addExecutionListener(ExecutionListener listener):添加 listener,用于监听模型执行状态变化。

(3) void elapsedTimeSinceStart():返回模型开始执行以来的运行时间(以毫秒为单位)。

(4) void enablePrintTimeAndMemory(boolean enabled):启用或禁用选项,以便在模型执行结束时打印时间和内存信息。

(5) void execute():管理器执行。

(6) void exitAfterWrapup():使系统在 wrapup()之后退出。

(7) void finish():如果状态不是空闲的,设置一个标志,在下一次顶层迭代结束时,以完全确定的方式请求执行停止和退出。

(8) Object getAnalysis(java.lang.String name):获取 name 分析结果,若不存在此类分析,则返回 null。

(9) NamedObj getContainer():返回这个管理器控制执行的顶层复合角色对象。

(10) Object getExecutionIdentifier(Throwable throwable):获取抛出 throwable

异常的对象。

（11）int getIterationCount()：返回迭代执行次数值，这是已经开始（但不一定完成）的迭代数。

（12）long getPreinitializeVersion()：最后完成 preinitializeAndResolveTypes() 时返回工作区间版本号。

（13）long getRealStartTime()：获取模型开始执行的时间。

（14）Manager.StategetState()：返回管理器的当前执行状态。

（15）String getStatusMessage()：返回状态消息，如所耗费的时间等。

（16）Thread getWaitingThread()：返回一个正在等待的线程。

（17）void initialize()：初始化管理器对象。

（18）void invalidateResolvedTypes()：表明系统中的解析类型不再有效。

（19）boolean isExitingAfterWrapup()：如果 exitAfterWrapup() 方法被调用，那么返回 true。

（20）boolean iterate()：管理器执行一次。

（21）void notifyListenersOfException(Exception exception)：将异常 exception 通知到所有执行监听器。

（22）void notifyListenersOfThrowable(Throwable throwable)：将 throwable 通知到所有执行监听器。

（23）void pause()：管理器暂停执行。

（24）void pauseOnBreakpoint(String breakpointMessage)：在断点处暂停管理器执行。

（25）void preinitializeAndResolveTypes()：管理器对象预初始化，完成对模型的类型解析。

（26）void preinitializeIfNecessary()：如果工作区间版本自上一次调用 preinitializeAndResolveTypes() 方法以来已经发生改变，那么立即调用这个方法，并在完成时将管理器的状态设置为 IDLE。

（27）void preinitializeThenWrapup(Actor actor)：调用 actor 的 preinitialize() 方法和 wrapup() 方法。

（28）void removeExecutionListener(ExecutionListener listener)：从执行监听器队列中删除指定 listener。

（29）void requestInitialization(Actor actor)：管理器向 actor 发出初始化请求，将请求加入队列。

(30) void resolveTypes():检查所有链接上的类型并解析未声明的类型。

(31) void resume():如果模型执行被暂停,调用该方法可以恢复执行。

(32) void run():执行管理器对象,捕获所有异常。

(33) void setStatusMessage(String message):设置状态消息。

(34) void setWaitingThread(Thread thread):指定 thread 为管理器的等待线程。

(35) void startRun():在另一个线程中启动管理器 Manager 对象执行,并返回。

(36) void stop():如果管理器的状态不是空闲的,那么设置一个标志,在下一个顶层迭代结束时,以完全确定的方式请求执行停止和退出。

(37) String timeAndMemory(long startTime):返回一个字符串,描述自开始时刻以来的运行时间。

(38) String timeAndMemory(long startTime,long totalMemory,long freeMemory):返回一个字符串,描述自开始时刻以来的运行时间和内存量。

(39) void waitForCompletion():如果通过 startRun() 方法创建一个活跃的线程,等待它完成并返回。

(40) void wrapup():通过调用顶层复合角色的 wrapup() 方法来结束这个管理器。

3.3.6.2 指示器

指示器类(Director)实现了一些主要的接口定义,包括 Cloneable、Executable、Initializable、Changeable、Debuggable、DebugListener、Derivable、ModelErrorHandler、MoMLExportable、Moveable 和 Nameable 等。此外,从 Director 派生可以得到一些子类,包括 DDFDirector、DEDirector、FSMDirector、ProcessDirector、PteraDirector、SequencedModelDirector 和 StaticSchedulingDirector 等。

一个位于顶层的复合角色会与 Manager 和本地指示器(Local Director)产生联系。Director 主要用于控制一个复合角色(CompositeActor)的执行。包含一个 Director 的 CompositeActor 称为非透明的角色,在 CompositeActor 范围内执行模型将由 CompositeActor 包含的 Director 负责安排其内部角色的执行过程,这个 Director 称为 CompositeActor 的 local director。除此之外,一个复合角色还可以知道其所属容器的指示器,这个指示器称为可执行指示器(Executive Director)。一个 CompositeEntity 可以包含一个 director,这种情况下,指示器就像复合实体内的其他实体一样进行操作。

local director 负责调用被这个复合角色所包含的角色。如果没有本地指示器(这种情况下复合角色是透明的),那么执行指示器将负责这一职责(透明的角色由外层指示器控制执行)。调用 CompositeActor 的 getDirector() 方法可以返回本地指示器。否则,getDirector() 方法返回 executive director。无论返回的指示器是 local director 或是 executive director,都会负责对复合角色内部所包含角色的控制执行。若没有,则返回 null。不管返回指示器是 local director 还是 executive director,统称为 director。

一个 director 需要具体实现以下一组操作方法,包括预初始化 preinitialize()、初始化 initialize()、预触发/预点火 prefire()、触发/点火 fire()、后触发/后点火 postfire()、迭代执行 iterate()、总结/收尾 wrapup()。指示器还提供一些方法用于优化执行过程的迭代部分。对于 Director 派生的子类(如特定域指示器)要求重写_writeAccessRequired() 方法,用于报告写访问是不允许的。如果一个模型没有指示器要求写访问,那么将工作区间设置为只读是安全的,这样将会促使执行更快。

Director 定义三种构造函数,分别是 Director()、Director(CompositeEntity, String)和 Director(Workspace)。其中,Director()表示在默认工作区间中以空字符串为名称构造一个指示器。具体过程可以描述为:第一个构造函数 Director 添加到工作区的对象列表中,并增加工作区间的版本号。第二个构造函数 Director(CompositeEntity,String)表示在带有指定名称的给定容器中构造一个 director。容器参数不能为空 null,否则将抛出 NullPointerException。如果名称参数为 null,那么将名称设置为空字符串。第三个构造函数表示在指定的工作区间中使用空名称构造一个 director。

addInitializable(Initializable)方法已经被重写(表3-13),用于将指定的 initializable 添加到对象集合。在 Director 调用预初始化、初始化、收尾等操作时,对象集合中的这些对象的预初始化 preinitialize()、初始化 initialize()、收尾 wrapup()方法也会相应被调用。

表3-13 Director 类 addInitializable(Initializable)方法具体实现

```
public void addInitializable(Initializable initializable){
   if(_initializables = = null)
      _initializables = new LinkedHashSet<Initializable>();
   _initializables.add(initializable);
}
```

attributeChanged(Attribute)方法也被重写,目的是更新 startTime、_stopTime 两个私有的局部变量。

clone(Workspace)方法也被重写(表 3 – 14),主要用于复制对象到指定工作区间。

表 3 – 14　Director 类 clone(Workspace)方法具体实现

```
public Object clone(Workspace workspace)throws CloneNotSupportedException{
    Director newObject =(Director)super.clone(workspace);
    newObject._actorsFinishedExecution = null;
    newObject._initializables = null;
    newObject._startTime = null;
    newOjbect._stopTime = null;
    newObject._zeroTime = new Time(newObject);
    newObject._executionAspects = null;
    newObject._aspectForActor = null;
    newObject._newxtScheduleTime = null;
    return newObject;
}
```

fire()也是一个被重写的方法(表 3 – 15),对于指示器所在容器内的所有被深度包含的角色迭代执行一次,而且只执行一次。在这个方法执行过程中,层次结构下被包含角色的一次迭代可能会在其后触发 postfire()方法中修改模型的状态信息。角色按照其在 deepEntityList()方法返回列表中出现的顺序执行触发操作,这通常也是角色被创建的顺序。如果预触发操作 prefire()返回值为 true,那么触发操作 fire()紧接着被调用一次,之后是触发后操作 postfire()被调用。如果指示器所在容器对象不是 CompositeActor 的实例,那么 fire()方法实际上将不做任何处理。

表 3 – 15　Director 类 fire()方法具体实现

```
public void fire()throws IllegalActionException{
    if(_debugging){
        _debug("Director:call fire().");
    }
    Nameable container = getContainer();
    if(container instanceof CompositeActor){
        Iterator<?> actors =((CompositeActor)container).deepEntityList().iterator();
        int iterationCount =1;
        while(actors.hasNext()&& ! _stopRequested){
```

```
        Actor actor=(Actor)actors.next();
        if(_debugging){
            _debug(new FiringEvent(this,actor,FiringEvent.BEFOR_ITERATE,ite-
rationCount));
        }
        if(actor.iterate(1)==Executable.STOP_ITERATING){
            if(_debugging){
                _debug("Actor requests halt:"+((Nameable)actor).getFullName
());
            }
            break;
        }
        if(_debugging){
            _debug(new FiringEvent(this,actor,FiringEvent.AFTER_ITERATE,ite-
rationCount));
        }
    }
  }
}
```

initialize()也是一个被重写的方法(表3-16),用于对指示器所控制的模型进行初始化:首先,将当前时间设置为执行指示器的开始时间或当前时间;其次,在指示器控制范围内对每一个角色调用director.initialize(Actor actor)(从director.initialize()到被指示器控制角色的actor.initialize()之间的行为传递过程)。若指示器所在容器不是复合角色的实例,则不会做任何处理。通常,Director的initialize()操作只调用一次,是在预初始化阶段之后,并在迭代执行之前。如果指示器需要重新初始化,那么允许在执行过程中调用初始化方法。由于类型解析在迭代执行前已经完成,并且当前时间已被设定,一个被指示器所在容器包含角色的初始化initialize()可能会产生输出或者调度事件。如果在执行初始化时调用了stop()方法,那么会立即停止对角色的初始化操作。

表3-16 Director 类 initialize()方法具体实现

```
public void initialize()throws IllegalActionException{
    if(_debugging){
        _debug("Called initialize().");
    }
    if(_initializables!=null){
        for(Initializable initializable:_initializables){
```

续表

```
        initializable.initialize();
    }
}
_actorsFinishedExecution = new HashSet();
_finishRequested = false;
localClock.resetLocalTime(getModelStartTime());
localClock.start();
if(_nextScheduleTime! = null){
    _nextScheduleTime.clear();
}
_tokenSentToCommunicationAspect = false;
Nameable container = getContainer();
if(container instanceof CompositeActor){
    Iterator <?> actors = ((CompositeActor)container).deepEntityList().iterator();
    while(actors.hasNext()&& ! _stopRequested){
        Actor actor = (Actor)actors.next();
        if(_debugging){
            _debug("Invoking initialize():",((NamedObj)actor).getFullName());
        }
        initialize(actor);
    }
}
```

isFireFunctional()方法在 Director 类中被重写。指示器 director 在 fire()方法中迭代执行角色,包括调用每个角色的后触发 postfire()方法,因此,fire()操作可能会改变模型的状态。所以,Director 类的 isFireFunctional()方法的返回值是 false。

isStrict()方法在 Director 类中被重写,返回值是 true,代表有严格性约束,不允许输入是未知的。

transferinput()在调用 hasToken()之前没有检查输入是否已知。如果输入是未知的,将会抛出一个异常。因此,指示器要求输入是已知的以便于迭代执行。Director 派生的子类如果要求允许输入未知,那么应该重写 isStrict()方法并返回 false。

iterate(int)方法在 Director 类中被重写,表示 Director 将调用指定次数的迭代执行。

书中经常提到"迭代"一词,代表iterate()操作。"一次迭代"代表iterate()操作执行一次。但是,深入iterate()操作的内部具体实现,主要步骤包括预触发、触发和触发后三个操作的调用执行。指示器所控制的对象通常是一个复合角色实例。复合角色是具有层次结构的模型,即它是由其他一组角色(包括原子角色、复合角色)的实例通过数据流指向关系组合生成的新对象。指示器的一次迭代,看似是Director.iterate()调用执行一次,其实会牵涉一组角色的具体执行,包括每个角色的预触发、触发、触发后等操作的调用执行。事实上,一方面要考虑多个角色对象需要迭代执行,另一方面还要考虑每个角色有多种操作接口需要调用执行。所以,Director类定义和实现规定:"指示器的一次迭代"是对指示器的容器对象所包含的角色,按照其创建的先后顺序依次调用角色的预触发prefire()、触发fire()、后触发postfire()。当所有角色执行结束,Director也就完成了指示器一次迭代过程。

关于预触发prefire()、触发fire()、后触发postfire()、stop()这些操作(或方法),其返回值的不同将会影响指示器迭代执行的过程,具体包括:

(1)如果预触发prefire()返回true值,那么fire()将被调用一次,接着是后触发postfire()。

(2)如果prefire()返回false,fire()和postfire()都不会被调用,此时,iteratre(int)返回NOT_READY。

(3)如果postfire()返回false,表示后面将不会再次执行迭代,此时,iterate(int)方法返回STOP_ITERATING。

(4)如果postfire()返回true,且迭代计数未到达指定次数,且没有请求停止,那么继续下一次迭代。

(5)如果在执行期间调用stop()方法,将立即停止迭代并返回STOP_ITERATING。

(6)如果执行期间没有调用stop()方法,且迭代完成,将返回COMPLETED。

综合以上描述,iterate(int)重写方法所实现过程的代码段如表3-17所示。

表3-17 Director类iterate(int)方法具体实现

```
public int iterate(int count)throws IllegalActionException{
    int n=0;
    while(n++<count&&!_stopRequested){
        if(prefire()){
            fire();
            if(!postfire()){
```

```
            return Executable.STOP_ITERATING;
        }
    }
    else{
        return Executable.NOT_READY;
    }
}
if(_stopRequested){
    retrunExecutable.STOP_ITERATING;
}
else{
    return Executable.COMPLETED;
}
}
```

当然,Director 派生的子类也可以重写 iterate(int)方法以执行更高效的代码。

postfire()方法在 Director 类中被重写。如果指示器希望被安排执行下一次迭代,那么要求 postfire()方法返回结果为 true。postfire()方法是由指示器所在容器对象调用的,用以查看该指示器是否希望再次执行。一般地,不应该由所包含角色自己调用 postfire()方法。在 Director 类中,如果在预初始化 preinitialize()方法之后调用了 stop()方法,此时 postfire()方法将返回 false。否则,postfire()返回 true。如果需要重写 postfire()方法,要求派生子类必须遵守严格语义。Director 类定义中的受保护变量_stopRequested 用于指示 stop()方法是否已调用。Director.postfire()重写方法的具体代码如表 3 - 18 所示。

表 3 - 18　Director 类 postfire()方法具体实现

```
public boolean postfire()throws IllegalActionException{
    if(_debugging){
        _debug("Director:Called postfire().");
    }
    return ! _stopRequested&& ! _finishRequested;
}
```

prefire()方法在 Director 类中被重写。如果指示器准备好触发,prefire()方法返回 true。prefire()方法由 director 所在容器调用,用以确定 director 是否准备执行。通常,不会由所包含角色调用 prefire()方法。如果这个指示器对象不在层次结构的顶层，Director 会同步到环境时间，并对本地时钟漂移做出必要调整。Director 类定义时，通常假设 director 总是准备被触发，所以 prefire() 方法返回值为 true。域指示器可以重写 prefire() 方法，以提供特定域的行为（操作）。但是，如果它们希望在这个方法中传播时间，那么应该调用 super.prefire()。Director.prefire() 方法的具体实现代码如表 3-19 所示。

表 3-19　Director 类 prefire() 方法具体实现

```
public booleanprefire()throws IllegalActionException{
   if(_debugging){
      _debug("Director:Called prefire().");
   }
   Time modifiedTime = _consultTimeRegulators(localClock.getLocalTimeFor-
CurrentEnvironmentTime());
   setModelTime(modifiedTime);
   if(_debugging){
      _debug("Setting current time to" +getModelTime());
   }
   return true;
}
```

preinitialize() 方法在 Director 类中被重写，负责验证 attributes 并调用深层次包含角色的 preinitialize() 方法（从 director.preinitialize() 到被含角色的 actor.preinitialize() 的一个行为传递过程）。preinitialize() 方法只调用执行一次，并在 initialze() 之前调用。预初始化阶段没有设定时间，建议角色的 preinitialize() 方法不应该使用时间。Director.preinitialize() 方法的具体实现代码如表 3-20 所示。

表 3-20　Director 类 preinitialize() 方法具体实现

```
public void preinitialize()throws IllegalActionException{
   if(_debugging){
      _debug(getFullName()," Preinitializing...");
   }
   Attribute timeResolution = getAttribute("timeResolution");
   if(timeResolution! = null){
      double timeResolutionDouble = ((DoubleToken)((Parameter)timeResolu-
tion).getToken()).doubleValue());
      try{
         timeResolution.setContainer(null);
      }
```

续表

```
      catch(NameDuplicationException e){
         e.printStackTrace();
      }
      localClock.globalTimeResolution.setToken(""+timeResolutionDouble);
   }
   _zeroTime = new Time(this,0.0);
   localClock.initialize();
   if(_initializables! = null){
      for(Initializableinitializable:_initializables)
         initializable.preinitialize();
   }
   Iterator<?> attributes = attributeList(Settable.class).iterator();
   while(attributes.hasNext()){
      Settable attribute = (Settable)attributes.next();
      attribute.validate();
   }
   localClock.resetLocalTime(getModelStartTime());
   localClock.start();
   _stopRequested = false;
   _finishRequested = false;
   Nameable container = getContainer();
   if(container instanceofCompositeActor){
      Iterator entities = ((CompositeActor)toplevel()).entityList(LazyComposite.class).iterator();
      while(entities.hasNext()){
         LazyCompositelazyComposite =(LazyComposite)entities.next();
         lazyComposite.populate();
      }
      Iterator<?> actors = ((CompositeActor)container).deepEntityList().iterator();
      while(actors.hasNext()){
      Actor actor = (Actor)actors.next();
      if(_debugging)
         _debug("Invoking preinitialize():",((NamedObj)actor).getFullName());
         preinitialize(actor);
   }
   Manager manager = ((Actor)container).getManager();
   if(manager == null || manager.getPreinitializeVersion()! = workspace().getVersion())
      _createReceivers();
   }
```

```
    _aspectsPresent = false;
    _executionAspects = new ArrayList < ActorExecutionAspect > ();
    if(getContainer()instanceof CompositeActor){
        for(Object entity:((CompositeActor)getContainer()).entityList(ActorExecutionAspect.class)){
            ActorExecutionAspect aspect =(ActorExecutionAspect)entity;
            _executionAspects.add(aspect);
        }
        _aspectsPresent = ((CompositeActor)getContainer()).entityList(CommunicationAspect.class).size()>0;
    }
    if(_debugging)
        _debug(getFullName(),"Finished preinitialize().");
}
```

removeInitializable(Initializable)被重写,从对象列表中删除指定的对象 Initializable,同时 preinitialize()、initialize()和 wrapup()方法应该在调用指示器的相应方法时调用。setContainer(NamedObj)方法的实现过程代码如表 3 – 21 所示。

表 3 – 21 Director 类 setContainer(NamedObj container)方法具体实现

```
public void setContainer(NamedObj container)throws IllegalActionException,
NameDuplicationException{
    try{
        _workspace.getWriteAccess();
        NameableoldContainer = getContainer();
        if(oldContainer instanceof CompositeActor && oldContainer! = container){
            Director previous = null;
            CompositeActor castContainer =(CompositeActor)oldContainer;
            Iterator <?> directors = castContainer.attributeList(Director.class).iterator();
            while(directors.hasNext()){
                Director altDirector =(Director)directors.next();
                if(altDirector! = this)
                    previous = altDirector;
            }
            castContainer._setDirector(previous);
        }
        super.setContainer(container);
        if(container instanceof CompositeActor)
```

续表

```
        ((CompositeActor)container)._setDirector(this);
    }
    finally{
        _workspace.doneWriting();
    }
}
```

setContainer(NamedObj container)方法用于设定一个容器,分类描述以下情况:

(1)如果指定的容器是CompositeActor的实例,这个director将成为复合角色有效的指示器。否则,director将和容器内的其他对象一样作为一个属性attribute。

(2)如果容器与这个director不在同一个工作区间,将抛出一个异常。如果这个director已经是容器的一个属性,那么setContainer(NamedObj container)方法会使其成为有效的指示器。

(3)如果指示器已经拥有一个容器,那么先要将它从这个容器中删除。

(4)如果指示器没有容器,那么要将其从工作区间的目录中删除。这个指示器没有被添加到工作区间的目录中,所以调用带有空值null参数的setContainer()方法可能会导致这个指示器被垃圾收集。

(5)如果setContainer(NamedObj container)方法致使这个指示器被从一个复合角色容器中删除,那么这个director就不再是这个复合角色容器有效的指示器。

(6)如果这个复合角色包含其他指示器,那么最近加入的指示器将会成为有效的指示器。

stop()方法代表指示器完全停止执行。指示器调用执行stop()方法会进一步对director所在容器中所有角色调用执行stop(),还会设置一个标志,以便下次调用postfire()返回false。如果需要给出确定的停止,可以调用finish()方法。Director.stop()方法具体实现代码如表3-22所示。

表3-22 Director类stop()方法具体实现

```
public void stop(){
    _stopRequested = true;
    Nameable container = getContainer();
    if(container instanceof CompositeActor){
```

```
        Iterator<?> actors = ((CompositeActor)container).deepEntityList().
iterator();
        while(actors.hasNext()){
            Actor actor = (Actor)actors.next();
            actor.stop();
        }
    }
}
```

stopFire()方法表示请求停止当前迭代执行。在Director类中,这个请求将被简单地传递给由director所属容器包含的所有角色。stopFire()方法调用时会设置一个标志,以使所有执行线程挂起。如果再次调用fire(),那么执行将从挂起点继续运行。但是,不应该假设fire()会被再次调用,有可能会是wrapup()方法被调用。如果容器不是CompositeActor的实例,stopFire()不执行任何操作。Director.stopFire()方法具体实现代码如表3-23所示。

表3-23 Director类stopFire()方法具体实现

```
public void stopFire(){
    Nameable container = getContainer();
    If(container instanceof CompositeActor){
        Iterator<?> actors = ((CompositeActor)container).deepEntityList().
iterator();
        while(actors.hasNext()){
            Actor actor = (Actor)actors.next();
            Actor.stopFire();
        }
    }
}
```

terminate()方法表示强制终止当前正在执行的模型,但并不是正常的停止执行。通常,停止执行可以调用finish()。terminate()一般是采用常规方法终止执行失败时被使用,失败可能是由于某些程序性错误(无限循环、线程错误等)造成的。terminate()返回后,并不能保证拓扑仍然处于一致性状态。因此,在进一步尝试任何一个操作之前,可能应该重新构建拓扑。指示器的派生子类应该重写terminate()方法以释放使用中的所有资源,并结束任何子线程。同时,派生子类不应该同步terminate(),因为原则上这个方法应该尽快执行。Director.terminate()方法具体实现代码如表3-24所示。

表 3-24　Director 类 terminate( )方法具体实现

```
public void terminate(){
   Nameable container = getContainer();
   if(container instanceof CompositeActor){
      Iterator<?> actors = ((CompositeActor)container).deepEntityList().
iterator();
      while(actors.hasNext()){
         Actor actor = (Actor)actors.next();
         actor.terminate();
      }
   }
}
```

　　Director 将根据角色被创建的顺序在相关角色上调用 wrapup( )。如果指示器所在容器不是 CompositeActor 的实例,wrapup( )不执行任何操作。每次执行 iterate( )后都应该调用 wrapup( )。调用 wrapup( )后,其他操作方法不应该再被调用。Director.wrapup( )具体实现代码如表 3-25 所示。

表 3-25　Director 类 wrapup( )方法具体实现

```
public void wrapup()throws IllegalActionException{
   if(_debugging)
      _debug("Diretor:Called wrapup().");
   if(_initializables! = null){
      for(Initializable initializable:_initializables)
         initializable.wrapup();
   }
   Nameable container = getContainer();
   if(container instanceof CompositeActor){
      Iterator<?> actors = ((CompositeActor)container).deepEntityList().
iterator();
      while(actors.hasNext()){
         Actor actor = (Actor)actors.next();
         actor.wrapup();
      }
   }
}
```

　　可以通过 createSchedule( )方法为 director 创建调度时间表。在 Director 类中,createSchedule( )方法默认为空,具体实现细节将由其派生子类负责。

　　defaultDependency( )方法返回一个默认的依赖关系,以便在输入端口和输出端口之间使用。如果需要专门的依赖关系,Director 派生的子类可以重写 defaultDependency( )方法。这个方法返回值的数据类型为依赖关系接口 Dependency。Director.defaultDependency( )方法的具体实现代码如表 3 – 26 所示。

表 3 – 26　Director 类 defaultDependency( )方法具体实现

```
public Dependency defaultDependency(){
   if(isEmbedded())
      return((CompositeActor)getContainer()).getExecutiveDirector(). defaultDependency();
   else
      return BooleanDependency.OTIMES_IDENTITY;
}
```

finish( )方法请求在当前迭代完成后,并且 postfire( )返回 false,指示环境将不再需要调用更多迭代。

fireAt(Actor actor,double time)方法请求在给定的绝对时间内触发指定角色。如果角色创建了自己的异步线程,应该使用 fireAtCurrentTime( )方法来调度触发操作。fireAt(Actor,Time,int)方法要求在给定的模型时间内用给定的微步对给定的角色进行触发。fireAt(Actor,Time,int)方法的内部实现是通过委托并调用 fireContainerAt(Time,int)方法的。fireAtCurrentTime(Actor actor)方法表示请求在当前模型时间内触发给定的角色。Director 的这个方法只是调用 fireAt(actor,getModelTime( ))并返回结果。

fireContainerAt(Time time)方法要求在指定时间对该指示器所属容器进行触发,如果执行指示器不同意在规定时间内完成,将抛出一个异常。如果没有执行指示器,那么忽略该请求。fireContainerAt(Time time,int microstep)方法增加了一个微步参数 microstep,请求在指定时间和微步对该指示器所属容器进行触发。Director.fireContainerAt(Time,int)方法的具体实现代码如表 3 – 27 所示。

表 3 – 27　Director 类 fireContainerAt(Time,int)方法具体实现

```
public Time fireContainerAt(Time time,int microstep)throws IllegalActionException{
   Actor container = (Actor)getContainer();
   if(container! = null && ! _isTopLevel()){
      Director director = container.getExecutiveDirector();
      if(director! = null){
         if(_debugging)
            _debug("Requesting that enclosing director refire me at " + time + " with microstep " + microstep);
         Time environmentTime = localClock.getEnvironmentTimeForLocalTime(time);
```

续表

```
        Time result =director.fireAt(container,environmentTime,microstep);
        if(! result.equals(environmentTime)){
            throw new IllegalActionException(this,"Timing incompatibility error:"+director.getName() +
                "is unable to fire " + container.getName() + " at the requested time:"+time +
                ".It responds it will fire at:"+result +".");
        }
        return localClock.getLocalTimeForEnvironmentTime(result);
    }
}
return localClock.getLocalTime();
}
```

如果 director 控制的下一个角色可以被调度，scheduleContainedActors()将返回 true。

getCausalityInterface()方法返回一个因果关系接口 causality interface。Director 类实现 getCausalityInterface()方法时，返回 CausalityInterfaceForComposites 的一个实例，Director 派生的子类可以重写这个方法在返回时获得一个特定域的因果关系接口。

getDeadline(NamedObj,Time)方法用于计算一个角色可以触发的最后期限(最晚时间)。Director 类将这个最后期限设定为 Time.POSITIVE_INFINITY(表示时间无穷大，实际值为 null)。

getEnvironmentTime()方法返回当前环境时间(所包含执行指示器的当前时间)；否则，返回 null。

getGlobalTime()方法返回模型的全局时间。全局时间是指模型中位于顶层的指示器调用 getModelTime()方法的返回值。

getModelNextIterationTime()方法返回由指示器或者层次结构上任何封闭模型的指示器执行模型的下一个时间。如果指示器位于顶层，返回当前时间。否则，返回被包含指示器的返回值。

getModelStartTime()方法返回起始时间值(start time 值)。否则，返回被包含指示器的当前时间。

getModelStopTime()方法返回终止时间值(stop time 值)。否则，返回 Time.POSITIVE_INFINITY。

getModelTime()方法返回指示器执行模型的当前时间。可以调用 setModel-

Time()设置模型时间。

getTimeResolution()方法返回模型的时间精度。时间精度是模型的最小时间单位。

如果指示器假设并输出严格角色语义,调用 implementsStrictActorSemantics()将返回 true。实现该接口的指示器要求保证在角色的所有输入的当前标签被知道之前,它不会调用角色的 postfire()方法。

initialize(Actor)通常在指定角色上执行特定域初始化,并调用其 initialize()。Director.initialize(Actor)具体实现代码如表 3-28 所示。

表 3-28　Director 类 initialize(Actor)方法具体实现

```
public void initialize(Actor actor)throws IllegalActionException{
    if(_debugging)
      _debug("Initializing actor:" +((Nameable)actor).getFullName() +".");
    actor.initialize();
    if(getExecutionAspect((NamedObj)actor)! = null)
      _aspectsPresent = true;
}
```

resumeActor(NamedObj actor)方法用于继续执行因所需资源不能满足而导致先前被锁定的角色。通常,这个方法由数据类型为 ActorExecutionAspect 的角色主动调用。

invalidateResolvedTypes()方法指出模型中的解析类型可能不再有效。Director.invalidateResolvedTypes()方法的具体实现代码如表 3-29 所示。

表 3-29　Director 类 invalidateResolvedTypes()方法具体实现

```
public void invalidateResolvedTypes(){
    Nameable container = getContainer();
    if(container instanceof CompositeActor){
      Manager manager =((CompositeActor)container).getManager();
      if(manager! = null)
        manager.invalidateResolvedTypes();
    }
}
```

调用 invalidateSchedule()方法可以指示模型的时间表不再有效。当进行拓扑更改时,或者在可能导致调度无效的任何更改时,可以调用 invalidateSchedule()。

如果 director 被嵌入另一个复合角色包含的不透明复合角色,isEmbedded

（　）方法返回 true。

如果模型已经停止,调用 isStopRequested( )方法将返回 true。

mutexLockObject( )方法用于返回 Director 对象以获得该指示器的互斥锁。

newReceiver( )方法返回与指示器类型兼容的一个新的接收器。

notifyTokenSentToCommunicationAspect( )方法用于通知指示器有一个令牌被发送到通信的一方。

preinitialize(Actor)方法用于对指定的角色进行预初始化,由那些需要调用预初始化的指示器使用。

requestInitialization(Actor)用于对向 Manager 发出的初始化请求排队。指定角色在迭代之间调用 preinitialize( )和 initialize( )进行初始化。当一个角色将其容器设定为某个复合角色时,将由该复合角色调用 requestInitialization(Actor)。在模型第一次构建,以及变更请求的 execute( )方法中会出现这种情况。Director. requestInitialization(Actor)具体实现代码如表3-30 所示。

表3-30　Director 类 requestInitialization(Actor)方法具体实现

```
pubic void requestInitialization(Actor actor){
   Nameable container = getContainer();
   if(container instanceofCompositeActor){
      Manager manager = ((CompositeActor)container).getManager();
      if(manager! = null)
         manager.requestInitialization(actor);
   }
}
```

resume( )方法用于开始或者继续运行一个角色,这也就意味着需要重启局部时钟。

setEmbedded(boolean)方法带有 false 参数时,将使该指示器具有位于顶层的指示器所具有的操作,即使这个指示器不是位于顶层的。通常,这个方法是供复合角色对象使用的。

setModelTime(Time)方法用于给模型的当前时间设定一个值。

setTimeResolution(double)方法用于设定模型的最小时间单位,即时间精度。

suggestedModalModelDirectors( )方法返回一个建议的指示器数组,用于模态模型。Director. suggestedModalModelDirectors( )方法具体实现代码如表3-31所示。

表 3-31　Director 类 suggestedModalModelDirectors() 方法具体实现

```
public String[] suggestedModalDirector(){
  NamedObj container = getContainer();
  if(container instanceof Actor){
     Director executiveDirector = ((Actor)container).getExecutiveDirector();
     if(executiveDirector ! = null && ! _isTopLevel())
        return executiveDirector.suggestedModalDirectors();
  }
  String[] defaultSuggestions = {"Ptolemy.domain.modal.kernel.FSMDirector"};
  return defaultSuggestions;
}
```

supportMultirateFiring() 方法返回一个布尔值，表示指示器控制下的模态模型是否支持多速率触发。

suspend() 方法用于在指定的时间挂起一个角色。同时，停止局部时钟。

transferInputs(IOPort) 方法将数据从容器的输入端口传输到它与内部连接的端口。transferOutputs() 方法负责将数据从容器的所有输出端口传输到它们与外部连接的端口。在 Director 类中，按顺序遍历输出端口，并委托给 transferOutput(IOPort) 执行传递。transferOutputs(IOPort) 方法将数据从容器指定的输出端口传输到外部连接的端口。

getExecutionAspect(NamedObj actor) 方法为指定角色 actor 查找并返回 ExecutionAspect。Director.getExecutionAspect(NamedObj actor) 方法的具体实现代码如表 3-32 所示。

表 3-32　Director 类 getExecutionAspect(NamedObj actor) 方法具体实现

```
public ActorExecutionAspect getExecutionAspect(NamedObj actor)throws IllegalActionException{
  if(_aspectForActor = = null)
     _aspectForActor = new HashMap<NamedObj,ActorExecutionAspect>();
  ActorExecutionAspect result = _aspectForActor.get(actor);
  if(result = = null)
     for(ExecutionAttributes executionAttributes: actor.attributeList(ExecutionAttributes.class))
        if(((BooleanToken)executionAttributes.enable.getToken()).booleanValue()){
           result = (ActorExecutionAspect)executionAttributes.getDirector();
           _aspectForActor.put(actor,result);
```

续表

```
        break;
    }
    return result;
}
```

如果一个角色已经完成执行,那么调用_actorFinished(NamedObj actor)方法可以返回 true。

_consultTimeRegulators(Time proposedTime)用于查阅指示器所在容器包含且实现 TimeRegulator 接口的所有属性。Director._consultTimeRegulators(Time proposedTime)具体实现如表 3-33 所示。

表 3-33　Director 类_consultTimeRegulators
(Time Proposed Time)方法具体实现

```
protected Time _consultTimeRegulators(Time proposedTime) throws IllegalAc-
tionException{
    Time returnValue = proposedTime;
    List<TimeRegulator> regulators = getContainer().attributeList(TimeRegu-
lator.class);
    for(TimeRegulator regulator :regulators){
        Time modifiedTime = regulator.proposeTime(returnValue);
        if(modifiedTime.compareTo(returnValue)<0)
            returnValue = modifiedTime;
    }
    return returnValue;
}
```

如果指示器位于顶层,或者指示器始终被当作一个顶层指示器,调用_isTopLevel()方法将返回 true。

_transferInputs(IOPort)的职责是最多传输一个数据,从容器指定 IOPort 传递到它与内部链接的端口。在 Director 类定义中,_transferInputs(IOPort)方法具体实现代码如表 3-34 所示。

表 3-34　Director 类_transferInputs(IOPort)方法具体实现

```
protected boolean _transferInputs(IOPort port)throws IllegalActionException{
    if(_debugging)
        _debug("calling transferInputs on port:" + port.getFullName());
    if(! port.isInput()||! port.isOpaque())
```

```
            throw new IllegalActionException(this,port,"attempted to transferIn-
puts on a port is not an opaque" + "input port.");
        boolean wasTransferred = false;
        for(int i = 0; i < port.getWidth(); i + +){
            try{
                if(i < port.getWidthInside()){
                    if(port.hasToken(i)){
                        Token t = port.get(i);
                        if(_debugging)
                            _debug("transferring input " + t + " from " + port.getName
());
                        port.sendInside(i,t);
                        wasTransferred = true;
                    }
                }
                else{
                    if(_debugging)
                        _debug(getName()," dropping single input from " + port.getName
());
                    if(port.isKnown() && port.hasToken(i))
                        port.get(i);
                }
            }
            catch(NoTokenException ex){
                throw new InternalErrorException(this,ex,null);
            }
        }
        return wasTransferred;
}
```

类似地,_transferOutputs(IOPort)方法是将输出数据从容器指定 IOPort 传递到它与外部连接的端口。在 Director 类定义中,_transferOutputs(IOPort)方法的具体实现代码如表 3 – 35 所示。

表 3 – 35 Director 类 _transferOutputs(IOPort)方法具体实现

```
protected boolean _transferOutputs(IOPort port) throws IllegalActionExcep-
tion{
    boolean result = false;
    if(_debugging)
        _debug("calling transferOutputs on port:" + porg.getFullName());
    if(! port.isOutput() || ! port.isOpaque())
```

续表

```
        throw new IllegalActionException(this,port,"attempted to transfer-
Outputs on a port that is not an opaque input port.");
    for(int i=0; i<port.getWidthInside(); i++)
        try{
            if(port.hasTokenInside(i)){
                Token t=port.getInside(i);
                if(_debugging)
                    _debug(getName()," transferring output "+t+" from "+
port.getName());
                port.send(i,t);
                result=true;
            }
        }
        catch(NoTokenException ex)
            throw new InternalErrorException(this,ex,null);
        return result;
}
```

_schedule(NamedObj actor,Time timestamp)方法用于在一个ActorExecutionAspect上安排一个角色执行。如果actor可以执行该方法,返回true。如果资源不可用,那么返回false。在Director类定义中,_schedule(NamedObj actor,Time timestamp)方法的具体实现代码如表3-36所示。

表3-36 Director类_schedule(NamedObj actor,Time timestamp)方法具体实现

```
protected boolean _schedule(NamedObj actor,Time timestamp)throws IllegalAc-
tionException{
    ActorExecutionAspect aspect=getExecutionAspect(actor);
    Time time=null;
    Boolean finished=true;
    if(timestamp==null)
        timestamp=getModelTime();
    if(aspect!=null){
        Time environmentTime=((CompositeActor)aspect.getContainer()).getDi-
rector().getEnvironmentTime();
        time=ExecutionAspectHelper.schedule(aspect,actor,environmentTime,
getDeadline(actor,timestamp));
        if(_nextScheduleTime==null)
            _nextScheduleTime=new HashMap<ActorExecutionAspect,Time>();
        _nextScheduleTime.put(aspect,time);
        finished=_actorFinished(actor);
        if(time!=null&&time.getDoubleValue()>0.0){
```

```
        CompositeActor container =(CompositeActor)aspect.getContainer();
        Time fireAtTime = environmentTime;
        if(! time.equals(Time.POSITIVE_INFINITY){
            fireAtTime = fireAtTime.add(time);
            container.getDirector().fireContainerAt(fireAtTime);
        }
      }
   }
   return time = null || finished;
}
```

_createReceivers( )方法用于为所有包含的角色创建接收器,其具体实现代码如表3 – 37 所示。

表 3 – 37　Director 类_createReceiver( )方法具体实现

```
private void _createReceivers()throws IllegalActionException{
   Nameable container = getContainer();
   if(container instanceofCompositeActor)
     for(Object actor :((CompositeActor)container).deepEntityList())
        ((Actor)actor).createReceivers();
}
```

_initializeParameters( )方法在指示器构造函数内部调用,用于初始化参数,具体实现如表3 – 38 所示。

表 3 – 38　Director 类_initializeParameters( )方法具体实现

```
private void _initializeParameters( ) throws IllegalActionException, NameDu-
plicationException{
   localClock = new LocalClock(this,"localClock");
   startTime = new Parameter(this,"startTime");
   startTime.setTypeEquals(BaseType.DOUBLE);
   stopTime = new Parameter(this,"stopTime");
   stopTime.setTypeEquals(BaseType.DOUBLE);
   _defaultMicrostep = 0;
}
```

3.3.6.3　调度器

调度器(Scheduler)是描述调度程序的基类,从 Attribute 派生。Scheduler 负责安排 CompositeActor 内部角色的执行顺序。Scheduler 由静态调度指示器(StaticSchedulingDirector)包含,并为它提供调度(计划或安排)。Scheduler 默认按照角色构建的顺序对被深度包含的角色进行触发/点火。调度计划(或安排)一旦构造好就会被缓存起来,只要计划是有效的,后面就可以直接重用。一个调度计划是否有效可以通过 setValid() 方法设定。如果当前调度无效,在下次调用 getSchedule() 时调度计划会被重新计算。

Scheduler() 是无参数的构造函数,用于默认工作空间构造一个没有容器(指示器)的调度器。

Scheduler(Workspace) 将工作区间作为参数,用于一个指定的工作区间内构造一个调度器。如果工作区间参数为空,将使用默认的工作区间。调度器会被添加到工作区间的对象列表,并增加版本号。

Scheduler(Director container, String name) 用于 container 内部构造一个名为 name 的调度器。要求 container 不能为空,否则将会抛出一个空指针异常(NullPointerException)。如果 name 为空值,那么名字被设置为空字符串,并增加工作区间的版本。

clone(Workspace) 方法将调度器克隆到指定的工作区,其具体实现代码如表 3-39 所示。

表 3-39　Scheduler 类 clone(Workspace) 方法具体实现

```
public Object clone(Workspace workspace)throws CloneNotSupportedException{
   Scheduler newObject =(Scheduler)super.clone(workspace);
   newObject._valid = false;
   newObject._cachedGetSchedule = null;
   return newObject;
}
```

getSchedule() 方法以 Schedule 的实例形式返回一个调度序列。getSchedule() 具体实现如表 3-40 所示。

表 3-40　Scheduler 类 getSchedule() 方法具体实现

```
public Schedule getSchedule()throws IllegalActionException,NotSchedulable-
Exception{
   try{
      workspace().getReadAccess();
      StaticSchedulingDirector director =(StaticSchedulingDirector)getContainer();
      if(director = null)
         throw new IllegalActionException(this,"Scheduler has no director.");
      CompositeActor compositeActor =(CompositeActor)director.getContainer();
```

```
      if(compositeActor = = null)
          throw new IllegalActionException(this,"Director has no container.");
      if(! isValid()||_cachedGetSchedule = = null){
          _cachedGetSchedule = _getSchedule();
          _workspaceVersion = workspace().getVersion();
      }
      return _cachedGetSchedule;
  }
  finally{
      workspace().doneReading();
  }
}
```

如果当前调度是有效的,那么 isValid()方法返回 true 值。

setContainer(NamedObj container)指定 container 作为调度器的容器,其具体实现如表 3-41 所示。

表 3-41　Scheduler 类 setContainer(NamedObj)方法具体实现

```
public void setContainer(NamedObj container) throws IllegalActionException,
NameDuplicationException{
  try{
     _workspace.getWriteAccess();
     Nameable oldContainer = getContainer();
     if(oldContainer instanceof Director && oldContainer! = container){
         Scheduler previous = null;
         StaticSchedulingDirectorcastContainer = (StaticSchedulingDirector)oldContainer;
         Iteratorschedulers = castContainer.attributeList(Scheduler.class).iterator();
         while(schedulers.hasNext()){ //遍历容器中已有调度器
            Scheduler altScheduler = (Scheduler)schedulers.next();
            if(altScheduler! = this)
                previous = altScheduler; //保留最近添加的调度器
         }
         castContainer._setScheduler(previous);
     }
     super.setContainer(container);
     if(container instanceof StaticSchedulingDirector)
         ((StaticSchedulingDirector)container)._setScheduler(this);//将调
度以缓存形式设置到指示器
```

续表

```
}
finally{
   _workspace.doneWriting();
}
}
```

setValid(boolean valid)方法通过指定参数 valid 为 true 或 false 设定当前调度为有效或无效。

_getSchedule()用于对模型重新调度,按照角色构造的顺序返回由CompositeActor包含的角色。_getSchedule()是间接地被 getSchedule()依次调用,其具体实现如表 3-42 所示。

表 3-42　Scheduler 类_getSchedule()方法具体实现

```
protected Schedule _getSchedule()throws IllegalActionException,NotSchedula-
bleException{
   StaticSchedulingDirector director =(StaticSchedulingDirector)getContain-
er();
   CompositeActorcompositeActor =(CompositeActor)director.getContainer();
   List actors = compositeActor.deepEntityList();
   Schedule schedule = new Schedule();
   Iterator actorIterator = actors.iterator();
   while(actorIterator.hasNext()){
      Actor actor =(Actor)actorIterator.next();
      Firing firing = new Firing();
      firing.setActor(actor);
      schedule.add(firing);
   }
   return schedule;
}
```

以上实现过程称为生成调度树算法,调度树为 schedule,其类型为 Schedule。

3.3.6.4　基本静态调度器

基本静态调度器类(BaseSDFScheduler)的父类是 Scheduler,从 BaseSDFScheduler 进一步派生得到的子类主要包括 PSDFScheduler 和 SDPScheduler。

BaseSDFScheduler 是一个抽象类,将代码从静态数据流域中提取出来,以便于以一种一致的风格实现不同的调度器。BaseSDFScheduler 有一个成员变量 Boolean VERBOSE。如果 VERBOSE 值为真,打印详细消息。VERBOSE 默认值为 false。若要启用详细消息,请编辑源文件并重新编译。

BaseSDFScheduler 扩展定义的方法有以下几种。

(1) BaseSDFScheduler( )方法:在默认工作区中构造一个没有 director 的调度器。

(2) BaseSDFScheduler(Workspace workspace)方法:用于给定的工作区间中使用名称"Scheduler"构造一个调度器。如果工作区间参数为空,将使用默认工作区。

(3) BaseSDFScheduler(Director container, String name)方法:用于 container 中使用构造名称为 name 的调度器。

(4) declareRateDependency( )方法:负责对模型的任何外部端口的速率依赖进行声明。

(5) _saveBufferSizes(Map minimumBufferSizes)方法:为每个关系创建并设置一个缓冲区大小。

(6) _saveContainerRates(Map externalRates)方法:将计算速率推到被包含的角色,前提是端口没有固定速率。如果容器位于分层系统中,而且外部系统是静态数据流,可以对该容器进行适当的调度。

(7) _saveFiringCounts(Map entityToFiringsPerIteration)方法:根据一个调度执行触发/点火的次数,在每个角色中创建并设置一个参数。

3.3.6.5 同步数据流调度器

同步数据流调度器(SDFScheduler)派生自 BaseSDFScheduler,还直接实现 ValueListener。其派生子类包括 CachedSDFScheduler、DistributedSDFScheduler 和 OptimizingSDFScheduler 等。SDFScheduler 是实现同步数据流图(Synchronized Data Flow Graph,SDFG)的基本调度的调度程序。这个类分两个阶段完成 SDF 调度计算:

(1)求解角色之间的速率平衡方程,确定触发矢量(重复矢量,最小整数解)。在每个关系通道上创建的令牌数量等于消耗的令牌数量。某些情况下没有触发矢量,这样的图由 SDF 调度是不可执行的。

(2)对角色排序,每个角色只在调度程序确定其输入端口上有足够的令牌允许其触发时才会触发。

数据流图循环情况下,存在有效的触发矢量,但是没有角色可以触发,因为它们都依赖于另一个角色的输出。这种情况称为死锁。在 SDF 中,必须通过手动添加延迟角色(delay actor)来预防死锁,delay actor 负责在初始化期间创建初始令牌,以防止死锁。delay actor 可以设置其输出端口的 tokenInitProduction 参数,表示在初始化期间将创建的令牌数量。SDFScheduler 使用这个参数打破循环图中的依赖关系(循环图中的死锁问题)。

任何角色都可以由这个调度器来调度,调度程序将对每个角色假定采用相同的行为操作,即角色的每个输出端口每次触发生成一个令牌,每个输入端口每次触发消耗一个令牌,初始化期间不创建令牌。如果不这样假定,必须设置令牌消耗速率 tokenConsumptionRate、生成速率 tokenProductionRate、令牌初始生成量 tokenInitProduction 和令牌初始消耗量 tokenInitConsumption 等参数。

SDFScheduler( )方法先在内部调用 BaseSDFScheduler 定义的无参数构造方法;然后调用_init( )方法实现对成员变量 constrainBufferSizes 的初始化定义。其具体实现代码如表 3 - 43 所示。

表 3 - 43　SDFScheduler 类 SDFScheduler( )方法和_init( )方法具体实现

```
pubic SDFScheduler(){
   super();
   _init();
}
private void _init(){
   try{
      constrainBufferSizes = new Parameter(this,"constrainBufferSizes");
      constrainBufferSizes.setTypeEquals(BaseType.BOOLEAN);
      constrainBufferSizes.setExpression("true");
   }
   catch(KernelException e){
      throw new InternalErrorException(e);
   }
}
```

SDFScheduler(Director container,String name)是带有参数的构造方法,使用 container 作为容器对象并使用给定名称 name 构造调度程序 SDFScheduler。这个构造函数的内部实现过程如表 3 - 44 所示。

表 3 - 44　SDFScheduler 类 SDFScheduler(Director,String)方法具体实现

```
public SDFScheduler(Director container,String name) throws IllegalActionException,NameDuplicationException{
   super(container,name);
   _init();
}
```

SDFScheduler(Workspace workspace)用于 workspace 内部创建一个名称为 Scheduler 的 SDFScheduler。该构造函数的内部实现代码如表 3-45 所示。

表 3-45 SDFScheduler 类 SDFScheduler(Workspace)方法具体实现

```
public SDFScheduler(Workspace workspace){
   super(workspace);
   _init();
}
```

_checkDynamicRateVariables(CompositeActor model, java.util.List rateVariables)方法采用模型中的动态速率变量填充给定的集合。

_computeMaximumFirings(Actor currentActor)方法用于计算角色 currentActor 的最大迭代次数。

_countUnfulfilledInputs(Actor actor, java.util.List actorList, boolean resetCapacity)方法用于统计角色 actor 没有填满令牌的输入个数。

_getFiringCount(Entity entity)方法用于获取实体 entity 的迭代次数。

_getSchedule()方法返回一个调度序列。如果 SDF 图不可调度,将引发异常。发生这种情况,可能是因为 SDF 图不是连通图;或者平衡方程不存在整数解;或者 SDF 图存在循环,不具有延迟,即 SDF 图存在死锁;或者多输出端口被连接到相同的广播关系(相当于一个非确定性的合并);或者指示器的矢量因子 vectorizationFactor 参数不包含一个正整数等。该方法具体实现代码如表 3-46 所示。

表 3-46 SDFScheduler 类 _getSchedule()方法具体实现

```
protected Schedule _getSchedule() throws NotSchedulableException, IllegalActionException{
   SDFDirector director = (SDFDirector)getContainer();
   CompositeActor model = (CompositeActor)director.getContainer();
   _checkDynamicRateVariables(model,_rateVariables);
   int vectorizationFactor = 1;
   Token token = director.vectorizationFactor.getToken();
   vectorizationFactor = ((IntToken)token).intValue();
   if(vectorizationFactor <1){
      throw new NotSchedulableException(this, "vectorizationFactor must be a positive integer.The value was:" +
                                    vectorizationFactor);
   }
   CompositeActor container = (CompositeActor)director.getContainer();
   List allActorList = container.deepEntityList();
```

续表

```
    Map externalRates = new HashMap();
    for(Iterator ports = container.portList().iterator; ports.hasNext();){
        IOPort port = (IOPort)port.next();
        externalRates.put(port,Fraction.ZERO);
    }
    Map entityForFiringsPerIteration = _solveBalanceEquations(container, allActorList,externalRates);
    if(_debugging && VERBOSE)
        _debug("Firing Ratios:" + entityToFiringsPerIteration.toString());
    //矢量因子乘以单次迭代每个角色的触发次数
    _vectorizeFirings(vectorizationFactor, entityToFiringsPerIteration, externalRates);
    //设置触发矢量_firingVector
    _firingVector = entityToFiringsPerIteration;
    if(_debugging){
        _debug("Normalized Firing Counts:");
        _debug(entityToFiringsPerIteration.toString());
    }
    //使用触发矢量生成角色的调度序列
    Schedule result = _scheduleConnectedActors(externalRates, allActorList, container);
    if(_debugging && VERBOSE){
        _debug("Firing Vector:");
        _debug(entityToFiringsPerIteration.toString());
    }
    //设定每个角色的参数,包含一次迭代的触发次数
    _saveFiringCounts(entityToFiringsPerIteration);
    //设定外部端口的速率参数
    _saveContainerRates(externalRates);
    //设定这个调度有效
    setValid(true);
    _externalRates = externalRates;
    return result;
}
```

从_getSchedule()方法实现原理可以知道:SDFScheduler 负责为一个 SDF 图(复合角色模型)生成一个调度序列。SDFDirector 是 SDFScheduler 的容器。CompositeActor 是 SDFDirector 的容器。_getSchedule()前两行语句分别获得 SDFScheuler 的指示器对象 SDFDirector 和对应的 CompositeActor。

_checkDynamicRateVariables(model, _rateVariables)使用 model 的动态速率变量填充_rateVariables。

后面几行代码用于判断矢量因子 vectorizationFactor 的值是否合法。若小于 1,则抛出异常。

CompositeActor container = (CompositeActor)director.getContainer();这条语句表示 SDFScheduler 对应的复合角色模型,也是一个由多个角色组合构成的容器对象(这里用局部变量 container 表示)。

List allActorList = container.deepEntityList();这条语句以列表形式返回 container 容器内部的角色对象。

Map externalRates = new HashMap();这条语句表示创建一个 Map 类型的局部变量 externalRates,用于存储键值对 Key – Value 的信息。

后面的循环语句 for(){}用于对 externalRates 初始化赋值,其空间大小与 container 所具有的实际端口数目一致,Key 用来表示 port,value 用来表示速率(初始为 0)。

Map entityToFiringsPerIteration = _solveBalanceEquations(container, allActorList, externalRates);这条语句用于求解 container 的平衡方程最小整数解,以 Map 类型变量 entityToFiringsPerIteration 保存解。解代表 container 执行一次完整迭代操作,复合角色内部角色的触发次数以及调度次序。

调用_vectorizeFirings(vectorizationFactor, entityToFiringsPerIteration, externalRates),将矢量因子 vectorizationFactor 与 entityToFiringsPerIteration 相乘。

Schedule result = _scheduleConnectedActors(externalRates, allActorList, container);这条语句计算 container 内部角色 allActorList 的调度序列,以类型为 Schedule 的局部变量 result 保存调度计算的结果。

_saveFiringCounts(entityToFiringsPerIteration)是以参数形式保存每个角色触发的次数,_saveContainerRates(externalRates)用于保存每个外部端口的速率值,setValid(true)用于设置调度有效。

最后,返回调度计算的结果 result。

_simulateExternalInputs(IOPort port, int count, List actorList, LinkedList readyToScheduleActorList)方法的具体实现代码如表 3 – 47 所示。

表 3 – 47　SDFScheduler 类_simulateExternalInputs(IOPort, int, List, LinkedList)方法具体实现

```
protected void _simulateExternalInputs(IOPort port,int count,List actorList,
LinkedList readyToScheduleActorList)throws IllegalActionException{
```

续表

```
Receiver[][] receivers = port.deepGetReceivers();
if(_debugging && VERBOSE){
   _debug("Simuating external input tokens from " + port.getFullName());
   _debug("number of inside channels = " + receivers.length);
}
for(int channel = 0; channel < receivers.length; channel + +){
   if(receivers[channel] = = null)
      continue;
   for(int copy = 0; copy < receivers[channel].length; copy + +){
      if(! (receivers[channel][copy] instanceofSDFReceiver))
         continue;
      SDFReceiver receiver = (SDFReceiver)receivers[channel][copy];
      IOPort connectedPort = receivers[channel][copy].getContainer();
      ComponentEntity connectedActor = ( ComponentEntity ) connected-
Port.getContainer();
      count + = DFUtilities.getTokenInitConsumption(connectedPort);
      receiver._waitingTokens = count;
      //更新缓存空间大小(如果需要)
      boolean enforce = ((BooleanToken)constrainBufferSizes.getToken()).
booleanValue();
      if(enforce){
         int capacity = receiver.getCapacity();
         if(capacity = = SDFReceiver.INFINITE_CAPACITY || receiver._wait-
ingTokens > capacity)
            receiver.setCapacity(count);
      }
      //决策 connectedActor 现在是否被调度
      if(actorList.contains(connectedActor)){
         int inputCount =_countUnfulfilledInputs((Actor)connectedActor,
actorList,false);
         int firingsRemaining = _getFiringCount(connectedActor);
         if(inputCount <1 && firingsRemaing >0)
            readyToScheduleActorList.addFirst(connectedActor);
      }
   }
}
```

_simulateInputConsumption(Actor currentActor,int firingCount)方法的具体实现代码如表 3 - 48 所示。

表3-48 SDFScheduler类_simulateInputConsumption(Actor, int)方法具体实现

```
protected boolean _simulateInputConsumption(Actor currentActor, int firing-
Count)throws IllegalActionException{
    booleanstillReadyToSchedule = true;
    //更新等候角色数据端口的令牌数量
    Iterator inputPorts = currentActor.inputPortList().iterator();
    while(inputPorts.hasNext()){
        IOPort inputPort = (IOPort)inputPorts.next();
        int tokenRate = DFUtilities.getTokenConsumptionRate(inputPort);
        Receiver[][] receivers = inputPort.getReceivers();
        for(int channel = 0; channel < receivers.length; channel + +){
            if(receivers[channel] = = null)
                continue;
            for(int copy = 0; channel < receivers.length; channel + +){
                if(! (receivers[channel][copy] instanceof SDFReceiver))
                    continue;
                SDFReceiver receiver = (SDFReceiver)receivers[channel][copy];
                receiver._waitingTokens - = tokenRate * firingCount;
                if(receiver._waitingTokens < tokenRate)
                    stillReadyToSchedule = false;
            }
        }
    }
    return stillReadyToSchedule;
}
```

_solveBalanceEquations(CompositeActor container, List actorList, Map external-Rates)用于求解相互连接的角色列表的平衡方程。角色速率决定了相对于其他角色,应该以什么速度、在有限内存中触发执行。角色速率被标准化为一个整数,代表满足平衡方程的角色的最小触发次数。

clone(Workspace workspace)方法用于创建一个SDFScheduler对象,并将其添加到指定工作区间。其具体实现代码如表3-49所示。

表3-49 SDFScheduler类clone(Workspace)方法具体实现

```
public Object clone(Workspace workspace)throws CloneNotSupportedException{
    SDFSchedulernewObject = (SDFScheduler)super.clone(workspace);
    newObject._firingVector = new HashMap();
    newObject._externalRates = new HashMap();
    newObject._rateVariables = new LinkedList();
    return newObject;
}
```

从以上代码段可以知道,clone(Workspace)方法内部通过直接调用其父类 BaseSDFScheduler 的 clone(Workspace)方法来实现。这充分体现了重用设计的思想。

declareRateDependency()负责在模型的外部端口上声明速率依赖关系。端口依赖关系描述了相关联的输入端口和输出端口。其具体实现代码如表 3-50 所示。

表 3-50　SDFScheduler 类 declareRateDependency()方法具体实现

```
public void declareRateDependency()throws IllegalActionException{
  ConstVariableModelAnalysis analysis = ConstVariableModelAnalysis. getAnalysis(this);
  SDFDirector director =(SDFDirector)getContainer();
  CompositeActor model =(CompositeActor)director.getContainer();
  for(Iterator ports =model.portList().iterator(); ports.hasNext();){
    IOPort port =(IOPort)ports.next();
    if(! (port instanceof ParameterPort)){
      if(port.isInput()){
        _declareDependency(analysis,port,"tokenConsumptionRate",_rateVariables);
        _declareDependency(analysis,port,"tokenInitConsumption",_rateVariables);
      }
      if(port.isOutput()){
        _declareDependency(analysis,port,"tokenProductionRate",_rateVariables);
        _declareDependency(analysis,port,"tokenInitProduction",_rateVariables);
      }
    }
  }
}
```

getExternalRates()方法返回这个 SDFScheduler 的外部端口速率。

getFiringCount(Entity entity)方法返回指定实体对象 entity 完成一次完整迭代需要的触发次数,它是从_getSchedule()求解的平衡方程解中提取指定对象 entity 的触发次数。

valueChanged(Settable settable)方法负责对指定的可设置项已更改的事实做出反应。

3.3.6.6 参数化同步数据流调度器

参数化同步数据流调度器(Parameterized Synchronized Data Flow Scheduler，PSDFScheduler)是 BaseSDFScheduler 的派生子类，同时还实现了一些接口定义，包括 Cloneable、Changeable、Debuggable、DebugListener、Derivable、ModelErrorHandler、MoMLExportable、Moveable 和 Nameable。

PSDFScheduler 是实现 PSDF 图的基本调度程序模型。PSDF 调度类似于 SDF 调度，区别在于：

(1)由于参数值可能发生变化，平衡方程的解是用符号表示，即重复矢量是参数值的函数。

(2)因为触发矢量可能会改变，所以由该类确定的调度只能是准静态的或参数化的调度。

_bufferSizeMap 是一个私有变量，类型为 HashMap，用于保存 Key - Value 键值对，描述存在对应关系的一对描述对象，如_bufferSizeMap. put(relation, bufferSizeExpression)表示将关系 relation 与缓冲区大小表达式 bufferSizeExpression 这一对应的键值对保存到_bufferSizeMap，可以检索键 key 获取值 value。如表 3 – 51 所示，这段代码描述了_bufferSizeMap. get(relation) 获取 bufferSizeExpression 的过程。

表 3 – 51　PSDFScheduler 类获取 bufferSizeExpression 的过程

```
if(_debugging){
    _debug("the buffer size map:\n");
    Iterator relations = _bufferSizeMap.keySet().iterator();
    while(relations.hasNext()){
        Relation relation = (Relation)relations.next();
        _debug(relation.getName() + ":" + _bufferSizeMap.get(relation) + "\n");
    }
}
```

bufferSizeMap 属性用于描述从关系到表达式的映射，该表达式给出关系的符号缓冲区大小。键是关系类型，值是字符串类型。

PSDFScheduler()用于默认工作区中构造一个没有指示器的调度器，调度器的名称为 Scheduler。

PSDFScheduler(Director container, String name)方法用于为 container 构造一个名字为 name 的调度器。

PSDFScheduler(Workspace workspace)方法用于给定的工作区中构造一个

名为Scheduler的调度器。

Schedule_getSchedule()方法用于返回一个带参数的调度序列。

void declareRateDependency()方法负责在模型的任何外部端口上声明速率依赖关系。

StringdisplayBufferSizes()方法用于返回模型中关系的缓冲区大小的字符串表示形式。

3.3.6.7 静态调度指示器

静态调度指示器(StaticSchedulingDirector)的直接父类是Director。它是在ptolemy.actor.sched包中定义,还间接实现一组接口,包括可复制接口(Cloneable)、可执行接口(Executable)、初始化接口(Initializable)、可变更接口(Changeable)、可调试接口(Debuggable)、调试监听器接口(DebugListener)、可派生接口(Derivable)、模型错误处理接口(ModelErrorHandler)、MoML导出接口(MoMLExportable)、可移动接口(Moveable)和可命名接口(Nameable)。其派生子类有代数循环指示器(AlgebraicLoopDirector)和同步数据流指示器(SDFDirector)。

StaticSchedulingDirector是Director派生的子类,可以使用静态调度算法控制其包含的复合角色的执行过程。它没有直接实现调度算法,而是将这一具体实现工作延迟到它所包含的Scheduler,即先由Scheduler创建一个Schedule类型的实例;然后,由Scheudle的实例负责确定每个角色应该被触发的次数以及触发的顺序。StaticSchedulingDirector通常对静态调度域非常有用,在静态调度域中,调度可以构造一次,供反复执行使用。Scheduler可以缓存Schedule,无须重新计算调度,除非模型发生更改。

StaticSchedulingDirector扩展定义的一组方法主要有:

resumeActor(NamedObj actor)方法用于恢复先前因为没有足够资源引起阻塞的角色继续运行。

setScheduler(Scheduler scheduler)方法可以为StaticSchedulingDirector设置指定的调度器。指定调度器scheduler的容器被设置成这个指示器。

getScheduler()方法将返回负责调度角色的调度器对象Scheduler。

_setScheduler(Scheduler scheduler)方法用于设定执行该指示器的本地调度器。这个方法不应该直接调用。相反,应该在调度器上调用setContainer()。这个方法内部实现时,将从这个容器中删除任何以前的调度器,并将本地引用缓存到调度器,以便在每次访问调度器时都不需要搜索它的属性。

3.3.6.8 同步数据流指示器

同步数据流指示器(Synchronous DataFlow Director,SDFDirector)从 StaticSchedulingDirector 派生,还间接实现了以下接口,主要有可复制接口(Cloneable)、可执行接口(Executable)、初始化接口(Initializable)、周期指示器接口(PeriodicDirector)、可变更接口(Changeable)、可调试接口(Debuggable)、调试监听接口(DebugListener)、可派生接口(Derivable)、模型错误处理接口(ModelErrorHandler)、MoML 导出接口(MoMLExportable)、可移动接口(Moveable)和可命名接口(Nameable)。同时,它派生的子类包括参数化同步数据流指示器类(PSDFDirector)等。

SDFDirector 是用于控制同步数据流域内角色执行的指示器。默认情况下,角色调度由 SDFScheduler 类负责处理。同步数据流域支持有效地执行缺乏控制结构的数据流图,具有执行高效、运行时开销非常小等优点;要求所有角色的端口速率是已知的,执行期间端口速率不变。对具有反馈的系统,关系上初始令牌所表示的延迟必须显式地指出。同步数据流在执行开始前使用这个速率和延迟信息来确定角色的执行顺序。同步数据流每个关系上积累的令牌数量是有界的,并且调度执行无穷次数,也不会发生死锁。

SDFDirector 的 vectorizationFactor 参数用于设定每次触发该指示器时执行基本调度的次数。vectorizationFactor 默认值是一个带有值为 1 的 IntToken。SDFDirector 有一个周期参数 period,指定每次迭代运行的模型时间量。如果 period 值是 0.0(默认值),它将没有任何作用。如果 period 值大于 0.0,并且指示器位于顶层,那么在每次调用 postfire() 时,指示器将会以这个数量增加时间。如果指示器不在顶层,将在 postfire() 中调用 fireAt(currentTime + period)。这就为在 DE 域中使用 SDF 提供了一个有趣的用法:可以使用单个事件启动 SDF 子模型,如果 SDF 子模型的 director 的周期大于 0.0,那么将会在指定的周期内周期性地触发。如果周期大于 0.0,并且 synchronizeToRealTime 参数设置为 true,那么 prefire() 将一直保持到自从模型启动后实际用去的时间与 period 和迭代次数的乘积相匹配。这就确保了指示器不会超过实际时间,当然,这并不能保证指示器一定能跟上实际时间。

SDFDirector(CompositeEntity container, String name)方法用于 container 中创建一个名字为 name 的同步数据流指示器。

attributeChanged(Attribute)方法对属性发生的更改做出反应。如果更改的属性与 director 的参数相匹配,将更新参数值的相应本地副本。

createSchedule( )方法负责为指示器创建一个同步数据流调度 schedule。其具体实现如表 3-52 所示。

表 3-52 SDFDirector 类 createSchedule( )方法具体实现

```
public void createSchedule()throws IllegalActionException{
  BaseSDFScheduler scheduler =(BaseSDFScheduler)getScheduler();
  if(scheduler = = null)
    throw new IllegalActionException("attempted to initialize " + "SDF sys-
tem with no scheduler");
  if(_debugging)
    _debug("debugging schedule begin.");
  try{
    Schedule schedule = scheduler.getSchedule();
    if(_debugging){
       _debug(schedule.toString());
       _debug("debugging schedule end.");
    }
  }
  catch(NoSchedulableException ex){
    throw ex;
  }
  catch(Exception ex){
    throw new IllegalActionException(this,ex,"Failed to compute schedule.");
  }
  Scheduler.declareRateDependency();
}
```

getIterations( )方法返回指示器的 Iterations 参数值。

getModelNextIterationTime( )方法返回下一次迭代的时间。如果指示器位于模型结构的顶层,那么返回当前时间加上周期时间的值。否则,这个方法委托给执行指示器返回结果。

fireAt(Actor actor,Time time,int microstep)方法请求在给定的绝对时间内触发给定的参与者,并返回指定的触发时间。如果 period 参数值为 0.0,并且没有封闭的 director,那么该方法将返回当前时间。如果 period 参数值是 0.0,并且有一个封闭的 director,那么这个方法将委托给这个封闭的 director,返回任何它返回的内容。如果周期不是 0.0,那么该方法检查所请求的时间是否等于当前时间加上周期的整数倍。如果是,它将返回请求的时间。如果不是,那么返回当前时间加上周期。

initialize( )方法用于初始化与此指示器 director 关联的角色,然后将迭代计数 iteration count 设置为零。角色初始化的顺序是任意的。

newReceiver( )方法返回一个 SDFReciever 类型的接收器。

periodValue( )方法返回指示器的 period 参数值。

prefire( )方法负责检查复合角色容器的输入端口是否有足够的令牌,如果有就返回 true。如果没有输入端口,那么也返回 true。否则,返回 false。

preinitialize( )方法负责预初始化与此指示器关联的角色并计算调度。在预先初始化过程中计算调度,这样就可以正确地调度分层的不透明复合角色,因为在计算调度时设定了外部端口的速率参数。

suggestedModalModelDirectors( ) 返回一个与 SDFDirector 一起使用的 ModalModel director 的数组。默认的指示器是 HDFFSMDirector,支持多速率角色,并且只允许在每次迭代中进行状态切换。多速率有限状态机指示器 MultirateFSMDirector 支持多速率角色,允许在每次触发模态模型时进行状态切换。如果模态模型中所有状态的速率签名相同,那么可以将 MultirateFSMDirector 与 SDF 一起使用。如果在迭代过程中速率签名发生变化,那么 SDFDirector 将抛出异常。只有当模态模型的速率签名都为 1 时,FSMDirector 才能与 SDFDirector 一起使用。

如果 supportMultirateFiring( )方法返回 true,表明指示器控制下的模态模型支持多速率触发/点火。

transferInputs(IOPort)方法用于传输足够的令牌来完成内部迭代。如果没有足够的令牌,那么抛出异常。如果端口内部没有连接,或者内部的宽度比外部的窄,那么从相应的外部通道中消费一个令牌并丢弃它。因此,连接在外部而不是内部的端口可以用作 SDF 复合角色的触发器 trigger。

transferOutputs(IOPort)方法用于传输足够的令牌以满足输出生成率。端口参数必须是不透明的输出端口。若输出端口的任何通道没有数据,则该通道将被忽略。

_init( )方法用于初始化对象。在这个方法中,SDFDirector 创建了一个 SDFScheduler 类的默认调度器,并将指示器的调度器设定为这个默认的调度器。另外,对属性中的变量或对象进行创建并初始化。

第4章 数据流仿真技术

4.1 数据流计算模型

4.1.1 卡恩过程网络

卡恩过程网络(Kahn Process Networks,KPNs)最早由 Gilles Kahn 提出,是一个分布式计算模型,采用确定性序列描述一系列过程,通过没有界限限制的 FIFO 队列通信。KPNs 可以应用于数据流建模,描述过程之间的关系结构、数据流向等信息,直观显示过程之间的交互。KPNs 模型可以显示定义不依赖于各种计算延迟或通信延迟的确定性行为。该模型是为分布式系统建模开发的,已经证明了对信号处理系统建模非常方便。此外,KPNs 建模技术已经在嵌入式系统、高性能计算系统和其他计算任务领域建模中发挥着积极作用。

4.1.1.1 KPNs 模型原理

图 4-1 描述一个 KPNs,圆圈代表节点,表示过程(如 A、B、C、D);有向边表示单向通道,存储过程产生的 token;对于节点,入边表示输入,出边表示输出。过程可以对 FIFO 通道进行读取,消耗一定数量 token;过程也可以计算产生一定数量 token,并写入 FIFO 通道,提供给后继节点使用。

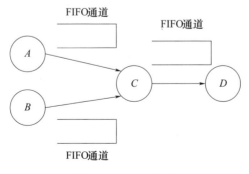

图 4-1 KPN 模型

KPN 的过程之间通过不受限制的 FIFO 通道通信。过程从通道读取或向通道写入 token。写入通道是非阻塞的,即写入操作总是成功的,并且不会停止过程;从通道中读取 token 操作是阻塞的,即从空通道读取数据将会停止,并且只有当通道存放足够多 token 时才会继续。KPN 不允许过程对一个无须使用的通道进行测试。同一个 FIFO 通道不能被多个过程使用,也不能将多个过程产生的 token 放入同一个 FIFO 通道。给定一个过程特定的历史输入,过程必须是确定的,以便产生相同的输出。

4.1.1.2 模型假设

模型假设包括:

(1) 过程之间只能通过 FIFO 通道进行通信。

(2) 通道中传输信息所用时间应当是不可预测,但有限的。

(3) 过程总在计算或等待一个输入通道的信息,没有两个过程可以往同一个通道中发送信息。

(4) 每个过程都跟随着一个连续的程序。

4.1.1.3 模型性质

图 4-2 是一个卡恩过程的简化模型,F 表示过程(一个单调性函数),$X = [x_1, x_2, x_3, \cdots]$ 表示随时间先后的输入数据,$Y = [y_1, y_2, y_3, \cdots]$ 表示输入数据按时间先后经过 F 处理后得到的输出数据。输入数据采用 FIFO 队列存储,F 按照先进先出规则处理 FIFO 队列中的输入数据。

图 4-2 卡恩过程

1. 单调性

(1) 一个过程接收到的输入越多会导致其输出也越多。

(2) 一个过程不需要接收到所有输入才开始计算:未来的输入只与未来的输出相关。

2. 确定性

(1) 一个过程网络是确定的,过程所有通道的历史读写序列只与输入的历史序列相关。

(2) 在一个确定的过程网络中函数的行为与时间无关,一个由单调过程组成的 KPN 是确定的。

3. 增加不确定性(非单调行为)

(1)允许过程非阻塞式读取。

(2)允许两个甚至更多过程在同一个通道中进行读写操作。

(3)允许过程共享变量。

4.1.2 数据流过程网络

数据流过程网络(Dataflow Process Networks,DFPN)被证明是 KPN 的一个特例,多个并发进程通过单向 FIFO 通道进行通信,写入通道是非阻塞的,而读取是阻塞的。DFPN 中,一个数据流角色定义一个计算操作(抽象为函数)。每个过程由一个数据流角色的一个重复"触发"计算操作序列组成。这样就避免了在大多数 KPN 实现中因发生上下文切换而造成的大量系统开销。

图形化数据流编程方法,即程序由一个有向图显式指定,图节点表示计算,连接图节点的有向弧表示数据流。图可以分层,图节点可以表示另一个有向图,也可以代表其他语言中指定的语言原语或子程序,如 C 或 FORTRAN。在图形化程序结构中,层次结构可以看作过程、函数或对象对子程序抽象描述的一种表示方法,比常用抽象方法(如过程、函数、对象)更适合于可视化语法。目前,图形化数据流编程环境主要有:新墨西哥大学的 Khoros(由 Khoral 研究机构负责),加州大学伯克利分校的 Ptolemy,Alta Group at Cadence 的信号处理工作系统(Signal Processing Worksystem,SPW),Synopsys 的 COSSAP,Mentor Graphics 的 DSP 工作站(DSP Station),MathWorks 的 Matlab(图形化接口 Simulink)。这些编程环境声明自己的数据流语义,因此也只适用于特定的编程环境。然而,绝大多数图形化信号处理环境没有定义具有严格意义的语言。这些环境采用最小语义,程序语义由图形节点的内容决定,无论图节点是子图还是子程序。子程序通常采用传统的编程语言定义。图节点可以看作同时运行的过程,并通过图形弧线来交换数据。

KPN 可以作为图形化数据流模型的基础。KPN 中,一个过程完成从一个或多个输入序列到一个或多个输出序列的映射。过程通常被限制为连续的,即如果输入是连续的,过程可以看作一个连续映射的函数,会产生连续的输出。从这个角度讲,过程也是连续的。KPN 数学理论基础包括集合与关系(关系及其表示、关系的性质、复合关系、关系的闭包运算、集合的划分和覆盖、等价关系与等价类、相容关系、序关系),下面将依次介绍这些内容。

4.1.3 集合与关系

4.1.3.1 集合与元素

集合是一个不能精确定义的基本概念。一般来讲,把具有共同性质的一些东西汇集成一个整体,就形成一个集合。例如,自然数的全体、整数的全体、飞机的全体、某班学生的数学成绩等。通常用大写英文字母表示集合的名称;用小写英文字母表示组成集合的事物,即元素。若元素 a 属于集合 A,记作:$a \in A$,亦称 A 包含 a,或 a 在 A 之中,或 a 是 A 的成员。若元素 a 不属于 A,记作:$a \notin A$,亦称 A 不包含 a,或 a 不在 A 中,或 a 不是 A 的成员。

一个集合,若其组成集合的元素个数是有限的,则称为有限集,否则称为无限集。

表示集合的方法有两种:

(1)将某集合的元素列举出来,称为列举法。例如,$A=\{a,b,c,d\}$,$B=\{1,2,3,\cdots\}$。

(2)利用一项规则,以便决定某一物体是否属于该集合,称为叙述法。例如,$S=\{x \mid x\ 是正整数\}$;$Q=\{y \mid y=0 \vee y=1\}$。

两个集合是相等的,当且仅当它们有相同的成员。两个集合 A 和 B 相等,记作:$A=B$;两个集合不相等,记作:$A \neq B$。

集合 A 的元素还可以允许是一个集合,如 $S=\{a,\{1,2\},p,\{q\}\}$。必须指出,$q \in \{q\}$,但 $q \notin S$,同理 $1 \in \{1,2\}$,但是 $1 \notin S$。

❖**定义 4.1** 设 A,B 是任意两个集合,假如 A 的每一个元素是 B 的成员,则称 A 为 B 的子集,或 A 包含在 B 内,或 B 包含 A,记作:$A \subseteq B$ 或 $B \supseteq A$。

$$A \subseteq B \Leftrightarrow \forall x(x \in A \rightarrow x \in B)$$

例如,$A=\{1,2,3\}$,$B=\{1,2\}$,$C=\{1,3\}$,$D=\{3\}$,则 $B \subseteq A$,$C \subseteq A$,$D \subseteq A$,$D \subseteq C$。

根据子集的定义,显然有

$$A \subseteq A, \qquad 自反性$$
$$(A \subseteq B) \wedge (B \subseteq C) \Rightarrow A \subseteq C, \qquad 传递性$$

◎**定理 4.1** 集合 A 和集合 B 相等的充分必要条件是这两个集合互为子集。

证明:设任意两个集合相等,则根据定义,有相同的元素。故 $\forall x(x \in A \rightarrow x \in B)$ 为真,且 $\forall x(x \in B \rightarrow x \in A)$ 也为真,即 $A \subseteq B$ 且 $B \subseteq A$。

相反,若 $A\subseteq B$ 且 $B\subseteq A$,假设 $A\neq B$,则 A 与 B 的元素不完全相同,设有某一元素 $x\in A$ 但 $x\notin B$,这与 $A\subseteq B$ 条件相矛盾;或设某一元素 $x\in B$ 但 $x\notin A$,这与 $B\subseteq A$ 条件相矛盾。故 A,B 的元素必须相同,即 $A=B$。

❖**定义 4.2**　如果集合 A 的每一个元素都属于 B,但集合 B 中至少有一个元素不属于 A,那么称 A 为 B 的真子集,记作:$A\subset B$。

$$A\subset B \Leftrightarrow (\forall x)(x\in A \to x\in B) \wedge (\exists x)(x\in B \wedge X\notin A)$$

$$A\subset B \Leftrightarrow A\subseteq B \wedge A\neq B$$

例如,整数集是有理数集的真子集。

❖**定义 4.3**　不包含任何元素的集合是空集,记作:$\varnothing$。

$\varnothing = \{x\mid p(x) \wedge \neg p(x)\}$,$p(x)$ 是任意谓词。

注意:$\varnothing \neq \{\varnothing\}$,但 $\varnothing \in \{\varnothing\}$。

◎**定理 4.2**　对于任意一个集合 A,$\varnothing \subseteq A$。

证明:假设 $\varnothing \subseteq A$ 是假,则至少有一个元素 x,使 $x\in\varnothing$ 且 $x\notin A$,因为空集 $\varnothing$ 不包含任何元素,所以这是不可能的。

根据空集和子集的定义,可以看到,对于每个非空集合 A,至少有两个不同的子集 A 和 $\varnothing$,即 $A\subseteq A$ 和 $\varnothing\subseteq A$,称 A 和 $\varnothing$ 是 A 的平凡子集。一般来讲,A 的每个元素都能确定 A 的一个子集,即若 $a\in A$,则 $\{a\}\subseteq A$。

❖**定义 4.4**　在一定范围内,如果所有集合均为某一集合的子集,那么称该集合为全集,记作:E。对于任一 $x\in A$,因 $A\subseteq E$,故 $x\in E$,即 $(\forall x)(x\in E)$ 恒真。

故 $E = \{x\mid p(x) \vee \neg p(x)\}$,$p(x)$ 为任何谓词。

全集的概念相当于论域,如在初等数论中,全体整数组成了全集。

❖**定义 4.5**　给定集合 A,由 A 的所有子集为元素组成的集合,称为集合 A 的幂集,记作:$\psi(A)$。

例如,$A=\{a,b,c\}$,$\psi(A)=\{\varnothing,\{a\},\{b\},\{c\},\{a,b\},\{a,c\},\{b,c\},\{a,b,c\}\}$。

◎**定理 4.3**　如果有限集合 A 有 n 个元素,那么其幂集 $\psi(A)$ 有 2^n 个元素。

证明:A 的所有由 k 个元素组成的子集数为从 n 个元素中取 k 个的组合数,即

$$C_n^k = \frac{n(n-1)(n-2)\cdots(n-k+1)}{k!}$$

因 $\varnothing \subseteq A$,故 $\psi(A)$ 的总数 N 可表示为 $N = 1 + C_n^1 + C_n^2 + \cdots + C_n^k + \cdots + C_n^n = \sum_{k=0}^{n} C_n^k$。

但又因 $(x+y)^n = \sum_{k=0}^{n} C_n^k \cdot x^k \cdot y^{n-k}$,

令 $x = y = 1$,则有 $2^n = \sum_{k=0}^{n} C_n^k$,故幂集 $\psi(A)$ 有 2^n 个元素。

4.1.3.2 集合的运算

1. 集合的交

◆**定义 4.6** 设任意两个集合 A,B,由集合 A 和 B 的所有共同元素组成的集合 S,称为 A 与 B 的交集,记作:$A \cap B$。

$$S = A \cap B = \{x \mid (x \in A) \wedge (x \in B)\}$$

集合的交运算的性质:

$$A \cap A = A$$
$$A \cap \varnothing = \varnothing$$
$$A \cap E = A$$
$$A \cap B = B \cap A$$
$$(A \cap B) \cap C = A \cap (B \cap C)$$

若集合 A,B 没有共同的元素,则可写为 $A \cap B = \varnothing$,此时亦称 A 与 B 不相交。因为集合交的运算满足结合律,故 n 个集合 $A_1, A_2, \cdots, A_n$ 的交可记作:$P = A_1 \cap A_2 \cap \cdots \cap A_n = \bigcap_{i=1}^{n} A_i$。

2. 集合的并

◆**定义 4.7** 设任意两个集合 A 和 B,所有属于 A 或属于 B 的元素组成的集合 S,称为 A 和 B 的并集,记作:$A \cup B$。

$$S = A \cup B = \{x \mid (x \in A) \vee (x \in B)\}$$

集合并的运算的性质:

$$A \cup A = A$$
$$A \cup \varnothing = A$$
$$A \cup E = E$$
$$A \cup B = B \cup A$$
$$(A \cup B) \cup C = A \cup (B \cup C)$$

集合并的运算满足结合律,n 个集合 $A_1, A_2, \cdots, A_n$ 的并可记作:$W = A_1 \cup A_2 \cup \cdots \cup A_n = \bigcup_{i=1}^{n} A_i$。

◎**定理 4.4** 设 A,B,C 为三个集合,则下列分配律成立:

$$A \cap (B \cup C) = (A \cap B) \cup (A \cap C)$$
$$A \cup (B \cap C) = (A \cup B) \cap (A \cup C)$$

证明:设 $S = A \cap (B \cup C)$,$T = (A \cap B) \cup (A \cap C)$,若 $x \in S$,则 $x \in A$ 且 $x \in B \cup C$,即 $x \in A$ 且 $x \in B$ 或 $x \in A$ 且 $x \in C$,亦即 $x \in A \cap B$ 或 $x \in A \cap C$,即 $x \in T$,所以 $S \subseteq T$。

相反,若 $x \in T$,则 $x \in A \cap B$ 或 $x \in A \cap C$,即 $x \in A$ 且 $x \in B$ 或 $x \in A$ 且 $x \in C$,亦即 $x \in A$ 且 $x \in B \cup C$,即 $x \in S$,所以 $T \subseteq S$。

至于 $A \cup (B \cap C) = (A \cup B) \cap (A \cup C)$ 的证明,与上述证明过程类似。

◎**定理 4.5** 设 A, B 为任意两个集合,则下列吸收律成立:
$$A \cup (A \cap B) = A$$
$$A \cap (A \cup B) = A$$

证明:
$$A \cup (A \cap B) = (A \cap E) \cup (A \cap B) = A \cap (E \cup B) = A$$
$$A \cap (A \cup B) = (A \cup A) \cap (A \cup B) = A \cup (A \cap B) = A$$

◎**定理 4.6** $A \subseteq B$,当且仅当 $A \cup B = B$ 或 $A \cap B = A$。

证明:若 $A \subseteq B$,对任意 $x \in A$ 必有 $x \in B$,对任意 $x \in A \cup B$,则 $x \in A$ 或 $x \in B$,即 $x \in B$,所以 $A \cup B \subseteq B$。又 $B \subseteq A \cup B$,所以 $A \cup B = B$。相反,若 $A \cup B = B$,因为 $A \subseteq A \cup B$,故 $A \subseteq B$。

同理可证 $A \subseteq B$, iff $A \cap B = A$。

3. 集合的补

❖**定义 4.8** 设 A, B 为任意两个集合,所有属于 A 而不属于 B 的一切元素组成的集合 S 称为 B 对于 A 的补集,或相对补,记作: $A - B$。
$$S = A - B = \{x \mid x \in A \land x \notin B\} = \{x \mid x \in A \land \neg(x \in B)\}$$

$A - B$ 也称为集合 A 和 B 的差。

❖**定义 4.9** 设 E 为全集,对任一集合 A 关于 E 的补集 $E - A$,称为集合 A 的绝对补,记作: $\sim A$。
$$\sim A = E - A = \{x \mid x \in E \land x \notin A\}$$

由补的定义可知:
$$\sim(\sim A) = A$$
$$\sim E = \varnothing$$
$$\sim \varnothing = E$$

$$A \cup \sim A = E$$
$$A \cap \sim A = \varnothing$$

◎**定理 4.7**　设 A,B 为任意两个集合,则下列关系式成立:
$$\sim(A \cup B) = \sim A \cap \sim B$$
$$\sim(A \cap B) = \sim A \cup \sim B$$

证明:
$$\sim(A \cup B) = \{x \mid x \in \sim(A \cup B)\}$$
$$= \{x \mid x \notin A \cup B\}$$
$$= \{x \mid (x \notin A) \wedge (x \notin B)\}$$
$$= \{x \mid (x \in \sim A) \wedge (x \in \sim B)\}$$
$$= \sim A \cap \sim B$$

同理,可证 $\sim(A \cap B) = \sim A \cup \sim B$。

◎**定理 4.8**　设 A,B 为任意两个集合,则下列关系式成立:
$$A - B = A \cap \sim B$$
$$A - B = A - (A \cap B)$$

证明:
$$A - B = \{x \mid x \in A - B\}$$
$$= \{x \mid x \in A \wedge x \notin B\}$$
$$= \{x \mid x \in A \wedge x \in \sim B\}$$
$$= A \cap \sim B$$

◎**定理 4.9**　设 A,B,C 为三个集合,则 $A \cap (B - C) = (A \cap B) - (A \cap C)$。

证明:
$$A \cap (B - C) = A \cap (B \cap \sim C)$$
$$= A \cap B \cap \sim C$$
$$(A \cap B) - (A \cap C) = (A \cap B) \cap \sim (A \cap C)$$
$$= (A \cap B) \cap (\sim A \cup \sim C)$$
$$= (A \cap B \cap \sim A) \cup (A \cap B \cap \sim C)$$
$$= \varnothing \cup A \cap B \cap \sim C$$
$$= A \cap B \cap \sim C$$

因此,$A \cap (B - C) = (A \cap B) - (A \cap C)$。

◎**定理 4.10**　设 A,B 为两个集合,若 $A \subseteq B$,则

$$\sim B \subseteq \sim A$$
$$(B-A) \cup A = B$$

证明:令 $x \in A$,若 $A \subseteq B$,则 $x \in B$,因此 $x \notin B$ 必有 $x \notin A$,故 $x \in \sim B$ 必有 $x \in \sim A$,即 $\sim B \subseteq \sim A$。

$$\begin{aligned}(B-A) \cup A &= (B \cap \sim A) \cup A \\ &= (B \cup A) \cap (\sim A \cup A) \\ &= (B \cup A) \cap E \\ &= B \cup A\end{aligned}$$

因为 $A \subseteq B$,所以 $B \cup A = B$。

因此,$(B-A) \cup A = B$。

4. 集合的对称差

❖**定义 4.10** 设 A,B 为任意两个集合,A 和 B 的对称差为集合 S,其元素或属于 A,或属于 B,但不能既属于 A 又属于 B,记作:$A \oplus B$。

$$A \oplus B = (A-B) \cup (B-A) = \{x \mid x \in A \overline{\vee} x \in B\}$$

集合的对称差的性质:

$$A \oplus B = B \oplus A$$
$$A \oplus \varnothing = A$$
$$A \oplus A = \varnothing$$
$$A \oplus B = (A \cap \sim B) \cup (\sim A \cap B)$$
$$(A \oplus B) \oplus C = A \oplus (B \oplus C)$$

4.1.3.3 容斥原理

集合的运算,可用于有限个元素的计数问题。设 A_1, A_2 为有限集合,其元素个数分别记作 $|A_1|, |A_2|$,根据集合运算的定义,显然有以下关系式成立:

$$|A_1 \cup A_2| \leq |A_1| + |A_2|$$
$$|A_1 \cap A_2| \leq \min(|A_1|, |A_2|)$$
$$|A_1 - A_2| \geq |A_1| - |A_2|$$
$$|A_1 \oplus A_2| = |A_1| + |A_2| - 2|A_1 \cap A_2|$$

◎**定理 4.11** 设 A_1, A_2 为有限集合,其元素个数分别为 $|A_1|, |A_2|$,则 $|A_1 \cup A_2| = |A_1| + |A_2| - |A_1 \cap A_2|$。

证明:

(1) 当 A_1 与 A_2 不相交,即 $A_1 \cap A_2 = \varnothing$,则 $|A_1 \cup A_2| = |A_1| + |A_2|$。

(2)当 $A_1 \cap A_2 \neq \varnothing$,则
$$|A_1| = |A_1 \cap \sim A_2| + |A_1 \cap A_2|$$
$$|A_2| = |A_2 \cap \sim A_1| + |A_1 \cap A_2|$$

所以 $|A_1| + |A_2| = |A_1 \cap \sim A_2| + |A_2 \cap \sim A_1| + 2|A_1 \cap A_2|$。

又 $|A_1 \cap \sim A_2| + |A_2 \cap \sim A_1| + |A_1 \cap A_2| = A_1 \cup A_2$,

所以 $|A_1 \cup A_2| = |A_1| + |A_2| - |A_1 \cap A_2|$。

这个定理,常称为"包含排斥原理",简称"容斥原理"。

◎**定理 4.12** 设 $A_1, A_2, \cdots, A_n$ 为有限集合,其元素个数分别为 $|A_1|, |A_2|, \cdots,$ $|A_n|$,则

$$|A_1 \cup A_2 \cup \cdots \cup A_n| = \sum_{i=1}^{n} |A_i| - \sum_{1 \leq i \leq j \leq n} |A_i \cap A_j|$$
$$+ \sum_{1 \leq i \leq j \leq k \leq n} |A_i \cap A_j \cap A_k|$$
$$+ \cdots + (-1)^{n-1} |A_1 \cap A_2 \cap \cdots \cap A_n|$$

4.1.3.4 序偶和笛卡儿积

两个具有固定次序的客体组成一个序偶,表达两个客体之间的关系,记作: $<x, y>$。例如,$<$上,下$>$、$<$左,右$>$。序偶可以看作具有两个元素的集合。但它与一般集合不同的是序偶具有确定的次序。在集合中 $\{a, b\} = \{b, a\}$,但对序偶 $<a, b> \neq <b, a>$。

◆**定义 4.11** 两个序偶相等,$<x, y> = <u, v>$,iff $x = u, y = v$。

序偶 $<a, b>$ 的两个元素不一定来自同一集合,可以代表不同类型的事物。例如,a 代表操作码,b 代表地址码,序偶 $<a, b>$ 代表一条单地址指令。a 称为第一元素,b 称为第二元素。

序偶的概念可以推广到三元组的情况:三元组是一个序偶,其第一元素本身也是一个序偶,可形式化表示为 $<<x, y>, z>$。由序偶相等的定义,可以知道:

$$<<x, y>, z> = <<u, v>, w>, \text{iff } x = u, y = v, z = w$$

同理,四元组被定义为一个序偶,其第一元素为三元组,故四元组的形式为

$$<<x, y, z>, w> = <<p, q, r>, s>, \text{iff } x = p, y = q, z = r, w = s$$

◆**定义 4.12** 令 A 和 B 是任意两个集合,若序偶的第一个成员是 A 的元素,第二个成员是 B 的元素,所有这样的序偶集合,称为集合 A 和 B 的笛卡儿乘积或直积,记作:$A \times B$。

$$A \times B = \{<x,y> | (x \in A) \wedge (y \in B)\}$$

◎**定理 4.13** 设 A,B,C 为任意三个集合,则有

$$A \times (B \cup C) = (A \times B) \cup (A \times C)$$
$$A \times (B \cap C) = (A \times B) \cap (A \times C)$$
$$(A \cup B) \times C = (A \times C) \cup (B \times C)$$
$$(A \cap B) \times C = (A \times C) \cap (B \times C)$$

◎**定理 4.14** 若 $C \neq \emptyset$,则 $A \subseteq B \Leftrightarrow (A \times C \subseteq B \times C) \Leftrightarrow (C \times A \subseteq C \times B)$。

◎**定理 4.15** 设 A,B,C,D 为四个非空集合,则 $A \times B \subseteq C \times D$ 的充要条件为 $A \subseteq C, B \subseteq D$。

为了与 n 元组一致,约定:

$$A_1 \times A_2 \times A_3 = (A_1 \times A_2) \times A_3$$
$$A_1 \times A_2 \times A_3 \times A_4 = (A_1 \times A_2 \times A_3) \times A_4 = ((A_1 \times A_2) \times A_3) \times A_4$$

一般地,

$$\begin{aligned}A_1 \times A_2 \times \cdots \times A_n &= (A_1 \times A_2 \times \cdots \times A_{n-1}) \times A_n \\ &= \{<x_1,x_2,\cdots,x_n> | (x_1 \in A_1) \wedge (x_2 \in A_2) \wedge \cdots \wedge (x_n \in A_n)\}\end{aligned}$$

故 $A_1 \times A_2 \times \cdots \times A_n$ 是有关 n 元组构成的集合。特别地,$A \times A$ 可写成 A^2,同样地,$A \times A \times A$ 可写成 A^3。

4.1.3.5 关系及其表示

关系是一个基本概念,即多个客体间的某种联系。序偶可以表达这个概念。

❖**定义 4.13** 任意的序偶的集合确定了一个二元关系 R,R 中的任一序偶 $<x,y>$ 可以记作:$<x,y> \in R$ 或 xRy。不在 R 中的任意序偶 $<x,y>$ 可以记作:$<x,y> \notin R$。

❖**定义 4.14** 令 R 为二元关系,由 $<x,y> \in R$ 的所有 x 组成的集合 $\text{dom}R$ 称为 R 有前域,即

$$\text{dom}R = \{x | (\exists y)(<x,y> \in R)\}$$

使得所有 y 组成的集合 $\text{ran}R$ 称为 R 的值域,即

$$\text{ran}R = \{y | (\exists x)(<x,y> \in R)\}$$

R 的前域和值域一起称为 R 的域,记作 $\text{FLD}R$,即

$$\text{FLD}R = \text{dom}R \cup \text{ran}R$$

❖**定义 4.15** 令 X 和 Y 是任意两个集合,直积 $X \times Y$ 的子集 R 称为 X 到 Y

的关系。例如,X 到 Y 的关系 R 可用图 4-3 表示。

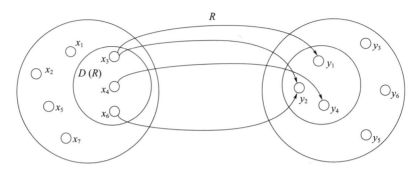

图 4-3　X 到 Y 的关系图

显然,$\mathrm{dom} R \subseteq A$,$\mathrm{ran} R \subseteq B$,$\mathrm{FLD} R = \mathrm{dom} R \cup \mathrm{ran} R \subseteq A \cup B$。

约定:$X \times Y$ 的两个平凡子集 $X \times Y$ 和 ϕ,分别称为从 X 到 Y 的全域关系和空关系。

◆**定义 4.16**　当 $X = Y$,关系 R 是 $X \times X$ 的子集,这时称 R 为 X 上的二元关系。

◆**定义 4.17**　设 Ix 是 X 的二元关系且满足 $Ix = \{<x,x>|x \in X\}$,则称 Ix 为 X 上的恒等关系。

◆**定义 4.18**　设给定的两个有限集合 $X = \{x_1, x_2, \cdots, x_m\}$,$Y = \{y_1, y_2, \cdots, y_n\}$,$R$ 为从 X 到 Y 的一个二元关系,则对应于关系 R 有一个关系矩阵 $M_R = [r_{ij}]_{mn}$,其中

$$r_{ij} = \begin{cases} 1, <x_i, y_j> \in R \\ 0, <x_i, y_j> \notin R \end{cases} \quad (i = 1, 2, \cdots, m; j = 1, 2, \cdots, n)$$

假设给定两个有限集合 $X = \{x_1, x_2, \cdots, x_m\}$,$Y = \{y_1, y_2, \cdots, y_n\}$,$R$ 为从 X 到 Y 的一个二元关系。在平面上作 m 个节点,分别记作 $x_1, x_2, \cdots, x_m$,然后另作 n 个节点,分别记作 $y_1, y_2, \cdots, y_n$。若 $x_i R y_j$,则可以从节点 x_i 至节点 y_j 画一条有向弧,其箭头指向 y_j;若 x_i 与 y_j 不存在关系 R,则从 x_i 到 y_j 没有有向弧连接。这种描述方式,称为关系图。

◎**定理 4.16**　若 Z 和 S 是从集合 X 到集合 Y 的两个关系,则 Z、S 的并、交、补、差仍是 X 到 Y 的关系。

4.1.3.6　关系的性质

◆**定义 4.19**　设 R 是 A 上的二元关系,如果对于每个 $x \in A$,有 xRx,那么称

二元关系 R 是自反的。

❖ **定义 4.20** 设 R 是 A 上的二元关系,如果对于每个 $x,y \in A$,每当有 xRy,就有 yRx,那么称二元关系 R 是对称的。

❖ **定义 4.21** 设 R 是 A 上的二元关系,如果对于任意 $x,y,z \in A$,每当 xRy,yRz,就有 xRz,那么称二元关系 R 是传递的。

❖ **定义 4.22** 设 R 是 A 上的二元关系,如果对于每个 $x \in A$,有 $<x,x> \notin R$,那么称二元关系 R 是反自反的。

❖ **定义 4.23** 设 R 是 A 上的二元关系,如果对于每个 $x,y \in A$,每当有 xRy 和 yRx 必有 $x=y$,那么称二元关系 R 是反对称的。

例 4.1:集合 $I = \{1,2,3,4\}$,I 上的关系为

$R = \{<1,1>,<1,3>,<2,2>,<3,3>,<3,1>,<3,4>,<4,3>,<4,4>\}$,讨论 R 的性质。

解:写出 R 的关系矩阵并画出关系图,如图 4-4 所示。

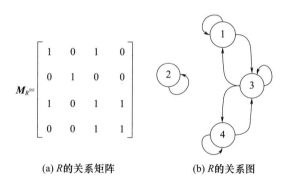

(a) R 的关系矩阵　　(b) R 的关系图

图 4-4　关系 R 的关系矩阵和关系图

从例题的关系矩阵和关系图容易看出,R 是自反的,对称的。

一般来讲:

(1)若关系 R 是自反的,当且仅当在关系矩阵中,对角线上的所有元素都是 1,在关系图上的每个节点都有自回路(自回路节点,就是存在有向弧的起始于自身且指向自己的节点)。

(2)若关系 R 是对称,当且仅当关系矩阵是对称的,且在关系图上,任两个节点间若有定向弧线,必是成对出现的。

(3)若关系 R 是反自反的,当且仅当关系矩阵对角线的元素皆为 0,关系图上每个节点都没有自回路。

(4) 若关系 R 是反对称的,当且仅当关系矩阵中以主对角线对称的元素不能同时为 1,在关系图上两个不同节点间的定向弧线不可能成对出现。

传递的特征较复杂,不易从关系矩阵和关系图中直接判断。

4.1.3.7 复合关系和逆关系

❖**定义 4.24** 设 X,Y,Z 是三个集合,R 是 X 到 Y 的关系,S 是 Y 到 Z 的关系,则 $R \circ S$ 称为 R 和 S 的复合关系,表示为 $R \circ S = \{<x,z> | x \in X \wedge z \in Z \wedge (\exists y)(y \in Y \wedge <x,y> \in R \wedge <y,z> \in S)\}$。

例如,如果 R_1 表示关系"是……的兄弟",R_2 表示关系"是……的父亲",那么 $R_1 \circ R_2$ 表示关系"是……的叔伯";$R_1 \circ R_1$ 表示关系"是……的祖父"。

由关系合成的结合律知道 R 本身组成的复合关系可以写成 $R^{(2)}, R^{(3)}, \cdots,$。

因为关系可用矩阵表示,所以复合关系亦可用矩阵表示。

已知从集合 $X = \{x_1, x_2, \cdots, x_m\}$ 到集合 $Y = \{y_1, y_2, \cdots, y_n\}$ 有关系 R,则 $\boldsymbol{M}_R = [u_{ij}]$ 表示 R 的关系矩阵,其中

$$u_{ij} = \begin{cases} 1, & <x_i, y_j> \in R \\ 0, & <x_i, y_j> \notin R \end{cases} \quad (i=1,2,\cdots,m; j=1,2,\cdots,n)$$

同理,从集合 $Y = \{y_1, y_2, \cdots, y_n\}$ 到 $Z = \{z_1, z_2, \cdots, z_p\}$ 的关系 S,则 $\boldsymbol{M}_S = [\nu_{jk}]$ 表示 S 的关系矩阵,其中

$$\nu_{jk} = \begin{cases} 1, & <y_j, z_k> \in S \\ 0, & <y_j, z_k> \notin S \end{cases} \quad (j=1,2,\cdots,n; k=1,2,\cdots,p)$$

表示复合关系 $R \circ S$ 的矩阵 $\boldsymbol{M}_{R \circ S}$ 可构造如下:

如果 Y 至少有一个这样的元素 y_j,使得 $<x_i, y_j> \in R$ 且 $<y_j, z_k> \in S$,那么 $<x_i, z_k> \in R \circ S$。在集合 Y 中能够满足这样条件的元素可能不止 y_j 一个,如另有 y'_j 也满足 $<x_i, y'_j> \in R$ 且 $<y'_j, z_k> \in S$。在所有这种情况下,$<x_i, z_k> \in R \circ S$ 都是成立的。这样,当扫描 $\boldsymbol{M}_R$ 的第 i 行和 $\boldsymbol{M}_S$ 的第 k 列时,如果发现至少有一个这样的 j,使得此行的第 j 个位置上的记入值和第 k 列的第 j 个位置上的记入值都是 1 时,那么在 $\boldsymbol{M}_{R \circ S}$ 的第 i 行和第 k 列 (i,k) 上的记入值亦是 1;否则为 0。扫描过 $\boldsymbol{M}_R$ 的一行和 $\boldsymbol{M}_S$ 的每一列,就能给出 $\boldsymbol{M}_{R \circ S}$ 的一行,再继续类似方法就能得到 $\boldsymbol{M}_{R \circ S}$ 的其他各行,因此 $\boldsymbol{M}_{R \circ S}$ 可用类似于矩阵乘法的方法得到,这就是复合关系 $R \circ S$ 的关系矩阵计算方法:

$$\boldsymbol{M}_{R \circ S} = \boldsymbol{M}_R \circ \boldsymbol{M}_S = [w_{ik}]$$

$$w_{ik} = \bigvee_{j=1}^{n}(u_{ij} \wedge \nu_{jk})$$

∨代表逻辑加,满足 $0 \vee 0 = 0, 0 \vee 1 = 1, 1 \vee 0 = 1, 1 \vee 1 = 1$;

∧代表逻辑乘,满足 $0 \wedge 0 = 0, 0 \wedge 1 = 0, 1 \wedge 0 = 0, 1 \wedge 1 = 1$。

例 4.2:给定集合 $A = \{1,2,3,4,5\}$,在集合 A 上定义两种关系:
$R = \{<1,2>, <3,4>, <2,2>\}, S = \{<4,2>, <2,5>, <3,1>, <1,3>\}$,求 $R \circ S$ 和 $S \circ R$ 的矩阵。

解:为了采用复合关系矩阵计算方法,统一按照 5×5 矩阵形式写出关系矩阵 $\boldsymbol{M}_R$ 和 $\boldsymbol{M}_S$:

$$\boldsymbol{M}_R = \begin{bmatrix} 0 & 1 & 0 & 0 & 0 \\ 0 & 1 & 0 & 0 & 0 \\ 0 & 0 & 0 & 1 & 0 \\ 0 & 0 & 0 & 0 & 0 \\ 0 & 0 & 0 & 0 & 0 \end{bmatrix}, \boldsymbol{M}_S = \begin{bmatrix} 0 & 0 & 1 & 0 & 0 \\ 0 & 0 & 0 & 0 & 1 \\ 1 & 0 & 0 & 0 & 0 \\ 0 & 1 & 0 & 0 & 0 \\ 0 & 0 & 0 & 0 & 0 \end{bmatrix}$$

根据复合关系矩阵计算方法求解得

$$\boldsymbol{M}_{R \circ S} = \boldsymbol{M}_R \circ \boldsymbol{M}_S = \begin{bmatrix} 0 & 0 & 0 & 0 & 1 \\ 0 & 0 & 0 & 0 & 1 \\ 0 & 1 & 0 & 0 & 0 \\ 0 & 0 & 0 & 0 & 0 \\ 0 & 0 & 0 & 0 & 0 \end{bmatrix}, \boldsymbol{M}_{S \circ R} = \boldsymbol{M}_S \circ \boldsymbol{M}_R = \begin{bmatrix} 0 & 0 & 0 & 1 & 0 \\ 0 & 0 & 0 & 0 & 0 \\ 0 & 1 & 0 & 0 & 0 \\ 0 & 1 & 0 & 0 & 0 \\ 0 & 0 & 0 & 0 & 0 \end{bmatrix}$$

复合关系的性质:

1. 复合运算结合律

设 R, S, T 分别是 X 到 Y、Y 到 Z、Z 到 D 的关系,则 $(R \circ S) \circ T = R \circ (S \circ T)$。

2. 复合运算与 ∪,∩ 的关系

设 R 是从集合 X 到 Y 的关系,S 和 T 均为 Y 到 Z 的关系,U 是 Z 到 D 的关系,则

$$R \circ (S \cup T) = R \circ S \cup R \circ T$$
$$R \circ (S \cap T) = R \circ S \cap R \circ T$$
$$(S \cup T) \circ R = S \circ R \cup T \circ R$$
$$(S \cap T) \circ R = S \circ R \cap T \circ R$$

❖**定义 4.25** 设 R 为 X 到 Y 的二元关系,如将 R 中每一序偶的元素顺序互换,所得到的集合称为 R 的逆关系,记作:R^C,即 $R^C = \{<y,x> | <x,y> \in R\}$。

◎**定理 4.17** 设 R, R_1, R_2 都是从 A 到 B 的二元关系,则下列各式成立:

$$(R_1 \cup R_2)^C = R_1^C \cup R_2^C$$
$$(R_1 \cap R_2)^C = R_1^C \cap R_2^C$$
$$(A \times B)^C = B \times A$$
$$(\overline{R})^C = \overline{R^C}, \overline{R} = A \times B - R$$
$$(R_1 - R_2)^C = R_1^C - R_2^C$$

◎**定理 4.18** 设 T 为从 X 到 Y 的关系，S 为从 Y 到 Z 的关系，则 $(T \circ S)^C = S^C \circ T^C$。

◎**定理 4.19** 设 R 为 X 上的二元关系，则

(1) R 是对称的，当且仅当 $R = R^C$。

(2) R 是反对称的，当且仅当 $R \cap R^C \subseteq I_X$。

关系 R^C 的图形是关系 R 图形中将其弧的箭头方向反置。R^C 的矩阵 $\boldsymbol{M}_{R^C}$ 是 $\boldsymbol{M}_R$ 的转置矩阵。

例 4.3：给定集合 $X = \{a, b, c\}$，R 是 X 上的二元关系，R 的关系矩阵为

$$\boldsymbol{M}_R = \begin{bmatrix} 1 & 0 & 1 \\ 1 & 1 & 0 \\ 1 & 1 & 1 \end{bmatrix}$$

求 R^C 和 $R \circ R^C$ 的关系矩阵。

解：由 $\boldsymbol{M}_R$ 写出 R 的序偶的集合形式：$R = \{<a,a>, <a,c>, <b,a>, <b,b>, <c,a>, <c,b>, <c,c>\}$

因此，可以得到：$R^C = \{<a,a>, <c,a>, <a,b>, <b,b>, <a,c>, <b,c>, <c,c>\}$

R^C 的关系矩阵为

$$\boldsymbol{M}_{R^C} = \begin{bmatrix} 1 & 1 & 1 \\ 0 & 1 & 1 \\ 1 & 0 & 1 \end{bmatrix}$$

很显然，$\boldsymbol{M}_{R^C}$ 是 $\boldsymbol{M}_R$ 的转置矩阵。

按照复合关系的计算方法，可以得

$$\boldsymbol{M}_{R \circ R^C} = \begin{bmatrix} 1 & 0 & 1 \\ 1 & 1 & 0 \\ 1 & 1 & 1 \end{bmatrix} \circ \begin{bmatrix} 1 & 1 & 1 \\ 0 & 1 & 1 \\ 1 & 0 & 1 \end{bmatrix} = \begin{bmatrix} 1 & 1 & 1 \\ 1 & 1 & 1 \\ 1 & 1 & 1 \end{bmatrix}$$

4.1.3.8 关系的闭包

关系的合成和关系的逆都可以构成新的关系。我们还可以对给定的关系采用扩充一些序偶的办法得到具有某些特殊性质的新关系,这就是"闭包运算"。

❖**定义 4.26** 设 R 是集合 X 上的二元关系,如果有另一个关系 R' 满足:

(1) R' 是自反的(对称的,可传递的)。

(2) $R' \supseteq R$。

(3) 对于任何自反的(对称的、可传递的)关系 R'',如果有 $R'' \supseteq R$,就有 $R'' \supseteq R'$,那么称关系 R' 为 R 的自反(对称、传递)闭包,记作:$r(R),(s(R),t(R))$。

特别注意:$r(R)$、$s(R)$、$t(R)$ 分别代表 R 的自反关系、对称关系、传递关系。

对于 X 上的二元关系 R,能用扩充序偶的方法来形成它的自反(对称、传递)闭包,但必须注意,自反(对称、传递)闭包应是包含 R 的最小自反(对称、传递)关系。

◎**定理 4.20** 设 R 是集合 X 上的二元关系,那么

(1) R 是自反的,当且仅当 $r(R) = R$。

(2) R 是对称的,当且仅当 $s(R) = R$。

(3) R 是传递的,当且仅当 $t(R) = R$。

◎**定理 4.21** 设 R 是集合 X 上的二元关系,则 $r(R) = R \cup I_X$。

◎**定理 4.22** 设 R 是集合 X 上的二元关系,则 $s(R) = R \cup R^C$。

◎**定理 4.23** 设 R 是集合 X 上的二元关系,则 $t(R) = \bigcup_{i=1}^{\infty} R^i = R^1 \cup R^2 \cup R^3 \cup \cdots$。

例 4.4:设 $A = \{a,b,c\}$,R 是 A 上的二元关系,且给定 $R = \{<a,b>, <b,c>, <c,a>\}$,求 $r(R), s(R), t(R)$。

解:
$r(R) = R \cup I_A = \{<a,b>, <b,c>, <c,a>, <a,a>, <b,b>, <c,c>\}$

$s(R) = R \cup R^C = \{<a,b>, <b,c>, <c,a>, <b,a>, <c,b>, <a,c>\}$

为求 $t(R)$,先写出 $\boldsymbol{M}_R = \begin{bmatrix} 0 & 1 & 0 \\ 0 & 0 & 1 \\ 1 & 0 & 0 \end{bmatrix}$

再计算 $\boldsymbol{M}_{R \circ R} = \begin{bmatrix} 0 & 1 & 0 \\ 0 & 0 & 1 \\ 1 & 0 & 0 \end{bmatrix} \circ \begin{bmatrix} 0 & 1 & 0 \\ 0 & 0 & 1 \\ 1 & 0 & 0 \end{bmatrix} = \begin{bmatrix} 0 & 0 & 1 \\ 1 & 0 & 0 \\ 0 & 1 & 0 \end{bmatrix}$,

$$M_{R^2\circ R} = \begin{bmatrix} 0 & 0 & 1 \\ 1 & 0 & 0 \\ 0 & 1 & 0 \end{bmatrix} \circ \begin{bmatrix} 0 & 1 & 0 \\ 0 & 0 & 1 \\ 1 & 0 & 0 \end{bmatrix} = \begin{bmatrix} 1 & 0 & 0 \\ 0 & 1 & 0 \\ 0 & 0 & 1 \end{bmatrix}$$

由此可以得到：
$$R^2 = \{<a,c>,<b,a>,<c,b>\}$$
$$R^3 = \{<a,a>,<b,b>,<c,c>\}$$

最后计算：
$$t(R) = \bigcup_{i=1}^{3} R^i = R^1 \cup R^2 \cup R^3$$
$$= \{<a,b>,<b,c>,<c,a>,<a,c>,$$
$$<b,a>,<c,b>,<a,a>,<b,b>,<c,c>\}$$

$t(R)$ 用关系矩阵 $M_{t(R)}$ 表示为

$$M_{t(R)} = \begin{bmatrix} 1 & 1 & 1 \\ 1 & 1 & 1 \\ 1 & 1 & 1 \end{bmatrix}$$

◎**定理 4.24** 设 X 是含有 n 个元素的集合，R 是 X 上的二元关系，则存在一个正整数 $k \leq n$，使得 $t(R) = R^1 \cup R^2 \cup R^3 \cup \cdots \cup R^k$。

从定理可知，在 n 个元素的有限集上关系 R 的传递闭包为 $t(R) = R^1 \cup R^2 \cup R^3 \cup \cdots \cup R^n$。

例 4.5：设 $A = \{a,b,c,d\}$，给定 A 上关系 $R = \{<a,b>,<b,a>,<b,c>,<c,d>\}$，求 $t(R)$。

解：由关系 R 可以得到其关系矩阵

$$M_R = \begin{bmatrix} 0 & 1 & 0 & 0 \\ 1 & 0 & 1 & 0 \\ 0 & 0 & 0 & 1 \\ 0 & 0 & 0 & 0 \end{bmatrix}, M_{R\circ R} = \begin{bmatrix} 0 & 1 & 0 & 0 \\ 1 & 0 & 1 & 0 \\ 0 & 0 & 0 & 1 \\ 0 & 0 & 0 & 0 \end{bmatrix} \circ \begin{bmatrix} 0 & 1 & 0 & 0 \\ 1 & 0 & 1 & 0 \\ 0 & 0 & 0 & 1 \\ 0 & 0 & 0 & 0 \end{bmatrix} = \begin{bmatrix} 1 & 0 & 1 & 0 \\ 0 & 1 & 0 & 1 \\ 0 & 0 & 0 & 0 \\ 0 & 0 & 0 & 0 \end{bmatrix}$$

$$M_{R^2\circ R} = \begin{bmatrix} 1 & 0 & 1 & 0 \\ 0 & 1 & 0 & 1 \\ 0 & 0 & 0 & 0 \\ 0 & 0 & 0 & 0 \end{bmatrix} \circ \begin{bmatrix} 0 & 1 & 0 & 0 \\ 1 & 0 & 1 & 0 \\ 0 & 0 & 0 & 1 \\ 0 & 0 & 0 & 0 \end{bmatrix} = \begin{bmatrix} 0 & 1 & 0 & 1 \\ 1 & 0 & 1 & 0 \\ 0 & 0 & 0 & 0 \\ 0 & 0 & 0 & 0 \end{bmatrix}$$

$$M_{R^3\circ R} = \begin{bmatrix} 0 & 1 & 0 & 1 \\ 1 & 0 & 1 & 0 \\ 0 & 0 & 0 & 0 \\ 0 & 0 & 0 & 0 \end{bmatrix} \circ \begin{bmatrix} 0 & 1 & 0 & 0 \\ 1 & 0 & 1 & 0 \\ 0 & 0 & 0 & 1 \\ 0 & 0 & 0 & 0 \end{bmatrix} = \begin{bmatrix} 1 & 0 & 1 & 0 \\ 0 & 1 & 0 & 1 \\ 0 & 0 & 0 & 0 \\ 0 & 0 & 0 & 0 \end{bmatrix}$$

由以上关系矩阵可以得

$R^2 = \{<a,a>,<b,b>,<a,c>,<b,d>\}$

$R^3 = \{<a,b>,<a,d>,<b,a>,<b,c>\}$

$R^4 = \{<a,a>,<a,c>,<b,b>,<b,d>\}$

$t(R) = R \cup R^2 \cup R^3 \cup R^4 =$

$\{<a,b>,<b,a>,<b,c>,<c,d>,<a,a>,<b,b>,<a,c>,<b,d>\}$

◎**定理 4.25** 设 X 是集合，R 是 X 上的二元关系，则

(1) $rs(R) = sr(R)$。

(2) $rt(R) = tr(R)$。

(3) $ts(R) \supseteq st(R)$。

4.1.3.9 集合的划分和覆盖

集合研究中，除了常常把两个集合相互比较，有时也要把一个集合分成若干子集加以讨论。

◆**定义 4.27** 如果把一个集合 A 分成若干个称为分块的非空子集，使得 A 中每个元素至少属于一个分块，那么这些分块的全体构成的集合称为 A 的一个覆盖。如果 A 中每个元素属于且仅属于一个分块，那么这些分块的全体构成的集合称为 A 的一个划分(或分划)。

◆**定义 4.28** 令 A 为给定非空集合，$S = \{S_1, S_2, \cdots, S_m\}$，其中 $S_i \subseteq A$，$S_i \neq \emptyset$ ($i = 1, 2, \cdots, m$) 且 $\bigcup_{i=1}^{m} S_i = A$，集合 S 称为集合 A 的覆盖。

如果除以上条件外，再加上约束条件：$S_i \cap S_j = \emptyset (i \neq j)$，那么称 S 为集合 A 的划分(或分划)。

例 4.6：$A = \{a, b, c\}$，考虑下列子集：

$S = \{\{a,b\},\{b,c\}\}$

$Q = \{\{a\},\{a,b\},\{a,c\}\}$

$D = \{\{a\},\{b,c\}\}$

$G = \{\{a,b,c\}\}$

$E = \{\{a\},\{b\},\{c\}\}$

$F = \{\{a\},\{a,c\}\}$

属于 A 的覆盖的有 S, Q, D, G, E；属于 A 的划分的有 D, G, E；既不属于 A 的覆盖，又不属于 A 的划分的是 F。显然，若是划分则必是覆盖，其逆不真。

一个集合的最小划分是由集合全部元素组成的一个分块的集合，如上例中

G 就是 A 的最小划分。

一个集合的最大划分是由每个元素构成一个单元素分块的集合,如上例中 E 就是 A 的最大划分。

给定集合 A 的划分并不是唯一的,但是已知一个集合却很容易构造出一种划分。

◆**定义 4.29** 令 $\{A_1,A_2,\cdots,A_r\}$ 与 $\{B_1,B_2,\cdots,B_s\}$ 是同一集合 A 的两种划分,则其中所有 $A_i \cap B_j = \emptyset$ 组成的集合,称为原来两种划分的交叉划分。

例如,所有生物的集合 X 可以分割成 $\{P,A\}$,其中 P 表示所有植物的集合,A 表示所有动物的集合。又 X 可以分割成 $\{E,F\}$,其中 E 表示史前生物的集合,F 表示史后生物的集合。这两种划分 $\{P,A\}$ 和 $\{E,F\}$ 的交叉划分可以表示为 $Q = \{P\cap E, P\cap F, A\cap E, A\cap F\}$,其中 $P\cap E$ 表示史前植物,表示 $P\cap F$ 史后植物,$A\cap E$ 表示史前动物,$A\cap F$ 表示史后动物。

◎**定理 4.26** 设 $\{A_1,A_2,\cdots,A_r\}$ 与 $\{B_1,B_2,\cdots,B_s\}$ 是同一集合 X 的两种划分,则其交叉划分亦是原集合的一种划分。

◆**定义 4.30** 给定 X 的任意两个划分 $\{A_1,A_2,\cdots,A_r\}$ 与 $\{B_1,B_2,\cdots,B_s\}$,若对于每一个 A_j 均有 B_k 使得 $A_j \subseteq B_k$,则 $\{A_1,A_2,\cdots,A_r\}$ 称为 $\{B_1,B_2,\cdots,B_s\}$ 的加细。

◎**定理 4.27** 任何两种划分的交叉划分,都是原来各划分的一种加细。

4.1.3.10 等价关系和等价类

◆**定义 4.31** 设 R 为定义在集合 A 上的一个关系,若 R 是自反的、对称的和传递的,则 R 称为等价关系。

例 4.7:设集合 $T = \{1,2,3,4\}$,

$$R = \{<1,1>,<1,4>,<4,1>,<4,4>,\\<2,2>,<2,3>,<3,2>,<3,3>\},$$

验证 R 是 T 上的等价关系。

解:画出 R 的关系矩阵与关系图,如图 4-5 所示。

每一个节点都有自回路,说明 R 是自反的;任意两个节点间或没有弧线连接,或有成对弧出现,故 R 是对称的;从 R 的序偶表达式中可以看出 R 是传递的,如 $<1,4> \in R$,$<4,1> \in R$,有 $<1,1> \in R$。其他序偶的传递关系与此类似。所以,R 是 T 上的等价关系。

等价关系在实际生活中也是存在的,如在平面三角形集合中,三角形的相似关系是等价关系;某城市居民的集合中,住在同一区的关系也是等价关系。

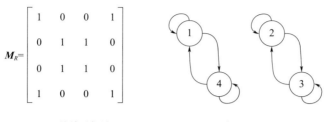

(a) R的关系矩阵　　　(b) R的关系图

图4-5 关系R的关系矩阵和关系图

例4.8:设 I 为整数集,$R = \{<x,y>|x \equiv y(\mod)k\}$,证明 R 是等价关系。

证明:设任意 $a,b,c \in I$,因为 $a - a = k \cdot 0$,所以 $<a,a> \in R$。

若 $a \equiv b(\mod)k$,$a - b = kt$,t 为整数,则 $b - a = -kt$,所以 $b \equiv a(\mod)k$。

若 $a \equiv b(\mod)k$,$b \equiv c(\mod)k$,则 $a - b = kt$,$b - c = ks$,t,s 为整数,$a - c = a - b + b - c = k(t+s)$,所以 $a \equiv c(\mod)k$。因此,R 是等价关系。

❖**定义4.32** 设 R 是集合 A 上的等价关系,对任何 $a \in A$,集合 $[a]_R = \{x | x \in A, aRx\}$ 称为元素 a 形成的 R 等价类。

例4.9:设 I 为整数集,R 是同余模3的关系,即 $R = \{<x,y>|x \in I, y \in I, x \equiv y(\mod)3\}$

确定由 I 的元素所产生的等价类。

解:由例4.7已证明整数集合上的同余模 k 的关系是等价关系,故本例中 I 的元素所产生的等价类是

$$[0]_R = \{\cdots, -6, -3, 0, 3, 6, \cdots\}$$
$$[1]_R = \{\cdots, -5, -2, 1, 4, 7, \cdots\}$$
$$[2]_R = \{\cdots, -4, -1, 2, 5, 8, \cdots\}$$

从上面例题可以看到,在集合 I 上同余模3等价关系 R 所构成的等价类有

$$[0]_R = [3]_R = [-3]_R = \cdots$$
$$[1]_R = [4]_R = [-2]_R = \cdots$$
$$[2]_R = [5]_R = [-1]_R = \cdots$$

◎**定理4.28** 设给定集合 A 上的等价关系 R,对于 $a,b \in A$,有 aRb iff $[a]_R = [b]_R$。

❖**定义4.33** 集合 A 的等价关系 R,其等价类集合 $\{[a]_R | a \in A\}$ 称为 A 关

于 R 的商集,记作:A/R。

如例 4.8 中,商集为 $I/R = \{[0]_R, [1]_R, [2]_R\}$。

◎**定理 4.29** 集合 A 上的等价关系 R,决定了 A 的一个划分,该划分就是商集 A/R。

◎**定理 4.30** 集合 A 上的一个划分确定 A 的元素间的一个等价关系。

◎**定理 4.31** 设 R_1, R_2 为非空集合 A 上的等价关系,则 $R_1 = R_2$ 当且仅当 $A/R_1 = A/R_2$。

4.1.3.11 相容关系

与等价关系一样,另一类应用非常广泛的关系,就是相容关系。

❖**定义 4.34** 给定集合 A 上的关系 r,若 r 是自反的、对称的,则称 r 为相容关系。

❖**定义 4.35** 设 r 是集合 A 上的相容关系,若 $C \subseteq A$,如果对于 C 中任意两个元素 a_1, a_2 有 $a_1 r a_2$,则称 C 为由相容关系 r 产生的相容类。

例 4.10:设 A 是由下列英文单词组成的集合:$A = \{\text{cat}, \text{teacher}, \text{cold}, \text{desk}, \text{knife}, \text{by}\}$。

定义关系 $r = \{<x,y> | x,y \in A$ 且 x 和 y 有相同的字母$\}$。显然,r 是一个相容关系。令 $x_1 = \text{cat}, x_2 = \text{teacher}, x_3 = \text{cold}, x_4 = \text{desk}, x_5 = \text{knife}, x_6 = \text{by}$。

r 的关系图可以表示为以下关系矩阵:

$$M_r = \begin{bmatrix} 1 & 1 & 1 & 0 & 0 & 0 \\ 1 & 1 & 1 & 1 & 1 & 0 \\ 1 & 1 & 1 & 1 & 0 & 0 \\ 0 & 1 & 1 & 1 & 1 & 0 \\ 0 & 1 & 0 & 1 & 1 & 0 \\ 0 & 0 & 0 & 0 & 0 & 1 \end{bmatrix}$$

相容关系是自反的、对称的,因此相容关系的关系矩阵的对角线元素都是 1,且矩阵是对称的。为此,可以将矩阵用梯形表示(图 4-6)。

同理,在相容关系的关系图上,每个节点处都有自回路且每两个相关节点间的弧线都是成对出现的。为了简化图形,今后在描述相容关系图时,不画自回路,并用单线代替来回弧线。相容关系 r 可以产生相容类 $\{x_1, x_2\}$, $\{x_1, x_3\}$, $\{x_2, x_3\}$, $\{x_2, x_4, x_5\}$, $\{x_6\}$ 等。前三个相容类,都能加进新的元素组成新的相容类;后两个相容类,加入任一新元素,不再组成相容类,称它为最大相容类。

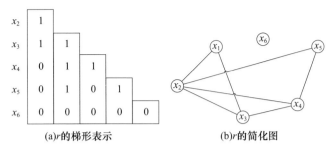

(a) r 的梯形表示　　　　(b) r 的简化图

图 4-6　相容关系矩阵梯形表示和简化图

❖**定义 4.36**　设 r 是集合 A 上的相容关系,不能真包含在任何其他相容类中的相容类,称为最大相容类,记作:C_r。

若 C_r 为最大相容类,显然它是 A 的子集,对于任意 $x \in C_r$,x 必与 C_r 中所有元素有相容关系。而在 $A - C_r$ 中没有任何元素与 C_r 所有元素有相容关系。

在相容关系图中,最大完全多边形的顶点集合,就是最大相容类。"完全多边形"是其每个顶点都与其他顶点连接的多边形。例如,一个三角形是完全多边形,一个四边形加上两条对角线就是完全多边形。在相容关系图中,一个孤立节点,以及不是完全多边形的两个节点的连线,也是最大相容类。

例 4.11:设给定以下一个相容关系图(图 4-7),写出最大相容类。

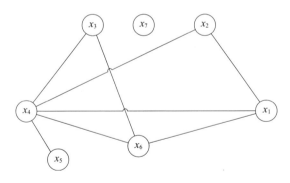

图 4-7　相容关系图

解:最大相容类为 $\{x_1, x_2, x_4, x_6\}$,$\{x_3, x_4, x_6\}$,$\{x_4, x_5\}$,$\{x_7\}$。

◎**定理 4.32**　设 r 是有限集 A 上的相容关系,C 是相容类,必存在一个最大相容类 C_r,使得 $C \subseteq C_r$。

❖**定义 4.37**　在集合 A 上给定相容关系 r,其最大相容类的集合称为 A 的完全覆盖,记作:$C_r(A)$。

集合 A 的覆盖不是唯一的,因此给定相容关系 r,可以做成不同的相容类的集合,它们都是 A 的覆盖。但是给定相容关系 r,只能对应唯一的完全覆盖。例如,例 4.10 中给定 A 上相容关系则有唯一的完全覆盖:$\{\{x_1,x_2,x_4,x_6\},\{x_3,x_4,x_6\},\{x_4,x_5\},\{x_7\}\}$。

◎**定理 4.33** 给定集合 A 的覆盖 $\{A_1,A_2,\cdots,A_n\}$,关系 $R = A_1 \times A_1 \cup A_2 \times A_2 \cup \cdots \cup A_n \times A_n$ 是相容关系。

给定集合 A 上的任意一个覆盖,必可在 A 上构造对应于此覆盖的一个相容关系,但是不同的覆盖却能构造相同的相容关系。例如,设 $A = \{1,2,3,4\}$,$\{\{1,2,3\},\{3,4\}\}$ 和 $\{\{1,2\},\{2,3\},\{1,3\},\{3,4\}\}$ 都是 A 的覆盖,但它们可以产生相同的相容关系 r:

$$r = \{<1,1>,<1,2>,<2,1>,<2,2>,$$
$$<2,3>,<3,2>,<1,3>,<3,1>,$$
$$<3,3>,<4,4>,<3,4>,<4,3>\}$$

◎**定理 4.34** 集合 A 上相容关系 r 与完全覆盖 $C_r(A)$ 存在一一对应。

4.1.3.12 序关系

在一个集合上,常常要考虑元素的次序关系,其中很重要的一类关系称为"偏序关系"。

◆**定义 4.38** 设 A 是一个集合,如果 A 上的一个关系 R,满足自反性、反对称性、传递性,那么称 R 为 A 上的一个偏序关系,记作"<"。采用序偶 $<A,<>$ 描述 A 上偏序关系集合,称为"偏序集"。

例 4.12:在实数集 R 上,证明小于等于关系"≤"是偏序关系。

证明:

对于任何实数 $a \in R$,有 $a \leq a$ 成立,故 ≤ 是自反的;

对于任何实数 $a,b \in R$,如果 $a \leq b$ 且 $b \leq a$,那么必有 $a = b$,故 ≤ 是反对称的;

对于任何实数 $a,b,c \in R$,如果 $a \leq b,b \leq c$,那么必有 $a \leq c$,故 ≤ 是传递的;

综上所述,实数集 R 上的关系 ≤ 满足自反性、反对称性、传递性,因此,≤ 是偏序关系。

例 4.13:给定集合 $A = \{2,3,6,8\}$,令 "<" $= \{<x,y> | x$ 整除 $y\}$,验证 "<" 是偏序关系。

解:集合 A 上关系 < 确定的集合:$< = \{<2,2>,<3,3>,<6,6>,<8,8>,$

<2,6>,<3,6>,<2,8>}

其关系矩阵 $M_<$ 和关系图如图 4-8 所示。

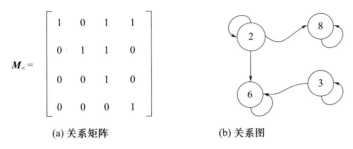

(a) 关系矩阵　　　　　(b) 关系图

图 4-8　关系矩阵和关系图

从关系矩阵和关系图可以看出,<是自反、反对称和传递的,因此<是偏序关系。

❖**定义 4.39**　在偏序集合 $<A,<>$ 中,如果 $x,y\in A, x<y, x\neq y$ 且没有其他元素 z 满足 $x<z, z<y$,那么称元素 y 盖住元素 x,并且记作:COV $A=\{<x,y>|x,y\in A, y$ 盖住 $\{x\}$。

对于偏序集 $<A,<>$,其盖住关系唯一,用盖住的性质画出偏序集合图(哈斯图),作图规则为

(1) 用小圆圈代表元素。

(2) 若 $x<y$ 且 $x\neq y$,则将代表 y 的小圆圈画在代表 x 的小圆圈之上。

(3) 若 $<x,y>\in$ COV A,则在 x 与 y 之间用直线连接。

例 4.14:设 A 是正整数 $m=12$ 的因子的集合,并设<为整除关系,求 COV A。

解:$m=12$ 的因子的集合 $A=\{1,2,3,4,6,12\}$

 < = { <1,1>,<2,2>,<3,3>,<4,4>,<6,6>,<12,12>,
  <1,2>,<1,3>,<1,4>,<1,6>,<1,12>,
  <2,4>,<2,6>,<2,12>,
  <3,6>,<3,12>,
  <4,12>,
  <6,12>}

COVA = { <1,2>,<1,3>,<2,4>,<2,6>,<3,6>,<4,12>,<6,12>}

偏序集 COV A 的哈斯图如图 4-9 所示。

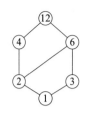

图 4-9 偏序集 COV A 的哈斯图

❖ **定义 4.40** 设 $<A, <>$ 是一个偏序集,在 A 的一个子集中,若每两个元素都是有关系的,则称这个子集为链。在 A 的一个子集中,若每两个元素都是无关系的,则称这个子集为反链。

约定:若 A 的子集只有单个元素,则这个子集既是链又是反链。

例如,A 表示一个单位里所有工作人员的集合,$<$ 表示领导关系,则 $<A, <>$ 为一个偏序集,其中部分工作人员之间有领导关系的组成一个链,还有部分工作人员没有领导关系的组成一个反链。

例 4.15:设集合 $A = \{a,b,c,d,e\}$ 上的二元关系为

$R = \{<a,a>, <a,b>, <a,c>, <a,d>, <a,e>,$
$<b,b>, <b,c>, <b,e>,$
$<c,c>, <c,e>,$
$<d,d>, <d,e>,$
$<e,e>\}$

验证 $<A,R>$ 为偏序集,画出哈斯图,举例说明链及反链。

解:写出 R 的关系矩阵:

$$M_R = \begin{bmatrix} 1 & 1 & 1 & 1 & 1 \\ 0 & 1 & 1 & 0 & 1 \\ 0 & 0 & 1 & 0 & 1 \\ 0 & 0 & 0 & 1 & 1 \\ 0 & 0 & 0 & 0 & 1 \end{bmatrix}$$

其关系图如图 4-10 所示。

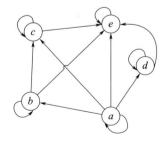

图 4-10 关系 R 的哈斯图

从关系矩阵看到对角线都为1,满足自反性;同时,主对角线两侧元素不对称,满足反对称性,故关系 R 是自反的、反对称的。

从关系图容易验证 R 是传递的,因此 R 是偏序关系。

进而可以得到一个盖住关系:COV A = { $<a,b>$, $<b,c>$, $<c,e>$, $<a,d>$, $<d,e>$ }。

其哈斯图如图 4-11 所示。

集合 $\{a,b,c,e\}$, $\{a,b,c\}$, $\{b,c\}$, $\{a\}$, $\{a,d,e\}$ 都是 A 的子集,也是链;$\{b,d\}$, $\{c,d\}$, $\{a\}$ 都是反链。在每个链中可以从最高节点出发沿着盖住方向遍历该链的所有节点。每个反链中任两个节点间无连线。

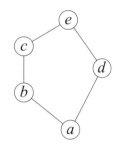

图 4-11 盖住关系 COV A 的哈斯图

◆**定义 4.41** 在偏序集 $<A,<>$ 中,如果 A 是一个链,那么称 $<A,<>$ 为全序集合或称线序集合,在这种情况下,二元关系 < 称为全序关系或称线序关系。

全序集 $<A,<>$ 就是对任意 $x,y \in A$,或者有 $x<y$ 或者有 $y<x$ 成立。

例如,定义在自然数集合 N 上的"小于等于"关系"≤"是偏序关系,且对任意 $i,j \in N$,必有($i \leq j$)或($j \leq i$)成立,故也是全序关系。

例 4.16:给定 $P = \{\emptyset, \{a\}, \{a,b\}, \{a,b,c\}\}$ 上的包含关系 ⊆,证明 $<P, \subseteq>$ 是个全序集合。

证明:因为 $\emptyset \subseteq \{a\} \subseteq \{a,b\} \subseteq \{a,b,c\}$,故 P 中任意两元素都有包含关系。

◆**定义 4.42** 设 $<A,<>$ 是一个偏序集合,且 B 是 A 的子集,对于 B 中的一个元素 b,如果 B 中没有任何元素 x,满足 $b \neq x$ 且 $b<x$,那么称 b 为 B 的极大元。同理,对于 $b \in B$,如果 B 中没有任何元素 x,满足 $b \neq x$ 且 $x<b$,那么称 b 为 B 的极小元。

从定义可知,当 B=A 时,则偏序集 $<A,<>$ 的极大元即是哈斯图中最顶层的元素,极小元是哈斯图中最低层的元素,不同的极小元素或不同的极大元素之间是无关的。

例 4.17:设 $A = \{2,3,5,7,14,15,21\}$,其偏序关系

R = { $<2,14>$, $<3,15>$, $<3,21>$, $<5,15>$, $<7,14>$, $<7,21>$,
 $<2,2>$, $<3,3>$, $<5,5>$, $<7,7>$, $<14,14>$, $<15,15>$, $<21,21>$ }

求 $B = \{2,7,3,21,14\}$ 的极大元与极小元。

解:$COVB = \{<2,14>,<3,15>,<3,21>,<5,15>,<7,14>,<7,21>\}$,哈斯图如图4-12所示。

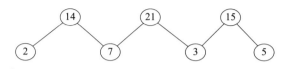

图4-12　COVB的哈斯图

故B的极小元集合是$\{2,7,3,5\}$,B的极大元集合是$\{14,21,15\}$。

◆**定义4.43**　令$<A,<>$是一个偏序集,且B是A的子集,若有某个元素$b\in B$,对于B中每一个元素x有$x<b$,则称b为$<B,<>$的最大元。同理,若有某个元素$b\in B$,对于每一个$x\in B$有$b<x$,则称b为$<B,<>$的最小元。

◎**定理4.35**　令$<A,<>$为偏序集且$B\subseteq A$,若B有最大(最小)元,则必是唯一的。

◆**定义4.44**　设$<A,<>$为一偏序集,对于$B\subseteq A$,若有$a\in A$,且对B的任意元素x都满足$x<a$,则称a为子集B的上界。同样地,B的任意元素x都满足$a<x$,则称a为子集B的下界。

◆**定义4.45**　设$<A,<>$为偏序集且$B\subseteq A$为一子集,a为子集B的任一上界,若对B的所有上界y均有$a<y$,则称a为B的最小上界(或上确界),记作:LUB B。同样地,若b为B的任一下界,若对B的所有下界z均有$z<b$,则称b为B的最大下界(或下确界),记作:GLB B。

◆**定义4.46**　任一偏序集合,假如它的每一个非空子集存在最小元素,这种偏序称为良序的。

例如,$I_n=\{1,2,\cdots,n\}$及$N=\{1,2,3,\cdots\}$,对小于等于关系是良序的,$<I_n,\leqslant>$,$<N,\leqslant>$是良序集合。

◎**定理4.36**　每一个良序集合,一定是全序集合。

◎**定理4.37**　每一个有限的全序集合,一定是良序集合。

4.1.4　图论

4.1.4.1　基本概念

现实中许多状态是由图形来描述的。一个图是由一些节点和连接两个节点之间的连线组成的,至于连线的长度及节点的位置是无关紧要的。如图4-13所示,两幅图看似不一样,其实它们表示同一图形。

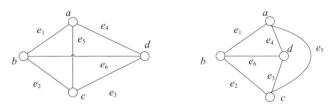

图 4-13 同一个图形的两幅图

❖**定义 4.47** 一个图是一个三元组 $<V(G),E(G),\varphi_G>$，其中 $V(G)$ 是一个非空的节点集合，$E(G)$ 是边集合，φ_G 是从边集合到节点无序偶（或有序偶）集合上的函数。

例 4.18：图 4-13 可以表示为三元组 $G=<V(G),E(G),\varphi_G>$，其中：

$$V(G)=\{a,b,c,d\}$$
$$E(G)=\{e_1,e_2,e_3,e_4,e_5,e_6\}$$
$$\varphi_G(e_1)=(a,b),\varphi_G(e_2)=(b,c),\varphi_G(e_3)=(c,d),$$
$$\varphi_G(e_4)=(a,d),\varphi_G(e_5)=(a,c),\varphi_G(e_6)=(b,d)$$

若把图中的边 e_i 看作总是与两个节点关联，那么一个图也可以简记为 $G=<V,E>$，其中 V 是非空节点集，E 是连接节点的边集。若边 e_i 与节点无序偶 (ν_j,ν_k) 相关联，则称该边为无向边；若边 e'_i 与节点有序偶 $<\nu_j,\nu_k>$ 相关联，则称该边为有向边，其中 ν_j 称为边 e'_i 的起始节点，ν_k 称为边 e'_i 的终止节点。

每一条边都是无向边的图，称为无向图。

每一条边都是有向边的图，称为有向图。

在一个图中，如果两个节点由一条有向边或一条无向边关联，则称这两个节点为邻接点。

在一个图中不与任何节点相邻接的节点，称为孤立节点；仅由孤立节点组成的图称为零图；仅由一个孤立节点构成的图称为平凡图。

关联与同一节点的两条边称为邻接边；关联于同一节点的一条边称为自回路（或环）；环的方向是没有意义的，它既可以作为有向边，又可以作为无向边。

❖**定义 4.48** 在图 $G=<V,E>$ 中，与节点 $\nu_i(\nu_i\in V)$ 关联的边数，称为 ν_i 的度数，记作：$\deg(\nu_i)$。

此外，记 $\Delta(G)=\max\{\deg(\nu_i)|\nu_i\in V(G)\}$，$\delta(G)=\min\{\deg(\nu_i)|\nu_i\in V(G)\}$，分别称为 $G=<V,E>$ 的最大度和最小度。

◎**定理 4.38** 每个图中，节点度数的总和等于边数的两倍。

$$\sum_{i=1}^{|V(G)|} \deg(v_i) = 2|E(G)|$$

其中，$|V(G)|$ 表示图 $G=<V,E>$ 的节点数，$|E(G)|$ 表示图 $G=<V,E>$ 的边数。

证明：因为每条边必关联两个节点，而一条边给予关联的每个节点的度数为 1。因此，在一个图中，节点度数的总和等于边数的两倍。

◎**定理 4.39** 在任何图中，度数为奇数的节点必定是偶数个。

证明：设 V_1, V_2 分别 G 是中奇数度数、偶数度数的节点集，由定理有

$$\sum_{v_i \in V_1} \deg(v_i) + \sum_{v_j \in V_2} \deg(v_j) = \sum_{v_k \in V}^{|V(G)|} \deg(v_k) = 2|E(G)|$$

由于 $\sum_{v_j \in V_2} \deg(v_j)$ 是偶数和，必为偶数；$2|E(G)|$ 也是偶数，$\sum_{v_i \in V_1} \deg(v_i)$ 必是偶数，$|V_1|$ 是偶数。

❖**定义 4.49** 在有向图中，射入一个节点的边数称为该节点的入度，由一个节点射出的边数称为该节点的出度。节点的出度与入度之和等于该节点的度数。

◎**定理 4.40** 在任何有向图中，所有节点的入度之和等于所有节点的出度之和。

❖**定义 4.50** 含有平行边的任何一个图称为多重图。不含有平行边和环的图称为简单图。

例如，如图 4-14 所示，两个图都是多重图，图 4-14(a) 是无向图，其中节点 a 和 b 之间有两条平行边，节点 a 和 c 之间有三条平行边，节点 a 有两个平行的环，$\deg(a)=9$，$\deg(b)=3$，$\deg(c)=4$。

图 4-14(b) 是有向图，a 和 b 有两条平行边，a 和 c 也有两条平行边，a 的入度为 1，出度为 4；b 的入度为 2，出度为 1；c 的入度为 3，出度为 1；有向图所有节点的入度之和为 6，出度之和也为 6。

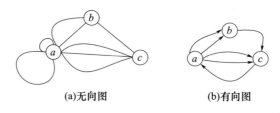

(a) 无向图　　　　　(b) 有向图

图 4-14　多重图

❖**定义 4.51**　简单图 $G=<V,E>$ 中,若每一对节点间都有边相连,则称该图为完全图。有 n 个节点的无向完全图记作:K_n。

◎**定理 4.41**　n 个节点的无向完全图 K_n 的边数为 $\frac{1}{2}n(n-1)$。

证明:K_n 中任意两点间都有边相连,n 个节点中任取两个节点的组合数为 $C_n^2=\frac{1}{2}n(n-1)$;故 K_n 的边数为 $|E|=C_n^2=\frac{1}{2}n(n-1)$。

❖**定义 4.52**　给定一个图 G,由 G 中所有节点和所有能使 G 成为完全图的添加边组成的图,称为 G 的相对于完全图的补图,或简称为 G 的补图,记作:$\overline{G}$。

例如,图 4-15 中,图 4-15(a)和图 4-15(b)两个子图互为补图。

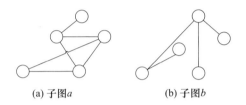

(a) 子图 a　　　　　(b) 子图 b

图 4-15　互补的两个图

❖**定义 4.53**　设图 $G=<V,E>$,如果有图 $G'=<V',E'>$,且 $V'\subseteq V, E'\subseteq E$,那么称 G' 为 G 的子图。如果 G 的子图包含 G 的所有节点,那么称该子图为 G 的生成子图。

例如,如图 4-16 所示,图 4-16(b)和图 4-16(c)都是图 4-16(a)的子图,图 4-16(b)不包含节点 a,故它不是图 4-16(a)的生成子图,4-16(c)是图 4-16(a)的生成子图。

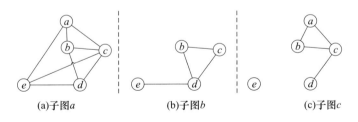

(a)子图 a　　　　(b)子图 b　　　　(c)子图 c

图 4-16　三个子图的关系

❖**定义 4.54**　设图 $G'=<V',E'>$ 是图 $G=<V,E>$ 的子图,若给定另外一个图 $G''=<V'',E''>$,使得 $E''=E-E'$,且 V'' 中仅包含 E'' 的边所关联的节点,则称 G'' 为子图 G' 的相对于图 G 的补图。

◆**定义 4.55** 设 $G = <V,E>$ 及 $G' = <V',E'>$,如果存在一一对应的映射 $g:v_i \to v'_i$,且 $e = <v_i,v_j>$ 是 G 的一条边,当且仅当 $e' = <g(v_i),g(v_j)>$ 是 G' 的一条边,那么称 G 与 G' 同构,记作:$G \cong G'$。

从同构的定义可知,若 G 与 G' 同构,它的充要条件是:两个图的节点和边分别存在一一对应,且保持关联关系。例如,图 4-17 的两个图就是同构的。

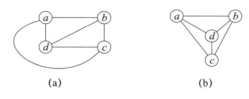

图 4-17 同构图

4.1.4.2 路与回路

从一个图 G 中的给定节点出发,沿着一些边连续移动而到达另一指定节点,这种依次由点和边组成的序列,就形成了路的概念。

◆**定义 4.56** 给定图 $G = <V,E>$,设 $v_0,v_1,\cdots,v_n \in V,e_1,e_2,\cdots,e_n \in E$,其中 e_i 是关联于节点 v_{i-1},v_i 的边,交替序列 $v_0 e_1 v_1 e_2 v_2 \cdots e_n v_n$ 称为联结 v_0 到 v_n 的路。v_0 和 v_n 分别称为路的起点和终点,边的数目 n 称为路的长度。当 $v_0 = v_n$ 时,这条路称为回路。若一条路中所有的边 $e_1,e_2,\cdots,e_n$ 均不相同,则称为迹;若一条路中所有节点 $v_0,v_1,v_2,\cdots,v_n$ 均不相同,则称为通路;闭的通路,即除 $v_0 = v_n$ 外,其余的节点均不相同的路,称为圈。

◎**定理 4.42** 在一个具有 n 个节点的图中,如果从节点 v_j 到节点 v_k 存在一条路,那么节点 v_j 到节点 v_k 必存在一条不多于 $n-1$ 条边的路。

证明:如果从节点 v_j 到节点 v_k 存在一条路,该路上的节点序列是 $v_j \cdots v_i \cdots v_k$,如果在这条路中有 l 条边,那么序列中必有 $l+1$ 个节点;若 $l > n-1$,则必有节点 v_s,它在序列中不止出现过一次,即必有节点序列 $v_j \cdots v_s \cdots v_s \cdots v_k$,在路中去掉从 v_s 到 v_s 的这些边,仍是 v_s 到 v_k 的一条路,但此路比原来的路边数要少,如此重复进行下去,必可得一条从 v_j 到 v_k 而边数小于 n 的通路。

◆**定义 4.57** 在无向图 G 中,节点 u 和 v 之间若存在一条路,则称节点 u 和节点 v 是连通的。

证明:节点之间连通性是节点集 V 上的等价关系,因此对应这个等价关系,必可对节点集 V 做出一个划分,把 V 分成非空子集 $V_1,V_2,\cdots,V_m$,使得两个节点

v_j 和 v_k 是连通的,当且仅当它们属于同一个 V_i。把子图 $G(V_1), G(V_2), \cdots, G(V_m)$ 称为图 G 的连通分支,把图 G 的连通分支数记为 $W(G)$。

❖ **定义 4.58** 若图 G 只有一个连通分支,则称 G 是连通图。

对于连通图,常常由于删除了图中的点或边,影响了图的连通性。在图中删除节点 v,就是把 v 以及与 v 关联的边都删去;在图中删除某边,就是把该边删去。

❖ **定义 4.59** 设无向图 $G = <V, E>$ 为连通图,若有点集 $V_1 \subset V$,使图 G 删除了 V_1 的所有节点后,所得的子图是不连通图,而删除了 V_1 的任何真子集后,所得到的子图仍是连通图,则称 V_1 为 G 的一个点割集。若某一个节点构成一个点割集,则称该节点为割点。

如图 4-18 所示,图(a)中删除节点 s 后,分成两个连通分支的非连通图(图(b))。这种情况下,节点 s 就是割点。

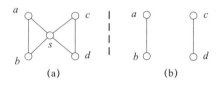

图 4-18 割点

若 G 不是完全图,定义 $k(G) = \min\{|V_1| \mid V_1$ 是 G 的点割集$\}$ 为 G 的点连通度(或连通度)。连通度 $k(G)$ 是为了产生一个不连通图需要删除的点的最少数目。因此,一个不连通图的连通度等于 0,存在割点的连通图其连通度为 1。

对于完全图 K_p,删去任何 m 个($m < p-1$)点后仍是连通图,但是删除了 $p-1$ 个点后产生了一个平凡图,故定义 $k(K_p) = p - 1$。注意:仅由一个孤立节点构成的图称为平凡图。

❖ **定义 4.60** 设无向图 $G = <V, E>$ 为连通图,若有边集 $E_1 \subset E$,使图 G 中删除了 E_1 中的所有边后得到的子图是不连通图,而删除了 E_1 的任一真子集后得到的子图是连通图,则称 E_1 为 G 的一个边割集。若某一个边构成一个边割集,则称该边为割边(或桥)。

G 的割边就是 G 的一条边 e 使 $W(G-e) > W(G)$($W(G-e)$ 表示图 G 去掉割边 e 后的连通分支数,$W(G)$ 表示图 G 的连通分支数),与点连通度相似,定义非平凡图 G 的边连通度为 $\lambda(G) = \min\{|E_1| \mid E_1$ 是 G 的边割集$\}$,边连通度 $\lambda(G)$ 是为了产生一个不连通图需要删除的边的最少数目。对平凡图 G 可定义 $\lambda(G) = 0$,此外一个不连通图也有 $\lambda(G) = 0$。

◎**定理 4.43** 对于任何一个图 G,有 $k(G) \leq \lambda(G) \leq \delta(G)$,其中 $k(G)$ 表示点连通度,$\lambda(G)$ 表示边连通度,$\delta(G)$ 表示最小度。

点连通度是最小点割集的长度,边连通度是最小边割集的长度,最小度是最小的节点度数。

◎**定理 4.44** 一个连通无向图 G 中的节点 v 是割点的充分必要条件:存在两个节点 u 和 w,使得节点 u 和 w 的每一条路都通过 v。

无向图的连通性,不能直接推广到有向图。在有向图 $G = <V,E>$ 中,从节点 u 到 v 有一条路,称为从 u 可达 v。可达性是有向图节点集上的二元关系,它是自反的、传递的,但它通常是不对称的,因为如果从节点 u 到 v 有一条路,不一定必有 v 到 u 的一条路,故可达性不是等价关系。

如果从 u 可达 v,它们之间可能不止一条路,在所有这些路中,最短路的长度称为节点 u 和 v 之间的距离(或短程线),记作:$d<u,v>$,它满足以下性质:

$$d<u,v> \geq 0$$
$$d<u,u> = 0$$
$$d<u,v> + d<v,w> \geq d<u,w>$$

❖**定义 4.61** 在简单有向图 G 中,任何一对节点间,至少有一个节点到另一个节点是可达的,则称这个图为单侧连通。

如果对于图 G 中的任何一对节点,两者之间是相互可达的,则称这个图为强连通的。

如果在图 G 中略去边的方向,将它看成无向图后,图是连通的,则称该图为弱连通的。

如图 4-19 所示,图 4-19(a) 是一个简单有向图而非完全有向图,因为节点 a,d 和节点 b,c 之间没有直接的有向连接;但是它是强连通图,因为图中任何一对节点两者之间是相互可达的;图 4-19(b) 是一个单侧连通图,同时也是弱连通图。

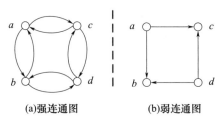

(a)强连通图　　　　(b)弱连通图

图 4-19　强连通图和弱连通图

从上述定义可知,若图 G 是强连通的,则必是单侧连通的;若图 G 是单侧连通的,则必是弱连通的。这两个命题,反过来是不成立的。

◎**定理 4.45** 一个有向图是强连通的,当且仅当 G 中有一个回路,它至少包含每个节点一次。

证明:

充分性:如果 G 中有一个回路,它至少包含每个节点一次,那么 G 中任两个节点都是相互可达的,故 G 是强连通图。

必要性:如果有向图 G 是强连通的,那么任意两个节点都是相互可达的。故必可作一回路经过图中所有各点。若不然则必有一条回路不包含某一节点 v,并且 v 与回路上的各节点就不是相互可达的,与强连通条件相矛盾。

❖**定义 4.62** 在简单有向图中,具有强连通性质的最大子图,称为强分图;具有单侧连通性质的最大子图,称为单侧分图;具有弱连通性质的最大子图,称为弱分图。

如图 4-20 所示,对于有向图 G,由 $\{a,b,c,d\}$ 或 $\{e\}$ 导出的子图都是强分图,由 $\{a,b,c,d,e\}$ 导出的子图不是强连通图,它是单侧分图,同时也是弱分图。

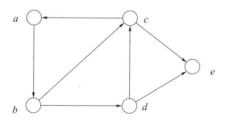

图 4-20 有向图 G

如图 4-21 所示,对于有向图 G,由 $\{a\},\{b\},\{c\},\{d\}$ 导出的子图都是强分图;由 $\{a,b,d\},\{a,c,d\}$ 导出的子图都是单侧分图;由 $\{a,b,c,d\}$ 导出的子图是弱分图。

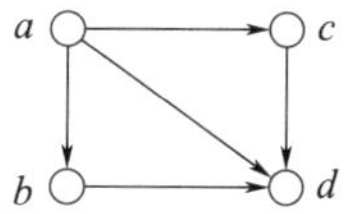

◎**定理 4.46** 在有向图 $G=<V,E>$ 中,它的每一个节点位于且只位于一个强分图中。

图 4-21 有向图 G

4.1.4.3 图的矩阵表示

对于给定集合 A 上的关系 R,可用一个有向图表示,这种图形表示了集合 A 上元素之间的关系,关系图亦表示了集合中元素间的邻接关系。对于关系图,可用一个矩阵表示,一个矩阵也必对应一个标定节点序号的关系图。

注：不含有平行边和环的图称为简单图。

❖ **定义4.63** 设 $G = <V,E>$ 是一个简单图，它有 n 个节点 $V = \{\nu_1, \nu_2, \cdots, \nu_n\}$，则 n 阶方阵 $A(G) = (a_{ij})$ 称为 G 的邻接矩阵，其中

$$a_{ij} = \begin{cases} 1, & \nu_i \operatorname{adj} \nu_j \\ 0, & \nu_i \operatorname{nadj} \nu_j \end{cases}$$

adj 表示邻接，nadj 表示不邻接。

(1) 当给定的简单图是无向图时，邻接矩阵为对称的。

(2) 当给定图是有向图时，邻接矩阵并不一定对称。

图 G 的邻接矩阵显然与 n 个节点的标定次序 $\{\nu_1, \nu_2, \cdots, \nu_n\}$ 有关。一般来讲，把一个 n 阶方阵 A 的某些列作一置换，再把相应的行作同样置换，得到一个新的 n 阶方阵 A'，称 A' 与 A 置换等价。之所以需要行、列同时置换，是因为节点的标定次序变化会同时影响节点在行、列中的位置，即次序。显然，置换等价是 n 阶布尔矩阵集合上的一个等价关系。有向图的节点，按不同次序写出的邻接矩阵是彼此置换等价的，略去这种元素次序的任意性，可取图的任意一个邻接矩阵作为该图的矩阵表示。

邻接矩阵 A 中，第 i 行元素是由节点 ν_i 出发的边所决定的，第 i 行元素中值为 1 的元素数目等于 ν_i 的出度。同理，在第 j 列中值为 1 的元素数目是 ν_j 的入度。

若给定的一个图是零图，则其对应的矩阵中，所有元素都为 0，即它是一个零矩阵，反之亦然。

设有向图 G 的节点集合 $V = \{\nu_1, \nu_2, \cdots, \nu_n\}$，邻接矩阵为 $A(G) = (a_{ij})_{n \times n}$，现在想计算从节点 ν_i 到节点 ν_j 的长度为 2 的路的数目。每条从 ν_i 到 ν_j 的长度为 2 的路，必须经过一个中间节点 ν_k，即 $\nu_i \to \nu_k \to \nu_j (1 \leq k \leq n)$，如果图 G 中有路 $\nu_i \nu_k \nu_j$ 存在，那么矩阵元素 $a_{ik} = a_{kj} = 1$，相应地 $a_{ik} \cdot a_{kj} = 1$，相反，如果图 G 中不存在路 $\nu_i \nu_k \nu_j$，那么 $a_{ik} = 0$ 或 $a_{kj} = 0$，相应地 $a_{ik} \cdot a_{kj} = 0$。于是，从节点 ν_i 到节点 ν_j 的长度为 2 的路的数目的计算公式等效于：$a_{i1} \cdot a_{1j} + a_{i2} \cdot a_{2j} + \cdots + a_{in} \cdot a_{nj} = \sum_{k=1}^{n} a_{ik} \cdot a_{kj}$。

按照矩阵的乘法规则，$\sum_{k=1}^{n} a_{ik} \cdot a_{kj}$ 恰好等于矩阵 $(A(G))^2$ 中第 i 行第 j 列的元素。

$$(a_{ij}^{(2)})_{n\times n} = (A(G))^2 = \begin{bmatrix} a_{11} & a_{12} & \cdots & a_{1n} \\ a_{21} & a_{22} & \cdots & a_{2n} \\ \vdots & \vdots & & \vdots \\ a_{n1} & a_{n2} & \cdots & a_{nn} \end{bmatrix} \cdot \begin{bmatrix} a_{11} & a_{12} & \cdots & a_{1n} \\ a_{21} & a_{22} & \cdots & a_{2n} \\ \vdots & \vdots & & \vdots \\ a_{n1} & a_{n2} & \cdots & a_{nn} \end{bmatrix}$$

$a_{ij}^{(2)}$表示从v_i到v_j的长度为2的路的数目;$a_{ii}^{(2)}$表示从v_i到v_i的长度为2的路的数目;从v_i到v_j的长度为3的路,可以看作由v_i到v_k的一条长度为1的路,再联结v_k到v_j的一条长度为2的路,故从节点v_i到节点v_j的长度为3的路的数目的计算公式等效于:$(a_{ij})^3 = \sum_{k=1}^{n} a_{ik} \cdot a_{kj}^{(2)}$,即$(a_{ij}^{(3)})_{n\times n} = (A(G))^3 = A(G) \cdot (A(G))^2$。一般有,$(a_{ij}^{(l)})_{n\times n} = (A(G))^l$。上述这个结论对无向图也成立。

◎**定理4.47** 设$A(G)$是图G的邻接矩阵,则$(A(G))^l$中的i行,j列元素$a_{ij}^{(l)}$等于G中联结v_i与v_j的长度为l路的数目。

例4.19:给定一个图$G = <V, E>$,如图4-22所示。

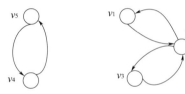

图4-22 有向图G

图4-22中,有向图G的矩阵表示为

$$A = \begin{bmatrix} 0 & 1 & 0 & 0 & 0 \\ 1 & 0 & 1 & 0 & 0 \\ 0 & 1 & 0 & 0 & 0 \\ 0 & 0 & 0 & 0 & 1 \\ 0 & 0 & 0 & 1 & 0 \end{bmatrix}, A^2 = \begin{bmatrix} 0 & 1 & 0 & 0 & 0 \\ 1 & 0 & 1 & 0 & 0 \\ 0 & 1 & 0 & 0 & 0 \\ 0 & 0 & 0 & 0 & 1 \\ 0 & 0 & 0 & 1 & 0 \end{bmatrix}$$

$$\cdot \begin{bmatrix} 0 & 1 & 0 & 0 & 0 \\ 1 & 0 & 1 & 0 & 0 \\ 0 & 1 & 0 & 0 & 0 \\ 0 & 0 & 0 & 0 & 1 \\ 0 & 0 & 0 & 1 & 0 \end{bmatrix} = \begin{bmatrix} 1 & 0 & 1 & 0 & 0 \\ 0 & 2 & 0 & 0 & 0 \\ 1 & 0 & 1 & 0 & 0 \\ 0 & 0 & 0 & 1 & 0 \\ 0 & 0 & 0 & 0 & 1 \end{bmatrix}$$

$$A^3 = A \cdot A^2 = \begin{bmatrix} 0 & 1 & 0 & 0 & 0 \\ 1 & 0 & 1 & 0 & 0 \\ 0 & 1 & 0 & 0 & 0 \\ 0 & 0 & 0 & 0 & 1 \\ 0 & 0 & 0 & 1 & 0 \end{bmatrix} \cdot \begin{bmatrix} 1 & 0 & 1 & 0 & 0 \\ 0 & 2 & 0 & 0 & 0 \\ 1 & 0 & 1 & 0 & 0 \\ 0 & 0 & 0 & 1 & 0 \\ 0 & 0 & 0 & 0 & 1 \end{bmatrix} = \begin{bmatrix} 0 & 2 & 0 & 0 & 0 \\ 2 & 0 & 2 & 0 & 0 \\ 0 & 2 & 0 & 0 & 0 \\ 0 & 0 & 0 & 0 & 1 \\ 0 & 0 & 0 & 1 & 0 \end{bmatrix}$$

$$A^4 = A \cdot A^3 = \begin{bmatrix} 0 & 1 & 0 & 0 & 0 \\ 1 & 0 & 1 & 0 & 0 \\ 0 & 1 & 0 & 0 & 0 \\ 0 & 0 & 0 & 0 & 1 \\ 0 & 0 & 0 & 1 & 0 \end{bmatrix} \cdot \begin{bmatrix} 0 & 2 & 0 & 0 & 0 \\ 2 & 0 & 2 & 0 & 0 \\ 0 & 2 & 0 & 0 & 0 \\ 0 & 0 & 0 & 0 & 1 \\ 0 & 0 & 0 & 1 & 0 \end{bmatrix} = \begin{bmatrix} 2 & 0 & 2 & 0 & 0 \\ 0 & 4 & 0 & 0 & 0 \\ 2 & 0 & 2 & 0 & 0 \\ 0 & 0 & 0 & 1 & 0 \\ 0 & 0 & 0 & 0 & 1 \end{bmatrix}$$

从矩阵 A^2 可知,从 v_2 到 v_2 有 2 条长度为 2 的路,即 $v_2 \rightarrow v_1 \rightarrow v_2, v_2 \rightarrow v_3 \rightarrow v_2$。

从矩阵 A^3 可知,从 v_1 到 v_2 有 2 条长度为 3 的路,即 $v_1 \rightarrow v_2 \rightarrow v_1 \rightarrow v_2, v_1 \rightarrow v_2 \rightarrow v_3 \rightarrow v_2$。

类似地,从 v_2 到 v_1,从 v_2 到 v_3,v_3 到 v_2,也有 2 条长度为 3 的路;

从矩阵 A^4 可知,从 v_2 到 v_2 有 4 条长度为 4 的路,即

$$v_2 \rightarrow v_1 \rightarrow v_2 \rightarrow v_1 \rightarrow v_2$$

$$v_2 \rightarrow v_1 \rightarrow v_2 \rightarrow v_3 \rightarrow v_2$$

$$v_2 \rightarrow v_3 \rightarrow v_2 \rightarrow v_3 \rightarrow v_2$$

$$v_2 \rightarrow v_3 \rightarrow v_2 \rightarrow v_1 \rightarrow v_2$$

❖**定义 4.64** 令 $G = <V, E>$ 是一个简单有向图(简单有向图不含平行边和环),$|V| = n$,假定 G 的节点已编序,即 $V = \{v_1, v_2, \cdots, v_n\}$,定义一个 $n \times n$ 矩阵 $P = (p_{ij})$,$p_{ij} = 0$ 表示 v_i 到 v_j 不存在路;$p_{ij} = 1$ 表示 v_i 到 v_j 至少存在一条路;则称矩阵 P 为图 G 的可达性矩阵。可达性矩阵表明图中任意两个节点间是否至少存在一条路以及在任何节点上是否存在回路。一般地,可由图 G 的邻接矩阵 A 得到可达性矩阵 P,即令 $B_n = A + A^2 + \cdots + A^n$,再从 B_n 中将不为 0 的元素改换为 1,为 0 的元素不变,这个改换的矩阵即为可达性矩阵 P。

例 4.20:设图 G 的邻接矩阵为 $A = \begin{bmatrix} 0 & 1 & 0 & 0 \\ 0 & 0 & 1 & 1 \\ 1 & 1 & 0 & 1 \\ 1 & 0 & 0 & 0 \end{bmatrix}$,求图 G 的可达性矩阵。

$$解: A^2 = \begin{bmatrix} 0 & 0 & 1 & 1 \\ 2 & 1 & 0 & 1 \\ 1 & 1 & 1 & 1 \\ 0 & 1 & 0 & 0 \end{bmatrix}, A^3 = \begin{bmatrix} 2 & 1 & 0 & 1 \\ 1 & 2 & 1 & 1 \\ 2 & 2 & 1 & 2 \\ 0 & 0 & 1 & 1 \end{bmatrix}, A^4 = \begin{bmatrix} 1 & 2 & 1 & 1 \\ 2 & 2 & 2 & 3 \\ 3 & 3 & 2 & 3 \\ 2 & 1 & 0 & 1 \end{bmatrix}$$

$$B_4 = A + A^2 + A^3 + A^4 = \begin{bmatrix} 3 & 4 & 2 & 3 \\ 5 & 5 & 4 & 6 \\ 7 & 7 & 4 & 7 \\ 3 & 2 & 1 & 2 \end{bmatrix}, P = \begin{bmatrix} 1 & 1 & 1 & 1 \\ 1 & 1 & 1 & 1 \\ 1 & 1 & 1 & 1 \\ 1 & 1 & 1 & 1 \end{bmatrix}$$

由此可知,图 G 中任何两个节点都是可达的,并且任一节点均有回路,这个图是连通图。

❖**定义 4.65** 给定无向图 G,令 $v_1, v_2, \cdots, v_n$ 和 $e_1, e_2, \cdots, e_q$ 分别记作 $M(G)$ 的节点和边,则矩阵 $M(G) = (m_{ij})$,$m_{ij} = 0$ 表示 v_i 不关联 e_j,$m_{ij} = 1$ 表示 v_i 关联 e_j;称 $M(G)$ 为完全关联矩阵。

例 4.21:给出无向图 G,如图 4-23 所示。

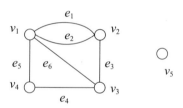

图 4-23　无向图 G

无向图 G 可写出其关联矩阵:

节点	e_1	e_2	e_3	e_4	e_5	e_6
v_1	1	1	0	0	1	1
v_2	1	1	1	0	0	0
v_3	0	0	1	1	0	1
v_4	0	0	0	1	1	0
v_5	0	0	0	0	0	0

从关联矩阵可以看出图形的一些性质:

(1)图中每一边关联两个节点,故 $M(G)$ 的每一列中只有两个 1。

(2)每一行中元素的和数是对应节点的度数。

(3)一行中元素全为 0,其对应的节点为孤立节点。

(4)两个平行边其对应的两列相同。

(5)同一图当节点或边的编序不同时,其对应 $M(G)$ 仅有行序、列序的差别。

当一个图是有向图时,亦可用节点和边的关联矩阵表示。

❖ **定义 4.66** 给定 $G=<V,E>$, $V=\{v_1,v_2,\cdots,v_p\}$, $E=\{e_1,e_2,\cdots,e_q\}$, $p\times q$ 阶矩阵 $M(G)=(m_{ij})$, $m_{ij}=0$ 表示 v_i 不关联 e_j; $m_{ij}=1$ 表示 v_i 是 e_j 的起点; $m_{ij}=-1$ 表示 v_i 是 e_j 的终点;称 $M(G)$ 为 G 的完全关联矩阵。

例 4.22:给出有向图 G, 如图 4-24 所示。

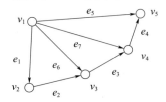

图 4-24 有向图 G

有向图 G 可写出其关联矩阵:

节点	e_1	e_2	e_3	e_4	e_5	e_6	e_7
v_1	1	0	0	0	1	1	1
v_2	-1	1	0	0	0	0	0
v_3	0	-1	1	0	0	-1	0
v_4	0	0	-1	1	0	0	-1
v_5	0	0	0	-1	-1	0	0

对图 G 的完全关联矩阵中两个行相加定义如下:若记 v_i 对应的行为 $\boldsymbol{v}_i$, 将第 i 行与第 j 行相加,记作: $\boldsymbol{v}_i \oplus \boldsymbol{v}_j = \boldsymbol{v}_{ij}$, 规定为

(1)对有向图,按照对应分量的普通加法运算。

(2)对无向图,按照对应分量的模 2 加法运算。

这种运算,实际上就是把 G 的节点 v_i 与 v_j 合并。

例 4.23:如图 4-25 所示,对于无向图 G(图(a)),合并 v_4, v_5 得到图(b)。

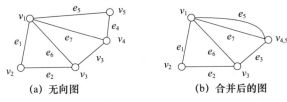

(a) 无向图　　　　　(b) 合并后的图

图 4-25 无向图 G 和合并后得到的图

其关联矩阵 $M(G')$ 是由 $M(G)$ 中将第 4 行加到第 5 行而得到的。

$M(G)$：

节点	e_1	e_2	e_3	e_4	e_5	e_6	e_7
v_1	1	0	0	0	1	1	1
v_2	1	1	0	0	0	0	0
v_3	0	1	1	0	0	1	0
v_4	0	0	1	1	0	0	1
v_5	0	0	0	1	1	0	0

$M(G')$：

节点	e_1	e_2	e_3	e_4	e_5	e_6	e_7
v_1	1	0	0	0	1	1	1
v_2	1	1	0	0	0	0	0
v_3	0	1	1	0	0	1	0
$v_{4,5}$	0	0	1	0	1	0	1

例 4.24：如图 4-26 所示，有向图 G（图(a)），合并节点 v_2, v_3，得到图(b)。

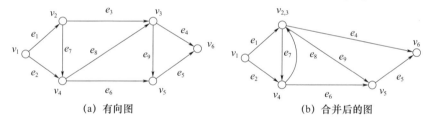

(a) 有向图　　　　　　　　(b) 合并后的图

图 4-26　有向图 G 和合并后得到的图

其关联矩阵 $M(G')$ 是由 $M(G)$ 中将第 2 行加到第 3 行而得到的

$M(G)$：

节点	e_1	e_2	e_3	e_4	e_5	e_6	e_7	e_8	e_9
v_1	1	1	0	0	0	0	0	0	0
v_2	-1	0	1	0	0	0	1	0	0
v_3	0	0	-1	1	0	0	0	-1	1
v_4	0	-1	0	0	0	1	-1	1	0
v_5	0	0	0	0	1	-1	0	0	-1
v_6	0	0	0	-1	-1	0	0	0	0

$M(G')$：

节点	e_1	e_2	e_3	e_4	e_5	e_6	e_7	e_8	e_9
v_1	1	1	0	0	0	0	0	0	0
$v_{2,3}$	-1	0	0	1	0	0	1	-1	1
v_4	0	-1	0	0	0	1	-1	1	0
v_5	0	0	0	0	1	-1	0	0	-1
v_6	0	0	0	-1	-1	0	0	0	0

◎**定理 4.48** 如果连通图 G 有 r 个节点，那么其完全关联矩阵 $M(G)$ 的秩为 $r-1$，即 $\text{rank}M(G) = r-1$。

推论 设图 G 有 r 个节点，w 个最大连通子图，则图 G 完全关联矩阵的秩为 $r-w$。

4.1.4.4 欧拉图和汉密尔顿图

1736 年，瑞士数学家 Leonhard Euler 发表了图论的第一篇论文"哥尼斯堡七桥问题"（图 4-27），即哥尼斯堡城市有一条横贯 Pregel 河城的 7 座桥连接，每逢假日城中居民进行环城巡游，能否设计一次"遍游"，使得从某地出发对每座跨河桥只走一次，而在遍历了 7 桥之后又能回到原地？图 4-27 画出了哥尼斯堡城图，城的 4 个陆地部分分别标记为 A,B,C,D，将陆地设想为图的节点，把桥画成连接边，城图可简化为无向图（a）。于是，哥尼斯堡城中每座桥一次且仅一次的遍历问题，等价于在图（a）中从某一节点出发寻找一条通路，通过它的每一条边一次且仅一次，并回到原始出发点。

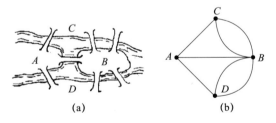

图 4-27 哥尼斯堡七桥及其图表示

欧拉在 1736 年的论文中提出一条简单的规则，确定了哥尼斯堡七桥问题是不能解的。

❖**定义 4.67** 给定无孤立节点图 G，若存在一条路，经过图中每边一次且仅一次，这条路称为欧拉路；若存在一条回路，经过图中每边一次且仅一次，该回路称为欧拉回路;具有欧拉回路的图称为欧拉图。

◎**定理4.49** 无向图 G 具有一条欧拉路,当且仅当 G 是连通的,且有零个或两个奇数度节点。

证明:

必要性:设 G 具有欧拉路,即有点边序列 $v_0 e_1 v_1 e_2 \cdots e_i v_{i+1} \cdots v_k e_k$,其中节点可能重复出现,但边不重复,因为欧拉路经过所有图 G 的节点,故图 G 必是连通的。

对任意一个不是端点的节点 v_i,在欧拉路中每当 v_i 出现一次,必关联两条边,故 v_i 虽可重复出现,但 $\deg(v_i)$ 必是偶数。对于端点,若 $v_0 = v_k$,则 $\deg(v_0)$ 为偶数,即 G 中无奇数度节点;若端点 v_0 与 v_k 不同,则 $\deg(v_0)$ 为奇数,$\deg(v_k)$ 为奇数,G 中就有两个奇数度节点。

充分性:若图 G 连通,有零个或两个奇数度节点,可以构造一条欧拉路如下:

(1)若有两个奇数度节点,则从其中的一个节点开始构造一条迹("迹":一条路中的所有边均不相同),即从 v_0 出发经关联边 e_1 进入 v_1,若 $\deg(v_1)$ 为偶数,则必可由 v_1 再经关联边 e_2 进入 v_2,如此进行下去,每边仅取一次。由于图 G 是连通的,故必可达到另一奇数度节点停下,得到一条迹 $L: v_0 e_1 v_1 e_2 \cdots v_i e_{i+1} \cdots v_k e_k$。若 G 中没有奇数度节点从任一节点 v_0 出发,用上述方法必可回到节点 v_0,得到上述一条闭迹 L_1。

(2)若 L_1 通过 G 的所有边,则 L_1 就是欧拉路。

(3)若 G 中去掉 L_1 后得到子图 G',则 G' 中每个节点度数为偶数,因为原来的图是连通的,故 L_1 与 G' 至少有一个节点 v_i 重合,在 G' 中由 v_i 出发重复(1)的方法,得到闭迹 L_2。

(4)当 L_1 与 L_2 组合在一起,如果恰是 G,那么得到欧拉路,否则重复(3)可到闭迹 L_3,依此类推,直到得到一条经过图 G 中所有边的欧拉路。

推论 无向图 G 具有一条欧拉回路,当且仅当 G 是连通的,并且所有节点度数全为偶数。

再看"七桥问题",$\deg(A) = 3, \deg(B) = 5, \deg(C) = 3, \deg(D) = 3$,故七桥问题图中不存在欧拉回路。

与七桥问题类似的还有一笔画的判别问题,即要判定一个图 G 能否一笔画出,有两种情况:

(1)从图 G 中某一节点出发,经过图 G 的每一边一次且仅一次达到另一点。

(2) 从图 G 的某一节点出发，经过 G 的每一边一次且仅一次再回到该节点。

上述两种情况分别可以由欧拉路和欧拉回路的判定条件予以解决。

例 4.25：如图 4-28 所示，下面给出两幅图，请问能否一笔画出？

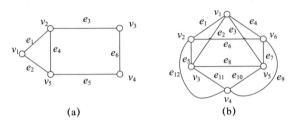

图 4-28 例 4.25 图

解：对于图 4-28(a)：$\deg(v_1)=2, \deg(v_2)=3, \deg(v_3)=2, \deg(v_4)=2$，$\deg(v_5)=3$，根据欧拉路的判定定理可知，图 4-28(a) 存在一条欧拉路，即 L_1：$v_5 e_2 v_1 e_1 v_2 e_4 v_5 e_5 v_4 e_6 v_3 e_3 v_2$，当然还有其他欧拉路。因此，图 4-28(a) 可以一笔画出。对于图 4-28(b)：$\deg(v_1)=4, \deg(v_2)=4, \deg(v_3)=4, \deg(v_4)=4, \deg(v_5)=4$，根据欧拉回路推论可知，图 4-28(b) 存在一条欧拉回路，即 L_1：$v_1 e_1 v_2 e_{12} v_4 e_9 v_6 e_4 v_1 e_3 v_5 e_7 v_6 e_6 v_2 e_5 v_3 e_{11} v_4 e_{10} v_5 e_8 v_3 e_2 v_1$，当然还有其他欧拉回路。因此，图 4-28(b) 可以一笔画出。

❖ **定义 4.68** 给定有向图 G，通过图中每边一次且仅一次的一条单向路，称为单向欧拉路(回路)。

◎ **定理 4.50** 有向图 G 具有一条单向欧拉回路，当且仅当是连通的，且每个节点入度等于出度。

一个有向图 G 具有单向欧拉路，当且仅当它是连通的，且除两个节点外，每个节点的入度等于出度，但这两个节点中，一个节点的入度比出度大 1，另一个节点的入度比出度小 1。

1859 年，Sir Willian Hamilton 在给朋友的一封信中，首先谈到关于十二面体的一个数学游戏：能否在图中找到一条回路，使它含有这个图的所有节点？他把每个节点看作一个城市，联结两个节点的边看成交通线，于是这个问题就转换为能否找到旅行路线，沿着交通线经过每个城市恰好一次，再回到原来的出发地？这个问题称为"周游世界问题"。

按照图 4-29 中给定的编号，可以看出这样一条回路是存在的。

◆ **定义 4.69** 给定图 G,若存在一条路经过图中每个节点恰好一次,称为汉密尔顿路;若存在一条回路,经过图中每个节点恰好一次,称为汉密尔顿回路;具有汉密尔顿回路的图称为汉密尔顿图。

◎ **定理 4.51** 若图 $G=<V,E>$ 具有汉密尔顿回路,则对于节点集 V 的每个非空子集 S 均有 $W(G-S) \leqslant |S|$ 成立,其中 $W(G-S)$ 表示 $G-S$ 中连通分支数。

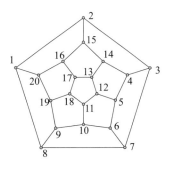

图 4-29 图 G

证明:设 C 是 G 的一条汉密尔顿回路,对于 V 的任何一个非空子集 S 在 C 中删去 S 中的任一节点 a_1,则 $C-a_1$ 是连通的非回路;若再删去 S 中另一节点 a_2,则 $W(C-a_1-a_2) \leqslant 2$,归纳得 $W(C-S) \leqslant |S|$。同时,$C-S$ 是 $G-S$ 的一个生成子图,因而 $W(G-S) \leqslant W(C-S)$,故 $W(G-S) \leqslant |S|$ 成立。

虽然汉密尔顿回路问题与欧拉回路问题在形式上极为相似,但对图 G 是否存在汉密尔顿回路还没有充要的判别准则。

◎ **定理 4.52** 设 G 具有 n 个节点的简单图,如果 G 中每一对节点度数之和大于等于 $n-1$,那么在 G 中存在一条汉密尔顿路。

◎ **定理 4.53** 设 G 具有 n 个节点的简单图,如果图 G 中每一对节点度数之和大于等于 n,那么在 G 中存在一条汉密尔顿回路。

◆ **定义 4.70** 给定图 $G=<V,E>$ 有 n 个节点,若将图 G 中度数之和至少是 n 的非邻接节点连接起来得到图 G',对图 G' 重复上述步骤,直到不再有这样的节点对存在为止,所得到的图称为原图 G 的闭包,记作:$C(G)$。

例 4.26:对于图 4-30,构造它的闭包。

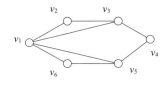

图 4-30 图 G

解:按照从左到右的次序构造过程如下:

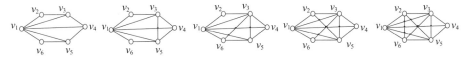

(1)对于图 G,v_1,v_4 节点度数和为 6,满足条件,在 v_1,v_4 间添加一条边,得到图 G'。

(2)对于图 G',v_3,v_5 节点度数和为 6,满足条件,在 v_3,v_5 间添加一条边,得到图 G''。

(3)对于图 G'',v_3,v_5 节点度数和为 6,满足条件,在 v_3,v_5 间添加一条边,得到图 G'''。

(4)对于图 G''',v_3,v_6 节点度数和为 6,满足条件,在 v_3,v_6 间添加一条边,得到图 G''''。

(5)对于图 G'''',v_2,v_5 节点度数和为 6,满足条件,在 v_2,v_5 间添加一条边,得到图 G'''''。

(6)对于图 G''''',v_2,v_6 节点度数和为 6,满足条件,在 v_2,v_6 间添加一条边,得到图 G''''''。

此后,没有满足条件的节点对,终止计算;因此,图 G'''''' 就是原图 G 的闭包,记作:$C(G) = G''''''$。

◎定理 4.54 当且仅当一个简单图的闭包是汉密尔顿图时,这个简单图是汉密尔顿图。

4.1.4.5 平面图

◆定义 4.71 设 $G = <V, E>$ 是一个无向图,如果能把 G 的所有节点和边画在平面上,且使得任何两条边除了端点没有其他的交点,就称 G 是一个平面图。

有些图形从表面上看有几条边相交,但不能就此下结论说它不是平面图。例如,图 4-31 中图 G 是一个平面图。

图 4-31 平面图 G

有些图不论怎样改画,除去节点外,总有边相交。例如,图 4-32 中图 G 是一个非平面图。

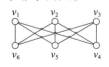

图 4-32 非平面图 G

◆定义 4.72 设 G 是一个连通平面图,由图中的边所包围的区域,在区域内既不包含图的节点,也不包含图的边,这样的区域称为 G 的一个面,记作:r;包围该面的诸边所构成的回路称为这个面的边界;面的边界的回路长度称为面的次数,记作:$\deg(r)$。

例如,图 4-33 中图 G 一共 6 个节点,将平面划分为 5 个面,分别是:回路 $v_1v_2v_3v_4v_1$ 包围的面 r_1,回路 $v_1v_2v_6v_1$ 包围的面 r_2,回路 $v_2v_3v_6v_2$ 包围的面 r_3,回路 $v_3v_4v_5v_4v_6v_3$ 包围的面 r_4,回路 $v_1v_4v_6v_1$ 包围的面之外的面 r_5,不受边界约束,称为无限面。

◎**定理 4.55** 一个有限平面图,面的次数之和等于其边数的两倍。

证明:因为任何一条边,或这两个面的公共边,或者在一个面中作为边界被重复计算两次,故面的次数之和等于其边数的两倍。

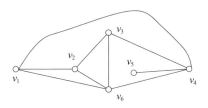

图 4-33 图 G

例如,在图 4-33 中,$\deg(r_1)=4$,$\deg(r_2)=3$,$\deg(r_3)=3$,$\deg(r_4)=5$,$\deg(r_5)=3$,面的次数之和为 18;边数为 9,面的次数之和正好是边数的两倍。

◎**定理 4.56** 设有一个连通的平面图 G,共有 v 个节点,e 条边,r 个面,则欧拉公式为

$$v-e+r=2$$

成立。

证明:

归纳法:

(1)若 G 为一个孤立节点,则有 $v=1,e=0,r=1$,故 $v-e+r=2$ 成立。

(2)若 G 为一条边,则有 $v=2,e=1,r=1$,故 $v-e+r=2$ 成立。

(3)假设 G 有 k 条边时,欧拉公式成立,即 $v_k-e_k+r_k=2$,进一步考察 G 有 $k+1$ 条边情况。

因为在 k 条边的连通图上增加一条边,使它仍为连通图,可以分为两种情形:

①加上一个新节点 Q,Q 与图上的一点 v_i 相连,此时 v_k 增加 1,e_k 增加 1,r_k 保持不变,故 $(v_k+1)-(e_k+1)+r_k=v_k-e_k+r_k=2$。

②没有添加新节点,而是用一条边连接图上的两个已知节点 v_p,v_q,此时 v_k 保持不变,e_k 增加 1,r_k 增加 1,故 $v_k-(e_k+1)+(r_k+1)=v_k-e_k+r_k=2$。证毕。

◎**定理 4.57** 设 G 是一个有 v 个节点,e 条边的连通简单平面图,若 $v\geq 3$,则 $e\leq 3v-6$。

证明:设连通平面图 G 的面数为 r,当 $v=3,e=2$ 时上式显然成立。

若 $e\geqslant 3$，则每一面的次数不小于 3，由定理可知各面次数之和为 $2e$，因此 $2e\geqslant 3r$。进而得 $r\leqslant\dfrac{2e}{3}$，代入欧拉定理：$2=v-e+r\leqslant v-e+\dfrac{2e}{3}$，化简后得 $e\leqslant 3v-6$。

注意：应用上述定理可以判定某些图是否非平面图。

例 4.27：对于图 4-34，$v=6,e=9,3v-6=12\geqslant 9=e$，显然 $e\leqslant 3v-6$ 成立，但图 4-34 却不是平面图。这说明，采用定理 $e\leqslant 3v-6$ 判定一个图是平面图的条件并不充分。

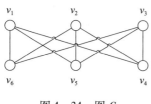

图 4-34　图 G

注意：虽然欧拉公式有时能用来判定某一个图是非平面图，但还是没有简便方法可以确定某个图是平面图。下面介绍库拉托夫斯基（Kuratowski）定理。

在给定图 G 的边上，插入一个新的度数为 2 的节点，使一条边分成两条边，或者对关联于一个度数为 2 的节点的两条边，去掉该节点，使两条边化成一条边，都不会影响图的平面性，如图 4-35 所示。

图 4-35　图 G

❖ **定义 4.73**　给定两个图 G_1 和 G_2，如果它们是同构的，或者通过反复插入或除去度数为 2 的节点后，使 G_1 和 G_2 同构，那么称这两个图是在 2 度节点内同构的。

◎ **定理 4.58**　一个图是平面图，当且仅当它不包含 $K_{3,3}$ 图与 K_5 或在 2 度节点内同构的子图，$K_{3,3}$ 图与 K_5 图如图 4-36 所示，$K_{3,3}$ 与 K_5 常称为库拉托夫斯基图。

图 4-36　$K_{3,3}$ 图和 K_5 图

4.1.4.6　对偶图与着色

图形着色的问题最早起源于地图的着色，一个地图中相邻国家着以不同颜色，最少需用几种颜色？一百多年前，英国 Guthrie 提出用 4 种颜色即可实现对

地图着色的猜想；1879 年 Kempe 给出了这个猜想的第一个证明，但到 1890 年 Hewood 发现 Kempe 证明是错误的，但他指出 Kempe 的方法虽然不能证明地图着色用 4 种颜色就够了，但可以证明 5 种颜色就够了。此后，四色猜想一直成为数学家感兴趣而未能解决的难题。直到 1976 年，美国数学家阿尔佩和黑肯宣布：他们用电子计算机证明四色猜想是成立的。

❖**定义 4.74** 给定平面图 $G = <V, E>$，具有面 $F_1, F_2, \cdots, F_n$，若有图 $G^* = <V^*, E^*>$ 满足条件：

（1）图 G 的任一个面 F_i，内部有且仅有一个节点 $v_i^* \in V^*$。

（2）图 G 的面 F_i, F_j 的边界 e_k，存在且仅存在一条边 $e_k^* \in E^*$，使 $e_k^* = (v_i^*, v_j^*)$，且 e_k^* 与 e_k 相交。

（3）当且仅当 e_k 只是一个面 F_i 的边界时，v_i^* 存在一个环 e_k^* 与 e_k 相交。

则称图 G^* 为图 G 的对偶图。

从对偶图的定义可知，如果图 G^* 为图 G 的对偶图，那么图 G 也为图 G^* 的对偶图。一个连通的平面图 G 的对偶图也必是平面图。

❖**定义 4.75** 如果图 G 的对偶图 G^* 同构于 G，那么称 G 为自对偶图。

图 G 的正常着色是指对它的每一个节点指定一种颜色，使得没有两个邻接的节点有同一种颜色。如果图 G 在着色时用了 n 种颜色，那么称 G 为 n-色的。

对于图 G 着色时，需要的最少颜色数称为 G 的着色数，记作：$x(G)$。

现在还没有一个简单的方法，可以确定任一图 G 是否是 n-色的。但可以用韦尔奇·鲍威尔(Welch Powell)法对图 G 进行着色，方法描述如下：

（1）将图 G 中的节点按照度数的递减次序进行排列（排列可能不唯一，因为有些点的度数相同）。

（2）用第一种颜色对第一点着色，按排列次序，对与前面着色点不邻接的每一点着上同样的颜色。

（3）用第二种颜色对尚未着色的点重复（2），用第三种颜色继续这样做，直到所有点全部着上色为止。

◎**定理 4.59** 对于 n 个节点的完全图 K_n，有 $x(K_n) = n$。

◎**定理 4.60** 设 G 为至少具有三个节点的连通平面图，则 G 中必有一个节点 u，使得 $\deg(u) \leq 5$。

4.1.4.7 树与生成树

树是图论中的重要概念之一，在计算机科学中应用广泛。

◆**定义 4.76** 一个连通且无回路的无向图称为树。树中度数为 1 的节点称为树叶,度数大于 1 的节点称为分枝点或内点。

◎**定理 4.61** 给定图 T,以下关于树的定义是等价的。

(1)无回路的连通图。

(2)无回路且 $e = v - 1$,其中,e 是边数,v 是节点数。

(3)连通且 $e = v - 1$。

(4)无回路,但增加一条新边,得到一个且仅有一个回路。

(5)连通,但删去任一边后便不连通。

(6)每一对节点之间有一条且仅有一条路。

◎**定理 4.62** 任一棵树中至少有两片树叶。

证明:设树 $T = <V,E>$,$|V| = v$,因为 T 是连通图,对于任意 $v_i \in T$,有 $\deg(v_i) \geq 1$ 且 $\sum_{i=1}^{|V|} \deg(v_i) = 2e = 2(|V| - 1) = 2v - 2$。若 T 中每个节点度数大于等于 2,则有 $\sum_{i=1}^{|V|} \deg(v_i) \geq 2|V| = 2v$;这与 $\sum_{i=1}^{|V|} \deg(v_i) = 2v - 2$ 相矛盾。若 T 中只有 1 个节点度数为 1,其他节点度数大于等于 2,则有 $\sum_{i=1}^{|V|} \deg(v_i) \geq 2(|V| - 1) + 1 = 2v - 1$,这与 $\sum_{i=1}^{|V|} \deg(v_i) = 2v - 2$ 相矛盾。因此,T 中至少有两个节点度数为 1,即至少有两片树叶。

有一些图,本身不是树,它的子图却是树,一个图可能有许多子图是树,很重要的一类是生成树。

◆**定义 4.77** 若图 G 的生成子图是一棵树,则该树称为图 G 的生成树。设图 G 有一棵生成树 T,则 T 中的边称为树枝;图 T 的不在生成树中的边称为弦;所有弦的集合称为生成树 T 的补。

例 4.28:如图 4 - 37 所示,图 G 有一棵生成树 T 采用粗线表达,其中 e_1, e_7, e_5, e_8, e_3 都是 T 的树枝,e_2, e_4, e_6 都是 T 的弦,$\{e_2, e_4, e_6\}$ 是生成树 T 的补。

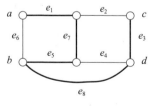

图 4 - 37 图 G

◎**定理 4.63** 连通图至少有一棵生成树。

证明:设连通图 G 没有回路,则 G 本身就是一棵生成树。

若 G 至少有一个回路,删除 G 回路上的一条边,得到图 G_1,它仍是连通的并与 G 有同样的节点集。

若 G_1 没有回路,则 G_1 是生成树;若 G_1 仍有回路,再删除 G_1 回路上的一条边,重复上述步骤,直至得到一个连通图 H,它没有回路。但与 G 有同样的节点集,因此 H 是 G 的生成树。证毕。

由上述证明过程可以看出,一个连通图可以有许多生成树。因为在取定一个回路后,就可以从中去掉任一条边,去掉的边不一样,故可能得到不同的生成树。

◎**定理 4.64** 一条回路和任何一棵生成树的补至少有一条公共边。

证明:假设有一条回路和一棵生成树的补没有公共边,那么这条回路一定包含在生成树中,这与生成树不能包含回路相矛盾,因此假设不成立。

◎**定理 4.65** 一个边割集和任何生成树至少有一条公共边。

证明:假设一个边割集和一棵生成树没有公共边,那么删去这个边割集后,所得子图必包含该生成树,说明删去边割集后的子图仍是连通图,这与边割集定义(删去边割集后的子图是不连通的)相矛盾。因此,假设不成立。

现实生活中,设图 G 中节点表示一些城市,各边表示城市间道路的连接情况,边的权表示道路的长度。如果要用通信线路把这些城市联系起来,要求沿道路架设线路时所用的线路最短,这就是要求一棵生成树,使该生成树是图 G 的所有生成树中边权的和为最小。

现在讨论一般的带权图问题模型:假定 G 是具有 n 个节点的连通图。对应于 G 的每一条边 e,指定一个正数 $C(e)$,把 $C(e)$ 称为边的权(可以代表长度、运输量、费用等)。G 的生成树 T 也有一个树权 $C(T)$,它是 T 的所有边权的和。

❖**定义 4.78** 在图 G 的所有生成树中,树权最小的那棵生成树,称为最小生成树。

◎**定理 4.66** (Kruskal)设图 G 有 n 个节点,以下算法用于生成最小生成树:

(1)选取最小权边 e_1,置边数 $i \leftarrow 1$。

(2)$i = n - 1$ 结束,否则转入(3)。

(3)设已选择边为 $e_1, e_2, \cdots, e_i$,在 G 中选取不同于 $e_1, e_2, \cdots, e_i$ 的边 e_{i+1},使 $\{e_1, e_2, \cdots, e_i, e_{i+1}\}$ 中无回路且 e_{i+1} 是满足此条件的最小边。

(4)$i \leftarrow i + 1$,转(2)。

例 4.29:如图 4-38 所示,给定一个带权无向图 G,采用 Kruskal 算法计算图 G 的最小生成树。

解:$G = <V, E>$ 是一个无向图,节点数为 $n = 5$,节点集为 $V = \{v_1, v_2, v_3, v_4, v_5\}$,8 条边集 $E = \{(v_1, v_2), (v_1, v_3), (v_1, v_4), (v_2, v_3), (v_2, v_4), (v_3, v_4), (v_4, v_5), (v_5, v_3)\}$,每条边都有权值,分别为

$$C(v_1, v_2) = 2, C(v_1, v_3) = 1, C(v_1, v_4) = 3,$$
$$C(v_2, v_3) = 1, C(v_2, v_4) = 3,$$
$$C(v_3, v_4) = 2, C(v_3, v_5) = 2,$$
$$C(v_4, v_5) = 2$$

记作:$C(E) = \{C(v_1, v_2), C(v_1, v_3), C(v_1, v_4), C(v_2, v_3), C(v_2, v_4), C(v_3, v_4), C(v_4, v_5), C(v_5, v_3)\}$,计算机程序算法描述为

(1) 初始化:$i = 1, n = 5, E, C(E), E' = \emptyset$。

(2) 从 E 中选取最小权边 $\min E$,置 $e_i = \min E$,且使得 e_i 满足加入 E' 后不会形成回路。

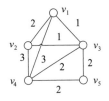

图 4-38 图 G

(3) 判别 $i \neq n$,转入(4);否则,转入(6)。

(4) 更新已选边集为 $E' = E' + \{e_i\}$(将当前选取的最小权边加入已选边集 E'),更新边集 $E = E - e_i$(将当前选取的最小权边从边集 E 中删去)。

(5) $i = i + 1$,返回(2)。

(6) 算法结束,输出最小生成树边集 E',然后退出。

本例中,最小生成树可能有三种结果:$E' = \{(v_1, v_3), (v_2, v_3), (v_3, v_4), (v_3, v_5)\}$ 或 $E' = \{(v_1, v_3), (v_2, v_3), (v_3, v_5), (v_4, v_5)\}$ 或 $E' = \{(v_1, v_3), (v_2, v_3), (v_3, v_4), (v_4, v_5)\}$。

其最小生成树为图 4-39 中的粗线边表示,最小生成树边的权和为 $C(E') = 6$。$E' = \{(v_1, v_3), (v_2, v_3), (v_3, v_4), (v_4, v_5)\}$ 与 $E' = \{(v_1, v_3), (v_2, v_3), (v_3, v_5), (v_4, v_5)\}$ 同构,本质上相同。

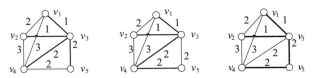

图 4-39 图 G 的最小生成树可能不唯一

4.1.4.8 根树及其应用

◆**定义 4.79** 如果一个有向图在不考虑边的方向时是一棵树,那么这个有

向图称为有向树。

◆**定义 4.80**　一棵有向树,如果恰有一个节点的入度为 0,其余所有节点的入度都为 1,那么称为根树。入度为 0 的节点称为根,出度为 0 的节点称为叶,出度不为 0 的节点称为分枝点或内点。

在根树中,任一节点 v 的层次,就是从根到该节点的单向通路长度。

例 4.30:图 4-40 给出一棵有向树,它是根树,即只有一个节点入度为 0,其余节点的入度为 1。节点 v_1 为根,节点 v_2, v_4, v_8 为分枝点,节点 $v_3, v_5, v_6, v_7, v_9, v_{10}$ 为叶。叶节点 v_3 层次为 1,叶节点 v_5, v_6, v_7 层次为 2,叶节点 v_9, v_{10} 层次为 3。

◆**定义 4.81**　根树包含一个或多个节点,某一个节点称为根,其他所有节点被分成有限个子根树。

把 n 个节点的根树用节点数少于 n 的根数来定义,得到每一棵都是一个节点的根数,它们就是原来那棵树的叶。如图 4-41 所示,两棵有向树 T_1 和 T_2 是同构图,其差别仅在于每一层上的节点从左到右出现的次序不同,为此,今后要用明确的方式,指明根树中节点或边的次序,这种树称为有序树。

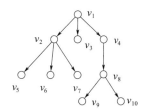

图 4-40　有向树

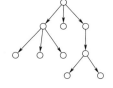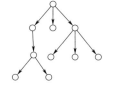

图 4-41　有向树 T_1 和 T_2

设 a 是一棵根树的分枝点,假设从 a 到 b 有一条边,则节点 b 称为 a 的"儿子",或称节点 a 为 b 的"父亲"。假设从 a 到 c 有一条单向通路,则称 a 为 c 的"祖先"或 c 为 a 的"后裔"。同一个分支点的"儿子"称为"兄弟"。

◆**定义 4.82**　在根树中,若每一个节点的出度小于或等于 m,则称这棵树为 m 叉树。如果每一个节点的出度恰好等于 m 或 0,则称这棵树为完全 m 叉树。若其所有树叶层次相同,则称为正则 m 叉树。当 $m=2$ 时,称为二叉树。

例 4.31:M 和 E 两人比赛羽毛球,如果一人连赢两盘或共赢三盘就获胜,比赛结束。

解:可以用二叉树(图 4-42)表示 M 和 E 两人比赛的各种情况(一共有 10 种,对应二叉树中的 10 片树叶;从根到树叶的每一条通路对应比赛中可能发生

的一种情况),具体包括有

$EE,EMEE,EMEME,EMEMM,EMM,MEE,MEMEE,MEMEM,MEMM,MM$

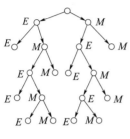

图 4-42 二叉树

任何一棵有序树都可以改写为二叉树,算法描述如下:

(1)除了最左边的分枝点,删去所有从每一节点长出的分枝。在同一层次中,兄弟节点之间用从左到右的有向边连接。

(2)选定二叉树的左儿子和右儿子如下:直接处于给定节点下面的节点,作为左儿子;对于同一水平线上与给定节点右邻的节点,作为右儿子,依此类推。

例 4.32:如图 4-43 所示,下面给出一个三叉树,采用二叉树转化算法,画出转化后的二叉树。

解:根据算法先得到图(b),再得到图(c),即三叉树(图(a))转化后的二叉树(图(c))。

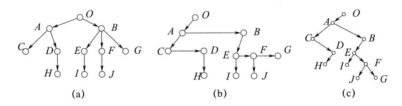

图 4-43 三叉树(图(a))转化(图(b))为二叉树(图(c))过程

◎**定理 4.67** 设有完全 m 叉树,其树叶数为 t,分枝点数为 i,则 $(m-1) \times i = t-1$。

证明:把 m 叉树看作每局有 m 位选手参加比赛的单淘汰赛计划表,树叶数 t 表示参加比赛的选手个数,分枝点数 i 表示比赛局数,因为每局比赛将淘汰 $m-1$ 位选手,故一共淘汰 $(m-1) \times i$ 位选手,最后剩下一位是冠军,因此有 $(m-1) \times i + 1 = t$,即 $(m-1) \times i = t-1$。证毕。

如图 4-44 所示,下面给出层数为 2 的完全二叉树,层数为 3 的完全三叉树。

◆**定义 4.83** 在根树中,一个节点的通路长度,就是从树根到此节点的通路中的边数;把分枝点的通路长度称为内部通路长度,树叶的通路长度称为外部通路长度。

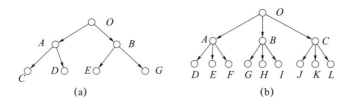

图4-44 层数为2的完全二叉树(图(a))和层数为3的完全三叉树(图(b))

◎**定理4.68** 若完全二叉树有 n 个分枝点,且内部通路长度的总和为 I,外部通路长度的总和为 E,则 $E = I + 2n$。

❖**定义4.84** 在带权二叉树中,若带权为 w_i 的树叶,其通路长度为 $L(w_i)$,把 $w(T) = \sum_{i=1}^{t} w_i L(w_i)$ 称为该带权二叉树的权。在所有带权为 $w_1, w_2, \cdots, w_t$ 的二叉树中,$w(T)$ 最小的那棵树,称为最优树。

◎**定理4.69** 设 T 为带权 $w_1 \leqslant w_2 \leqslant \cdots \leqslant w_t$ 的最优树,则

(1) 带权 w_1, w_2 的树叶 ν_{w_1}, ν_{w_2} 是兄弟。

(2) 以树叶 ν_{w_1}, ν_{w_2} 为儿子的分枝点,其通路长度最长。

◎**定理4.70** 设 T 为带权 $w_1 \leqslant w_2 \leqslant \cdots \leqslant w_t$ 的最优树,若将以带权 w_1 和 w_2 的树叶为儿子的分枝点改为带权 $w_1 + w_2$ 的树叶,得到一棵新树 T',则 T' 也是最优树。

例4.33:设有一组权 2、3、5、7、11、13、17、19、23、29、31、37、41,求相应的最优树。

解:首先组合 2+3,并寻找 5、5、7、11、13、17、19、23、29、31、37、41 的最优树,然后组合 5+5,并寻找 7、10、11、13、17、19、23、29、31、37、41 的最优树,依此类推。其最优树如图4-45所示。

二叉树的另一个应用是前缀码问题。在远距离通信中,常用 0 和 1 的字符串作为英文字母的传送信息,因为英文字母共有 26 个,用不等长的二进制序列表示 26 个英文字母时,由于长度为 1 的序列有 2 个,即 0 或 1;长度为 2 的二进制序列有 2^2 个,长度为 3 的二进制序列有 2^3 个,依此类推,长度为 i 的二进制序列有 2^i 个。显然,用长度不超过 4 的二进制序列就可以表达 26 个不同的英文字母。但由于字母使用的频繁程度不同,为了减少信息量,希望用较短的序列表示频繁使用的字母。当使用不同长度的序列表示字母时,要考虑的另一问题是如何对接收到的字符串进行译码?

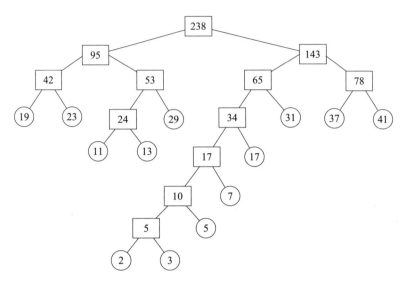

图4-45 最优树

❖**定义 4.85** 给定一个序列的集合,若没有一个序列是另一个序列的前缀,该序列集合称为前缀码。

例如,{000,001,01,10,11}是前缀码,而{1,001,00}就不是前缀码,因为00是001的前缀码。

◎**定理 4.71** 任意一棵二叉树的树叶可对应一个前缀码。

◎**定理 4.72** 任何一个前缀码都对应一棵二叉树。

例4.34:图4-46给出了{000,001,01,1}对应的完全二叉树,它是高度为3的正则二叉树,对应前缀中序列的节点用实心圆标记。

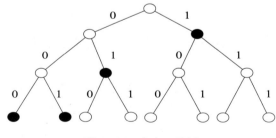

图4-46 完全二叉树

通过前缀码和二叉树的对应关系,若给定前缀码对应的二叉树是完全二叉树,则此前缀码可以进行译码。

4.2 调度代码生成技术

采用同步数据流图模型(Synchronous Data Flow Graph Model,SDFGM)描述一个仿真系统的模型组成及其存在的数据流入/出关系,具有表达系统构造直观性强、模型调度顺序可事先确定、程序死锁运行前检测等优点,对可视化建模、通过组合模型组件快速构建仿真系统原型非常有用。作为一种基于数据驱动的模型仿真技术,同步数据流计算模型已经被广泛用于 DSP 应用计算辅助设计系统,如美国 Cadence 公司的信号处理工作系统(Signal Processing WorkSystem,SPW)、美国 UC Berkely(加州大学伯克利分校)的托勒密Ⅱ仿真工具(PtolemyⅡ)、法国 Thales Group 的雷达分析与设计仿真工具(Architecture & Simulation Tool for Radar Analysis & Design,ASTRAD)等。以上这些仿真工具可以对同步数据流图模型提供可视化显示以及文件保存功能,还可以对同步数据流图模型进行编译,检查无误后自动生成调度程序代码,在仿真器控制下直接运行。然而,同步数据流图保存时模型文件格式如何定义,读取时模型文件如何解析、模型语义结构如何组织,以及如何计算求解同步数据流图模型的调度序列,进而实现同步数据流图模型的调度代码自动生成,这些核心技术的关键细节都没有公开。

4.2.1 数据流图 XML 文件语义规范

4.2.1.1 类或实体描述层
(1)对于一个顶层系统模型,采用下列格式进行描述定义:

[1] < entity name = "Top Level System Model Name" class = "ptolemy. actor. TypedCompositeActor" >

[2] …

[3] </entity >

第一行指明顶层系统模型的名字(通过标记对 name = ""),该模型所属类的类型(通过 class = "")。

第二行…代表在这里省略,省略的部分主要用于描述该顶层系统模型的内部组成要素、内部结构关联关系、数据流进出流向等信息。

第三行指明顶层系统模型描述定义结束,以 </entity > 作为结束标识符,与第一行中的<entity 描述定义开始标识符相对应。

（2）对于一个局部的复合实体模型，采用下列格式进行描述定义：

[1] < class name = "SG" extends = "ptolemy. actor. TypedCompositeActor" >
[2]   < port name = "port" class = "ptolemy. actor. TypedIOPort" >
[3]   < property name = "output"/ >
[4]   </ port >
[5]   < port name = "Beam" class = "ptolemy. actor. TypedIOPort" >
[6]   < property name = "output"/ >
[7]   </ port >
[8]   < port name = "SimTime" class = "ptolemy. actor. TypedIOPort" >
[9]   < property name = "output"/ >
[10]   </ port >
[11] …
[12] </ class >

第一行指明局部带层次结构的复合实体模型的名字（通过标记对 name = ""）、派生类所属类别（通过 extends = ""）。这里实际上表示的含义是"SG 是一个复合实体，带层次结构，SG 派生于 ptolemy. actor. TypedCompositeActor 这个类，派生类 TypedCompositeActor 代表典型的复合角色类，从属于 ptolemy. actor 包，而 actor 包从属于 ptolemy 包"。

第二行~第四行用于描述一个端口信息，该端口的名字是 port，其所属类的类别为 ptolemy. actor. TypedIOPort，该端口是一个输出端口。< port 表示端口描述定义的开始标识符，</ port > 表示端口描述定义的结束标识符。< property 表示端口的属性描述定义的开始标识符，/ > 表示端口的属性描述定义结束。

同理，第五行~第七行、第八行~第十行分别描述定义了两个端口的信息，Beam 端口是一个输出端口，SimTime 也是一个输出端口。

第十一行用省略号…代表省略定义部分，主要用于描述该复合实体 SG 的结构组成、关联关系、端口链接等信息。

第十二行</ class > 表示该复合实体 SG 模型描述定义结束。

4.2.1.2 实体描述层

一个带层次结构的角色模型（包括顶层系统模型或分层的复合实体模型），

通常是由其他原子实体或复合实体组合(通过一定的关联关系结构组成)在一起的。

例如,从 SSG 的简化 XML 文件可以得到以下信息:

SG 是一个带层次结构的复合实体,其自身 SG 有三个输出端口:port、Beam、SimTime。

SG 内部构成成分包括 4 个实体:Antenna、Intersection、TargetSimulator、Time。

Antenna 实体所属类为 ptolemy.radar.ssg.Antenna,包括三个端口:input、beam、timeStep。

Intersection 实体所属类为 ptolemy.radar.ssg.Intersection,包括三个端口:beam、targets、output。

TargetSimulator 实体所属类为 ptolemy.radar.ssg.TargetSimulator,包括两个端口:time、targets。

Time 实体所属类为 ptolemy.actor.lib.Ramp,包括两个端口:step、output。

4.2.1.3 关系描述层

关系用于描述实体之间的关联关系,通常从一个实体的任意一个输出端口指向另一个实体的输入端口,即关系用于描述输出端口与输入端口的数据流流向信息,这里涉及端口所属的实体、输出端口与输入端口的对应关系(一对一、一对多)、复合实体端口(对于复合实体外层的实体来讲,复合实体的输入端口被看作外部关系的输出,复合实体的输出端口被看作外部关系的输入;对于复合实体内层的实体来讲,复合实体的输入端口被看作内部关系的输入,复合实体的输出端口被看作内部关系的输出)。

例如,下面给出关系的描述定义信息:

[1] < relation name = "relation2" class = "ptolemy.actor.TypedIORelation" >
[2] </relation >
[3] < relation name = "relation4" class = "ptolemy.actor.TypedIORelation" >
[4] </relation >
[5] < relation name = "relation5" class = "ptolemy.actor.TypedIORelation" >
[6] </relation >
[7] < relation name = "relation7" class = "ptolemy.actor.TypedIORelation" >
[8]   < vertex name = "vertex1" value = "[265.0,190.0]" >

[9]   </vertex>

[10]   </relation>

[11]   < relation name = "relation" class = "ptolemy. actor. TypedIORelation" >

[12]   < vertex name = "vertex1" value = "[320.0,275.0]" >

[13]   </vertex >

[14]   </relation >

第一行 < relation 表示关系描述定义的开始,这一行指明了关系 relation2 的所属类别为 ptolemy. actor. TypedIORelation。

第二行 </relation > 表示关系 relation2 描述定义的结束。

同理,第三行~第四行、第五行~第六行分别描述定义了关系 relation4 和 relation5。

第七行~第十行用于描述一个关系组,即 relation7 是一个一对多关系,relation7 从一个输出端口指向多个输入端口。具体内容详见链接描述层。< vertex 表示有方向数据流图中的一个交会顶点。

4.2.1.4 链接描述层

链接按照数据流从输出端口流向输入端口的调度规则,主要用于描述实体之间的数据传递关系。

当一个链接所描述数据传递关系是对于复合实体的内部构成成分时,从实体的某个输出端口指向另一个实体的某个输入端口,可以分为两种情况:

(1)实体的输出端口作为链接的输入端。

(2)实体的输入端口作为链接的输出端。

当一个链接所描述数据传递关系是对于复合实体的内部构成成分时,对于复合实体的端口与内部构成实体或复合实体外层实体的链接关系时,可以分为 4 种情况:

(1)外部实体输出端口链接到复合实体的输入端口,复合实体的输入端口作为外部链接的输出端。

(2)复合实体输出端口链接到外部实体的输入端口,复合实体的输出端口作为外部链接的输入端。

(3)复合实体输入端口链接到内部实体的输入端口,复合实体的输入端口作为内部链接的输入端。

(4)复合实体内部实体链接到复合实体的输出端口,复合实体的输出端口作为内部链接的输出端。

例如,下面给出链接的描述定义信息:"relation"

[1] < link port = "port" relation = "relation5"/ >
[2] < link port = "Beam" relation = "relation7"/ >
[3] < link port = "SimTime" relation = "relation"/ >
[4] < link port = "Antenna. beam" relation = "relation7"/ >
[5] < link port = "Antenna. timeStep" relation = "relation2"/ >
[6] < link port = "Intersection. beam" relation = "relation7"/ >
[7] < link port = "Intersection. targets" relation = "relation4"/ >
[8] < link port = "Intersection. output" relation = "relation5"/ >
[9] < link port = "TargetSimulator. time" relation = "relation"/ >
[10] < link port = "TargetSimulator. targets" relation = "relation4"/ >
[11] < link port = "Time. output" relation = "relation"/ >
[12] < link port = "Time. step" relation = "relation2"/ >

第一行 < link 表示链接描述定义的开始,/ > 表示这个链接描述定义结束。port = "port" relation = "relation5"表示端口 port 与关系 relation5 相关联,但是这里并不知道该端口是作为链接的输入端或是输出端。第八行指明 Intersection 实体的 output 端口也与关系 relation5 相关联。relation5 是一个一对一的链接,要进一步确定哪个端口作为链接的输入端,哪个端口作为链接的输出端,则需要进一步联合查询实体的端口属性,并按照数据传递关系所针对不同情形问题采用的描述规则进行解析。

relation7 是一个关系组,与其相关联的端口包括三个:Beam、Antenna. beam、Intersection. beam,其数据流向是从实体 Antenna 的 beam 端口指向 SG 的 beam 端口和 Intersection 的 beam 端口。

4.2.2 数据流图 XML 文件解析及代码生成设计

4.2.2.1 工作流程

软件工作流程如图 4-47 所示。

4.2.2.2 接口及功能

XML 数据流图文件解析接口及其功能描述如表 4-1 所示。

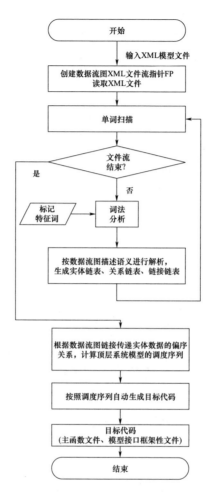

图 4-47 数据流图的 XML 文件解析及代码自动生成流程

表 4-1 接口功能描述

接口	功能
class EntityList	实体链表
class PortList	端口链表
class RelationList	关系链表
class LinkList	链接链表
void getWord(FILE * file,char * word)	通过文件流指针 file 读取文件中的一个单词并保存到 word

续表

接口	功能
void getMarkedKeyValue(char * value, const char * word)	从单词 word 中析取键 key 的数值 value 布尔返回值:true - 析取成功　flag - 不存在
void ReadIDF(EntityList &enlist, RelationList &relist, LinkList &lklist, FILE * fileIn)	读取 IDF(Interface Description File,接口描述文件)
Class PartialOrderDescriptorNode	偏序关系描述节点
class PartialOrderDescriptorList	偏序关系描述链表
class Schedule	调度类:根据 XML 文件的描述信息,计算复合实体内部组成成分或顶层系统模型内部各实体的调度执行计划 调度执行计划:确定实体执行动作的调用时机(包含执行序列、调度次序)
class CodeGeneration	目标代码生成类

4.2.2.3　模型描述语义

详见基于数据流图的 XML 文件规范定义。

4.2.2.4　解析模型

文件解析程序逐词顺序读入访问数据描述文件并进行词法语义解析,直至文件完整读入。文件解析程序按照层次关系建立访问数据流图实体对象之间的映射联系(图 4-48～图 4-50)。根据数据流图实体对象映射关系,调用调度类 Schedule 的 getModelSchedule() 方法计算数据流图中各个实体调度执行次序序列,再调用 CodeGeneration 类的 GenCode() 方法自动生成目标代码源文件。

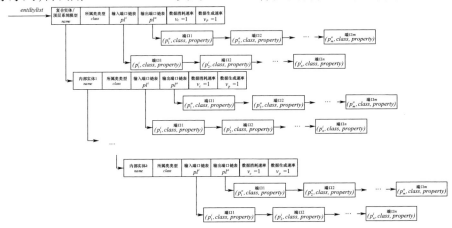

图 4-48　语义逻辑数据结构:实体链表

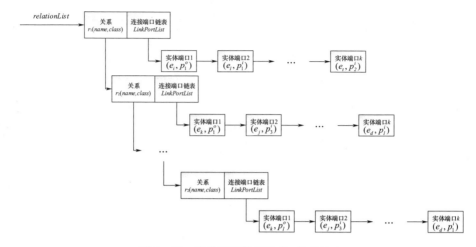

图4-49 语义逻辑数据结构:关系链表

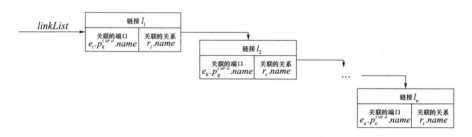

图4-50 语义逻辑数据结构:链接链表

❖**定义4.86** 单词:连续的字符串,不含空格符、换行符(\n)、回车符(\r)、水平制表符(\t)。

❖**定义4.87** 单词扫描器:对字符流进行扫描,以空格符、换行符(\n)、回车符(\r)、水平制表符(\t)作为单词起始和终止的判别条件,以获得单词。

❖**定义4.88** 词法分析器:通过查找标记特征词汇表判别单词是否为标记特征词。若是标记特征词,返回0;反之,则返回1。返回0表示后面将要读取特征词属性值;返回1表示属性值读取完毕。

❖**定义4.89** 语义解析器:对构建好模型语义链表信息进行遍历,按照面向对象类设计规则(预编译文件指令、全局或局部变量声明、类函数原型声明、类函数体实现)进行代码级数据关联。

❖**定义4.90** 代码生成器:对语义解析得到的关联信息进行代码生成操作,得到目标程序源文件。

❖ **定义 4.91** 特征词：在 XML 模型描述文件中，特征词及其含义如表 4-2 所示。

表 4-2 特征词表

特征词	含义	特征词	含义
\<entity	位于顶层的系统模型描述开始标识符	\</entity>	位于顶层的系统模型描述结束标识符
\<class	复合角色模型描述开始标识符	\</class>	复合角色模型描述结束标识符
name	对象名称	class	对象所属类类型
extends	所属类类别	property	端口属性（input/output）
\<port	端口描述开始标识符	\</port>	端口描述结束标识符
\<relation	关系描述开始标识符	\</relation>	关系描述结束标识符
\<vertex	关系组描述开始标识符	\</vertex>	关系组描述结束标识符
\<link	链接描述开始标识符	/>	链接描述结束标识符
port	端口标记对头	relation	关系标记对头

图 4-48～图 4-50 分别描述语义逻辑数据结构：实体链表、关系链表和链接链表。

基于数据流图的 XML 描述文件，其每一行称为一个行串，行串由诸多以空格间隔的词串累加构成。每一个行串起始的第一个词串称为首词，它表示语义描述对象的层次。每一个首词有一个对应的结束标识称为尾词，它表示当前语义描述对象结束。例如，\<class 表示复合实体模型描述开始，此后依次读到的词串将属于 class 属性内容，直到读取 \</class> 为止表示该复合实体模型描述结束。

4.2.2.5 调度次序序列计算算法

1. 偏序关系理论

全序（Total Order）是指一个有序集合 S，用 $\leqslant$ 表示，其中，集合中任意两个元素都是有序的。特别地，对于任意 $x, y \in S$，都有 $x \leqslant y$ 或 $y \leqslant x$（或者两者都满足，也就是 $x = y$）。例如，假设集合 S 是一个整数集合，$\leqslant$ 表示普通算术顺序，那么 $(S, \leqslant)$ 就是一个全序。

偏序限制没有那么严格，规定集合中任意两个元素有顺序即可。例如，偏序 $(S, \leqslant)$，其中，S 是一个集合的子集，$\leqslant$ 是子集之间的关系，通常用 $\subseteq$ 表示。特别地，如果 A, B 是 S 中的集合，那么 $A \subseteq B$ 不成立，$B \subseteq A$ 也不成立。例如，令 $A = \{1, 2\}$，$B = \{2, 3\}$，那么 A, B 都不是对方的子集。

另外一种偏序关系是字符串的前缀顺序(Prefix Order)。例如，S 为字母数字序列的集合，那么对于两个字符串 $x,y \in S$，如果 x 是 y 的前缀，那么就认为 $x \leq y$。例如，如果 $x = abc, y = abcd$，那么 $x \leq y$。如果 $z = bc$，那么 $x \leq z$ 和 $z \leq x$ 都不成立。

采用形式化描述定义，偏序是一个集合 S 和一个关系 $\leq$，且对于所有 $x,y,z \in S$，都满足：

(1) $x \leq x$（自反性）。

(2) 若 $x \leq y$ 且 $y \leq z$，则有 $x \leq z$（传递性）。

(3) 若 $x \leq y$ 且 $y \leq x$，则有 $x = y$（反对称性）。

如果存在 LUB 且它是偏序$(S, \leq)$的子集，即 $U \subseteq S$，那么 LUB 是最小元素 $x \in S$，使得对于每个 $u \in U$ 有 $u \leq x$。如果存在 U 的 GLB，那么 GLB 是最大元素 $x \in S$，使得每个 $u \in U$ 有 $x \leq u$。例如，在前缀顺序中，如果 $x = abc, y = abcd, z = bc$，那么 $\{x,y\}$ 的 LUB 为 y。$\{x,z\}$ 的 LUB 不存在。$\{x,y\}$ 的 GLB 为 x。$\{x,z\}$ 的 GLB 为空字符串，它是左右字符串的前缀。

2. 接口及功能

基于模型关系的语义结构信息，采用以上偏序关系理论和方法，设计了模型调度次序序列的计算算法，其主要接口及功能如表 4-3 所示。

表 4-3 调度次序序列计算算法接口及其功能描述

接口	功能
Schedule( )	默认构造函数，不带参数
Schedule(EntityList &enlist, RelationList &relist, LinkList &lnlist)	构造函数，带参数
void getEntityPortName(char * entityname, char * portname, const char * word)	从单词 word 中析取 Entity 和 Port 的名字，分隔符为.
int getEntityIndex(char * entityname, EntityList &enlist)	从 entityName 数组中查找指定名称的实体的位置序号
void getPartialAggrgation( )	根据 XML 数据流图信息获取实体间的偏序关系，用矩阵 directMatrix 表示 算法原理：根据与同一关系相互链接的端口（包括输入端口、输出端口）信息，按照"输出端口→输入端口"的逻辑规则，计算同一关系两端链接的实体的偏序关系
void updateDirectMatrix( )	对实体调度次序进行排列，按照从先到后顺序 算法原理： 偏序关系满足传递性、对称性

续表

接口	功能
void getModelSchedule( )	根据实体的偏序关系集合,计算实体的调度次序
bool checkRule1(int rindex)	检索某行元素值是否为 0、1 情况
bool checkRule2(int rindex)	检索某行元素值是否为 0、-1 情况
bool checkRule3(int rindex)	检索某行元素值是否为 0、-2 情况
bool checkRule4(int rindex)	检索某行元素值是否为 0、1、-2 情况
bool checkRule5(int rindex)	检索某行元素值是否为 0、-1、-2 情况
bool checkRule6(int rindex)	检索是否最后一个元素
int getNoNegetiveElementNum(int * value)	检索调度结果中的非负值元素的个数,并返回
int directMatrix [PreDefEntityNum] [PreDefEntityNum]	方向矩阵,记录实体之间的偏序关系,directMatrix[i][j] = 1 表示实体 i 执行次序先于 j,directMatrix[i][j] = -1 表示实体 j 执行次序先于 i,directMatrix[i][i] = 0 表示实体 i 自身不考虑先后逻辑,directMatrix[i][j] = -2 表示未知状态(即不确定实体 i 与实体 j 的先后逻辑)
char entityName [PreDefEntityNum] [PreDefEntityNum]	记录方向矩阵每个元素代表的实体名称
PartialOrderDescriptorListpodList	偏序关系描述链表
EntityListelist	实体链表
RelationListrlist	关系链表
LinkListllist	链接链表

3. 偏序规则

根据数据流指向从输出端口到输入端口这一约束规则,建立以下偏序规则。

规则 1:某一行元素为 0、1,则该行矢量对应元素为第一个调度次序。

规则 2:某一行元素为 0、-1,则该行矢量对应元素为最后一个调度次序。

规则 3:某一行元素为 0、-2,则该行矢量对应元素为最后一个调度次序。

排除规则 1 情况,若满足规则 4:某一行元素为 0、1、-2,则该行矢量元素为第一个调度次序。

排除规则 2 情况,若满足规则 5:某一行元素为 0、-1、-2,则该行矢量元素为最后一个调度次序。

4. 方向矩阵

采用二维方向矩阵描述实体之间的偏序关系(即谁优先于谁调度执行),矩阵第0行元素表示复合实体或顶层系统模型与其他实体元素的偏序关系,第一行元素表示复合实体内部组成的第一个实体与其他实体元素的偏序关系,依此类推。

方向矩阵的元素值初始化为两种状态:0(元素自身不考虑偏序关系)、-2(初始时是未知的)。

调用 void Schedule :: getPartialAggrgation( )方法时,根据与同一关系相互链接的端口(包括输入端口、输出端口)信息,按照"输出端口→输入端口"的逻辑规则,计算同一关系两端链接的实体的偏序关系。一旦确定实体 i 优先于实体 j 时(偏序关系已确定),则方向矩阵 directMatrix[i][j]值更新为1(实体 i 偏序优于实体 j),进一步确定方向矩阵 directMatrix[j][i]值更新为-1(实体 j 偏序次于实体 i)。

void Schedule :: getPartialAggrgation( )执行结束后,将调用执行 void Schedule :: updateDirectMatrix( )。根据偏序关系的传递性、偏序关系的对称性对方向矩阵 directMatrix 进行更新操作。

5. 根据偏序关系计算实体调度执行序列

(1)如果当前仍然存在某个实体偏序关系还未确定时,执行(2)。

(2)按照行编号遍历所有实体,执行下一步。

(3)对于已经确定调度次序的实体,直接跳过后面5个规则检测,执行(4)。

(4)如果满足规则1或者规则4,那么进一步判别。

①第一个满足规则1或规则4的元素最先调度,记录该实体元素在矩阵中对应的行号,置于 scheduleResultFront2End 数组首位置;然后,执行下一步。

②若非第一个满足规则1或规则4的元素,即后续有满足规则1或规则4的元素,置于 scheduleResultFront2End 数组中连续非负元素结尾的下一个位置;然后,执行下一步。

(5)如果满足规则2或规则3或规则5,那么进一步判别。

①第一个满足规则2或规则3或规则5的元素最后调度,置于 scheduleResultEnd2Front 数组首位置。

②后续有满足规则1的元素,置于 scheduleResultEnd2Front 数组中连续非负元素结尾的下一个位置。

(6)所有元素完成一次遍历后,更新确定调度次序的实体元素在矩阵中的数值。对于确定调度次序的元素,其行、列矢量值设为-3,后续调度排序不再考虑这个实体对象。然后,返回(2),直至跳出循环为止。

4.2.2.6 代码生成算法

1. 接口及功能

表4-4给出代码生成算法接口及功能描述。

表4-4 代码生成算法接口及其功能描述

接口	功能
CodeGeneration(Schedule * schObj)	构造函数,带参数初始化
void GenCode()	代码生成函数
void HeadCode()	头文件代码
void MainCode()	主函数代码
void OuterInfterfaceCode()	外部接口代码
FILE * codefile	输出文件流指针
Schedule * sch	调度类对象

2. 处理流程

图4-51给出代码生成算法的处理过程,首先创建输出文件流指针;其次生成外部接口、生成调度头文件声明,调用Main函数代码生成;最后关闭输出文件流指针并结束退出。

图4-51 代码生成算法处理流程

4.3 集中式数据流调度

参考文献[44-47]提出采用机群结构对划分后的子问题并行处理的方法。参考文献[48]提出流水线技术的主要障碍在于大粒度的数据传送和模块之间工作负载的不平衡。大粒度数据传送使模块间通信效率过低、内存开销过大;模块间工作负载的不平衡则使流水线执行效率过低,因为经过一段起步时间后,流水线的执行效率取决于模块间执行时间最长的模块。参考文献[49]利用共享内存系统的通用多核处理器架构解决并行计算电大目标的电磁问题。参考文献[50-52]采用GPU处理器对具体应用进行并行求解。参考文献[53]建立了一种基于多核处理器的任务分配模型,可以完成进程到处理节点、线程到处理器核的二级分配。参考文献[54]针对雷达信号处理各功能模块之间显著的流水性特征,提出一种适用于软件雷达系统的进程间准动态数据流驱动机制。

机群并行处理技术的优势在于计算和存储资源的扩展性较好,其缺点表现为机群节点受网络状态影响会产生一定的网络时延,反过来又会降低并行处理速度。通用处理单元(Generic Process Unit,GPU)的应用必须辅以计算机主板的良好支持,这对于采用集成显卡的众多低配主板来说,基本上无法满足。目前,多核计算机已得到用户的广泛使用。

集中式数据流调度通常采用共享内存多核处理器计算平台建立一种基于多进程协同仿真的雷达全数字并行仿真模型,利用每个调度间隔内部多个数据帧处理操作的可并行性,建立多条数据帧并行处理的逻辑链路,即目标回波生成进程到信号处理进程间的多条处理链路。同一链路中的回波生成进程与信号处理进程呈现出流水处理特性,多个不同链路之间呈现出并行计算特性。多进程协同仿真不具有多线程资源竞争的问题,其扩展性和可移植性更好。同时,该方法与传统的雷达串行仿真相比,仿真系统数据帧平均处理时间明显降低,同时表现出良好的仿真加速特性。

4.3.1　串行仿真

仿真结构分为顺序仿真(或串行仿真)和并行仿真两类。采用串行仿真结构进行 100 次雷达系统仿真试验。将每个仿真逻辑进程的处理操作划分为输入、计算和输出。对 11479 帧数据处理时间结果进行统计,采用 clock( ) 方法计算进程执行过程中各部分占用时间,得到以下测试结果(图 4 – 52)。串行仿真结构中 RG 进程数据帧处理在一帧数据总处理时间比重为 72%,SP 为 26%(图 4 – 53)。RG 和 SP 任务计算量大,属于重负载进程,也是影响仿真系统运行效率的瓶颈。因此,采用并行仿真结构解决 RG 和 SP 仿真速度慢的瓶颈问题正是研究工作的重点。

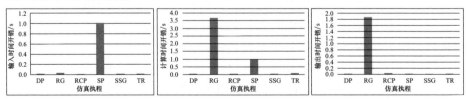

图 4 – 52　串行仿真系统中逻辑进程数据帧"输入 – 计算 – 输出"时间开销

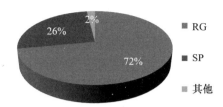

图4-53 串行仿真系统中逻辑进程数据帧平均处理时间开销比重

4.3.2 流水线模型

根据雷达原理,将一次雷达仿真任务按照计算步骤的执行顺序划分为一系列子任务,包括雷达资源调度(Radar Control Program,RCP)、仿真场景生成(Simulation Scene Generation,SSG)、雷达回波生成(Radarecho Generation,RG)、信号处理(Signal Processing,SP)和数据处理(Data Processing,DP)。RCP用于调度策略、调度间隔、调度约束、雷达事件优先级排序的控制;SSG负责场景目标和雷达波束指向的交会计算;RG负责雷达回波信息的产生;SP负责对雷达回波做信号检测;DP负责对检测信息进行滤波和航迹关联。其中一个子任务一旦完成,其后续计算步骤就可以立即开始执行。把这种特性称为雷达分布式仿真设计中的流水特性,其特点表现为:

(1)仿真系统由多个实例(或进程)协作完成仿真。

(2)每一个计算步骤代表一个子任务(或进程),前一个子任务的输出作为下一个子任务的输入。

(3)进程间通过间接消息传递进行驱动。

(4)进程间通过数据中心交换和存储数据。

图4-54描述基于流水线的数据流图,调度任务RCP数据帧$F_1, F_2, \cdots, F_n$按照流水线处理方式执行。

4.3.2.1 理想情况下流水线模型

SSG、RG、SP、DP 4个仿真成员采用流水线工作方式,假定每个成员对每一帧数据的处理能力相同,即每帧数据计算时间δ相等,则

$$\delta = T(i) - T(i-1), \quad (i \geq 0)$$

式中:$T(i)$表示第$i-1$帧数据的结束时刻或第i帧数据开始时刻;$T(i-1)$表示第$i-1$帧数据开始时刻或第$i-2$帧数据结束时刻。

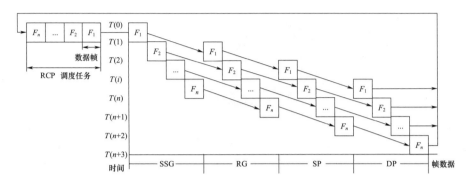

图 4-54 基于流水线方式的数据流图

RCP 成员作为雷达任务调度者的角色,按照一定的时间长度依次编排雷达任务,这个时间长度称为雷达任务调度间隔(Scheduling Interval,SI)。第 i 个雷达任务调度间隔包含数据帧个数表示为 N_i。T_0 时刻,当 RCP 将 FID 序列传递给 SSG 后,数据帧序列进入流水处理状态,每个成员需要对 N_i 帧数据进行处理。在 T_3 时刻,SSG、RG、SP、DP 并行,此时仿真成员 SSG 开始计算第四帧交会目标,仿真成员 RG 开始计算第三帧目标回波,仿真成员 SP 开始计算第二帧目标检测,仿真成员 DP 开始计算第一帧预测点迹。正是由于流水并行的处理方式,在同一时间段内,SSG、RG、SP、DP 4 个成员可以同时工作;在同一时刻,4 个成员可以分别处理不同阶段的数据。在 T_{n+3} 时刻,DP 完成第 i 个调度间隔内第 N 帧点迹预测并传送给 RCP。RCP 将 N 帧点迹预测信息全部收集后,进入下一调度间隔数据帧划分计算,并将下一调度间隔帧序列发送给 SSG,此后的执行过程如前所述。

图 4-54 中,RCP 负责数据划分和收集,其余 4 个成员在数据流输入和输出上存在前后级关联,可以流水处理。该流水线模型并行度(或流水线级数)用 P 表示($P=4$),处理第 i 个调度间隔所花费的仿真时间长度为 $T(n+3)$。T_{pipeline} 表示为(这里只关注数据帧序列经 SSG 到 DP 的处理时间)

$$T_{\text{pipeline}} = (N + P - 1) \times \delta$$

如果采用线性停等工作方式进行仿真,那么所需仿真计算时间为 $T_{\text{sequence}} = N \times P \times \delta$。

如果用 N 表示数据粒度(即一个调度间隔内数据帧划分的个数),用 P 表示流水线级数,用 E_1 表示并行算法节省时间与串行算法用时比值,则其计算式

表示为 $E_1 = \dfrac{T_{\text{sequence}} - T_{\text{pipeline}}}{T_{\text{sequence}}} = 1 - \dfrac{N+P-1}{N \times P}$。

用 E_2 表示串行算法与并行算法用时比值，即并行加速比值，则其计算式表示为 $E_2 = \dfrac{T_{\text{sequence}}}{T_{\text{pipeline}}} = \dfrac{N \times P}{N+P-1}$。

N 和 P 对 E_1 或 E_2 的理想作用曲线如图 4-55(a) 和图 4-55(b) 所示。

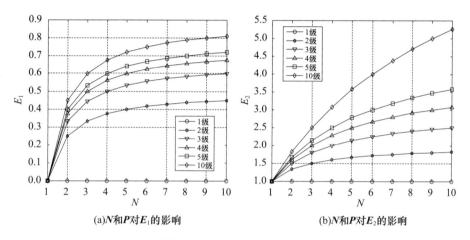

(a) N 和 P 对 E_1 的影响　　　　(b) N 和 P 对 E_2 的影响

图 4-55　数据粒度和流水线级数对并行效率的作用

由此可得到以下结论：

(1) N 不变情况下，P 越大，E_1 和 E_2 越大。当 $P \to +\infty$ 时，$(E_1)_{\max} = 1 - 1/N$，$(E_2)_{\max} = N$。

(2) P 不变情况下，N 越大，E_1 和 E_2 越大。当 $\delta \to +\infty$ 时，$(E_1)_{\max} = 1 - 1/P$，$(E_2)_{\max} = P$。

(3) N 和 P 同时变化情况下，T_{pipeline} 按照线性规律变化，T_{sequence} 按照 2 次方幂指数规律变化。

(4) 当同一调度间隔内帧数 N 无限大时，E_1 接近于 $1 - 1/P$，仿真时间可以缩短 $P-1$ 倍，T_{pipeline} 是 T_{sequence} 的 $1/P$（并行度 $P=4$ 时，并行仿真时间理论上可以节省 75%）。因此，若是针对大规模复杂系统仿真，其效率的提升更为明显。

4.3.2.2　实际情况下流水线模型

理想情况下流水线模型分析的前提是假定条件下各仿真模块处理时间相同。然而，实际情况并非如此。RG 单帧仿真计算耗时最长，SP 次之，RCP、

SSG、DP 比较少。如果用 T_{SSG} 表示 SSG，根据波束指向完成一帧目标交会计算的仿真时间，用 T_{RG} 表示 RG 根据交会目标信息完成一帧目标回波模拟生成的仿真时间，用 T_{SP} 表示 SP 根据目标回波信息完成一帧目标检测的仿真时间，用 T_{DP} 表示 DP 根据目标检测信息完成一帧点迹处理与预测的仿真时间，用 T_{RCP} 表示 RCP 根据预测点迹完成同一调度间隔帧序列生成计算的仿真时间。RG 进行一次单帧数据仿真的时间远大于其他仿真模块，因此势必出现 SP 和 DP 停止等待 RG 完成当前帧数据处理后才能开始当前最新帧数据的仿真计算的情况。此时，并行结构中雷达一次调度间隔仿真时间 $T_{pipeline}$ 可以用算式表示为（只关注 SSG 到 DP 处理时间）

$$T_{pipeline} = T_{SSG} + N \times T_{RG} + T_{SP} + T_{DP}$$

如果采用线性串行结构，那么 $T_{sequence}$ 计算式为 $T_{sequence} = N \times (T_{SSG} + T_{RG} + T_{SP} + T_{DP})$。

且有并行加速比 $E_2 = \dfrac{T_{sequence}}{T_{pipeline}} = \dfrac{N \times (T_{SSG} + T_{RG} + T_{SP} + T_{DP})}{T_{SSG} + N \times T_{RG} + T_{SP} + T_{DP}}$。

令 $K = T_{SSG} + T_{RG} + T_{SP} + T_{DP}$，并假设：$T_{SSG} = T_{DP}$

$$T_{RG} = \alpha \times T_{SSG}$$
$$T_{SP} = \beta \times T_{SSG}$$

则有 $K = (\alpha + \beta + 2) \times T_{SSG}$，$E_2 = \dfrac{T_{sequence}}{T_{pipeline}} = \dfrac{N \times (\alpha + \beta + 2)}{N \times \alpha + \beta + 2}$。

实际仿真中，RG 和 SP 计算一帧数据所耗费的时间比值约为 3∶1，即 $\alpha = 3\beta$，则可得

$$E_2 = \dfrac{T_{sequence}}{T_{pipeline}} = \dfrac{4\beta N + 2N}{3\beta N + \beta + 2}$$

由图 4-56 可知，流水线模型在实际仿真中并行加速比值 E_2 随数据粒度 N 增大而变大，随 β 值变大而变小。串行仿真结构中，β 一般大于 10，采用流水线模型 E_2 的实际参考值一般在 1.3 以下。

4.3.3 多数据链路模型

仿真系统由一组逻辑进程（Logic Process，LP[55-56]）组成，每个 LP 通过处理到达的仿真事件推进仿真时间。与此同时，其状态发生改变，新的事件也会产生。作为全数字仿真系统的软件总线，并行仿真消息控制引擎（Parallel Message Center，PMC）提供并发通信管理服务。地基雷达控制（Ground Radar Control，

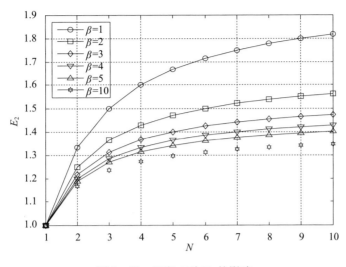

图 4-56　N 和 β 对 E_2 的影响

GRC)用于对雷达仿真系统的控制。事件采用 PMC 对仿真消息间接传递的方式进行驱动。图 4-57 给出了雷达系统并行仿真模型。

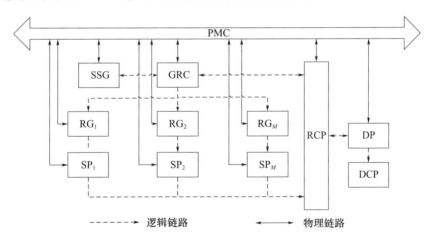

图 4-57　雷达系统并行仿真模型

利用多核处理器平台设计并行仿真结构,建立 M 条由 RG_i 和 $SP_i(M \geq i \geq 1)$ 配对构成的并行处理链路,亦即创建多个 RG_i 和 SP_i 的进程"复制"对象,相同编号 i 的 RG 和 SP 进程形成配对。同时,将 RG 和 SP 的计算任务再划分,将计算子任务分发给多个处理链路并行处理。其优点表现在:

(1) RG 和 SP 的"复制"对象具有相同的计算功能,区别在于同一时间处理的数据不同。

(2) RG_i - SP_i 进程配对所构成处理链路的计算任务量减小,因而处理时间也减少。

(3) M 条 RG_i - SP_i 处理链路在同一时间可并行计算,进一步缩减仿真时间。

(4) 多核处理器环境可以充分利用多个内核同时处理多个可并行任务的计算优势,加速系统运行。

实际仿真中,逻辑进程 RG 和 SP 任务计算量大且仿真用时较长,为降低仿真计算时间,在并行仿真结构中采用 M 条由 RG_M 和 $SP_M (M \geq 1)$ 配对构成的并行处理链路(图 4-58)。

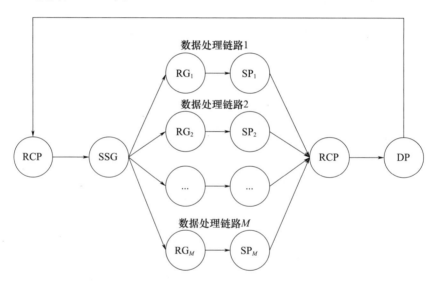

图 4-58 多个 RG-SP"复制"对象配对构成的并行处理链路

多数据链路模型的核心思想就是通过将同一调度间隔内 K 帧可并行数据的计算任务分配给 M 条可并行的数据链路进行处理的方法,即在同一调度间隔的任务处理过程中同时构建出 M 条可并行执行的逻辑处理链路。M 值的选取可以参照多核处理器的核数。M 值小于多核核数会造成部分内核的空闲浪费,M 值远大于多核核数将造成内核在并行进程间的频繁切换,因此 M 值选取对并行效率直接影响。通过本章的测试,在 Pentium(R)Dual - Core E5200 双核处理器上 M 选取 2 可以获得最佳的并行效率。

第4章 数据流仿真技术

负载划分和时间同步是决定并行离散事件仿真(Parallel Discrete Event Simulation,PDES)性能最重要的两个因素[55,57-58]。各逻辑进程在雷达仿真系统中所负担的计算任务的类型及大小不同,因此对数据帧平均处理用时也不相同。负载划分主要考虑了数据划分和任务分配,提出的多数据链路并行处理算法采用对雷达同一调度间隔内的任务进行数据划分的方法创建可并行处理的多个数据帧,然后通过任务分配将可并行数据帧分配给多个并行数据处理链路同时进行处理。并行处理的数据帧通过时间同步方法进行时间统一和排序。

4.3.3.1 数据划分

数据划分是将问题相关的大块数据分割成均匀的小数据片,并把计算关联到分割后的数据上[59]。数据粒度划分得越细,并行度越高。相反,数据粒度越大,并行度越低。为了进一步对雷达系统仿真中数据划分方法进行说明,首先给出以下几个定义。

❖ **定义 4.92** 雷达系统仿真周期:根据雷达功能仿真目标的不同,雷达仿真系统的模型也不尽相同。作为一种基本的通用的雷达系统仿真模型,仿真系统由目标场景、回波产生、信号处理、数据处理、资源调度构成。基于这个前提,雷达系统仿真周期是指"资源调度→目标场景→回波产生→信号处理→数据处理→资源调度"的仿真过程。雷达系统仿真过程包括若干仿真周期,直至仿真结束。

❖ **定义 4.93** 调度间隔:雷达控制程序执行一次调度操作安排的雷达执行时间长度。

❖ **定义 4.94** 数据帧:在不同的逻辑进程内部有着不同的物理含义。RCP 进程内数据帧 K 表示当前调度间隔内第 K 个雷达波束指向;SSG 进程内数据帧 K 表示第 K 个波束指向与目标场景的交会信息;RG 进程内数据帧 K 表示第 K 个雷达波束在一个位置驻留产生的回波数据;SP 进程内数据帧 K 表示第 K 帧回波数据的信号检测结果;DP 进程内部没有数据帧概念,DP 对同一调度间隔内的所有检测点迹进行数据处理,并将下一次波束请求信息传递给 RCP。

通过对以上术语的阐释可以看出:同一调度间隔内的雷达事件[60-61]相互独立。同一调度间隔内,每个事件的处理结果与其他事件都没有关联,可以采用并行处理。因此,由 RCP 组织数据划分,对同一调度间隔内具有独立性的 K

个波束指向进行统一编号(称为数据帧编号)。此后,其他各逻辑进程沿用先前已编排的数据帧编号。这样,由调度间隔编号和数据帧编号可以确定唯一的数据帧。图4-59给出同一调度间隔内并行数据帧处理逻辑。

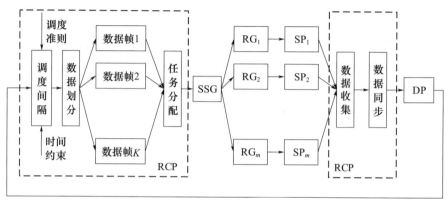

图4-59 同一调度间隔内并行数据帧处理逻辑

相邻调度间隔任务的执行按照时序先后顺序执行,在同一调度间隔内数据帧个数 K 值随调度间隔内任务数量不同而不同(K是一个动态值)。同时,在同一调度间隔内由于各数据帧处理的无关性,因此数据帧1~数据帧K之间是可以并行计算的。

4.3.3.2 任务分配

任务分配可以是静态的(编译时完成),也可以是动态的(随着应用的执行改变)。一次调度间隔内任务数量大小主要受目标场景和雷达资源调度算法的影响。任务分配将RCP当前调度间隔内K个雷达波束指向合理地分配到M个RG-SP数据处理链路上并行计算以获得最佳性能。为此,需要综合考虑系统计算负载平衡和通信负载优化两方面因素。多核处理器具有共享内存的特点,因此逻辑进程之间消息传递时延可忽略不计。这里采用基于均分策略的任务分配算法(图4-60)。其中,M为RG-SP并行处理链路数目,SCH_ID为调度间隔编号,START_ID为数据帧起始编号,END_ID为数据帧终止编号,Task_Devision("ProcessName",SCH_ID,Frame_ID)为将SCH_ID内编号为Frame_ID的数据帧分配给进程ProcessName。

第 4 章　数据流仿真技术

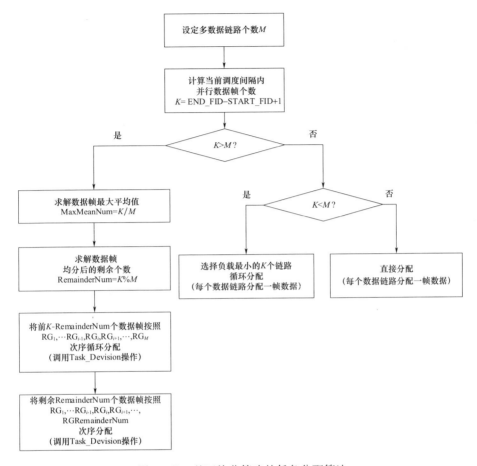

图 4-60　基于均分策略的任务分配算法

4.3.3.3　时间同步

根据雷达工作流程可知,每次调度间隔的处理结果会直接影响下一个调度间隔的事件安排,调度间隔之间存在着很强的相关性。因此,雷达系统仿真中必须对调度间隔任务进行时间同步,同时也要对同一调度间隔内可并行的数据帧所表示的雷达时间进行管理,以确保仿真系统内部不同粒度级别数据时标的统一。仿真系统中,时间同步由 RCP 负责,主要包括对各并行数据处理链路传回的检测点迹进行数据收集、排序、加时间标签,然后将按时间排序的检测点传递给 DP 进行滤波和预测处理。

4.3.3.4　负载监测与度量

相邻调度间隔存在偏序逻辑关系,因此新的调度间隔任务分配只有在前一调度间隔任务执行结束后才能开始。这就保证了 RCP 进程在每次任务分配时,M 个数据处理链路都处于空闲等待状态。按照均分策略分配任务后,不同数据链路分配得到的数据帧个数可能不同,因而各个数据链路的计算负载可能会存在一定的偏差。算法采用数据帧分配个数作为各个数据链路计算负载的度量参数。同一调度间隔内分配得到的数据帧个数越多,数据链路计算负载越大,反之则越小。

数据链路 $RG_i - SP_i$ 每处理完一帧数据将产生一次处理结果并写入相应的数据表。在数据链路并行处理的同时,RCP 定时监测数据表,根据各个链路处理结果的数目可以估算每个链路的忙闲程度。假定当前调度间隔有 K 个数据帧,M 个数据链路,第 i 个数据链路分配数据帧个数为 A_i,已完成数据帧个数为 F_i,则第 i 个数据链路的计算负载采用以下计算式表示:

初始时计算负载为

$$L_i^0 = \frac{A_i}{K}$$

执行过程中的计算负载为

$$L'_i = \frac{A_i - F_i}{K}$$

同时满足以下约束条件:

$$\begin{cases} \sum_{i=1}^{M} A_i = K \\ \sum_{i=1}^{M} L_i^0 = 1 \end{cases}$$

4.3.3.5 多链路并行处理算法

仿真系统中,任务计算的执行实体是逻辑进程。逻辑进程之间的有向连线表示进程之间"消息 - 事件"驱动关系。图 4 - 61 给出了一个雷达系统仿真周期的流程,多链路并行处理算法描述如下:

(1) 地基雷达控制(Ground based Radar Control, GRC)启动,传递引导消息给 RCP。

(2) RCP 执行任务调度和数据划分操作,返回当前执行调度间隔内的各帧波束指向信息给 GRC。

(3) GRC 将各帧波束指向信息传递给 SSG。

(4) SSG 利用雷达波束指向对场景目标进行交会计算,将目标交会结果返

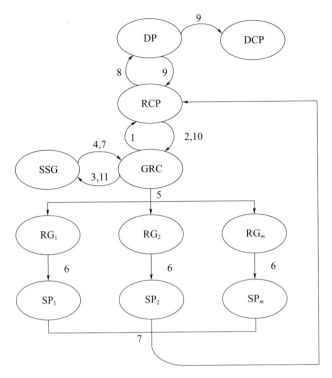

图4-61 多链路并行处理仿真步骤

回给 GRC。

(5) GRC 读取 RCP 当前调度间隔内波束指向信息,进行任务划分,将 K 个波束指向及目标交会结果分配后传递给 M 个 RG($M \geq 1$)。

(6) M 个 RG 并行处理,每完成一帧雷达回波数据的生成就立即将产生的该帧回波数据传递给对应处理链路中的 SP。

(7) M 个 SP 并行处理,每完成一帧雷达回波数据目标检测立即将产生的检测点迹传递给 RCP。

(8) RCP 对所有并行数据处理链路传回的检测点迹进行时间同步处理,然后将同步后的检测点传递给 DP。

(9) DP 对时间同步处理后的检测点迹进行滤波和相关处理,然后将预测波束请求发送给 RCP。同时,DP 将最新调度间隔内目标跟踪航迹数据传递给显示控制程序(Display Control Program,DCP)显示。

(10) RCP 调度 DP 预测波束请求,并将当前执行调度间隔内的各帧波束指向信息传递给 GRC。

(11) GRC 将各帧波束指向信息传递给 SSG,执行(4),系统进入下一次调度任务计算过程。

4.3.4 仿真实验

仿真实验选用串行仿真系统(图 4-58 中 $M=1$ 时)和并行仿真系统(图 4-58 中 $M=3$ 时)作对比,在同一台双核计算机上对 20 个批次目标场景进行测试,测试软硬件环境信息如表 4-5 所示。

表 4-5 仿真测试软硬件环境

硬件	配置信息
操作系统	Microsoft Windows XP Professional 2002
处理器	Pentium(R) Dual-Core CPU, E5200 @ 2.50GHz
内存容量	2GB
仿真数据库	Oracle 10g

4.3.4.1 仿真场景

仿真场景设定 20 个目标分两批次进入雷达视线范围,第一次有 11 个目标在 t_1 时刻进入雷达视线范围,第二次有 9 个目标在 $t_2(t_2>t_1)$ 时刻进入。雷达任务调度间隔最大编号 2446,数据帧最大编号 11479,具有可并行数据帧($K\geqslant 2$)的任务调度次数 2067 次(占总调度次数比重约为 84.54%)。图 4-62 给出了仿真场景调度任务数据帧划分分布情况。雷达系统仿真过程随着目标场景的变化,同一雷达调度间隔内可并行数据帧个数也在变化,最大为 13,最小为 1。

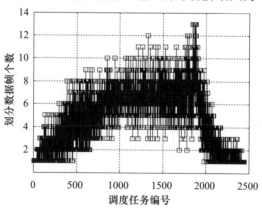

图 4-62 雷达事件数据帧并行度分布

选取3个典型代表性阶段数据作为统计样本,即场景 a、b、c,如图4-63所示。

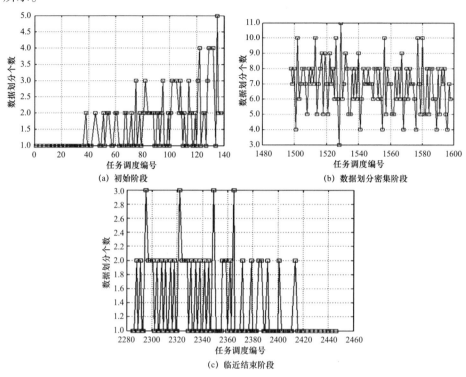

图4-63 同一场景3个不同阶段雷达调度任务及数据划分抽样分布

4.3.4.2 性能评价指标及测试方法

为了能对串行和并行处理算法做一个合理准确的评价,采用数据帧平均处理速度(Data Frame Average Process Speed,DFAPS)、数据帧并行加速比(Data Frame Parallel Speedup Ratio,DFPSR)和并行效率(Parallel Efficiency,PE)作为统计参数。假定采用以下符号表示形式。

数据帧处理时间:DFPT(Data Frame Process Time),数据帧个数:N,串行算法数据帧平均处理时间:DFAPT_S,并行算法数据帧平均处理时间:DFAPT_P,并行链路个数:M,各参数计算表达式为

$$\text{DFAPS} = \frac{\text{DFAPT}}{N}, \text{DFPSR} = \frac{\text{DFAPS}_S}{\text{DFAPS}_P}, \text{PE} = \frac{\text{DFPSR}}{M}$$

从仿真过程中选3个具有典型代表性的阶段,即仿真初始100个连续的雷达调度间隔(图4-63(a)),数据划分比较密集的100个连续的雷达调度间

隔(图4-63(b)),仿真临近结束的100个连续的雷达调度间隔(图4-63(c))。采用2个并行数据处理链路对仿真运行速度进行比较分析;然后选用1个(即串行仿真)、2个、3个、4个链路分别进行仿真测试,并对相同数量数据帧平均处理时间和并行加速比等统计参数进行比较分析;最后,选用4个并行链路在双核、四核处理器上进行测试比较。

4.3.4.3 测试结果

测试结果如下:

(1)选用2个并行数据处理链路对同一场景中3个不同阶段的数据帧平均处理时间进行比较,测试结果如表4-6所示。

表4-6 场景中3个阶段DFAPS参数比较 (单位:s/帧)

测试场景	起始编号	结束编号	调度长度	N	DFAPS
a	1	138	100	162	11.81
b	1498	1598	100	695	3.99
c	2285	2446	100	138	16.72

从表4-6给出的测试结果可见,场景初始阶段a进入雷达视线范围的目标较少,100个连续的雷达调度任务数据划分后数据帧总数为162,可并行的数据帧相对较少,因此算法并行优势没有完全发挥出来。在场景中数据划分密集的阶段b,此时20个目标已完全进入雷达视线范围,100个连续的雷达调度任务数据划分后的数据帧总数为695,相当于平均每个调度任务要划分出接近7个数据帧,这种情况下算法并行优势得以充分体现,因此数据帧平均处理时间约为3.99s。在场景c阶段,即场景结束前的100个连续的雷达调度任务中,可划分数据帧总数为138,这是因为随着部分目标的落地结束,可并行数据帧划分个数逐渐减少,此时并行算法的优势也未能充分发挥出来。

(2)选用1个、2个、3个、4个并行数据处理链路分别进行仿真测试,测试结果如表4-7、表4-8所示。

表4-7 双核平台上不同链路数的DFAPS比较(单位:s/帧)

N	1 data link DFAPS	2 data link DFAPS	3 data link DFAPS	4 data link DFAPS
1000	14.69	11.51	11.28	11.26
2000	31.59	22.82	21.76	22.79
3000	48.01	33.36	32.12	33.70

续表

N	1 data link DFAPS	2 data link DFAPS	3 data link DFAPS	4 data link DFAPS
4000	64.29	43.84	42.07	44.36
5000	80.57	53.60	51.82	54.67

表4-8 双核平台上链路数对性能的影响

N	2 data link		3 data link		4 data link	
	DFPSR	PE	DFPSR	PE	DFPSR	PE
1000	1.276	0.638	1.302	0.434	1.305	0.326
2000	1.384	0.692	1.452	0.484	1.386	0.346
3000	1.439	0.719	1.495	0.498	1.425	0.356
4000	1.466	0.733	1.528	0.509	1.449	0.362
5000	1.503	0.752	1.555	0.518	1.474	0.368

表4-7结果表明，在双核平台上，多数据链路方法相比串行仿真能够获得明显的性能提升，DFAPS指标明显降低。表4-7和表4-8结果还表明，双核平台上3链路处理可以获得最佳的性能，运行速度最快，仿真用时最短，其主要表现为2000帧以后相同处理帧数条件下DFAPS和DFPSR两个指标测试结果要比2链路和4链路更好。分析其原因，2000帧之前数据划分密集程度较低，算法并行加速性能并没有充分发挥，因而图4-64中曲线在初始阶段有一定的起伏现象。2000帧以后，数据划分密集程度逐渐增大并趋于稳定，2、3、4链路的并行加速特性也在增大的同时逐渐趋于稳态。

并行链路个数M的选取对并行效率存在一定的影响，通常可以参考平台多处理器核数，按照|核数+1|这样一个经验值进行设定。若M小于核数则会造成部分内核的空闲浪费，DFPSR难以提升；M值远大于核数又将造成基于时间片分时调度策略的操作系统内核在多个用户进程间的频繁切换，增加时间调度开销，从而导致DFPSR的降低。实验中2链路获得最高的PE，这是由于DFPSR指标被链路个数平均的结果，通常只作参考。

从图4-64中可见，当雷达发挥最大效用时，数据帧处理平均时间曲线趋于稳定状态，并行处理算法数据帧平均处理时间接近10s，串行处理算法数据帧处理平均时间接近16s。使用并行算法单帧平均处理时间缩短6s，相对串行仿真帧处理时间可以降低37.5%。

(3) 选用 4 个并行数据处理链路在双核和四核处理器上分别进行仿真测试,测试结果如下:

由图 4-65 可以看出,相同数据链路处理条件下,四核处理器要比双核处理器具有更高的 DFPSR,核数越多算法的并行效果越明显。

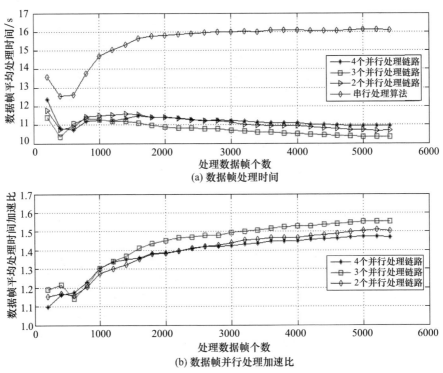

图 4-64 串行处理与并行处理算法比较

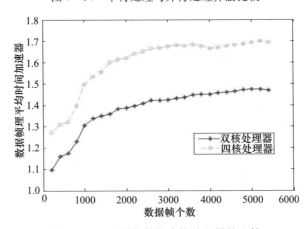

图 4-65 不同核数的多核处理器的比较

4.4 分布式数据流调度

随着系统规模的扩大和仿真粒度的细化,采用分布式处理雷达仿真已成为研究复杂系统的重要方法。仿真进程或成员对象采用什么样的引擎机制是雷达系统仿真控制的核心问题,既要考虑成员间通信,又要兼顾仿真效率。针对这一问题,本章对分布式结构下仿真引擎机制进行研究,提出了基于消息服务中心(Message Service Center,MSC)和运行监控中心(System Console,SC)两层控制结构的仿真引擎机制,将用户接口服务与消息传递服务分离,可以增强灵活性、易操作性。同时,基于这种控制结构提出仿真引擎消息传递算法(Message Passing Algorithm,MPA)。

采用单一程序设计方法因受限于仿真资源的物理限制(如内存容量、处理器主频等)已经很难实现复杂的系统仿真要求。分布式仿真技术可以很好地解决大规模复杂系统仿真难的问题:一是由于分布式资源可扩展、不受限制,可以满足大规模系统仿真的资源需求;二是由于分布式通信可以将各种资源连接在一起,通过互联互通实现资源重用;三是分布式仿真与并行处理相结合,可以提高系统仿真效率。与互联网搜索引擎相似,雷达仿真引擎是整个仿真系统的大脑核心,主要负责仿真时间推进、调度运行、数据存储,并为仿真运行过程中的态势显示提供交互控制[62]。因此,研究并建立一种良好的引擎机制将直接决定仿真系统的执行效率以及系统动态交互过程的表现能力。

参考文献[63]提出一种基于分布式结构的雷达仿真引擎,并在单机节点上进行了测试验证,但该引擎没有进一步对分布式节点进行验证,其可扩性难以证明。参考文献[64-65]研究了基于仿真模型可移植性规范(Simulation Model Portability 2,SMP2)的组件化仿真模型之间通过接口、事件和数据流三种模式并行交互的方法,只是作了定性分析,很难对其量化评价。参考文献[66-67]采用高层体系架构建立基于实体、成员和引擎的层次式调度结构,基本上还是属于 HLA RTI 的应用范畴,二者之间没有本质的区别。参考文献[70]采用安捷伦公司的先进设计系统(Advanced Design System,ADS)仿真平台对机载火控雷达系统进行建模和仿真,其主要依托于 ADS 仿真平台自身引擎控制实现用户定制方案。参考文献[71-72]分别采用 Simulink 和信号处理工作站(Signal Processing Work System,SPW)对脉冲多普勒雷达进行建模和仿真,利用平台内嵌的模型库连接机制实现雷达系统仿真。参考文献[74]通过单独的主控构件实现雷达系统的控制,但是其主控构件没有实现雷达波控构件与消息控制逻辑的分离,逻辑定义关系过于固定,因而主控构件重用性不强。参考文献[75]采用开放多平台(Open Multi – Platform,OpenMP)开发消息控制程序,它采用内存共享结构,并不适用于分布式仿真。

以上文献研究情况表明,一种良好的引擎机制要能够适应不同类型的仿真结构,包括单节点集中式仿真(如共享内存结构)和多节点分布式仿真(如集群结构)。而现有的引擎机制[64-65,74-75]并没有对这个问题进行考虑,因而多数引擎组件的适用范围是有限的。采用商业化建模工具[70-71]进行雷达仿真时,模型调度控制仍属于函数级调用,不存在进程对象,更没有进程间通信机制,因此并不属于分布式通信。HLA – RTI[66-67]作为高层体系结构仿真应用的通信组件,采用RTI执行进程(RTIExec)、联邦执行进程(FedExec)和libRTI库实现联邦间的信息交换。RTIExec通过公开端口接受各种FedExec的请求,并管理联邦执行进程的创建和终止。每一个联邦对象必须建立一个FedExec,由其控制联邦成员的加入或离开,并协调成员间数据交换。libRTI提供接口规范中定义的公共服务。由此可见,RTI实现进程间通信的对象是联邦,互操作局限于联邦层次,而联邦是由多个仿真成员构成的高层系统对象,其内部成员间不存在进程间通信。

采用消息驱动仿真引擎,使用传输控制协议/网际协议(Transfer Control Protocol/Internet Protocol,TCP/IP)或用户数据报协议/网际协议(User Datagram Protocol/Internet Protocol,UDP/IP)进行通信,可以实现异构平台环境下模型资源的互联与互通。消息作为模型间驱动的交换数据,长度短,表义丰富,定义简单,这种通信机制具有更强的灵活性、适用性。参考文献[68]在研究集群结构中的智能体通信问题时,采用嗅探器主动探寻方式收集信息。主动探寻通常采用固定长度的时间间隔(Timer Interval),若间隔过小,则探寻频率很高,这将会加重仿真节点的工作负载,降低仿真效率;若间隔过大,则仿真精度难以满足。队列通常作为消息组织和管理的数据结构。参考文献[69]对消息分层后采用队列进行管理。参考文献[73]设计了一套适合"平台/插件"系统的内部通信机制,采用先进先出队列并通过任务表描述任务控制对消息的响应,在实际的分布式结构下很难保证消息传递顺序的准确性。

通常所说的雷达资源调度问题,从严格意义上来讲不属于分布式通信机制的研究范畴,它主要研究如何根据目标环境状态的变化自适应地合理分配编排有限的雷达资源(包括时间和能量)。在雷达系统仿真中提出仿真引擎机制问题,是研究分布式仿真成员的组织调度机制,即在分布式仿真结构下采用消息传递方式如何控制和驱动各仿真进程协同仿真,这类问题称为"仿真调度问题"。

4.4.1 仿真调度问题描述

结合雷达系统层次化多粒度建模与仿真体系框架,在部件层采用一定的仿真调度机制,建立消息驱动的进程级应用系统既可以对上提供应用服务,又可以根据仿真要求灵活选配底层组件或算法。仿真引擎负责组织和控制各逻辑进程协同完成系统仿真任务。作为系统的控制枢纽,它更为关注系统模型内部各逻辑进程间的相互联通与控制算法。图4-66给出由雷达系统部件层仿真对象的驱动流程。

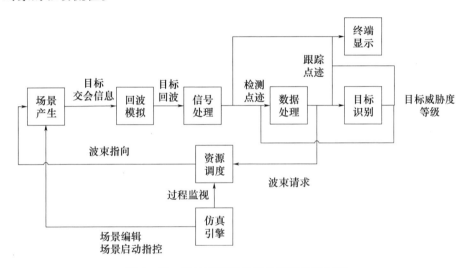

图4-66 雷达系统部件级仿真对象数据流

4.4.2 引擎机制

作为消息传递的组织中心,仿真引擎从功能构成上划分为两层:SC作为上层服务接口,面向用户提供人机操作接口和监控服务;MSC作为底层服务,提供消息路由服务。MSC采用封装的形式与上层服务隔离,其实现细节对于上层服务是透明的。图4-67给出了仿真引擎的分布式调度控制结构,消息传递路径表示仿真进程间的时序逻辑,执行逻辑路径表示仿真进程间的事件驱动关系。

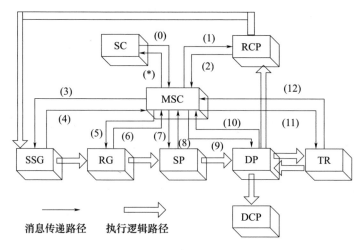

图 4-67　仿真引擎分布式调度控制结构

4.4.2.1　控制结构

仿真引擎(图 4-68)划分为两层控制结构:上层提供用户使用接口和状态监控显示服务;下层提供消息路由服务,通过消息传递方式驱动各仿真进程正确执行仿真计算任务。MSC 在整个系统中扮演着执行中心的角色,负责消息接收、消息解析、消息发送。消息路由是仿真模块消息发送和接收的关系折射,反映整个预警仿真软件系统执行流程。消息路由采用静态路由表配置方式,通过路由描述文件的载入、解析、映射,实现软件仿真系统的逻辑链路。

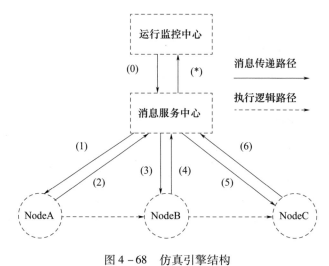

图 4-68　仿真引擎结构

4.4.2.2 消息分类

通常,仿真消息可分为请求消息和响应消息两类。图 4-69 给出了仿真引擎的消息分类,结合仿真引擎的两层结构,将 SC 与 MSC 之间的消息称为仿真引擎内部消息,其可分为两组:一组是指令消息和指令响应,另一组是转发消息和转发回馈。MSC 与逻辑进程之间的消息称为仿真引擎外部消息,包括逻辑进程转发消息请求和响应。SC 与用户之间的消息称为仿真引擎外部事件,包括用户鼠标或键盘操作(SC 通过图形界面显示结果反馈给用户操作结果)。

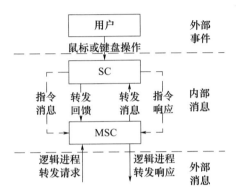

图 4-69 引擎消息的分类

4.4.2.3 引擎前端

作为引擎前端,SC 提供操控指令和界面给用户,同时也是 MSC 服务的上层接口(图 4-70)。SC 包括 4 个独立的工作线程:消息接收器、解析器、消息发送器、监视器。消息接收器接收来自 MSC 的仿真消息。消息解析器对所接收的

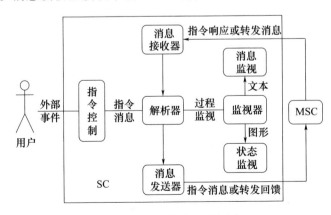

图 4-70 运控中心的框图

消息进行解析,分离出消息源与消息字。消息发送器转发目标消息给 MSC。用户通过 SC 提供的操控按钮可对仿真过程进行控制,包括系统初始化、生成场景、引导计算、仿真启动、仿真暂停、继续运行、仿真终止、系统重置等。监视器提供文本和图形化表征方式。

4.4.2.4 引擎后端

MSC 是引擎后端,提供底层消息路由服务,实现逻辑进程间的消息传递,即将接收的消息转发给目标进程。其内部采用链表结构组织仿真消息,包括逻辑进程表 MemberList、仿真消息表 MessageList、目标进程表 DestinationList。MemberList 保存逻辑进程信息(进程名称、IP、通信端口)及消息表首址;MessageList 保存消息字和转发目标(目标进程表首址);DestinationList 保存消息传递的目标进程。

4.4.3 消息传递算法

逻辑进程间通信由分布式中心节点 MSC 与逻辑进程本地的消息代理互递消息完成。

MSC 通过查找消息路由信息链表,为交互进程双方建立专用通信链路,驱动仿真进程执行相应的仿真步骤。SC 负责整个仿真系统运行状态监控显示,同时通过人机接口实现控制指令向仿真系统的传送。采用这种运行机制,仿真系统设计时可以将通信接口与业务逻辑进行解耦,独立性更强。逻辑进程本地消息代理只负责外部消息的接收和传送。消息转发操作由 MSC 实现,从而使系统的仿真框架更容易进行迁移和重用。

MPA 算法描述如下:

(1)接收从外部传递进来的仿真消息,然后进入(2)。

(2)从仿真消息中提取消息源名称和消息字,并用变量 membername 和 message 分别记录;然后进入(3)。

(3)对仿真消息进行判断,如果该仿真消息为非控制类消息,那么置布尔控制变量 isToInterface 为 true(true 表示 MSC 将转发消息给系统监控中心,false 表示 MSC 可直接转发消息给目标执程),把 membername 和 message 分别转存至 simpartname 和 simpartmsg;如果该仿真消息为控制类消息,那么置布尔变量 isToInterface 为 false,并从 simpartname 和 simpartmsg 分别复制内容到 membername 和 message;然后进入(4)。

(4)根据消息源名称(membername)搜索仿真成员链表。如果不存在,那么系统报错,进入(10);否则,进入(5)。

(5)根据消息字(message)搜索仿真成员 membername 的消息链表。如果不存在,那么系统报错,进入(10);否则,进入(6)。

(6)搜索指定成员(membername)指定消息字的目标链表首地址 pDes,并设游标指针 p 指向目标链表的首节点(p = pDes→next)。如果 pDes 不存在,那么系统报错,进入(10);否则,进入(7)。

(7)判断游标指针 p 是否为空。如果为空,那么跳出循环,进入(10);否则,取当前节点值(消息转发目标成员名)赋给 destname,进入(8)。

(8)如果布尔变量 isToInterface 为 true,那么转发回馈控制类消息"[PART]+destname"给 SC,告知运行监控中心更新目标成员状态;否则,转发 message 给目标成员,驱动目标成员完成指定计算;然后进入(9)。

(9)游标指针下移一个节点(p = p→next),返回(7)。

(10)传递消息结束。

4.4.4 仿真实验

4.4.4.1 测试环境

为验证仿真引擎机制及 MPA 算法在集中式和分布式结构下的适用性,分别对雷达仿真系统在以上两种仿真结构中进行测试,测试环境配置信息如表 4-9 所示。

表 4-9 系统测试环境

环境	节点机 A	节点机 B	节点机 C
平台 协议	Windows XP Professional 2002 TCP/IP、WinSocket		
处理器	Pentium(R)Dual-Core2.5GHz	Pentium(R)Dual-Core 2.8GHz	Pentium(R)Dual-Core 2.8GHz
内存	2GB	2GB	2GB
网卡	10/100Mb/s	10/100Mb/s	10/100Mb/s
数据库	Oracle10g		
数据访问	本地数据库访问	远程数据库访问	远程数据库访问

(1)集中式结构中所有逻辑进程部署在同一台机器(节点机 A)进行测试。

(2)分布式结构中使用三台计算机(节点机 A、B、C)组成局域网测试,逻辑进程与节点机部署情况如下：

①逻辑进程 SC、MSC 和数据库部署在节点机 A。

②逻辑进程 SSG、RG、SP 部署在节点机 B。

③逻辑进程 RCP、DP、TR 部署在节点机 C。

4.4.4.2 测试结果

图 4-71 给出某型雷达仿真系统性能测试结果。

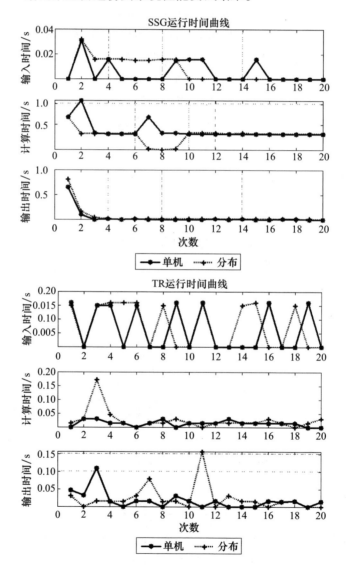

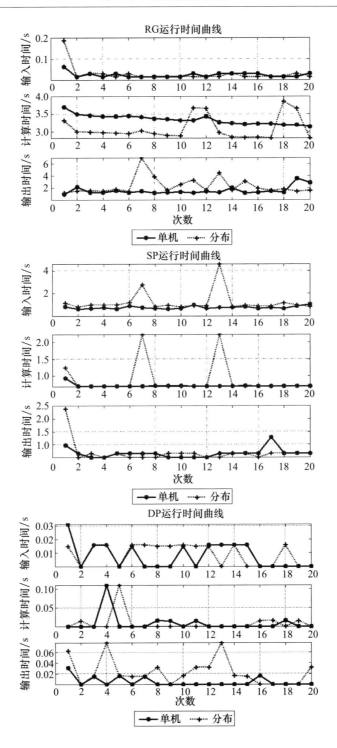

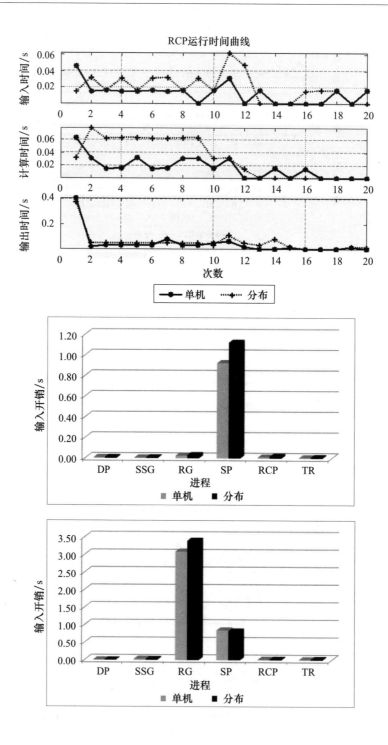

第4章　数据流仿真技术

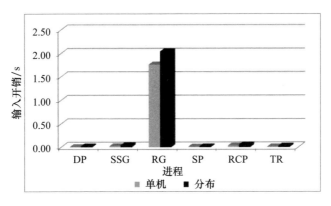

图4-71　某型雷达仿真系统测试结果

由于任务计算量以及数据存储量的不同,RG 和 SP 处理操作时间开销较大。单机测试中 RG 每处理一次("输入－计算－输出"操作)所耗用的总时间平均值约为4.9s,SP 约为1.8s。分布式结构下 RG 每处理一次总时间开销约为5.5s,SP 约为2s。其余仿真进程每一次处理占用时间均值为几十毫秒。

图4-72 给出 MPA 算法在两种仿真结构下的时间开销测试结果。其中,AcceptTime 表示阻塞的时间开销,RecvTime 表示接收仿真消息的时间开销,AnlyTime 表示路由和转发消息的时间开销。单机结构下 AccpetTime 时间开销接近5s;分布结构下接近15s,在受网络阻塞影响严重情况下,AcceptTime 耗用时间开销接近22s。AnlyTime 和 RecvTime 在仿真时间中的比例较低,受分布式网络的影响,一般开销在几百毫秒,而在单机结构仿真中可以近似忽略其影响。

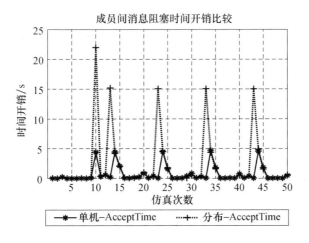

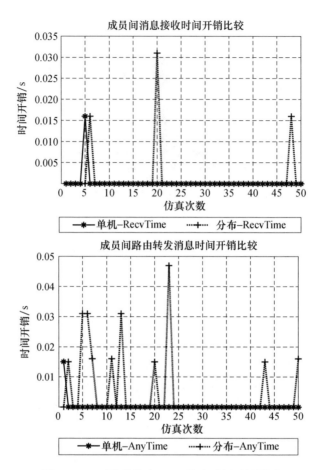

图 4-72　两种结构中 MPA 算法时间开销测试

第5章 元模型仿真应用

基于元模型体系,对雷达系统进行功能划分、层次划分,使用原子角色、复合角色和数据流指向等数据流模型元素建立雷达原子角色、雷达复合角色,然后创建角色的实体(实例化对象),并在调度器、指示器、管理器等数据流计算模型控制下通过仿真系统实体动态交互作用描述雷达数据流仿真过程,得到仿真过程数据和最终结果数据,为雷达过程显示和性能评估提供数据支撑。本章主要介绍使用元模型构建仿真应用,即采用角色建模和数据流仿真技术,设计并构建单脉冲跟踪雷达。

5.1 单脉冲跟踪雷达

单脉冲跟踪系统有和通道中频信号和差通道中频信号两路信号通道。A/D采样数字化后,各自分别经过相同的数字下变频(Digital Down Convert,DDC)处理、脉冲压缩(PC)处理、动目标显示(MTI)处理、动目标检测(MTD)处理。然后对和通道MTD结果进行CFAR检测处理;若存在目标,则对CFAR结果进行目标聚心预处理以合并同一目标,计算目标的径向距离和速度。此外,再结合差通道的MTD结果进行比幅测角,得到目标的角度。将目标距离、速度和角度信息传给上位机显示输出。

单脉冲跟踪系统雷达资源调度设计有搜索加跟踪模式和纯搜索模式两种工作模式,将产生搜索和跟踪两类事件,同时以一个波束驻留时间作为仿真时间推进步长。

单脉冲跟踪系统雷达数据处理采用alpha – beta – gama滤波算法,划分为航迹关联、航迹滤波、航迹起始三个数据处理步骤。

5.2 目标与环境模拟角色

对于仿真环境生成(Scenario Scene Generator,SSG),其输出是不同类型目标在场景中的交会结果,输入是雷达调度波束指向,输入通过雷达资源调度系统输出给定。由于该子系统的仿真结构具有明显的流式特性,计算节点不多且计算量较小,无须通过并发提高效率,故为其选用同步数据流计算模型。

SSG 系统模型属于复合角色类型(CompositeActor),可以通过 SSG. XML 持久化模型文件(详见附录 A)描述仿真环境生成的组成结构,SSG 角色的内部结构如图 5-1 所示。

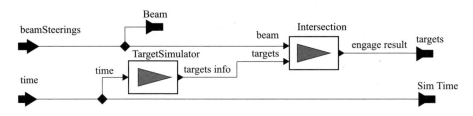

图 5-1　目标与环境模拟角色的内部结构

目标模拟器根据飞行器目标建模理论和方法产生一组目标的飞行轨迹数据。交会角色按照目标与雷达交会规则计算得到交会目标数据。

每个角色至少有一个输出端口(在某些情况下,角色可以没有输入端口)。例如,TargetSimulator 角色有一个输入端口(time)和一个输出端口(targets info),Intersection 角色有两个输入端口(beam、targets)和一个输出端口(engage result)。

SSG 作为一个复合角色,其输入端口为 beamSteering、time,输出端口为 Beam、SimTime、targets。这些输入端口或输出端口与 SSG 内部某些角色的端口存在着关联,一般通过数据流指向(有向弧)建立联系。图 5-2 描述了 TargetSimulator 角色可配置参数,即飞行目标的主要参数,包括航迹类型、飞行起始位置(XStart、YStart)、飞行终止位置(XEnd、YEnd)、飞行速度(Velocity)、旋转半径(R)、旋转角度(Alpha)、杂波起伏模型(SwerlingI)、信噪比(SNR)等。

Edit parameters for TargetSimulator

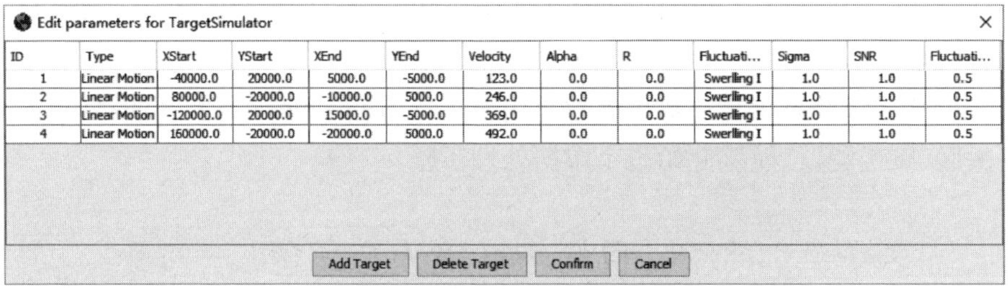

ID	Type	XStart	YStart	XEnd	YEnd	Velocity	Alpha	R	Fluctuati...	Sigma	SNR	Fluctuati...
1	Linear Motion	-40000.0	20000.0	5000.0	-5000.0	123.0	0.0	0.0	Swerling I	1.0	1.0	0.5
2	Linear Motion	80000.0	-20000.0	-10000.0	5000.0	246.0	0.0	0.0	Swerling I	1.0	1.0	0.5
3	Linear Motion	-120000.0	20000.0	15000.0	-5000.0	369.0	0.0	0.0	Swerling I	1.0	1.0	0.5
4	Linear Motion	160000.0	-20000.0	-20000.0	5000.0	492.0	0.0	0.0	Swerling I	1.0	1.0	0.5

Add Target　Delete Target　Confirm　Cancel

图 5-2　飞行目标的主要参数

图5-3描述了Intersection角色的可配置参数,包括宽脉冲宽度(Widepulsewidth)、窄脉冲宽度(Narrowpulsewidth)、脉冲重复频率(Pulserepetitionfrequency)、采样频率(Samplingfrequency)等。

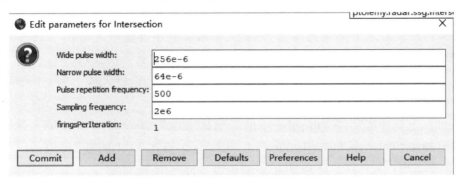

图5-3 Intersection角色的配置参数

5.3 雷达回波模拟角色

雷达回波模拟角色(Radar Generator,RG)的输入为目标与环境模拟角色的输出和高斯随机数生成器角色的输出,而其输出为产生的雷达目标回波信号。如图5-4所示,图中描述了RG的内部层次结构及输入和输出端口。

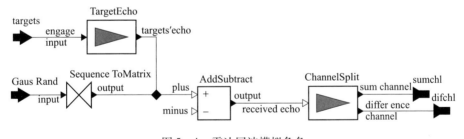

图5-4 雷达回波模拟角色

RG内部组成有4个角色:目标回波(TargetEcho)角色、叠加/减(AddSubtract)角色、序列转矩阵(SequenceToMatrix)角色和信道分解(ChannelSplit)角色。其中,TargetEcho生成交会目标的雷达回波数据,AddSubtract在交会目标的雷达回波数据上叠加高斯白噪声,SequenceToMatrix将一维高斯白噪声数据转换为矩阵,ChannelSplit角色将加噪的交会目标的雷达回波数据分解为两路信号:一路为和通道,另一路为差通道。RG 角色的输入端口有两个:targets、Gaus-Rand,分别代表交会目标信息和高斯噪声输入端口;其输出端口包括 sumchl、difchl,分别表示和通道数据输出端口、差通道数据输出端口。

回波模型子系统不同于目标场景子系统,该子系统中的各业务组件的计算任务均比较大,使用传统的同步数据流计算模型并不能提升其效率。因此,RG 角色采用基于流水线模型的串并行调度的同步数据流计算模型 PLSDF。

图 5-5 描述了 TargetEcho 角色的可配置参数,包括天线个数(Antenna number)、脉冲个数(Pulse number)、载波频率(Carrier Frequency)、带宽(Band width)、宽脉冲宽度(Width pulse width)、窄脉冲宽度(Narrow pulse width)、脉冲重复频率(Pulserepetitiion frequency)。图 5-6 描述 LFM 的参数,包括时宽(Timewidth)、采样频率(Samplingfrequency)、带宽(Bandwidth)。

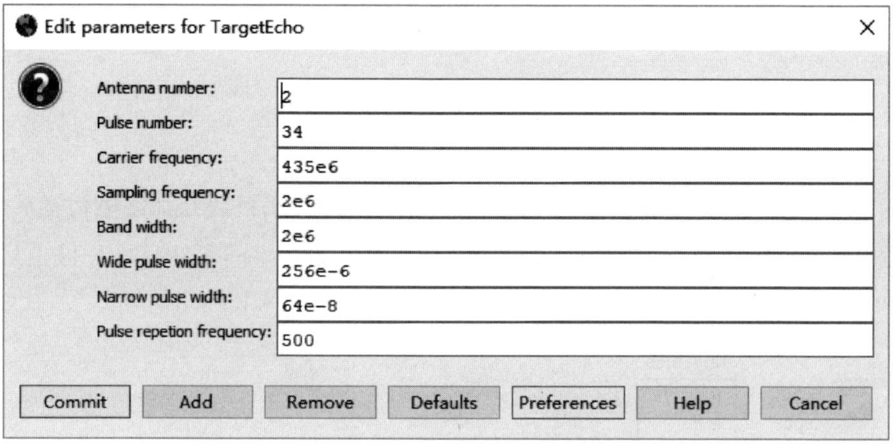

图 5-5　TargetEcho 角色的可配置参数

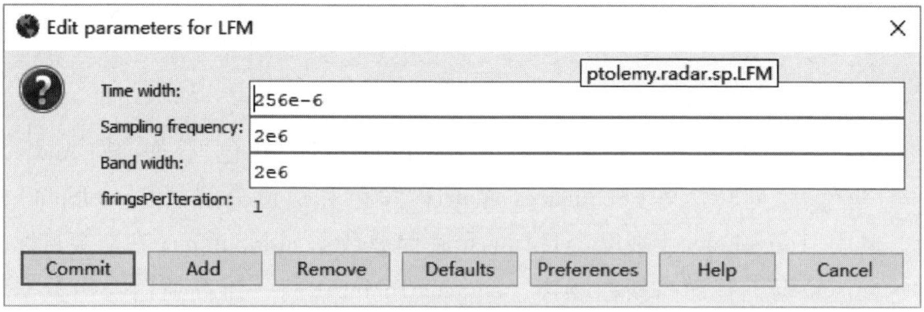

图 5-6　原子角色 LFM 可配置参数

5.4 雷达信号处理角色

图 5-7 描述了雷达信号处理角色的内部结构及其输入/输出端口。

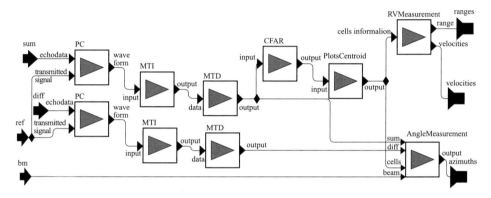

图 5-7 信号处理角色

按照单脉冲跟踪雷达的信号处理过程,信号处理复合角色(Signal Processor,SP)内部由脉冲压缩角色(PC)、动目标显示角色(MTI)、动目标检测角色(MTD)、恒虚警率角色(CFAR)、点迹凝聚角色(PlotsCentroid)、测角角色(AngleMeasurement)、测距测速角色(RVMeasurement)等按照数据流指向关系组合构造而成。SP 角色的输入端口一共有 4 个,包括和通道信号输入端口(sum)、差通道信号输入端口(diff)、参考信号输入端口(ref)、波束指向输入端口;输出端口有三个,包括检测目标距离输出端口(ranges)、检测目标速度输出端口(velocities)、检测目标方位角输出端口(azimuths)。

事实上,信号处理子系统中每个业务组件的计算任务并不高。因此,确定并选择同步数据流计算模型作为其系统调度模型。图 5-8 分别给出 PC 角色和 CFAR 角色的可配置参数。其中,PC 角色的可配置参数主要有脉冲压缩类型(PC type(0:时域脉冲压缩,1:频域脉冲压缩))、窗函数类型(Windowfunctiontype)、发射信号带宽(Band width of transmitted signal)、采样频率(Sample frequency)、高度(H)。CFAR 角色的可配置参数包括门限乘积因子(Product factor of threshold)、参考单元个数(Reference cells)、保护单元个数(Protected cells)、OS CFAR 最佳 k 值(OS CFAR koptimal)。

图 5-9 描述了 MTI 角色和 PlotsCentroid 角色的可配置参数,MTI 角色有一

个可配置参数:脉冲对消个数(the number of pulse cancellation)。PlotCentroid 角色有一个可配置参数:保护单元个数(Protected cells)。

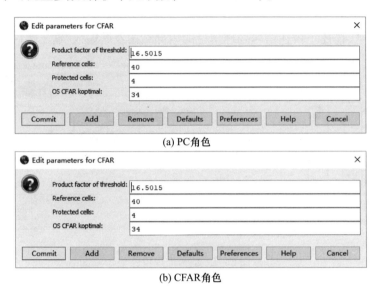

图 5-8 PC 角色和 CFAR 角色的可配置参数

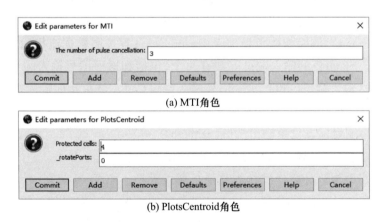

图 5-9 MTI 角色和 PlotsCentroid 角色的可配置参数

图 5-10 给出 RVMeasurement 角色的可配置参数,包括脉冲个数(The pulse number)、载波频率(Carried frequency)、脉冲重复频率(Pulse repetition frequency)、窄脉冲宽度(Narrow pulse width)、采样频率(Sampling frequency)。

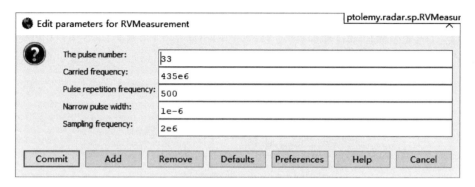

图 5-10　RVMeasurement 角色的可配置参数

5.5　雷达数据处理角色

如图 5-11 所示,数据处理(Data Processor,DP)由航迹关联角色(TrackAssociation)、航迹滤波角色(TrackFilter)、航迹起始角色(TrackInitiation)按照数据流指向关系组成。DP 是一个复合角色,有一个输入端口(detectedTargets),代表目标检测点迹输入端口;有两个输出端口:一个是目标跟踪航迹输出端口(trackedTargets),一个是预测波束输出端口(predictedBeams)。TrackAssociation、TrackFilter 和 TrackInitiation 都是原子角色,分别负责航迹管理处理、航迹滤波处理和航迹起始处理。DP 角色中的每个业务组件的计算任务也不高。因此,DP 内部选用同步数据流计算模型。

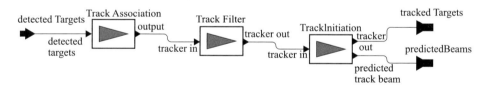

图 5-11　雷达数据处理角色

5.6　雷达调度角色

如图 5-12 所示,雷达调度(Radar Scheduler,RS)角色是一个原子角色,负责实现雷达波束调度,即根据输入的预测波束信息,安排并输出下一时刻调度波束信息;同时,按照波束调度间隔计算并推进下一时刻雷达仿真时间,并通过仿真时间输出端口进行输出。RS 有一个输入端口:预测波束信息端口(predicted beam info);它有两个输出端口:波束指向输出端口(beam steering info)和仿真时间输出端口(simulation time)。

图 5-12 雷达资源调度角色

图 5-13 描述了 RS 角色的可配置参数,包括子天线个数(Sub antenna number)、载波频率(Carrier frequency)、天线波束初始方位指向(Initial azimuth)、斜率(Slope)、波束宽度(Beam width)、扫描速率(Scanning rate)、雷达工作模式(0:搜索模式;1:搜索加跟踪模式)。

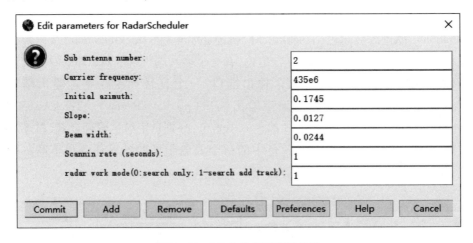

图 5-13 RS 角色的可配置参数

5.7 雷达终端显示角色

图 5-14 描述了目标跟踪航迹 PPI 显示结果和目标列表显示结果。其中,PPI 不仅可以动态显示雷达波束指向方位及波束宽度等信息,还可以动态显示目标跟踪航迹更新状态。例如,根据目标航迹状态以不同颜色显示,白色表示起始,蓝色表示可靠,红色表示终止。目标列表可以采用列表形式输出当前雷

达探测到的跟踪目标的状态数据,包括最近更新时间、目标距离雷达的径向距离、目标距离地面高度、目标速度、目标方位等。

(a) PPI显示　　　　　　　　(b) 目标列表显示

图 5-14　目标跟踪结果显示

5.8　仿真系统集成

仿真应用设计是在已定义的雷达组件模型库基础上,选择合适的模型组件组成雷达系统,建立雷达组件间的数据流指向关系和链接,这充分体现了利用可重用的模型组件及有效的模型组合机制实现快速建模和仿真的设计思想。

图 5-15 给出单脉冲跟踪雷达的数据流图,左侧是组件面板,通过树形结构列出雷达模型库已定义的仿真组件及其层次关系,如 Radar 是一个系统包,包

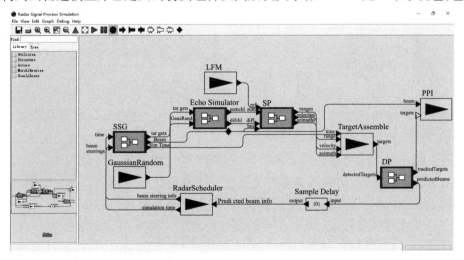

图 5-15　单脉冲跟踪雷达数据流图

含有仿真场景生成(Scenario Scene Generation,SSG)、噪声 Noise、回波生成(Echo Generation,EG)、信号处理(Signal Processing,SP)、数据处理(Data Processing,DP)、雷达资源调度(Resource Control Program,RCP)等多个部件包;每个部件包又包含有多个组件,如 SSG 包含有目标仿真器(TargetSimulator)、天线(Antenna)、交会计算(Engage)等模型组件。右侧是仿真应用设计区域,操作人员从左侧组件面板中选择并拖拽模型组件到右侧区域,可以进一步配置模型参数、建立组件端口之间数据流指向的关系与链接,实现应用系统的快速搭建。

通过自定义角色模型,开发雷达模型组件,按照简单和复杂模型对组件进行分类,主要分为两类:

(1)原子组件:包括天线组件(Antenna)、目标组件(TargetSimulator)、交会计算组件(Intersection)、目标回波组件(TargetEcho)、脉压组件(PC)、动目标显示组件(MTI)、动目标检测组件(MTD)、恒虚警处理组件(CFAR)、点迹凝聚组件(PlotsCentroid)、测距测速组件(RVMeasurement)、测角组件(AngleMeasurement)、航迹关联组件(TrackAssociation)、航迹滤波组件(TrackFilter)、航迹起始组件(TrackInitiation)、目标凝聚组件(TargetAssemble)、雷达调度组件(RadarScheduer)、雷达显示组件(PPI)。

(2)复合组件:可以通过其他组件组合、封装后装配得到的复杂模型组件,包括目标场景复合组件(SSG)、回波生成复合组件(EchoSimulator)、信号处理复合组件(SP)、数据处理复合组件(DP)。

5.9 总　　结

元模型构建仿真应用总结为以下几点:

(1)仿真效率。系统层选用同步数据流计算模型,而且系统中大部分的复合业务或算法角色也都采用了同步数据流计算模型。通过第 3 章对同步数据流的详细分析阐述可知,其静态调度的方式使得同步数据流没有运行时负载,这样一种调度方式使其在所有的计算模型中,执行效率应当是最高的。但是,经过分析,对于雷达仿真系统这种密集数据处理的仿真系统而言,使用同步数据流的仿真效率仍有提升的空间。因此,基于同步数据流的静态调度计划,结合并行流水线模型与雷达系统仿真的特点提出了一种串并行结合的、基于流水线的半静态调度模型。这样可以有效地提升同步数据流的仿真效率,并且将其应用到雷达仿真上的效果仍然十分明显。

(2)开发效率。开发效率是系统复用性、易扩展性共同作用的体现。开发效率表现为两方面：一是直接通过雷达仿真角色库进行搭建，如前所述，对角色的设计可以一直延伸到算法层，即算法也作为一种搭建式的角色保存到模型库。使用者可以轻松地通过同构或者异构层次的方式搭建具有更高功能的算法角色(如组件、部件等角色)，通过部件角色构建子系统甚至于构建整个系统。二是新开发一个原子的仿真角色。提出了一种业务对象与角色实现的低耦合雷达仿真角色模型，即将逻辑功能的实现以业务对象的方式与角色实现相分离，基于角色语义抽象出统一的功能接口。对于使用者而言，新增一个原子角色仅仅只需要关心对功能接口的实现即可，这种方式大大减轻了开发者的压力，缩短了开发进程。此外，通过 XML 管理组件方式可以轻松地将原子角色和复合角色加入模型库。进一步地，利用 vergil 可视窗口的角色拖拽式数据流图设计功能，使得仿真搭建过程也十分简单轻松。因此，基于 Ptolemy II 仿真框架与面向角色的雷达仿真角色设计方法，可以在很大程度上提升雷达仿真系统构建与开发扩展的效率。

(3)高层复用性。高层复用性是指系统搭建过程中角色的复用程度。在雷达系统仿真过程中，由于仿真粒度原因，系统由许多的角色层次化的同构或异构搭建完成。所有的雷达业务角色都是由低层次的算法角色或其他业务角色搭建而成的，甚至于算法角色都可由更简单的算法角色搭建而成。因此，这样一种细粒度、不同层次、多尺度的仿真角色设计，使得它们在仿真过程中在各个层次都可以实现模型复用。利用雷达仿真角色模型库，搭建一个新的雷达系统，只需要在不同层次通过角色组合就可以很快实现不同尺度的角色定义。特别地，在面向新的应用时，也可以做到零修改或者少修改就可实现角色的复用。

(4)底层复用性。雷达典型用例采用的仿真框架实际上可以简化为系统—角色—支撑三层结构。从本质上讲，无论是最终雷达仿真应用还是各子系统都是角色，只不过是更复杂的角色，即复合角色。因此，构建仿真系统本质上是一个面向角色的组合过程，从底层细粒度的算法角色逐层向上构建粗粒度的、高层次复合角色。无论不同尺度、不同粒度的复合角色处于哪个层次，它都可以由底层的算法角色复合而成。因此，底层的复用性应当是所有层次中最高的。

(5)高层易扩展。一个雷达仿真系统的实现就是不同的雷达仿真角色从算法层开始依次地进行层次的同构或异构复合的过程。因此，当面对功能需求或改动时，可以直接通过增减相应的业务角色或修改角色组合结构的方式来实现，这样就可以轻松有效地实现系统的扩展。

例如,单脉冲雷达仿真系统实现时,从两坐标雷达扩展到三坐标雷达,仅仅只需要对信号处理子系统添加一路信号处理通道即可,十分容易。另外,对脉压角色的设计实现时,从时域实现向频域实现的扩展也很简单,只需要换用不同的角色作相应的组合即可。将时域和频域进行组合实现也仅需要将两种实现好的角色进行二次组合,再使用有限状态机计算模型作为指示器即可。

　　(6)底层易扩展。底层扩展性是指新增一个原子业务(或算法)角色的易扩展程度。第3章重点阐述了将业务对象通过基于面向角色语义的抽象接口的形式分离出来的设计思想。这样一种分离的方式,使得用户不需要再关心角色逻辑的实现。面对新的需求,只需要通过需求分析获知所需参数配置以及逻辑功能,实现相关业务对象接口,并在角色中声明相关接口即可。因此,这种基于面向角色语义的抽象接口与业务对象分离设计方法,可以使得仿真的底层扩展性得到有效提升。

附录 A 雷达角色描述

本书中所述雷达角色,如 SSG、EchoSimulator、SP、DP 等,均采用可扩展标记语言(Extensive Markup Language,XML)进行描述,具体详见附表 A-1~附表 A-4。

附表 A-1 SSG 角色 XML 文件描述

```xml
<class name="SG" extends="ptolemy.actor.TypedCompositeActor">
    <port name="port" class="ptolemy.actor.TypedIOPort">
        <property name="output"/>
    </port>
    <port name="Beam" class="ptolemy.actor.TypedIOPort">
        <property name="output"/>
    </port>
    <port name="SimTime" class="ptolemy.actor.TypedIOPort">
        <property name="output"/>
    </port>
    <entity name="Antenna" class="ptolemy.radar.ssg.Antenna">
        <port name="input" class="ptolemy.actor.TypedIOPort">
            <property name="input"/>
        </port>
        <port name="beam" class="ptolemy.actor.TypedIOPort">
            <property name="output"/>
        </port>
        <port name="timeStep" class="ptolemy.actor.TypedIOPort">
            <property name="output"/>
        </port>
    </entity>
    <entity name="Intersection" class="ptolemy.radar.ssg.Intersection">
        <port name="beam" class="ptolemy.actor.TypedIOPort">
            <property name="input"/>
        </port>
        <port name="targets" class="ptolemy.actor.TypedIOPort">
            <property name="input"/>
        </port>
        <port name="output" class="ptolemy.actor.TypedIOPort">
            <property name="output"/>
        </port>
```

续表

```xml
      </entity>
      <entity name="TargetSimulator" class="ptolemy.radar.ssg.TargetSimulator">
          <port name="time" class="ptolemy.actor.TypedIOPort">
             <property name="input"/>
          </port>
          <port name="targets" class="ptolemy.actor.TypedIOPort">
             <property name="output"/>
          </port>
      </entity>
      <entity name="Time" class="ptolemy.actor.lib.Ramp">
          <port name="step" class="ptolemy.actor.TypedIOPort">
             <property name="input"/>
          </port>
          <port name="output" class="ptolemy.actor.TypedIOPort">
             <property name="output"/>
          </port>
      </entity>
      <relation name="relation2" class="ptolemy.actor.TypedIORelation">
      </relation>
      <relation name="relation4" class="ptolemy.actor.TypedIORelation">
      </relation>
      <relation name="relation5" class="ptolemy.actor.TypedIORelation">
      </relation>
      <relation name="relation7" class="ptolemy.actor.TypedIORelation">
          <vertex name="vertex1" value="[265.0,190.0]">
          </vertex>
      </relation>
      <relation name="relation" class="ptolemy.actor.TypedIORelation">
          <vertex name="vertex1" value="[320.0,275.0]">
          </vertex>
      </relation>
      <link port="port" relation="relation5"/>
      <link port="Beam" relation="relation7"/>
      <link port="SimTime" relation="relation"/>
      <link port="Antenna.beam" relation="relation7"/>
      <link port="Antenna.timeStep" relation="relation2"/>
      <link port="Intersection.beam" relation="relation7"/>
      <link port="Intersection.targets" relation="relation4"/>
      <link port="Intersection.output" relation="relation5"/>
      <link port="TargetSimulator.time" relation="relation"/>
      <link port="TargetSimulator.targets" relation="relation4"/>
```

```
    <link port = "Time.output" relation = "relation"/>
    <link port = "Time.step" relation = "relation2"/>
</class>
```

附表 A-2 EchoSimulator 角色 XML 文件描述

```
<class name = "EG" extends = "ptolemy.actor.TypedCompositeActor">
    <port name = "target" class = "ptolemy.actor.TypedIOPort">
        <property name = "input"/>
    </port>
    <port name = "echo" class = "ptolemy.actor.TypedIOPort">
        <property name = "output"/>
    </port>
    <port name = "noise" class = "ptolemy.actor.TypedIOPort">
        <property name = "input"/>
    </port>
    <entity name = "AddSubtract" class = "ptolemy.actor.lib.AddSubtract">
        <port name = "plus" class = "ptolemy.actor.TypedIOPort">
            <property name = "input"/>
        </port>
        <port name = "minus" class = "ptolemy.actor.TypedIOPort">
            <property name = "input"/>
        </port>
        <port name = "output" class = "ptolemy.actor.TypedIOPort">
            <property name = "output"/>
        </port>
    </entity>
    <entity name = "TargetEcho" class = "ptolemy.radar.echo.EchoSimulator">
        <port name = "engage" class = "ptolemy.actor.TypedIOPort">
            <property name = "input"/>
        </port>
        <port name = "echo" class = "ptolemy.actor.TypedIOPort">
            <property name = "output"/>
        </port>
    </entity>
    <relation name = "relation" class = "ptolemy.actor.TypedIORelation">
    </relation>
    <relation name = "relation3" class = "ptolemy.actor.TypedIORelation">
    </relation>
    <relation name = "relation2" class = "ptolemy.actor.TypedIORelation">
    </relation>
    <relation name = "relation4" class = "ptolemy.actor.TypedIORelation">
    </relation>
```

续表

```
        <link port = "target" relation = "relation3"/>
        <link port = "echo" relation = "relation2"/>
        <link port = "noise" relation = "relation4"/>
        <link port = "AddSubtract.plus" relation = "relation"/>
        <link port = "AddSubtract.plus" relation = "relation4"/>
        <link port = "AddSubtract.output" relation = "relation2"/>
        <link port = "TargetEcho.engage" relation = "relation3"/>
        <link port = "TargetEcho.echo" relation = "relation"/>
</class>
```

附表 A-3　SP 角色 XML 文件描述

```
<class name = "SPModel" extends = "ptolemy.actor.TypedCompositeActor">
    <port name = "port" class = "ptolemy.actor.TypedIOPort">
        <property name = "input"/>
    </port>
    <port name = "port2" class = "ptolemy.actor.TypedIOPort">
        <property name = "input"/>
    </port>
    <port name = "port3" class = "ptolemy.actor.TypedIOPort">
        <property name = "input"/>
    </port>
    <port name = "port4" class = "ptolemy.actor.TypedIOPort">
        <property name = "output"/>
    </port>
    <port name = "port5" class = "ptolemy.actor.TypedIOPort">
        <property name = "output"/>
    </port>
    <port name = "port6" class = "ptolemy.actor.TypedIOPort">
        <property name = "output"/>
    </port>
    <port name = "bm" class = "ptolemy.actor.TypedIOPort">
        <property name = "input"/>
    </port>
    <entity name = "PulseCompression" class = "ptolemy.radar.sp.PC">
        <port name = "echoData" class = "ptolemy.actor.TypedIOPort">
            <property name = "input"/>
        </port>
        <port name = "transSignal" class = "ptolemy.actor.TypedIOPort">
            <property name = "input"/>
        </port>
        <port name = "waveform" class = "ptolemy.actor.TypedIOPort">
```

```xml
        <property name = "output"/>
    </port>
</entity>
<entity name = "PulseCompression2" class = "ptolemy.radar.sp.PC">
    <port name = "echoData" class = "ptolemy.actor.TypedIOPort">
        <property name = "input"/>
    </port>
    <port name = "transSignal" class = "ptolemy.actor.TypedIOPort">
        <property name = "input"/>
    </port>
    <port name = "waveform" class = "ptolemy.actor.TypedIOPort">
        <property name = "output"/>
    </port>
</entity>
<entity name = "MTI" class = "ptolemy.radar.sp.MTI">
    <port name = "input" class = "ptolemy.actor.TypedIOPort">
        <property name = "input"/>
    </port>
    <port name = "output" class = "ptolemy.actor.TypedIOPort">
        <property name = "output"/>
    </port>
</entity>
<entity name = "MTI2" class = "ptolemy.radar.sp.MTI">
    <port name = "input" class = "ptolemy.actor.TypedIOPort">
        <property name = "input"/>
    </port>
    <port name = "output" class = "ptolemy.actor.TypedIOPort">
        <property name = "output"/>
    </port>
</entity>
<entity name = "MTD" class = "ptolemy.radar.sp.MTD">
    <port name = "data" class = "ptolemy.actor.TypedIOPort">
        <property name = "input"/>
    </port>
    <port name = "output" class = "ptolemy.actor.TypedIOPort">
        <property name = "output"/>
    </port>
</entity>
<entity name = "MTD2" class = "ptolemy.radar.sp.MTD">
    <port name = "data" class = "ptolemy.actor.TypedIOPort">
        <property name = "input"/>
    </port>
```

续表

```xml
            <port name = "output" class = "ptolemy.actor.TypedIOPort" >
                <property name = "output" />
            </port>
        </entity>
        <entity name = "CFAR" class = "ptolemy.radar.sp.CFAR" >
            <port name = "input" class = "ptolemy.actor.TypedIOPort" >
                <property name = "input" />
            </port>
            <port name = "output" class = "ptolemy.actor.TypedIOPort" >
                <property name = "output" />
            </port>
        </entity>
        <entity name = "PlotsCentroid" class = "ptolemy.radar.sp.PlotsCentroid" >
            <port name = "input" class = "ptolemy.actor.TypedIOPort" >
                <property name = "input" />
            </port>
            <port name = "output" class = "ptolemy.actor.TypedIOPort" >
                <property name = "output" />
            </port>
        </entity>
        <entity name = "RVMeasurement" class = "ptolemy.radar.sp.RVMeasurement" >
            <port name = "input" class = "ptolemy.actor.TypedIOPort" >
                <property name = "input" />
            </port>
            <port name = "range" class = "ptolemy.actor.TypedIOPort" >
                <property name = "output" />
            </port>
            <port name = "velocity" class = "ptolemy.actor.TypedIOPort" >
                <property name = "output" />
            </port>
        </entity>
        <entity name = "AngleMeasurement" class = "ptolemy.radar.sp.AngleMeasurement" >
            <port name = "sum" class = "ptolemy.actor.TypedIOPort" >
                <property name = "input" />
            </port>
            <port name = "diff" class = "ptolemy.actor.TypedIOPort" >
                <property name = "input" />
            </port>
            <port name = "cells" class = "ptolemy.actor.TypedIOPort" >
```

续表

```
            <property name="input"/>
        </port>
        <port name="beam" class="ptolemy.actor.TypedIOPort">
            <property name="input"/>
        </port>
        <port name="output" class="ptolemy.actor.TypedIOPort">
            <property name="output"/>
        </port>
    </entity>
    <relation name="relation" class="ptolemy.actor.TypedIORelation">
    </relation>
    <relation name="relation2" class="ptolemy.actor.TypedIORelation">
    </relation>
    <relation name="relation4" class="ptolemy.actor.TypedIORelation">
    </relation>
    <relation name="relation5" class="ptolemy.actor.TypedIORelation">
    </relation>
    <relation name="relation6" class="ptolemy.actor.TypedIORelation">
    </relation>
    <relation name="relation8" class="ptolemy.actor.TypedIORelation">
        <vertex name="vertex1" value="[210.0,390.0]">
        </vertex>
    </relation>
    <relation name="relation7" class="ptolemy.actor.TypedIORelation">
    </relation>
    <relation name="relation9" class="ptolemy.actor.TypedIORelation">
    </relation>
    <relation name="relation11" class="ptolemy.actor.TypedIORelation">
        <vertex name="vertex1" value="[655.0,260.0]">
        </vertex>
    </relation>
    <relation name="relation3" class="ptolemy.actor.TypedIORelation">
    </relation>
    <relation name="relation12" class="ptolemy.actor.TypedIORelation">
        <vertex name="vertex1" value="[895.0,225.0]">
        </vertex>
    </relation>
    <relation name="relation10" class="ptolemy.actor.TypedIORelation">
    </relation>
    <relation name="relation13" class="ptolemy.actor.TypedIORelation">
    </relation>
    <relation name="relation14" class="ptolemy.actor.TypedIORelation">
```

续表

```
        < /relation >
        < relation name = "relation15" class = "ptolemy.actor.TypedIORelation" >
        < /relation >
        < link port = "port" relation = "relation8" />
        < link port = "port2" relation = "relation7" />
        < link port = "port3" relation = "relation9" />
        < link port = "port4" relation = "relation14" />
        < link port = "port5" relation = "relation13" />
        < link port = "port6" relation = "relation10" />
        < link port = "bm" relation = "relation15" />
        < link port = "PulseCompression.echoData" relation = "relation7" />
        < link port = "PulseCompression.transSignal" relation = "relation8" />
        < link port = "PulseCompression.waveform" relation = "relation" />
        < link port = "PulseCompression2.echoData" relation = "relation9" />
        < link port = "PulseCompression2.transSignal" relation = "relation8" />
        < link port = "PulseCompression2.waveform" relation = "relation5" />
        < link port = "MTI.input" relation = "relation" />
        < link port = "MTI.output" relation = "relation2" />
        < link port = "MTI2.input" relation = "relation5" />
        < link port = "MTI2.output" relation = "relation6" />
        < link port = "MTD.data" relation = "relation2" />
        < link port = "MTD.output" relation = "relation11" />
        < link port = "MTD2.data" relation = "relation6" />
        < link port = "MTD2.output" relation = "relation3" />
        < link port = "CFAR.input" relation = "relation11" />
        < link port = "CFAR.output" relation = "relation4" />
        < link port = "PlotsCentroid.input" relation = "relation4" />
        < link port = "PlotsCentroid.output" relation = "relation12" />
        < link port = "RVMeasurement.input" relation = "relation12" />
        < link port = "RVMeasurement.range" relation = "relation14" />
        < link port = "RVMeasurement.velocity" relation = "relation13" />
        < link port = "AngleMeasurement.sum" relation = "relation11" />
        < link port = "AngleMeasurement.diff" relation = "relation3" />
        < link port = "AngleMeasurement.cells" relation = "relation12" />
        < link port = "AngleMeasurement.beam" relation = "relation15" />
        < link port = "AngleMeasurement.output" relation = "relation10" />
< /class >
```

附表 A-4　DP 角色 XML 文件描述

```
< class name = "DPModel" extends = "ptolemy.actor.TypedCompositeActor" >
    < port name = "input" class = "ptolemy.actor.TypedIOPort" >
        < property name = "input" />
```

续表

```xml
        </port>
        <port name="output" class="ptolemy.actor.TypedIOPort">
            <property name="output"/>
        </port>
    <entity name="TrackAssociation" class="ptolemy.radar.dp.TrackAssociation">
        <port name="input" class="ptolemy.actor.TypedIOPort">
            <property name="input"/>
        </port>
        <port name="ouput" class="ptolemy.actor.TypedIOPort">
            <property name="output"/>
        </port>
    </entity>
    <entity name="TrackFilter" class="ptolemy.radar.dp.TrackFilter">
        <port name="input" class="ptolemy.actor.TypedIOPort">
            <property name="input"/>
        </port>
        <port name="ouput" class="ptolemy.actor.TypedIOPort">
            <property name="output"/>
        </port>
    </entity>
    <entity name="TrackInitiation" class="ptolemy.radar.dp.TrackInitiation">
        <port name="input" class="ptolemy.actor.TypedIOPort">
            <property name="input"/>
        </port>
        <port name="ouput" class="ptolemy.actor.TypedIOPort">
            <property name="output"/>
        </port>
    </entity>
    <relation name="relation" class="ptolemy.actor.TypedIORelation">
    </relation>
    <relation name="relation2" class="ptolemy.actor.TypedIORelation">
    </relation>
    <relation name="relation3" class="ptolemy.actor.TypedIORelation">
    </relation>
    <relation name="relation4" class="ptolemy.actor.TypedIORelation">
    </relation>
    <link port="input" relation="relation3"/>
    <link port="output" relation="relation4"/>
    <link port="TrackAssociation.input" relation="relation3"/>
    <link port="TrackAssociation.ouput" relation="relation"/>
```

续表

```
        < link port = "TrackFilter.input" relation = "relation" />
        < link port = "TrackFilter.ouput" relation = "relation2" />
        < link port = "TrackInitiation.input" relation = "relation2" />
        < link port = "TrackInitiation.ouput" relation = "relation4" />
< /class >
```

附录 B　雷达数据处理复合角色设计

下面以雷达数据处理（Data Processor, DP）部件为例，阐述如何利用元模型定义航迹起始（TrackInitiation）、航迹滤波（TrackFilter）、航迹关联（TrackAssociation）三个原子组件，再通过组合关系描述从原子组件到复合组件的构造过程。

附图 B-1 给出 TrackInitiation 组件的端口描述，通过附表 B-1 和附表 B-2 分别给出 TrackInitiation 组件模型的端口定义、部分接口重载定义。原子组件 TrackFilter、TrackAssociation 参照 TrackInitiation 的形式化定义规范。

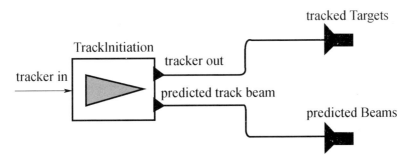

附图 B-1　航迹起始角色端口

附表 B-1　TrackInitiation 组件端口及其描述

属性	类型	类型含义	功能
tracker in	IOPort	输入端口	接收滤波点信息
tracker out	IOPort	输出端口	发送跟踪目标的可靠航迹信息
predicted track beam	IOPort	输出端口	发送雷达预测波束指向

附表 B-2　TrackInitiation 组件模型部分接口重载定义

接口	参数	返回值	表示含义	接口内部实现的具体操作
TrackInitiation	CompositeEntity container, String name	无	构造函数	构造一个指定名称和容器的航迹起始组件对象

续表

接口	参数	返回值	表示含义	接口内部实现的具体操作
fire	无	void	触发执行	(1)从输入端口获取目标滤波点信息； (2)初始化 tracker 对象； (3)若跟踪目标有可靠航迹,则输出目标跟踪点迹；否则,输出空信息； (4)若有跟踪波束,则输出下一帧预测波束指向；否则,输出空信息

TrackInitiation 是一个 AtomicActor,通过派生语句 public class TrackInitiation extends AtomicActor 可以直接继承 AtomicActor 的模型定义,其源码如附表 B-3 所示。

附表 B-3 TrackInitiation 组件模型部分接口重载定义

```
public classTrackInitiation extends TypedAtomicActor{
  public TrackInitiation(CompositeEntity container,String name)throws IllegalActionException,NameDuplicationException{
    super(container,name);
    input = new TypedIOPort(this,"input",true,false);
    input.setTypeEquals(BaseType.OBJECT);
    input.setDisplayName("trakcer in");
    output = new TypedIOPort(this,"output",false,true);
    output.setTypeEquals(new ArrayType(BaseType.OBJECT));
    output.setDisplayName("trakce out");
    trackBeamSteering = new TypeIOPort(this,"output",false,true);
    trackBeamSteering.setTypeEquals(new ArrayType(BaseType.OBJECT));
    trackBeamSteering.setDisplayName("predicted track beam");
  }

  public TypeIOPort input;
  public TypeIOPort output;
  public TypeIOPorttrackBeamSteering;

  public void fire()throws IllegalActionException{
    super.fire();
    ITrackable tracker = (ITrackable)((ObjectToken)input.get(0)).getValue();
    try{
      tracker.initiation();
    }catch(CloneNotSupportedException e){
```

续表

```
        e.printStackTrace();
    }
    System.out.println("Reliable tracks:" + trakcer.getReliableTracks().size());
    System.out.println("Predicted beams :: " + traker.getTrackBeams().size());
    for(int i = 0; i < traker.getTrackBeams().size(); i++)
        System.out.println("Predicted beams [ " + i + " ].preTime/azi/r:" + trakcer.getTrackBeams().get(i).preTime + "," + trakcer.getTrackBeams().get(i).azi + "," + trakcer.getTrackBeams().get(i).r);
    if(tracker.getReliableTracks().size() > 0)
        output.send(0,_latestTargetToken(traker.getReliableTracks()));
    else
        output.send(0,new ArrayToken(BaseType.OBJECT));
    if(tracker.getTrackBeams().size() > 0)
    {
        trackBeamSteering.send(0,_latestTrackBeamToken(tracker.getTrackBeams())); //send predicted beam steering
        tracker.getTrackBeams().clear(); //clear report beam info
    }
    else{
    }
        trackBeamSteering.send(0,new ArrayToken(BaseType.OBJECT));
    }
private ArrayToken _latestTargetToken(ArrayList<Track> tracks)throws IllegalActionException{
    ArrayToken ret = null;
    if(tracks.size() == 0){
        ret = new ArrayToken(BaseType.OBJECT);
    }
    else{
        Token tokens[] = new Token[tracks.size()];
        for(int i = 0; i < tracks.size(); i++){
            DTTarget target = tracks.get(i).getLatestTarget();
            target.setType(ITarget.TARGET_TRACK);
            tokens[i] = new ObjectToken(target);
        }
        ret = new ArrayToken(tokens);
    }
    return ret;
}
private ArrayToken _latestTrackBeamToken(ArrayList<BeamInfo> beams) throws IllegalActionException{
```

续表

```
    ArrayToken ret = null;
    if(beams.size() = = 0){
        ret = new ArrayToken(BaseType.OBJECT);
    }
    else{
        Token tokens[] = new Token[beams.size()];
        for(int i = 0; i < beams.size(); i + +)
            {
            BeamInfo beam = beams.get(i);
            tokens[i] = new ObjectToken(beam);
            }
        ret = new ArrayToken(tokens);
    }
    return ret;
}
```

在 TrackInitiation 的构造函数中定义该 TrackInitiation 组件的输入和输出端口对象。例如：

```
public TrackInitiation(CompositeEntity container,String name){
    input = new IOPort(this,"input",true,false);  //创建端口 input,输入滤波点信息
    output = new IOPort(this,"ouput",false,true); //创建端口 output,输出起始航迹点
    //创建端口 trackBeamSteering,输出预测波束指向
    trackBeamSteering = new TypedIOPort(this,"output",false,true);
    ...
}
```

对于 Initializable、Executable、Actor 等抽象接口中规定的方法,需要根据组件功能实现要求重写 initialize()、fire()、postfire()等方法。例如：

```
public void fire() //TrackInitiation 组件的触发执行
{
//从 input 端口获取滤波点信息
ITrackable tracker = (ITrackable)((ObjectToken)input.get(0)).getValue();
    tracker.initiation(); //对 tracker 对象进行初始化
    if(tracker.getReliableTracks().size()>0) //若有可靠航迹,则
```

```
    output.send(0,_latestTargetToken(tracker.getReliableTracks()));
//输出跟踪目标的航迹
    else //若没有形成可靠航迹,则
    output.send(0,new ArrayToken(BaseType.OBJECT));//输出空信息
    if(tracker.getTrackBeams().size()>0){//若有跟踪波束,则
        //输出下一帧预测波束指向
    trackBeamSteering.send(0,_latestTrackBeamToken(tracker.getTrack-
Beams()));
    tracker.getTrackBeams().clear();//清空tracker的跟踪波束链表
    }
    else //若没有跟踪波束,则
    trackBeamSteering.send(0,new ArrayToken(BaseType.OBJECT));//输出空信息
    }
```

附录 C 数据处理(DP)复合角色定义

DP 是一个复合组件(部件或子系统),复合组件是由其他组件通过组合间接实现的,而非直接定义,DP 模型的定义采用 XML 描述形式,如附表 C-1 所示。

附表 C-1 复合组件 DP 的 XML 形式定义

[1] < class name = "DPModel" extends = "CompositeActor" >	[21] < property name = "output" />
[2] < port name = "input" class = "IOPort" >	[22] < /port >
[3] < property name = "input" />	[23] < /entity >
[4] < /port >	[24] < entity name = "TrackInitiation" class = "TrackInitiation" >
[5] < port name = "output" class = "IOPort" >	[25] < port name = "input" class = "TypedIOPort" >
[6] < property name = "output" />	[26] < property name = "input" />
[7] < /port >	[27] < /port >
[8] < entity name = "TrackAssociation" class = "TrackAssociation" >	[28] < port name = "ouput" class = "TypedIOPort" >
[9] < port name = "input" class = "IOPort" >	[29] < property name = "output" />
[10] < property name = "input" />	[30] < /port >
[11] < /port >	[31] < /entity >
[12] < port name = "ouput" class = "TypedIOPort" >	[32] < relation name = "relation" class = "IORelation" >
[13] < property name = "output" />	[33] < /relation >
[14] < /port >	[34] < relation name = "relation2" class = "IORelation" >
[15] < /entity >	[35] < /relation >
[16] < entity name = "TrackFilter" class = "TrackFilter" >	[36] < relation name = "relation3" class = "IORelation" >
[17] < port name = "input" class = "IOPort" >	[37] < /relation >
[18] < property name = "input" />	[38] < relation name = "relation4" class = "IORelation" >
[19] < /port >	[39] < /relation >
[20] < port name = "ouput" class = "IOPort" >	[40] < link port = "input" relation = "relation3" />
	[41] < link port = "output" relation = "relation4" />

附录C 数据处理(DP)复合角色定义

续表

[42] <link port = "TrackAssociation.input" relation ="relation3"/> [43] <link port = "TrackAssociation.ouput" relation ="relation"/> [44] <link port = "TrackFilter.input" relation ="relation"/>	[45] <link port ="TrackFilter.ouput" relation ="relation2"/> [46] <link port = "TrackInitiation.input" relation ="relation2"/> [47] <link port = "TrackInitiation.ouput" relation ="relation4"/> [48] </class>

附录 D Ptolemy Ⅱ 安装配置

1. Ptolemy Ⅱ 最新版本及下载网址

最新版本:Ptolemy Ⅱ 11.0.1

下载地址:https://ptolemy.berkeley.edu/ptolemyⅡ/ptⅡ11.0/index.htm

2. Ptolemy Ⅱ 仿真软件安装配置操作步骤

(1)新建一个 Java Project,命名为 PtolemyⅡ。

(2)复制 eclipse – workspace 文件夹到指定位置(如 D:\eclipse – workspace\PtolemyⅡ),记住这是源程序版本(这个是 ptⅡ10_0_1windows_64 开源程序版本版本)。

具体方式:单击 Eclipse\File\Import,进入附图 D – 1 窗口。

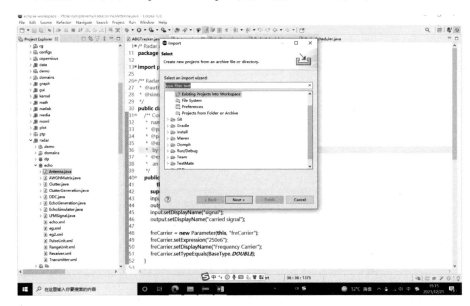

附图 D – 1 点选后显示窗口

(3)选择 Existing Projects into Workspace 选项,单击 Next 按钮。

(4)单击 Browse 按钮,选择第(1)步源程序文件所在目录(如 D:\eclipse –

workspace\PtolemyII),作为 Select root directory 的设置项,如附图 D-2 所示。

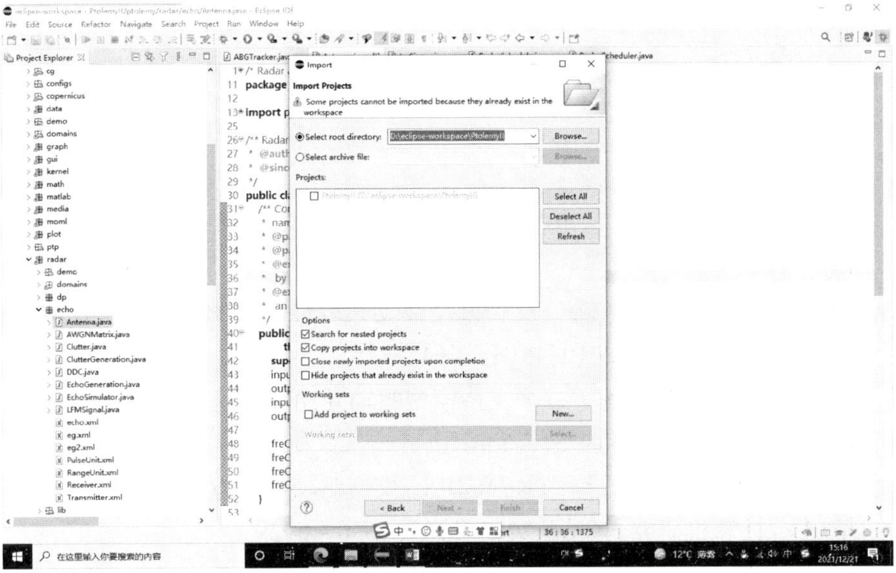

附图 D-2 选择(1)后的窗口

(5)在附图 D-2 中,勾选 Search for nested projects(嵌套项目搜索)、Copy projects into workspace(将 D:\eclipse-workspace\PtolemyII 文件夹内容复制到 Eclipse workspace 目录下)两个选项。

(6)单击 Finish 按钮。

参考文献

[1] 刘辉,麻志毅,邵维忠. 元建模技术研究进展[J]. 软件学报,2008,19(6):1317-1327.

[2] 李晋,战德臣,聂兰顺,等. 支持模型驱动式软件开发的建模语言框架研究[J]. 南京大学学报,2010,46(4):464-475.

[3] 麻志毅,刘辉,何啸,等. 一个支持模型驱动开发的元建模平台的研制[J]. 电子学报,2008,36(4):731-736.

[4] 马浩海,谢冰,麻志毅,等. PKUMoDEL:模型驱动的开发和语言家族支持环境[J]. 计算机研究与发展,2007,44(4):686-692.

[5] Clark M. Pragmetic project automation[R]. Raleigh,North Carolina:The Pragmetic Programmers,LLC,2004.

[6] 刘雪琴,桂盛霖,罗蕾,等. AADL模型代码自动生成技术研究[J]. 计算机应用研究,2008,25(12):3631-3635.

[7] GOUMAND D,CHOURANQUI I. Use of ASTRAD simulation tool in radar modes development[C]//International Radar Conference – Surveillance for a Safer World,2009.

[8] MEURISSE A,REUILLON P,GUGUEN P,et al. ASTRAD Platform:a future reference in radar simulation[C]//International Radar Conference – Surveillance for a Safer World. Bordeaux,France:IEEE,2009:1-5.

[9] 卿杜政,李伯虎,孙磊,等. 基于组件的一体化建模仿真环境(CISE)研究[J]. 系统仿真学报,2008,20(4):900-904.

[10] GEORGE D,BAIR L. Airborne radar simulation[R]. Camber Corporation,Dallas,Texas,1996.

[11] MAHAFZA B,WELSTEAD S,CHAMPAGNE D,et al. Real-time radar signal simulation for the ground based radar for national missile defense[C]//IEEE Radar Conference,1998,62-67.

[12] International Standard,ANSI/IEEE Std 1278-1993. Standard for information

technology, protocols for distributed interactive simulation[S]. New York: The Institute of Electrical and Electronics Engineers, 1993.

[13] IEEE Std 1516 - 2000. IEEE standard for modeling and simulation(M&S) high level architecture(HLA):framework and rules[S]. New York: The Institute of Electrical and Electronics Engineers, 2000.

[14] IEEE Std 1516.1 - 2000. IEEE standard for modeling and simulation(M&S) high level architecture(HLA):federate interface specification[S]. New York: The Institute of Electrical and Electronics Engineers, 2001.

[15] IEEE Std 1516.2 - 2000. IEEE standard for modeling and simulation(M&S) high level architecture(HLA):object model template(OMT) specification[S]. New York: The Institute of Electrical and Electronics Engineers, 2001.

[16] IEEE Std 1516.1 - 2000, 1516.2 - 2000. IEEE standard for modeling and simulation(M&S) high level architecture(HLA)[S]. New York: The Institute of Electrical and Electronics Engineers, 2000.

[17] 杨建宇. 雷达技术发展规律和宏观趋势分析[J]. 雷达学报, 2012, 1(1): 19 - 27.

[18] COSTANZO S, SPADAFORA F, BORGIA A, et al, High resolution software defined radar system for target detection[J]. Journal of Electrical and Computer Engineering 2013:1 - 7.

[19] Park J, JOHNSON J T, MAJUREC N, et al, Software defined radar studies of human motion signatures[C]//Proceedings of IEEE National Radar Conference. Atlanta, GA, USA: IEEE, 2012: 596 - 601.

[20] MARIMUTHU J, BIALKOWSKI K S, Abbosh A M. Software - defined radar for medical imaging[J]. IEEE Transactions on Microwave Theory and Techniques, 2016, 64(2):643 - 646.

[21] CAPRIA A, CONTI M, MOSCARDINI C, et al. Software - defined multiband array passive radar(SMARP) project: an overview[C]//The 18th International Radar Symposium(IRS)2017. Prague, Lzech Republic: IEEE, 2017:1 - 7.

[22] 庞博,林新党,万福. 软件雷达构想[J]. 雷达与对抗,2010,30(1):1 - 3,6.

[23] 张荣涛,杨润亭,王兴家,等. 软件化雷达系统技术综述[J]. 现代雷达,2016,38(10):1 - 3.

[24] 袁兴鹏,陈正宁. 基于软件无线电的雷达电子战系统设计研究[J]. 电子设计工程,2013,21(11):101-104.

[25] 刘凤. 基于软件构件技术的软件化雷达[J]. 现代雷达,2016,38(5):12-14.

[26] 何啸,麻志毅,邵维忠. 一种面向图形化建模语言表示法的元模型[J]. 软件学报,2008,19(8):1867-1880.

[27] 何啸,麻志毅,邵维忠,等. 一种针对模型转换的图形化建模语言[J]. 计算机研究与发展,2015,52(9):2145-2162.

[28] 苏年乐,李群,王维平. 组件化仿真模型交互模式的并行化改造[J]. 系统工程与电子技术,2010,32(9):2015-2020.

[29] 张建春,康凤举. 想定驱动的组件化模型组合方法研究[J]. 系统仿真学报,2015,27(8):1747-1752.

[30] 柏龙. 组件化雷达系统建模与仿真软件设计与实现[D]. 西安:西安电子科技大学,2013.

[31] PETTY M D,WEISEL E W,MIELKE P R. A formal approach to composability [C]//Proceedings of the 2003 interservice/industry training, simulation and education conference. Orlando FL, USA:IEEE 2003:1763-1772.

[32] TAO Y M, SZABO C. CODES:an integrated approach to composable modeling and simulation[C]//The 41st Annual Simulation Symposium. Ottawa, Canada:IEEE Computer Society Press,2008:103-110.

[33] MORADI F, AYANI R, MOKARIZADEH S, et al. A rule-based approach to syntactic and semantic composition of BOMs[C]//The 11th IEEE Symposium on Distributed Simulation and Real-Time Applications. Chania, Greece:IEEE computer society. 2007,145-155.

[34] 倪悦,范玉顺. 基于元对象机制的语义 Web 服务组合模型转换方法[J]. 计算机集成制造系统,2011,17(4):868-873.

[35] 张天,张岩,于笑丰,等. 基于 MDA 的设计模式建模与模型转换[J]. 软件学报,2008,19(9):2203-2217.

[36] European cooperation for space standardization. Simulation modeling platform - Volume 1:Principles and requirements:ECSS-E-TM-40-07 Volume 1A[S]. European Space Agency for the members of ECSS,2011.

[37] European cooperation for space standardization. Simulation modeling platform -

Volume 2:Metamodel:ECSS – E – TM – 40 – 07 Volume 2A[S]. European Space Agency for the members of ECSS,2011.

[38] Base Object Model(BOM)Template Specification[S]. Simulation Interoperability Standards Organization(SISO),2006.

[39] European cooperation for space standardization. Simulation modeling platform – Volume 3:Component model:ECSS – E – TM – 40 – 07 Volume 3A[S]. European Space Agency for the members of ECSS,2011.

[40] European cooperation for space standardization. Simulation modeling platform – Volume 4:C + + Mapping:ECSS – E – TM – 40 – 07 Volume 4A[S]. European Space Agency for the members of ECSS,2011.

[41] European cooperation for space standardization. Simulation modeling platform – Volume 5:SMP usage:ECSS – E – TM – 40 – 07 Volume 5A[S]. European Space Agency for the members of ECSS,2011.

[42] Object Management Group. OMG Meta Object Facility(MOF)Core Specification:Version 2.5.1[S]. New York:The Institute of Electrical and Electronics Engineers,2016.

[43] 赵锋,王雪松,肖顺平,等. 基于HLA的相控阵雷达系统仿真并行处理研究[J]. 系统仿真学报,2006,18(8):2170 – 2173.

[44] 王念滨,宋益波,姚念民,等. 一种基于群集的并行数据处理中间件[J]. 计算机研究与发展,2007,44(10):1702 – 1708.

[45] 陈国良,孙广中,徐云,等. 并行算法研究方法学[J]. 计算机学报,2008,31(9):1493 – 1502.

[46] 徐雷,吴嗣亮,李海. 相控阵雷达仿真系统并行计算研究[J]. 北京理工大学学报,2008,28(6):517 – 520.

[47] 赵锋,周颖,周杰,等. 相控阵雷达系统仿真实时性优化研究[J]. 系统仿真学报,2005,17(8):2001 – 2003,2011.

[48] 黄朝晖,李晓梅. 模块化可视化环境中的数据并行与流水线处理技术[J]. 计算机研究与发展,2000,37(8):962 – 968.

[49] 赖生建,王秉中,黄廷祝. 共享内存系统中高效并行FDTD计算方案[J]. 电子科技大学学报,2010,39(5):680 – 683.

[50] 陈帅,李刚,张颢,等. SAR图像压缩采样恢复的GPU并行实现[J]. 电子与信息学报,2011,33(3):610 – 615.

[51] 张兵,韩景龙. 基于 GPU 和隐式格式的 CFD 并行计算方法[J]. 航空学报,2010,31(2):249-256.

[52] NVIDIA Corporation. NVIDIA CUDA compute unified device architecture:CUDA programming guide[M]. Santa Clara:NVIDIA Corporation,2008.

[53] 刘轶,张昕,李鹤,等. 一种面向多核处理器并行系统的启发式任务分配算法[J]. 计算机研究与发展,2009,46(6):1058-1064.

[54] 周鸣昕,汤俊,彭应宁,等. 一种适用于软件雷达系统的数据流驱动机制[J]. 系统工程与电子技术,2002,24(1):112-115.

[55] FUJIMOTO R M. Parallel and distributed simulation systems[R]. New York:John Wiley & Sons,Inc,2000.

[56] 苏年乐,吴雪阳,李群,等. 基于多核平台的乐观并行离散事件仿真[J]. 系统仿真学报,2010,22(4):858-863.

[57] SLAVIK M,MAHGOUB I,BADI A. Dynamic entity distribution in parallel discrete eventsimulation[C]//Proceedings of the 2008 Winter Simulation Conference. Miami,FL,USA:IEEE,2008:1061-1067.

[58] PESCHLOW P,HONECKER T,MARTINI P. A flexible dynamic partitioning algorithm for optimistic distributed simulation[C]//Proceeding of the 21st International Workshop on Principles of Advanced and Distributed Simulation (PADS' 07). San Diego,CA,USA:IEEE,2007:219-228.

[59] 张林波,迟学斌,莫则尧,等. 并行计算导论[M]. 北京:清华大学出版社,2006:1-59.

[60] 卢建斌,胡卫东,郁文贤. 多功能相控阵雷达实时任务调度研究[J]. 电子学报,2006,34(4):732-736.

[61] 程婷,何子述,李会勇. 一种数字阵列雷达自适应波束驻留调度算法[J]. 电子学报,2009,37(9):2025-2029.

[62] GUGUEN R,LIGNOUX C,GOUMAND D,et al. ASTRAD:simulation platform,a breakthrough for future electromagnetic systems development[C]//RADAR 2008 International Conference,2008.

[63] 王磊,卢显良,陈明燕,等. 一种基于分布式结构的雷达系统仿真引擎机制研究[J]. 计算机应用研究,2012,29(1):220-223.

[64] 李群,王超,王维平,等. SMP2 仿真引擎的设计与实现[J]. 系统仿真学报,2008,20(24):6622-6626,6630.

[65] 苏年乐,周鸿伟,李群,等. SMP2 仿真引擎的多核并行化[J]. 宇航学报,2010,31(7):1883-1891.

[66] 凌云翔,张小雷,廖虎雄,等. 基于 HLA 邦元结构的仿真引擎设计与实现[J]. 系统仿真学报,2005,17(11):2629-2632.

[67] 凌云翔,邱涤珊,张小雷,等. 基于引擎成员的仿真调度问题[J]. 国防科技大学学报,2005,27(3):105-109.

[68] KUBALIK J,TICHY P,SINDELA R,et al. Clustering methods for agent distribution optimization[J]. IEEE Transactions on Systems,Man,and Cybernetic - Part C:Applications and Reviews,2010,40(1):78-86.

[69] ALMASI G,ARCHER C,CASTARIOS J G,et al. Design and implementation of message passing services for the blue gene/L supercomputer[J]. IBM J. Res. and Dev. ,2005,49(2/3):393-406.

[70] 杨亚洁. 相控阵机载火控雷达系统建模与仿真[D]. 西安:西安电子科技大学,2011.

[71] 胡海莽,杨万海. 基于 Simulink 的脉冲多普勒雷达系统建模与仿真[J]. 系统工程与电子技术,2005,27(10):1692-1693,1737.

[72] 李兴成,张永顺,王金博. 基于 SPW 的雷达系统建模与仿真[J]. 现代雷达,2005,27(12):25-28.

[73] 张剑. 基于插件技术的雷达信号仿真软件的设计与实现[D]. 长沙:国防科学技术大学,2009.

[74] 郭金良. 基于构件技术的开放式雷达仿真系统研究[D]. 长沙:国防科学技术大学,2010.

[75] AYGUADE E,COPTY N,Duran A,et al. The design of openmp tasks[J]. IEEE Transactions on Parallel and Distributed Sysems,2009,20(3):404-418.

内 容 简 介

本书介绍了雷达系统模拟的基本原理、方法和技术,模型接口规范化设计;从设计思想、体系结构、组件设计规范、运行机制、模型发布、模型交互、开发过程等层面比较了高层体系结构、基本对象模型、仿真模型可移植性规范等主流仿真标准,以及元对象工具,并阐述了面向模型设计、自动化驱动仿真设计思想;针对软件化雷达模型重构性问题,阐述元模型的抽象体系要素及其相互关系,包括元模型的理论、体系结构、体系行为等内容;从数据流仿真技术层面,介绍了数据流计算模型概念、基础理论(包括集合与关系、图论)、代码自动生成技术、集中式和分布式数据流仿真技术等;最后,例举了元模型仿真应用。

本书内容循序渐进,由浅入深,章节之间有机联系,紧密结合国内外最新发展趋势,对致力于雷达专业技术方向的研究人员,或者具有雷达系统背景知识、从事计算机仿真研究或开发的工程技术人员、在校研究生、本科生及相关其他人员具有很高的参考价值。

This book introduces the basic principles, methods and techniques of radar system simulation, the normalized design of model interfaces. The main simulation standards, such as High Level Architecture (HLA), Base Object Model (BOM) and Simuation Model Protability (SMP) spectification, are compared from the aspects of design idea, system structure, component design specification, operation mechanism, the model publishing, model interacton and the development process. The meta object facility is also introduced, and the ideas of model – oriented design and automatic driving simulation are expounded. Aiming at the problem of reconfiguration of software – based radar model, the abstract system elements and their relations of metamodel are described, including the theory, architecture and behavior of metamodel. From the aspect of data flow simulation technology, the concept of data flow computing model, basic theory (including set and relation, graph theory), automatic code generation technology, centralized and distributed data flow simulation technology are introduced. Finally, the application of meta – model simulation is illustrated.

The contents of this book step by step, from shallow to deep. The chapters are organically linked, closely combined with the latest development trends at home and abroad. It has a very high reference value for researchers who are committed to radar professional technology research, engineers and technicians who have radar system background knowledge and are engaged in computer simulation research or development, graduate students, undergraduate students and other relevant personnel.